ギンツブルク–ランダウ方程式と安定性解析

ギンツブルク-
ランダウ方程式と
安定性解析

神保秀一
Shuichi Jimbo

森田善久
Yoshihisa Morita

Iwanami Studies in Advanced Mathematics
Ginzburg–Landau Equations and Stability Analysis

Shuichi Jimbo, Yoshihisa Morita

Mathematics Subject Classification(2000): Primary 35J50; Secondary 35J20, 35J60, 82D55

【編集委員】

儀我美一(2005 年～)

深谷賢治(2005 年～)

宮岡洋一(2005 年～)

室田一雄(2005 年～)

まえがき

本書は Ginzburg-Landau(ギンツブルク-ランダウ)方程式[*1]について，解の存在のみならず解の性質や構造に関する数学的な研究を紹介する．

Ginzburg-Landau 方程式の登場は，Ginzburg と Landau による 1950 年の超伝導の理論に遡る．この理論は(低温の)超伝導物質の中の電子や磁場の状態を，ある種のエネルギー汎関数を通じて微分方程式(モデル方程式)の解として特徴付けた．これによってマクロな超伝導現象を記述する 1 つの数理的方法が確立された．このモデルは超伝導の理論的研究の進展に多大な貢献をしたが，その考え方の枠組みは，他の物性物理学分野でも幅広く用いられ，物理学の発展に大きな影響を与えたといわれている．Ginzburg-Landau 方程式の偏微分方程式としての数学研究は，1970 年代に始まった．1990 年以降，急速に盛んになり，解の性質や構造，パラメータ依存性などの観点から多くの研究成果が報告されている．数学的な興味とともに物理的背景を強く意識した研究結果が多い点が特徴的である[*2]．

Ginzburg-Landau 方程式は，Ginzburg-Landau 汎関数と呼ばれる汎関数の変分方程式(オイラー-ラグランジュ方程式)として導出されるため，変分構造や対称性などの良い性質を併せもっている．そのおかげで，非線形の決して扱いやすくはない方程式でありながら，場合によっては解の精密な解析を可能にしている．この方程式のもつ数学的に極めて豊かな構造を，我々はさまざまな解析手法によって視ることができるのである．実際，その研究は変分法をはじめとして，力学系，非線形解析や幾何などのさまざまな分野とも関連し合

[*1] 本文中では GL 方程式と簡略に記述する．
[*2] 2 次元の場合ながら渦糸解と呼ばれる超伝導現象を特徴付ける解についての Bethuel-Brezis-Hélein の研究(1994 年)は画期的であった．この頃は反応拡散方程式の特異摂動問題などで解の安定性や構造，界面現象について精密な研究が盛んになり，その解析的な手法が発展した時期でもある．

い，数学の活性化に貢献する問題を提供し続けている．このように，近年では Ginzburg-Landau 方程式やそれと関連した非線形偏微分方程式の研究は，解析学のもっとも進展した応用分野の 1 つといっても過言ではないであろう．

本書のテーマは，超伝導現象と対応付けられる特徴的な解の存在と，その性質を数学的に探求していくことである．とくに，解の安定性解析は今回のテーマの中心部分を成している．物理的な観点を考慮しつつも，非線形偏微分方程式の解の研究という立場から，解の存在や解の特徴的な性質および構造を，基本的な問題設定から始めて徐々に明らかにしていくことを目標とする．その解析にあたっては，変分法や楕円型方程式の理論，不動点定理や写像度などを応用する．また，線形化固有値問題を通してさまざまな状況での解の安定性を解明し，とくに，領域の形状と解の安定性(または不安定性)についてある種の対応関係があることを丁寧に解説する．このような観点は，非線形偏微分方程式の解構造の研究に多大な影響を与えている．その一端を具体的な Ginzburg-Landau 方程式を通して感じ取ってもらえればありがたい．また，方程式がもつ(物理的な)パラメータを変えたとき，その解構造がどのように変化するかについても，分岐理論の応用として，特別な場合に解説する．

前半の第 2 章から第 6 章までは，磁場の効果を含まない方程式について空間 1 次元の場合から始めて永久電流に対応する解や渦糸解などを扱い，基本的な手法を説明しながら解の性質を調べる．後半の第 7 章と第 8 章で磁場の効果を含むより物理的なモデル方程式を扱う．第 7 章に物理的な背景をまとめたので，超伝導と Ginzburg-Landau 方程式との関係に興味がある読者は，第 7 章の前半部分を先に読むこともできる．このような，より物理的な方程式については，外部磁場に対応して解の構造が大きく変化することが知られている．しかし，本書ではその一部しか紹介できなかったのは残念である．興味をもたれた方は本書で紹介した文献を参考にされたい．

本書の題材は筆者たちがいままで関わってきたテーマを中心に取り上げたが，その選定にあたっては，話題の新規性より基本的な数学的結果や，解の特徴的な構造を明確にイメージできるような研究の紹介に重点を置くことにした．また，おもしろいテーマでも証明が長くなるような場合には，より焦点を絞って本質的な部分について説明し，場合によっては証明の詳細は付録に回し

た．さらに，読者が参考にできるように，基本的な事項や定理などは付録でまとめてある．なお，第2章以降では，各章で参考にした論文や，その章で取り上げることができなかった関連した文献については，各章の最後にノートとしてまとめることにした．これによって各章はより独立性のあるものになり，興味ある章を先に読むことも可能である．ところで，いちいち，記号や用語を定義した場所を探す手間を省くため，よく出てくる基本的な記号や用語は最初にまとめてあるので活用していただければよい．

　本書では基本的定理や標準的な解析手法をわかりやすく丁寧に解説したつもりであるが，この試みが成功したかどうかについては，読者諸兄の判断を待ちたい．Ginzburg-Landau 方程式に関する数学的成果をまとめた書物は洋書では何冊かあり，最近の研究成果を知ることができる．それらは個性的で高度の専門書として評価が高い．その一方で，多くの予備知識を前提としており，初学者には馴染みにくい面もある．本格的な和書としては，本書が最初のものになるので，より基本的なテーマを重視した．本書が，Ginzburg-Landau 方程式や周辺分野の高度な領域を目指す方々の少しでも助けになることを期待している．

謝　辞

　この本の執筆の機会は東京大学の儀我美一教授からの推薦によります．研究を含めてさまざまな面で常日頃激励していただいており，あわせて深く感謝いたします．また，本書の内容に関連して，さまざまな形でお世話になった方々や重要な情報や事柄についてご教示頂いた方々，とくに，四ッ谷晶二氏(龍谷大学)，二宮広和氏(明治大学)，小杉聡史氏(新日本製鐵株式会社)，町田昌彦氏((独)日本原子力開発機構)の皆さんとの長年の協力関係に感謝いたします．北海道大学の事務の太田展子さんと笹森恵さんには，図版作成などで補助いただきました．この場を借りて改めてお礼を申しあげます．

　2009年4月

神保秀一，森田善久

記号と用語

数 数のなす集合については次の記号を用いる.

$\mathbb{N} = \{1, 2, 3, \cdots\}$ 自然数全体,$\mathbb{Z} = \{0, \pm 1, \pm 2, \pm 3, \cdots\}$ 整数全体

$\mathbb{R}$ 実数全体,$\mathbb{C}$ 複素数全体,$\mathbb{R}_+ = \{x \in \mathbb{R} : x > 0\}$ 正の実数

ユークリッド空間 $\mathbb{R}$ の n 個の直積集合 $\mathbb{R}^n$ に標準内積と標準距離を与えたものを n 次元ユークリッド空間という.$\mathbb{C}$ は,しばしば $\mathbb{R}^2$ と同一視される.複素数に対してその実部と虚部のペアを対応させる.

複素共役 複素数 $z \in \mathbb{C}$ の複素共役を $\bar{z}$ と表す.

転置 行列 M に対して,その転置を M^{T} と表す.

ベクトルの90度回転 2次元ベクトル $\boldsymbol{a} = (a_1, a_2)$ に対し $\boldsymbol{a}^\perp = (-a_2, a_1)$ とする.

円周 $S^1 = \mathbb{R}/(2\pi\mathbb{Z})$, $S_c^1 = \{z \in \mathbb{C} : |z| = 1\}$(複素平面内の単位円周).

近傍 点 a を中心として半径 $\varepsilon > 0$ の開球を $B_\varepsilon(a)$ と表す.またこれを a の ε 近傍ともいう.

偏角 原点と異なる点 $x = (x_1, x_2) \in \mathbb{R}^2$ に対して,$x_1 = r\cos\theta$, $x_2 = r\sin\theta$ $(r > 0, \theta \in S^1)$ とし,$\mathrm{Arg}(x) = \theta \in S^1$ と定める.$\mathrm{Arg}(x)$ は S^1 値で,原点以外で偏微分が定義できる.実際,次のようになる.

$$\frac{\partial}{\partial x_1}\mathrm{Arg}(x) = \frac{-x_2}{x_1^2 + x_2^2}, \quad \frac{\partial}{\partial x_2}\mathrm{Arg}(x) = \frac{x_1}{x_1^2 + x_2^2}.$$

重要な微分作用素 関数 $u(x)$ とベクトル値関数 $\boldsymbol{u}(x) = (u_1(x), \cdots, u_n(x))$ に対して

$$\nabla u(x) = \left(\frac{\partial u}{\partial x_1}, \frac{\partial u}{\partial x_2}, \cdots, \frac{\partial u}{\partial x_n}\right), \quad \mathrm{div}\,\boldsymbol{u}(x) = \frac{\partial u_1}{\partial x_1} + \frac{\partial u_2}{\partial x_2} + \cdots + \frac{\partial u_n}{\partial x_n},$$

$$\Delta u(x) = \frac{\partial^2 u}{\partial x_1^2} + \frac{\partial^2 u}{\partial x_2^2} + \cdots + \frac{\partial^2 u}{\partial x_n^2}.$$

$\mathbb{R}^3$ 上の3次元ベクトル値関数 $\boldsymbol{u}(x) = (u_1(x), u_2(x), u_3(x))$ に対して

$$\operatorname{curl} \boldsymbol{u}(x) = \left(\frac{\partial u_3}{\partial x_2} - \frac{\partial u_2}{\partial x_3}, \frac{\partial u_1}{\partial x_3} - \frac{\partial u_3}{\partial x_1}, \frac{\partial u_2}{\partial x_1} - \frac{\partial u_1}{\partial x_2} \right)^{\mathrm{T}}$$

を $\boldsymbol{u}$ の回転という．これを rot $\boldsymbol{u}$ と表す文献もある．$\mathbb{R}^2$ 上の 2 次元ベクトル値関数 $\boldsymbol{u}(x)=(u_1(x),u_2(x))$ の場合には，スカラー値関数

$$\operatorname{curl} \boldsymbol{u}(x) = \frac{\partial u_2}{\partial x_1} - \frac{\partial u_1}{\partial x_2}$$

とする．

関数空間 領域 $\Omega \subset \mathbb{R}^n$ と定数 $1 \leqq p < \infty$，$m \geqq 0$（整数），$0 < \alpha < 1$ とする．

$L^p(\Omega)$ p 乗可積分な可測関数の全体．

$L^\infty(\Omega)$ 測度 0 の集合を除いて有界な可測関数の全体．

$W^{m,p}(\Omega)$ m 階までの弱微分がすべて $L^p(\Omega)$ に属するような可測関数全体．

$H^m(\Omega)$ $W^{m,2}(\Omega)$ のこと．これはヒルベルト (Hilbert) 空間になる．

$C^m(\overline{\Omega})$ m 階までの偏導関数がすべて $\overline{\Omega}$ で連続であるような関数全体．

$C^\alpha(\overline{\Omega})$ $\overline{\Omega}$ 上の α 次ヘルダー (Hölder) 連続である関数全体．

$C^{m,\alpha}(\overline{\Omega})$ $C^m(\overline{\Omega})$ に属し，すべての m 階偏導関数が α 次ヘルダー連続であるような関数全体．

関数空間の記号において定義域 Ω を明示しているが，関数の値については，とくに書いていなければ実数値とし，複素数値の場合には $L^2(\Omega;\mathbb{C})$ のように記すことにする．上記の関数空間に関して付録で重要な性質を記述している．

写像，ホモトピー 集合 E から S^1 への連続写像の全体を $C(E;S^1)$ で表す．2 つの要素 $\theta_1, \theta_2 \in C(E;S^1)$ がホモトピー同値のとき $\theta_1 \sim \theta_2$ と記す．

部分ベクトル空間と生成 ベクトル空間において，ベクトル $\phi_1, \cdots, \phi_N$ で生成される部分ベクトル空間を $L.H.[\phi_1, \cdots, \phi_N]$ と記述する．

汎関数，最小化解，極小化解 関数空間等の集合 X で定義され，$\mathbb{R}$ に値をとる関数 $\mathcal{E}=\mathcal{E}(\boldsymbol{u})$ を汎関数 (functional) という．物理現象に関連して現れるものはエネルギー汎関数ともいわれることが多い．$\mathcal{E}$ の最大値や最小値（あるいは極値など）を調べることを変分問題という．$\mathcal{E}$ の最小値を与える $\boldsymbol{u}$ を最小化解 (minimizer または global minimizer) という．また，X の，ある $\boldsymbol{u}$ の近傍において $\boldsymbol{u}$ が $\mathcal{E}$ の最小値を与えるとき $\boldsymbol{u}$ を極小化解 (local minimizer) とい

う．極小化解を局所最小化解ということも多い．u において $\mathcal{E}$ の微分 $d\mathcal{E}(u)$ が 0 になるとき，すなわち，すべての方向 v に関する微分について

$$\langle d\mathcal{E}(u), v\rangle := \lim_{\varepsilon \to 0}(\mathcal{E}(u+\varepsilon v)-\mathcal{E}(u))/\varepsilon = 0$$

が成立するとき，u は停留解(stationary solution)と呼ばれる．また u に関する方程式 $d\mathcal{E}(u)=0$ をオイラー–ラグランジュ(Euler-Lagrange)方程式ともいう．$\mathcal{E}$ が微分可能ならば最小化解や極小化解は停留解となる[*3]．停留解が極小化解になっているとき安定(stable)であるという(そうでないときは不安定(unstable))．

勾配系 汎関数 $\mathcal{E}(u)$ において，その値をもっとも効率良く減少させるための u の変化を規定する方程式 $\partial u/\partial t = -d\mathcal{E}(u)$ を勾配系という．これによって X 上に 1 つの力学系が定まる．これを勾配流(gradient flow)ともいう．

分岐，分岐図 パラメータを含む方程式において，あるパラメータ値を境に，解構造が位相的に変化することを解の分岐(bifurcation)という．パラメータによる解の構造変化を図で表現したものを分岐図(bifurcation diagram)といい，分岐が起こる点を分岐点(bifurcation point)という．

写像度，位数 $\mathbb{R}^n$ の集合 E から $\mathbb{R}^n$ への連続写像 f があるとする．$q \in \mathbb{R}^n$ に対して f の像が q を被覆する符号込みの回数を Ω における q に関する写像度という．この値(整数)を $\deg(f, \Omega, q)$ と書く．一方 $f(p)=q$ のとき，p の十分小さい近傍における q に関する写像度を p の位数という．本書では $q=0$ の場合，すなわち零点の位数がしばしば登場する．これらの数学的な定義は付録に記述した．

デルタ関数 超関数のひとつで，関数 $f(x)$ に対して $f(0)$ を対応させる汎関数．$\delta(x)$ と表す．

関数の記号について 本書では関数や写像を表す記号に関し，原則として実数値の場合は $u, v, w, f, g, \cdots, \phi, \psi, \varphi, \cdots$ 等のローマ字，ギリシア文字の小文字，ベクトル値あるいは複素数値の場合はそれらの大文字あるいは太文字を使用する．

[*3] 最小化解，極小化解，停留解を，それぞれ最小点，極小点，停留点ともいう．

目　次

まえがき
記号と用語

1 序 ………………………………………………… 1
   1.1 安定解の存在——領域の形状 vs 位相　1
   1.2 渦糸解について　6
   1.3 渦糸の運動について　8
   1.4 安定性について　10
   1.5 磁場の効果を入れた GL モデル　15
   1.6 秩序パラメータについて　15

2 1次元空間上の Ginzburg-Landau 方程式とその解の構造 ……………………………… 19
   2.1 準　備　19
   2.2 ノイマン境界条件の場合　22
   2.3 周期境界条件の場合——解の分類　29
   2.4 振幅変動解の楕円関数による表現　33
   2.5 安定性　45
   2.6 分岐構造　48
   第 2 章ノート　53

3 ノイマン境界条件をもつ Ginzburg-Landau 方程式 ……………………………… 55
   3.1 単純領域と解の安定性　55

- 3.2 円環領域と安定解　62
- 3.3 複雑な領域における非自明解の存在と安定性　64
- 3.4 非自明解の安定性　71
- 3.5 安定性不等式　79
- 3.6 領域摂動と渦糸解　84
- 第3章ノート　88

4 空間2次元領域における回転対称性をもつ渦糸解 …… 91

- 4.1 無限領域と円板領域における渦糸解　91
- 4.2 振幅方程式の解構造　94
- 4.3 渦糸解の安定性：第1種境界条件の場合　108
- 4.4 無限領域における渦糸解の安定性　118
- 第4章ノート　127

5 第1種境界条件をもつGinzburg-Landau方程式 …… 131

- 5.1 最小化問題と解の存在　131
- 5.2 可縮な領域上の最小化解　133
- 5.3 特異摂動と渦なし解　137
- 5.4 特異摂動における零点とエネルギー評価　141
- 5.5 零点配置と繰り込みエネルギー　149
- 第5章ノート　159

6 渦糸の運動 …… 161

- 6.1 渦糸の特徴的な運動　161
- 6.2 特異点をもつ調和写像とそのエネルギー　163
- 6.3 GL方程式における渦糸の近似解と運動法則　175
- 6.4 特異極限における渦糸の運動　179
- 第6章ノート　186

7 超伝導における Ginzburg-Landau モデル I　189

- 7.1 超伝導現象と GL 理論　189
- 7.2 磁場の効果を入れた GL エネルギー　192
- 7.3 磁場の効果を入れた GL 方程式　195
- 7.4 超伝導現象に対応する特徴的な GL 方程式の解　199
- 7.5 $\mathbb{R}^2$ における GL 方程式と渦糸解　202
- 7.6 原点に渦糸をもつ解　207
- 7.7 任意に与えられた渦糸配置をとる解　214
- 第 7 章ノート　221

8 超伝導における Ginzburg-Landau モデル II　223

- 8.1 GL 汎関数, GL 方程式, ゲージ変換の定式化　223
- 8.2 常伝導解と相転移　225
- 8.3 作用素 $(\nabla - iA_0(h))^2$ の性質　226
- 8.4 超伝導状態の非存在のためのパラメータの条件　231
- 8.5 超伝導電流に対応する非自明解の存在と安定性　234
- 8.6 薄い領域上の GL モデル　246
- 第 8 章ノート　250

付　録　いくつかの補足と準備　253

- A.1 関数解析からの準備　253
  - (a) 重要な関数空間　253
  - (b) 不動点定理　257
- A.2 ベクトル解析に現れる等式, ヘルムホルツ分解　258
- A.3 2 階楕円型方程式の諸性質　260
  - (a) 線形方程式と解の性質　260
  - (b) 非線形問題と比較存在定理　265
  - (c) ハートマン-ウィントナーの定理　267
- A.4 等角写像とリーマンの写像定理　267

- A.5 位相と写像に関する準備　268
  - (a) 写像度　268
  - (b) 被覆空間と S^1 値写像の持ち上げ　273
- A.6 補題 2.10 の証明　274
- A.7 命題 6.7 の証明　280
- A.8 命題 8.2 の証明について　288

参考文献 …………………………………………………… 295
索　引 ……………………………………………………… 307

1 序

1.1 安定解の存在——領域の形状 vs 位相

本書の前半で扱う方程式の解の性質について概観しておこう．とくに本書の重要なテーマである「領域の位相や幾何学的形状が解の構造や安定性にどのように反映されるか」という観点から考察してみたい．以下では，Ginzburg-Landau を GL と略記する．

次の複素数値関数 $\boldsymbol{u}(x)=u_1(x)+iu_2(x)$ を変数とする汎関数(GL エネルギー)

$$(1.1) \qquad \mathcal{E}(\boldsymbol{u}) := \int_{\Omega}\left(\frac{1}{2}|\nabla\boldsymbol{u}|^2+\frac{\lambda}{4}(1-|\boldsymbol{u}|^2)^2\right)dx$$

とその変分方程式[*1](オイラー–ラグランジュ方程式)である GL 方程式

$$(1.2) \qquad \Delta\boldsymbol{u}+\lambda(1-|\boldsymbol{u}|^2)\boldsymbol{u} = 0 \quad (x\in\Omega)$$

を適当な条件下で考えることにする．Ω は滑らかな境界をもつ n 次元の有界領域である．我々はこの GL 方程式 (1.2) の解を調べるのであるが，とくに，非自明な安定解の存在や解の幾何的な形状は重要な課題となる．ここで安定解とは，適当な関数空間で汎関数 $\mathcal{E}$ を極小化する解 $\boldsymbol{u}$ である．この GL エネルギーは超伝導の GL 理論において磁場の効果が無視できるほど弱い場合のモデルと考えることができ，安定解は物理的に実現される平衡状態に対応する．

[*1] 汎関数の値を停留させる関数 $\boldsymbol{u}(x)$ を規定する方程式のことをいう．

方程式(1.2)は一見単純であるが，$\boldsymbol{u}$ の実部と虚部，すなわち u_1 と u_2 の式で表すと連立の楕円型方程式となる．そのため，解の構成や安定性を議論をするとき，単独の楕円型方程式にない技術的な難しさがある．たとえば単独の楕円型方程式の解の研究において威力を発揮する最大値原理や比較定理は，直接的には適用できない．一方で，単独の方程式には現れない特徴ある解が存在し，解構造も多様になることが期待できる．

いま，GL 方程式(1.2)にノイマン(Neumann)境界条件

$$(1.3) \qquad \frac{\partial \boldsymbol{u}}{\partial \boldsymbol{\nu}} = 0 \quad (x \in \partial \Omega)$$

を課してその解の特徴をみていこう．ここで $\boldsymbol{\nu}$ は境界上の単位法線ベクトルである．まず次の事実に注意しておく．$|\boldsymbol{u}|=1$ となる定数は(1.2)の解で，しかも $\mathcal{E}(\boldsymbol{u})=0$ をみたすのでエネルギーを最小にする安定な解である．また，$\boldsymbol{u}=0$ は不安定な定数解になっていることも容易にわかる．このような定数解を以後，自明解と呼ぶことにする．さらに実数値関数 $\varphi(x)$ を楕円型方程式

$$(1.4) \qquad \Delta \varphi + \lambda(1-\varphi^2)\varphi = 0 \quad (x \in \Omega), \quad \frac{\partial \varphi}{\partial \boldsymbol{\nu}} = 0 \quad (x \in \partial \Omega)$$

の解とすると，この方程式の解 φ は(1.2)の解でもある．また，任意の $c \in \mathbb{R}$ に対して $\boldsymbol{u}=\varphi(x)\,\mathrm{e}^{ic}$ も(1.2)の解になっている．このように(1.4)の解を用いて表される(1.2)の解をスカラータイプの解と呼ぶことにする．

方程式(1.4)の解については，これまでも豊富な研究が存在する．(1.4)の定数解 $\varphi=\pm 1$ は実数値関数に対して定義されたエネルギー汎関数

$$(1.5) \qquad \tilde{\mathcal{E}}(\varphi) := \int_{\Omega} \left(\frac{1}{2}|\nabla \varphi|^2 + \frac{\lambda}{4}(1-\varphi^2)^2 \right) dx$$

を最小化する安定な解であるが，領域が凸なら古典的な Casten-Holland[31]と Matano[122]の結果からその他の解はすべて不安定であることがわかっている．一方，適当な非凸領域(亜鈴型の領域)においては安定な非定数解が存在する([122], [66], [79], [80])．

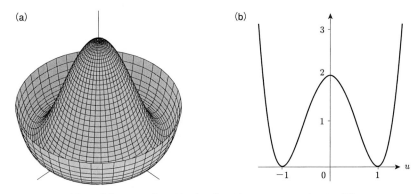

図 1.1 (a) GL エネルギー(1.1)のポテンシャル $\lambda(1-|\boldsymbol{u}|^2)^2$ の鳥瞰図($\lambda=2$ の場合). (b) 汎関数(1.5)のポテンシャル $\lambda(1-u^2)^2$ のグラフ($\lambda=2$ の場合).

ここで GL 汎関数(1.1)とスカラーの場合の汎関数(1.5)を見比べてみよう．前者のポテンシャル項の最小値は $|\boldsymbol{u}|=1$ という単位円で実現され，後者では $\varphi=\pm1$ という異なる2点で与えられる(図1.1参照)．このポテンシャルの性質の違いが安定解の構造に影響を与えることが想像できる．実際，(1.4)を解いて得られるスカラータイプの非定数解は(1.1)の臨界点を与える解としてみるとすべて不安定であることが容易に示される．(1.4)においては，孤立した2つの領域で存在する安定な定数解 $\varphi=1$ および $\varphi=-1$ から，細いハンドル領域で2つの領域を結ぶことにより(図1.2参照)，安定な非定数解を構成することができる．しかし，(1.1)のポテンシャルの最小値を与える単位円の中では，±1 の2点は孤立しておらず，それが GL 方程式において不安定性を引き起こす要因となる．

図 1.2 2つの大きな領域 D が細い Q でつながれている領域の例．左右の領域 D でそれぞれ $\varphi\approx1$ と $\varphi\approx-1$（または $\varphi\approx-1$ と $\varphi\approx1$）となる(1.4)の安定解 $\varphi(x)$ が存在する．

そこで(1.2)に特徴的な安定解を求めるためには，スカラータイプ以外の解を探さなければならない．ところが，1次元の有限区間ではスカラータイプの解しか現れないことが証明でき，任意のパラメータ $\lambda>0$ に対し解をすべて決定することができる．2次元以上の凸領域においても自明でないあらゆる解は不安定であることが証明される．実際，凸領域における不安定性は[31, 122]の定理の拡張として，一般的なエネルギー汎関数をもつ方程式系に対して成り立つ(Jimbo-Morita[83])．それでは，どのような領域で安定な非定数解を構成できるであろうか？

この問題にアプローチする手がかりとして，超伝導では**永久電流**(persistent current)と呼ばれる現象，すなわち閉じた超伝導体を電流が減衰無しに流れ続ける現象があることを思い出そう．GL方程式の非自明な安定解はこの永久電流の状態に対応する．細いリング状の物質において実現される永久電流は最初に発見された超伝導現象である[*2]．これに対応してGL方程式を円周 $S^1=\mathbb{R}/(2\pi\mathbb{Z})$ (1次元周期境界条件に対応する)で考えてみよう．このときも方程式は自明な定数解や，ノイマン境界条件の場合と同様にスカラータイプの解をもつが，それらは永久電流に対応する解ではない．永久電流に対応する解として

$$(1.6) \quad \boldsymbol{u}_k(x) = a_k \exp(ikx) \quad (x \in S^1), \quad a_k := \sqrt{1-(k^2/\lambda)} \quad (\lambda > k^2)$$

という形の解が存在し，しかもこの解は λ が十分大きければ安定であることが証明される．

この1次元の場合の周期境界条件とノイマン境界条件の違いの本質は，実は円と線分の位相的な違いにある．一般に，有界領域 Ω から単位円

$$S_c^1 := \{z \in \mathbb{C} : |z| = 1\}$$

上への連続な写像全体を考えると，すべての写像が定数値関数にホモトピー同値となる領域(自明な位相をもつ領域)か，複数のホモトピー同値類をもつ領域(非自明な位相をもつ領域)に分類できる．可縮な領域のように自明な位相をも

[*2] 7.1節を参照．

図 1.3 自明でない位相をもつ領域 D の例．このような領域で安定な非定数解が構成できる．

つ場合は，ノイマン境界条件をみたす GL 方程式の解はかならず零点をもつことが示される．すなわち $|u(x)|>0$ $(x\in\Omega)$ となる解は自明な定数解しか存在しない．しかし，単位円上の解 (1.6) は零点をもたず，複素平面における像は原点の周りで位相的な巻き数 k をもつ．そこで，非自明な位相をもつ領域において，このような零点をもたない自明でない同値類に対応した解の存在がいえればよいであろう．しかし，このような解が構成できたとして，安定であることが保証されるであろうか？

そこでもう一度，1 次元の場合の (1.6) をみてみよう．容易にわかるように $\lambda\to\infty$ で，$u_k\to\exp(ikx)$ となる．これは $\lambda\to\infty$ の極限で $|u_k|\to 1$, 正確には (1.1) のポテンシャル項 $\lambda(1-|u|^2)^2$ を零にするように収束する．これによって解はよりポテンシャルエネルギーの低い状態を実現し安定になることが期待できる．実際，u_k の場合は λ が k^2 に近いときには不安定で，λ を十分大きくとると安定化することが証明できる．この考えを推し進めることにより，任意の自明でないホモトピー類に対応して $u(x)/|u(x)|:\Omega\to S_c^1$ がそのホモトピー類に属するような解 $u=u(x)$ を構成し，その解の安定性が証明される（図 1.3 および図 3.1 参照）．このとき $\lambda\to\infty$ における解の漸近挙動は重要で，この極限関数は，Ω から S_c^1 へのノイマン境界条件をみたす調和写像になることが証明できる (Jimbo-Morita-Zhai[90])．

上の結果から領域の位相と安定解の存在が大きく関係していることがわかった．それでは，単連結のような領域では非定数な安定解は決して存在し得ないのであろうか？

2次元の場合については，いままでそのような解は見つかっていない．しかし，3次元以上になると状況は異なる．まず，解 $u(x)$ の零点集合は一般的には余次元2の集合[*3]になることに注意しよう．そこで3次元の単連結領域における非定数解の零点集合は一般に1次元の曲線（あるいは線分）を成す．λ が大きくなると，ポテンシャル項の性質から零点集合の周りにはエネルギーが集中する傾向がある．解が安定になるためにはこの部分のエネルギーを，回転方向を無視すると，局所的に小さく抑える要因が必要になる．言い換えると，何らかの拘束条件がなければ零点集合の安定な平衡状態をとるのは難しい．そこで，領域に極端な凹みを作り，そこに零点集合がトラップされるように解を構成すれば安定な平衡状態を実現することが可能と考えられる．このアイデアは Dancer[42]や[85]において実現され，3次元以上の非凸な可縮領域で安定な非定数解の存在が示されている（図1.4参照）．

$\Omega = D \cup Q$

図1.4 安定解が存在する3次元の領域 $\Omega = D \cup Q$．Q は中央の薄い部分を表す．

1.2 渦糸解について

前節で述べたような非自明な解の存在と安定性は本書の重要な課題であるが，渦糸解と呼ばれる空間的に特徴のある構造をもつ解についてもくわしく取り扱う．

以下，その要点を説明しよう．上でも述べたが，可縮な領域のように自明な位相をもつ領域では，非定数解は必ず零点（または零点集合）をもつ．この**秩序**

[*3] 変数 $u(x) = u_1(x) + i u_2(x)$ の n 次元領域における零点集合は，$u_1(x)=0$ と $u_2(x)=0$ という $n-1$ 次元超曲面の交わりとして定まるので，一般には $n-2$ 次元集合になる．

パラメータ[*4]の零点は，超伝導では常伝導状態に対応するので，零点をもった解は超伝導と常伝導状態の混合状態を表すと解釈される．2次元または3次元領域における余次元2の零点集合は渦糸と呼ばれ(2次元の場合は渦点とも呼ばれる)，超伝導の特徴的な現象に対応する解として古くから興味ある研究対象として注目されていた[*5]．

渦糸に相当する零点をもつ解を，以下では**渦糸解**と呼ぶことにする．渦糸の性質をみるために鉛直方向は一様と考え，2次元の平面で極座標を用いて $\boldsymbol{u}=f(r)\exp(im\theta)$ と変数分離で表現される解を考えよう．これを GL 方程式に代入すると $f(r)$ に関する常微分方程式

$$(1.7) \qquad \frac{d^2 f}{dr^2} + \frac{1}{r}\frac{df}{dr} - \frac{m^2}{r^2}f + (1-f^2)f = 0 \quad (0 < r < \infty)$$

に帰着される．ここで，領域は全領域としたので係数 λ は 1 に正規化されている．また，m は回転数(巻き数)を表す位相的な量で，$m \neq 0$ なら原点で $f(0)=0$ をみたす必要がある．すなわち，$\boldsymbol{u}=f(r)\exp(im\theta)$ の複素平面における像は原点の周りで重複度 $|m|$ をもつ．一方，無限遠点では，GL エネルギーのポテンシャルが最小になるように $f(\infty)=1$ と条件を課すのが自然である．

以上のように，$r=0$ と $r=\infty$ での条件を課すと(1.7)の正の解はただ1つ存在する．また，単位円板領域において(1.2)を考えた場合にも，ノイマン境界条件の場合には上記のように変数分離形で表される解が，ある値以上の λ に対して存在する．ただし，ノイマン境界条件ではこの渦糸解は不安定なので，境界 $r=1$ で $\boldsymbol{u}=\exp(im\theta)$ を課してみよう(第1種境界条件)．この場合は任意の $\lambda > 0$ に対し，変数分離で表される渦糸解が存在し，$m=\pm 1$ の場合は常に安定であることが証明される．$|m| \geq 2$ の場合には，小さな λ に対しては安定であるが，λ がある臨界値を越えると不安定になる．このとき新たな安定解が存在するが，もはや変数分離の形で書き表すことができない．このことは興味ある問題を提供する．新たに出現した安定解はどのような形状の解なのか？またその零点の位置はどのような法則で決まるのであろうか？

[*4] GL 理論では変数 $\boldsymbol{u}$ は秩序パラメータと呼ばれる．1.6 節で秩序パラメータのくわしい説明を与える．超伝導状態を特徴付ける変数と考えればよい．

[*5] 現象との対応のくわしい説明は第 7 章で述べる．

この問いに答えるため,2次元の単連結領域で第1種境界条件を課した以下の問題を考えよう.境界 $\partial\Omega$ から単位円 S_c^1 への滑らかな関数 $\boldsymbol{g}(x)$ を用いて境界条件を

$$(1.8) \qquad \boldsymbol{u}(x) = \boldsymbol{g}(x), \quad |\boldsymbol{g}(x)| = 1 \quad (x \in \partial\Omega)$$

と与え,汎関数(1.1)を最小化する問題を考える.このとき,$\boldsymbol{g}$ の原点回りの巻き数 $d:=\deg(\boldsymbol{g},\partial\Omega)$ が定義できるので,d が 0 でなければこの汎関数の最小化解は位相的な制約からかならず零点をもつ.上の汎関数の最小化解(または一般に停留点を与える解)は,(1.2)-(1.8)をみたす.GL汎関数を最小化する解の存在は容易に証明できるが,この最小化解は果たしてちょうど $|d|$ 個の零点をもつのであろうか? $|d|=1$ のときは,$\boldsymbol{g}$ に非退化な条件を課すと最小化解の零点はただ1つであることがBauman-Carlson-Phillips [11] によって初めて証明された.一方,$|d|\geqq 2$ の場合には同じ点に零点が重なることも有り得るので,この問題はさらに難しくなる.しかし,円板領域での類推から λ が十分大きくなれば,零点は重なるより分かれる方が安定になるようである.言い換えると,大きな λ に対しては零点は重なるより離れた方がエネルギー的に小さくなると予想できる.それではその零点の配置に関しても何かいえるであろうか?

Bethuel-Brezis-Hélein [18]は,星形領域の場合に $\lambda\to\infty$ の特異極限の問題の研究から,$\lambda\to\infty$ の極限でそれらの零点の配置を決める有限次元のエネルギー汎関数[*6]を導出した.これにより,十分大きな λ に対して最小化解は異なる $|d|$ 個の零点をもつことが示される[*7].

1.3 渦糸の運動について

(1.2)-(1.3)は次の時間発展GL方程式

---

*6 繰り込みエネルギー(renormalized energy)と呼ばれる.
*7 星形を仮定しない単連結領域の場合への拡張は Struwe[157, 158] によってなされている.

$$(1.9) \begin{cases} \dfrac{\partial \boldsymbol{u}}{\partial t} = \Delta \boldsymbol{u} + \lambda(1-|\boldsymbol{u}|^2)\boldsymbol{u} & ((x,t) \in \Omega \times (0,\infty)), \\ \dfrac{\partial \boldsymbol{u}}{\partial \boldsymbol{\nu}} = 0 & ((x,t) \in \Omega \times (0,\infty)), \\ \boldsymbol{u}(x,0) = \boldsymbol{u}_0(x) & (x \in \Omega) \end{cases}$$

の平衡解を与える.この時間発展 GL 方程式は (1.1) の勾配系になっており (1.9) の解 $\boldsymbol{u}(x,t)$ について

$$\frac{d}{dt}\mathcal{E}(\boldsymbol{u}(\cdot,t)) = -\int_\Omega |\partial \boldsymbol{u}/\partial t|^2\,dx \leqq 0$$

を確かめるのは容易である.$\varepsilon = 1/\sqrt{\lambda}$ が十分小さいとき,初期関数が零点をもつ場合,時間がある程度経過した後の解の絶対値 $|\boldsymbol{u}(x,t)|$ の形をみると,零点の ε 近傍では零点と 1 を結ぶ遷移層ができる.数値計算では,この零点がゆっくりと動く様子が観察される.零点の周りでは位数が定義できるが,同符号の零点は反発し,異符号の場合には引き付けあう性質をもつ.この運動法則を与える常微分方程式を $\varepsilon \to 0$ の極限で書き表し,その運動を調べることができる.零点の位置を $\boldsymbol{a} = (a_1, a_2, \cdots, a_m)$ としよう.ただし,各零点の位数は 1 または -1 とする.時間を $\tau = t\log(1/\varepsilon)$ とスケール変換し,$\varepsilon \to 0$ の特異極限を考えると,前節で述べた繰り込みエネルギー $W(\boldsymbol{a})$ を用いて,零点の運動は

$$(1.10) \qquad \frac{d\boldsymbol{a}}{d\tau} = -\frac{1}{\pi}\mathrm{grad}_{\boldsymbol{a}} W(\boldsymbol{a})$$

と表すことができる.このような運動方程式の導出の研究は Lin[110, 111, 112] や Jerrard-Soner[78] によって発展した.

一方,ノイマン境界条件の場合には,グリーン (Green) 関数とロバン (Robin) 関数によって繰り込みエネルギーを表すことができる.円板領域の場合には,グリーン関数とロバン関数はともに対数関数のみで表記できるので,その運動の詳細を議論することができる [87].第 6 章では,ノイマン境界条件の場合に適当な近似解が成す有限次元多様体上では,零点の運動は確かにこのような運動方程式で近似できることを示し,円板の場合の運動について具体的に調べてみる.

1.4 安定性について

この節では(1.2)の解の安定性について正確に定義し，また，安定性を判定する条件について述べる．以下では$\mathbb{C}$は$\mathbb{R}^2$と同一視する．しかし，記法の簡略化のため複素の表記を使う．また，Ωはn次元の滑らかな境界をもつ有界な領域とし，主にノイマン境界条件の場合について説明していく．関数空間$L^p(\Omega;\mathbb{C})$, $p\geqq 1$や$H^m(\Omega;\mathbb{C})$ ($m=1,2$)を使う（くわしい定義は付録A.1節(a)を参照）．実数値の関数空間の場合は，たとえば$L^2(\Omega;\mathbb{R})$の代わりに，$L^2(\Omega)$と略記する．次の補題に注意しておこう．

補題 1.1 (1.2)-(1.3)の解$\boldsymbol{u}=\boldsymbol{u}(x)$について$\max_{x\in\overline{\Omega}}|\boldsymbol{u}(x)|\leqq 1$が成り立つ． □

[証明] (1.2)に$\overline{\boldsymbol{u}}$を乗じて変形すると

$$(1.11) \quad \overline{\boldsymbol{u}}\Delta\boldsymbol{u}+\lambda(1-|\boldsymbol{u}|^2)|\boldsymbol{u}|^2 = \frac{1}{2}\Delta|\boldsymbol{u}|^2-|\nabla\boldsymbol{u}|^2+\lambda(1-|\boldsymbol{u}|^2)|\boldsymbol{u}|^2 = 0$$

と書けるから，$|\boldsymbol{u}|$の最大値が領域の内部で1を越えるとその点で等式

$$\frac{1}{2}\Delta|\boldsymbol{u}|^2 = |\nabla\boldsymbol{u}|^2-\lambda(1-|\boldsymbol{u}|^2)|\boldsymbol{u}|^2$$

の右辺は正になる．一方，左辺は非正となり矛盾が生じる．また，1より大きい最大値を境界のみでとる場合を考えると，$\Delta|\boldsymbol{u}|^2>0$でかつその点のある小さい近傍では他点より真に大きいとしてよいから，付録の命題A.13（ホップ(Hopf)の最大値原理）を適用すると，その点で$\partial|\boldsymbol{u}|^2/\partial\boldsymbol{\nu}>0$となるが，これは$\boldsymbol{u}$のみたす境界条件に矛盾する．よって，すべての解の絶対値は1以下である． ∎

注意 1.1 上の補題で等号が成り立つのは$\boldsymbol{u}(x)$が定数関数のときのみである．

(1.2)-(1.3)の解の安定性を以下のように定義する．

定義 1.2 (1.2)-(1.3)の解$\boldsymbol{u}=\boldsymbol{u}^*(x)$が安定であるとは空間$L^2(\Omega;\mathbb{C})$において汎関数(1.1)を局所的に最小化する場合をいう．すなわち，ある$\delta>0$が存在して

$$\mathcal{E}(\boldsymbol{u}^*) \leqq \mathcal{E}(\boldsymbol{u}) \quad (\forall \boldsymbol{u} \in L^2(\Omega;\mathbb{C}), \quad \|\boldsymbol{u}-\boldsymbol{u}^*\|_{L^2} < \delta)$$

が成り立つことである[*8]. また, $\boldsymbol{u}^*$ が不安定であるとは, 安定でないときをいう. □

第2変分を用いて安定性を判定する条件を述べよう. (1.2)-(1.3) の解 $\boldsymbol{u}=\boldsymbol{u}^*(x)$ における (1.1) の第1変分は部分積分を用いると

$$\frac{d}{d\varepsilon}\mathcal{E}(\boldsymbol{u}^*+\varepsilon\boldsymbol{v})_{|\varepsilon=0} = \mathrm{Re}\int_\Omega \{\nabla \boldsymbol{u}^* \cdot \nabla \overline{\boldsymbol{v}} - \lambda(1-|\boldsymbol{u}^*|^2)\boldsymbol{u}^*\overline{\boldsymbol{v}}\}dx$$
$$= -\mathrm{Re}\int_\Omega \{\Delta \boldsymbol{u}^* + \lambda(1-|\boldsymbol{u}^*|^2)\boldsymbol{u}^*\}\overline{\boldsymbol{v}}dx = 0$$

となる. 第2変分は

$$\frac{d^2}{d\varepsilon^2}\mathcal{E}(\boldsymbol{u}^*+\varepsilon\boldsymbol{v})_{|\varepsilon=0} = \int_\Omega \{|\nabla \boldsymbol{v}|^2 - \lambda(1-|\boldsymbol{u}^*|^2)|\boldsymbol{v}|^2 + 2\lambda\{\mathrm{Re}\,(\overline{\boldsymbol{u}^*}\boldsymbol{v})\}^2\}dx$$

である. この第2変分を

$$(1.12) \quad \mathcal{K}(\boldsymbol{v};\boldsymbol{u}^*) := \int_\Omega \{|\nabla \boldsymbol{v}|^2 - \lambda(1-|\boldsymbol{u}^*|^2)|\boldsymbol{v}|^2 + 2\lambda\{\mathrm{Re}\,(\overline{\boldsymbol{u}^*}\boldsymbol{v})\}^2\}dx$$

と表す. ただし, $\mathcal{K}$ の $\boldsymbol{u}^*$ 依存性はしばしば省略する. GLエネルギー(1.1)は回転を表す**ゲージ変換**(gauge transformation)に関して不変である. すなわち,

$$(1.13) \qquad \mathcal{E}(\boldsymbol{u}\,\mathrm{e}^{i\alpha}) = \mathcal{E}(\boldsymbol{u}) \quad (\forall \alpha \in \mathbb{R})$$

という性質をもつ. このことから解 $\boldsymbol{u}^*(x)\,(\not\equiv 0)$ が与えられたとき, $\boldsymbol{u}^*$ を任意の角度回転してできる集合

$$(1.14) \qquad \mathcal{C}(\boldsymbol{u}^*) := \{\boldsymbol{u} = \boldsymbol{u}^*\mathrm{e}^{i\alpha} : 0 \leqq \alpha < 2\pi\}$$

は解の連続体を構成する. この集合の $\boldsymbol{u}=\boldsymbol{u}^*$ での接線方向($\alpha=0$ での回転方向)は $i\boldsymbol{u}^*$ で与えられる. このため

[*8] $\boldsymbol{u}$ が $H^1(\Omega;\mathbb{C})$ に属さないときは, 定義に現れる不等式の右辺が無限大になるので, 自動的にこの不等式はみたされる.

$$\mathcal{K}(i\boldsymbol{u}^*) = \int_\Omega \{|\nabla \boldsymbol{u}^*|^2 - \lambda(1-|\boldsymbol{u}^*|^2)|\boldsymbol{u}^*|^2\}dx$$
$$= -\int_\Omega \{(\Delta \boldsymbol{u}^* + \lambda(1-|\boldsymbol{u}^*|^2)\boldsymbol{u}^*)\overline{\boldsymbol{u}^*}\}dx = 0$$

である.

内積

(1.15) $\qquad \langle \boldsymbol{u}, \boldsymbol{v} \rangle_{L^2} := \int_\Omega \mathrm{Re}\{\overline{\boldsymbol{u}(x)}\boldsymbol{v}(x)\}dx$

を導入しておく. 次の命題が成り立つ.

命題 1.3 $\mathcal{K}(\boldsymbol{v})$ に関する**レイリー商**(Rayleigh quotient)について

(1.16) $\mu := \inf\{\mathcal{K}(\boldsymbol{v})/\|\boldsymbol{v}\|_{L^2}^2 : \boldsymbol{v} \in L^2(\Omega;\mathbb{C}),\ \boldsymbol{v} \neq 0,\ \langle \boldsymbol{v}, i\boldsymbol{u}^* \rangle_{L^2} = 0\} > 0$

が成り立つとする. このとき $\boldsymbol{u}^*$ は安定である. $\qquad\square$

[証明] この節ではソボレフ(Sobolev)の埋め込み(付録の A.1 節(a)参照)を使って空間次元が $n \leqq 6$ の場合に補題を証明しよう[*9].

一般に平衡解が孤立していれば議論は易しい. 非自明な解が与えられたとき連続体(1.14)ができるので, $\mathcal{C}(\boldsymbol{u}^*)$ との距離を考える必要がある. ある $\sigma > 0$ が存在して

(1.17) $\mathcal{E}(\boldsymbol{u}) \geqq \mathcal{E}(\boldsymbol{u}^*) + \sigma \|\boldsymbol{u} - \boldsymbol{u}^* \mathrm{e}^{i\alpha_0}\|_{H^1}^2 \quad (\boldsymbol{u} \in H^1, \|\boldsymbol{u} - \boldsymbol{u}^* \mathrm{e}^{i\alpha_0}\|_{H^1} \leqq \delta)$

が成り立つことを証明する. ただし, α_0 は

(1.18) $\qquad \|\boldsymbol{u} - \boldsymbol{u}^* \mathrm{e}^{i\alpha_0}\|_{L^2} = \inf_{0 \leqq \alpha \leqq 2\pi} \|\boldsymbol{u} - \boldsymbol{u}^* \mathrm{e}^{i\alpha}\|_{L^2}$

をみたす実数である. これから命題はただちに従う.

まず, 仮定より

$$\mathcal{K}(\boldsymbol{v}) \geqq \mu \|\boldsymbol{v}\|_{L^2}^2 \quad (\boldsymbol{v} \in L^2(\Omega;\mathbb{C}),\ \langle \boldsymbol{v}, i\boldsymbol{u}^* \rangle_{L^2} = 0)$$

である. 十分小さい $\delta_1 > 0$ が存在して

[*9] 一般次元の場合については第 3 章で改めて証明を与えるが, そのとき補題 1.1 を使う.

$$\inf_{0\leqq\alpha\leqq 2\pi}\|\boldsymbol{u}-\boldsymbol{u}^*\mathrm{e}^{i\alpha}\|_{L^2}\leqq\delta_1$$

なら (1.18) をみたす実数 $\alpha_0=\alpha_0(\boldsymbol{u})\in[0,2\pi)$ が一意に決まる. 実際, この左辺の2乗を α で微分すれば容易に確かめられる. $|\boldsymbol{u}^*(x)|\leqq 1$ に注意すると

$$(1.19)\quad \mathcal{E}(\boldsymbol{u}^*+\boldsymbol{v}) = \mathcal{E}(\boldsymbol{u}^*)+\frac{1}{2}\mathcal{K}(\boldsymbol{v})+\lambda\int_\Omega \mathrm{Re}(\overline{\boldsymbol{u}^*}\boldsymbol{v})|\boldsymbol{v}|^2 dx+\frac{\lambda}{4}\int_\Omega |\boldsymbol{v}|^4 dx$$
$$\geqq \mathcal{E}(\boldsymbol{u}^*)+\frac{1}{2}\mathcal{K}(\boldsymbol{v})-\lambda\|\boldsymbol{v}\|_{L^3}^3$$

である. $\boldsymbol{v}\in H^1(\Omega;\mathbb{C})$, $\langle\boldsymbol{v},i\boldsymbol{u}^*\rangle_{L^2}=0$ に対して

$$\mathcal{K}(\boldsymbol{v}) = \eta\mathcal{K}(\boldsymbol{v})+(1-\eta)\mathcal{K}(\boldsymbol{v}) \geqq \eta(\|\nabla\boldsymbol{v}\|_{L^2}^2-\lambda\|\boldsymbol{v}\|_{L^2}^2)+(1-\eta)\mu\|\boldsymbol{v}\|_{L^2}^2$$
$$\geqq \eta\|\nabla\boldsymbol{v}\|_{L^2}^2+\{-\eta\lambda+(1-\eta)\mu\}\|\boldsymbol{v}\|_{L^2}^2$$

と評価できる. そこで $\eta\,(>0)$ を $-\eta\lambda+(1-\eta)\mu>0$ となるように小さくとり, 固定する.

$$\tilde{\mu}:=\min\{\eta,-\eta\lambda+(1-\eta)\mu\}$$

とおけば

$$(1.20)\quad \mathcal{K}(\boldsymbol{v})\geqq\tilde{\mu}\|\boldsymbol{v}\|_{H^1}^2 \quad (\boldsymbol{v}\in H^1(\Omega;\mathbb{C}),\ \langle\boldsymbol{v},i\boldsymbol{u}^*\rangle_{L^2}=0)$$

が成り立つ. ソボレフの埋め込みによる不等式 $\|\boldsymbol{v}\|_{L^3}^3\leqq c\|\boldsymbol{v}\|_{H^1}^3$ ($n\leqq 6$) と (1.20) を (1.19) に適用すると

$$\mathcal{E}(\boldsymbol{u}^*+\boldsymbol{v})\geqq \mathcal{E}(\boldsymbol{u}^*)+(\tilde{\mu}/2-c\lambda\|\boldsymbol{v}\|_{H^1})\|\boldsymbol{v}\|_{H^1}^2$$

が得られる. そこで

$$\delta=\min\{\delta_1,\tilde{\mu}/(4c\lambda)\},\quad \sigma=\tilde{\mu}/4$$

ととれば

$$(1.21)\quad \mathcal{E}(\boldsymbol{u}^*+\boldsymbol{v})\geqq \mathcal{E}(\boldsymbol{u}^*)+\sigma\|\boldsymbol{v}\|_{H^1}^2 \quad (\|\boldsymbol{v}\|_{H^1}\leqq\delta,\ \langle\boldsymbol{v},i\boldsymbol{u}^*\rangle_{L^2}=0)$$

が成り立つ.

一方，任意の
$$\min_{0\leqq\alpha\leqq 2\pi}\|\boldsymbol{u}-\boldsymbol{u}^*\mathrm{e}^{i\alpha}\|_{L^2}\leqq\delta$$
をみたす $\boldsymbol{u}$ に対し $\alpha_0=\alpha_0(\boldsymbol{u})$ をとると，α_0 の定義から
$$0=\langle\boldsymbol{u}-\boldsymbol{u}^*\mathrm{e}^{i\alpha_0},i\boldsymbol{u}^*\mathrm{e}^{i\alpha_0}\rangle_{L^2}=\langle(\boldsymbol{u}-\boldsymbol{u}^*\mathrm{e}^{i\alpha_0})\mathrm{e}^{-i\alpha_0},i\boldsymbol{u}^*\rangle_{L^2}.$$
これより
$$\mathcal{E}(\boldsymbol{u})=\mathcal{E}(\boldsymbol{u}\mathrm{e}^{-i\alpha_0}),\quad \boldsymbol{u}\mathrm{e}^{-i\alpha_0}=\boldsymbol{u}^*+(\boldsymbol{u}-\boldsymbol{u}^*\mathrm{e}^{i\alpha_0})\mathrm{e}^{-i\alpha_0}$$
に注意して $\boldsymbol{v}=(\boldsymbol{u}-\boldsymbol{u}^*\mathrm{e}^{i\alpha_0})\mathrm{e}^{-i\alpha_0}$ とおき (1.21) を適用すると目的の (1.17) が従う． ∎

線形化固有値問題と安定性

$\boldsymbol{u}=\boldsymbol{u}^*$ に関する線形化作用素

(1.22) $\qquad \boldsymbol{L}[\boldsymbol{v}]:=-\Delta\boldsymbol{v}-\lambda(1-|\boldsymbol{u}^*|^2)\boldsymbol{v}+2\lambda\operatorname{Re}(\overline{\boldsymbol{u}^*}\boldsymbol{v})\boldsymbol{u}^*$

を定義する．定義域は
$$D(\boldsymbol{L}):=\{\boldsymbol{v}\in H^2(\Omega;\mathbb{C}):\partial\boldsymbol{v}/\partial\boldsymbol{\nu}=0\ (x\in\partial\Omega)\}$$
である．ここで，$\mathbb{C}$ と $\mathbb{R}^2$ を同一視して固有値問題

(1.23) $\qquad \boldsymbol{L}[\phi]=\mu\phi\quad(\phi\in D(\boldsymbol{L}),\ \phi\neq 0)$

を考えよう．$\boldsymbol{L}$ は内積 $\langle\cdot,\cdot\rangle_{L^2}$ に関して自己共役
$$\langle\boldsymbol{L}[\boldsymbol{u}],\boldsymbol{v}\rangle_{L^2}=\langle\boldsymbol{u},\boldsymbol{L}[\boldsymbol{v}]\rangle_{L^2},\quad \boldsymbol{u},\boldsymbol{v}\in D(\boldsymbol{L})$$
が容易に確かめられる．よって，$\boldsymbol{L}$ は実固有値のみをもつ．また，$\boldsymbol{L}[i\boldsymbol{u}^*]=0$ が成り立つ．すなわち $\boldsymbol{L}$ は零固有値を常にもち，$i\boldsymbol{u}^*$ はその零固有値に対する固有関数である．これは，解の連続体 $\mathcal{C}(\boldsymbol{u}^*)$ の接線方向に対応している．

明らかに

$$\mathcal{K}(\boldsymbol{v}) = \langle \boldsymbol{L}[\boldsymbol{v}], \boldsymbol{v}\rangle_{L^2}, \quad \boldsymbol{v} \in D(\boldsymbol{L})$$

が成り立つ．命題 1.3 の μ は $\boldsymbol{L}$ の零固有値を除く最小固有値になっているので ([41] を参照)，以下の命題が従う．

命題 1.4 $\boldsymbol{u}=\boldsymbol{u}^*(x)$ を (1.2)-(1.3) の解とし，$\boldsymbol{L}$ を (1.22) で定義される線形化作用素とする．$\boldsymbol{L}$ が単純な零固有値をもち，他の固有値はすべて正なら $\boldsymbol{u}^*$ は安定である． □

1.5 磁場の効果を入れた GL モデル

最初の方でも簡単に触れたが，超伝導現象に対応する GL モデルは，本来磁場の効果に対応する項を含んでいる．電流が発生すれば，必然的に磁場が発生するからである．永久電流が流れる超伝導体では，このような磁場の効果が無視できる場合もあるが，より物理的な GL 方程式は，秩序パラメータと磁場のベクトルポテンシャルを変数とする連立の方程式になる．また，外部から磁場を与えたとき，超伝導体の巨視的な状態が変化し，空間的な構造が現れる．超伝導理論において GL 方程式が広く受け入れられるようになったのも，このような物理現象に対応する状態をこのモデル方程式で再現できるからである．

一方，このような連立の方程式は扱いやすいものではない．そこで本書では，磁場を含んだモデル方程式の扱いについては，第 7 章でくわしくその導入から述べる．第 7 章の前半は，超伝導と GL モデルの入門的な役割を果たしている．後半は，多数の渦糸をもつ解が特殊なパラメータの条件のもとで構成できることを証明する．また，第 8 章では，永久電流に関連した問題や，外部磁場の強さによって起こる，超伝導状態の相転移の問題についても述べる．

1.6 秩序パラメータについて

物性の分野では巨視的(マクロ)な物理的状態(物理相)を表現するモデル方程

式においてしばしば**秩序パラメータ**(order parameter)という用語が現れる．数学分野ではあまり馴染みのない用語だが，今回のGL方程式の物理的背景を考える場合には重要になってくる概念なので，ここで説明を加えておこう．くわしい説明は物理の本に載っているので，ここでは簡単な例をあげて，その変数のもつ物理的な役割と重要性を読み取ってもらえれば十分である．

物理現象を分子，原子さらに素粒子などのミクロな立場から理論を構築し解明する立場と，マクロな立場から物質や，物質の物理的状態を統計的に記述して理解する立場がある．たとえば1つの分子の運動はニュートン力学で表現することができるが，気体の運動は個々の分子の運動から理解できない．熱統計的な考えを導入することによって，理想気体の運動はボルツマン方程式で記述される．ボルツマン方程式の場合，その未知変数は気体粒子の位置と速度の分布関数であるが，一般の物理現象ではさまざまな要因が絡み合っているので，どのような物理的量が現象を決定づけているかは自明でない．現象をモデル化するときどきに応じて考えなければならない．

しかし，相転移現象では，相転移が起こる前後の物理的状態は現象の特徴的な量で極めてよく表現される(相転移のランダウ理論[*10])．このような量(変数)は秩序パラメータと呼ばれる．この秩序パラメータの導入は，相転移現象のモデルに限らない．秩序パラメータによって表現された物理モデルの特徴はその明快さと扱いやすさにある．これを2種の合金のモデルで考えてみよう．2種類の溶け合った金属が凝固する場合，それぞれの金属の相(仮にAとBとする)の密度に着目してモデル方程式を作ることもできるが，単位体積当たりのモル(mol)比やAの密度を秩序パラメータuにとることができる．密度の場合は正規化することによって，Aが占める状態は$u=1$，Bが占める状態は$u=0$で近似される．$u=0$と$u=1$で極小値をとる関数$W(u)$を用いてポテンシャルエネルギーを導入すると，ある条件のもとでは物質がΩで占める全体の(自由)エネルギーは

$$\int_\Omega \left(\frac{\varepsilon^2}{2}|\nabla u|^2 + W(u)\right) dx$$

[*10] 「キッテル 熱物理学 第2版」[99]第10章などを参照するとよい．

で表現することができる(εは無次元化された物理的定数である). このエネルギーは(1.5)と同様の形をしている. このような単純化によって2種類の金属の境界面はuの関数が$u=0$の近くから$u=1$の近くまで急激に変化する遷移層として表現することができる. 実際, εが小さいとき遷移層の幅はεのオーダーになる.

超伝導の場合の秩序パラメータΨは超伝導電子[*11]を表すマクロな波動関数である. 量子力学では個々の電子は複素変数の波動関数によって表され, その絶対値の2乗が確率密度で偏角が電子のもつ位相である. Ginzburg-Landau理論では$|\Psi|^2$が超伝導電子密度に対応し, 超伝導状態では超伝導電子の位相が統計的に揃っているため1つの波動関数で表現できるのである. この章のGL方程式の複素変数uは, 超伝導モデルにおける正規化された秩序パラメータで, $|u|=1$が完全な超伝導状態, $|u|=0$が常伝導状態に対応している.

いずれにせよ, ある現象を記述する秩序パラメータの方程式が与えられたとき, その解の空間的形状は現象のある物理状態を表現し, その状態が物理的に実現されるかどうかは解が安定かどうかで検証できる.

[*11] 正確には超伝導電子はクーパーペアと呼ばれる対を成す(第7章参照).

2 1次元空間上の Ginzburg-Landau 方程式とその解の構造

　この章の目標は，1次元の Ginzburg-Landau 方程式についてその解の構造を決定することである．ノイマン境界条件の場合の解構造は単純で，実スカラー方程式の解から完全に決定することができる．実際，すべての解について**モース指数**(Morse index)に対応する線形化作用素の不安定固有値の個数もわかり，絶対値が1の定数解を除くとすべての解は不安定である．一方，周期境界条件の場合は状況が異なる．解の構造はずっと豊かになり，GL パラメータが大きくなるにつれて安定解の個数が増加する．このような安定解は一定の振幅をもち，複素平面における解の像に対し，原点まわりの巻き数が定義できる．また，この振幅一定な解から振幅変動する解が分岐するが，任意の GL パラメータの値に対してすべての解を決定することができる．周期境界条件の場合の GL 方程式は，細い閉じた超伝導ワイヤーにおける永久電流を表現する1次元モデルとみることができる．すなわち，外部からの強制的な力がなくとも超伝導電流が安定に存在し得ることを示すもっとも単純なモデル方程式である．

2.1 準　備

　この節では，次節以降の議論に現れる基礎的な事実を確認しておく．

(a)　スツルム-リュービル(Sturm-Liouville)の定理([39], 邦訳[40], [41]参照)

2階線形微分作用素

$$L := -\frac{d^2}{dx^2} + Q(x)$$

を考える．ここで，$Q(x)$ は区間 $[0,\ell]$ で連続な実数値関数である．ディリクレ(Dirichlet)境界条件をもつ固有値問題

$$L[\varphi] = \sigma\varphi, \quad \varphi(0) = \varphi(\ell) = 0$$

の固有値はすべて単純固有値である．小さい方から番号付けると k 番目の固有値に対応する固有関数は $k-1$ 個の零点を区間 $(0,\ell)$ 内にもつ．同様に，ノイマン境界条件の固有値問題

$$L[\tilde\varphi] = \tilde\sigma\tilde\varphi, \quad \frac{d\tilde\varphi}{dx}(0) = \frac{d\tilde\varphi}{dx}(\ell) = 0$$

についても，すべての固有値は単純固有値で，小さい方から番号付けた k 番目の固有値に対応する固有関数は $[0,\ell]$ 内に $k-1$ 個の零点をもつ．

同じ $Q(x)$ に対する L についてディリクレ問題の k 番目の固有値 σ_k とノイマン問題の k 番目の固有値 $\tilde\sigma_k$ を比べると，$\tilde\sigma_k < \sigma_k$ ($k=1,2,\cdots$) が成り立つ．

$Q(x)$ が周期 ℓ をもつ周期関数のとき $S^1 = \mathbb{R}/(\ell\mathbb{Z})$ 上の固有値問題を考えよう．これは区間 $[0,\ell]$ における周期境界条件の固有値問題と同等である．この問題の固有値を $\{\mu_k\}_{k=1,2,\cdots}$ とすると

$$\mu_1 < \mu_2 \leqq \mu_3 < \mu_4 \leqq \mu_5 < \cdots < \mu_{2n} \leqq \mu_{2n+1} < \cdots$$

と並べることができ，対応する固有関数 $\{\phi_k\}_{k=1,2,\cdots}$ について ϕ_{2n} と ϕ_{2n+1} ($n=1,2,\cdots$) は $2n$ 個の零点を区間 $[0,\ell)$ にもつ．また，ϕ_1 は零点をもたない．

上記のいずれの固有値問題でも $Q_1(x) \leqq Q_2(x)$ ($x \in (0,\ell)$), $Q_1 \not\equiv Q_2$ なら，Q_j に対する k 番目の固有値を $\sigma_k^{(j)}$ とすると，任意の $k \in \mathbb{N}$ について $\sigma_k^{(1)} < \sigma_k^{(2)}$ が成り立つ．

(b) ヤコビ(Jacobi)の楕円関数と第 1 種完全楕円積分([74], [166]参照)

各 $k \in (0,1)$ に対して $u \in [0,1]$ の関数

$$(2.1) \qquad x = \int_0^u \frac{dt}{\sqrt{(1-t^2)(1-k^2t^2)}} \quad (0 \leqq u \leqq 1)$$

を考える．右辺で $u=1$ のときの定積分

$$K(k) := \int_0^1 \frac{dt}{\sqrt{(1-t^2)(1-k^2t^2)}} = \int_0^{\pi/2} \frac{d\tau}{\sqrt{1-k^2 \sin^2 \tau}} \quad (0 \leqq k < 1)$$

は第 1 種完全楕円積分と呼ばれる．(2.1)の右辺は区間 $[0,1]$ から区間 $[0,K(k)]$ 上への狭義単調増加な関数になっているので，その逆関数 $u=u(x)$ が定義される．$x=K(k)$ で折り返して区間 $[0,2K(k)]$ の関数に拡張する．さらに奇関数になるように $[-2K(k), 2K(k)]$ まで拡張する．この区間を 1 周期として周期 $4K(k)$ の関数を全区間 $\mathbb{R}$ で定義すれば，ヤコビ(Jacobi)の楕円関数 $u=\mathrm{sn}\,(x;k)$ $(0<k<1)$ が得られる（図 2.1）．この関数は x に関して解析的であることが知られている．$\mathrm{sn}\,(x;k)$ の零点は $2jK(k)$, $j\in\mathbb{Z}$ で与えられる．$k=0$ のときは $\mathrm{sn}\,(x;0)=\sin x$ に他ならない．また，(2.1)は $k=1$ のとき，

$$x = \frac{1}{2}\log\frac{1+u}{1-u}$$

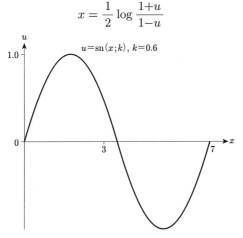

図 2.1 ヤコビの楕円関数 $u=\mathrm{sn}\,(x;k)$, $k=0.6$ のグラフ．周期は $4K(0.6)=7.0030\cdots$ である．

だから，$k\to 1$ のとき $\operatorname{sn}(x;k)$ は $\tanh x$ に広義一様収束することに注意する．

完全楕円積分 $K(k)$ は次の性質をもつことが容易に確かめられる．

(2.2) $\quad K(0) = \dfrac{\pi}{2}, \quad \lim_{k\to 1-0} K(k) = \infty, \quad \dfrac{dK}{dk} > 0 \quad (0 < k < 1)$

2.2　ノイマン境界条件の場合

領域を 1 次元の区間 $(0, \pi)$ とし，ノイマン境界条件をみたす次の GL 方程式を考える：

(2.3) $\quad \begin{cases} \boldsymbol{u}_{xx} + \lambda(1 - |\boldsymbol{u}|^2)\boldsymbol{u} = 0 & (x \in (0, \pi)), \\ \boldsymbol{u}_x(0) = \boldsymbol{u}_x(\pi) = 0. \end{cases}$

ここで $\boldsymbol{u}_x = d\boldsymbol{u}/dx, \boldsymbol{u}_{xx} = d^2\boldsymbol{u}/dx^2$ と略記した．任意に与えられたパラメータ $\lambda > 0$ に対し，どのような解が存在するかを考察する．$\kappa := \sqrt{\lambda}$ は GL パラメータと呼ばれ，超伝導モデルにおいて重要な役割を果たす(くわしくは第 7 章参照)．(2.3) の解の構造は単純である．実際，スカラー方程式の解を用いて完全に解くことができる．

補題 2.1　(2.3) の解 $\boldsymbol{u} = u_1(x) + i u_2(x)$ は，スカラー方程式

(2.4) $\quad \begin{cases} \phi_{xx} + \lambda(1 - \phi^2)\phi = 0 & (x \in (0, \pi)), \\ \phi_x(0) = \phi_x(\pi) = 0 \end{cases}$

の解 $\phi(x)$ を用いて

(2.5) $\quad \boldsymbol{u}(x) = e^{ic}\phi(x), \quad c \in \mathbb{R}$

と表される[*1]．　□

[証明]　(2.4) の解 $\phi(x)$ に対して (2.5) が (2.3) をみたすことは容易にわかる．逆に，任意の解 $\boldsymbol{u} = \boldsymbol{u}(x)$ が (2.5) の形に表せることを示そう．解 $\boldsymbol{u} = u_1(x) + i u_2(x)$ に対して，(実)線形作用素

[*1]　前章でも述べたが，スカラー方程式の解を使って (2.5) のように表せる自明でない解をスカラータイプの解と呼ぶことにする．

$$(2.6) \quad \begin{cases} L_1[v] := v_{xx}+Q(x)v, \quad Q(x) := \lambda(1-u_1(x)^2-u_2(x)^2), \\ D(L_1) = \{v \in H^2(0,\pi) : v_x(0) = v_x(\pi) = 0\} \end{cases}$$

を定義する．$u_1(x), u_2(x)$ は

$$L_1[u_1] = 0, \quad L_1[u_2] = 0$$

をみたすから，どちらも恒等的に0でないと仮定すると，u_1, u_2 は L_1 の零固有値に対する固有関数である．L_1 はスツルム-リュービル型の線形作用素で，固有値はすべて単純である．すなわち，各固有値に対する固有関数は定数倍を除いて一意なので，ある定数 $a \neq 0$ が存在して

$$(2.7) \quad u_2(x) = au_1(x)$$

と書ける．これを(2.3)に代入すると

$$(u_1)_{xx} + \lambda(1-(1+a^2)u_1^2)u_1 = 0.$$

よって，(2.4)の解 $\phi(x)$ を用いると

$$u_1(x) + iu_2(x) = \frac{1}{\sqrt{1+a^2}}(1+ia)\phi(x)$$

と書けるから，実定数 c を適当にとれば，(2.5)が得られる．また，$u_1 \equiv 0$（または $u_2 \equiv 0$）のときは

$$(u_2)_{xx} + \lambda(1-u_2^2)u_2 = 0 \quad (\text{または } (u_1)_{xx} + \lambda(1-u_1^2)u_1 = 0).$$

これは(2.5)で $c=\pi/2$（または $c=0$）の場合に相当する． ∎

(2.4)の解は，任意のパラメータ $\lambda > 0$ に対して完全に解くことができる．ヤコビの楕円関数を使って非定数解を陽に表す．

補題 2.2 (2.4)は任意の $n \in \mathbb{N}$ に対して，$\lambda > n^2$ なら n 個の零点をもつ解 $\phi = \pm \phi_n(x;\lambda)$ をもつ．解 ϕ_n は

$$(2.8) \quad \phi_n(x;\lambda) = k\sqrt{\frac{2}{1+k^2}} \, \mathrm{sn}\left(K(k)\frac{2nx-\pi}{\pi}; k\right)$$

と表される.ただし,k は次の方程式の一意に決まる解である.

$$(2.9) \qquad \frac{\pi}{2n} = \frac{\sqrt{1+k^2}K(k)}{\sqrt{\lambda}} \quad (0<k<1)$$

また,これ以外の非定数解は存在しない. □

[証明] $\phi(x)$ を (2.4) の任意の非定数解とする.$M:=|\phi(\tilde{x})|=\max_{x\in[0,\pi]}|\phi(x)|$ とおくと

$$(2.10) \qquad \phi_{xx}(x) = -(1-\phi(x)^2)\phi(x)$$

より $M\leqq 1$ は容易にわかる.また,$M=1$ なら $\phi_x(\tilde{x})=0$ と常微分方程式の初期値問題に関する解の一意性より $|\phi(x)|\equiv 1$ となる.よって $-1<\phi(x)<1$ である.

$\phi(x)$ が解なら $-\phi(x)$ も (2.4) も解なので

$$-1 < \phi(0) < 0$$

の場合を考える($\phi(0)=0$ なら $\phi(x)\equiv 0$).$\phi_{xx}(0)>0$ より,ある $0<x_1\leqq \pi$ が存在して

$$(2.11) \qquad \phi_x(x_1) = 0, \quad \phi_x(x) > 0 \quad (x \in (0, x_1))$$

となる.また,(2.10) より $\phi(x_1)>0$ が示され,

$$\phi(x_0) = 0, \quad x_0 \in (0, x_1)$$

なる x_0 がただ1つ存在する(図 2.2 参照).

(2.4) の両辺に ϕ_x を乗じて積分すると,

$$(\phi_x)^2/2 + \lambda(\phi^2/2 - \phi^4/4) = C.$$

ここで,C は積分定数である.境界条件をみたすようにこの定数 C を決定すればよい.新しいパラメータを導入しよう.$\alpha=\phi(x_1)$ (>0) とすると,この式と (2.11) から

$$(2.12) \qquad \frac{d\phi}{dx} = \sqrt{\lambda(\phi^2-\alpha^2)(\phi^2-\beta^2)/2} \quad (x \in [0, x_1])$$

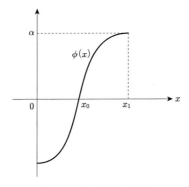

図 2.2 非定数解の形状.

が得られる，ただし

(2.13) $\quad \alpha^2+\beta^2 = 2, \quad \alpha^2\beta^2 = 4C/\lambda, \quad 0 < \alpha < \beta.$

最後の条件 $\alpha<\beta$ は (2.11) と α の定義より従う．(2.12) を積分すると

$$x-x_0 = \int_0^\phi \frac{dy}{\sqrt{\lambda(\alpha^2-y^2)(\beta^2-y^2)/2}}$$

だが，$t=y/\alpha$ と置換して

(2.14) $\quad x-x_0 = \dfrac{\sqrt{2}}{\beta\sqrt{\lambda}} \displaystyle\int_0^{\phi/\alpha} \dfrac{dt}{\sqrt{(1-t^2)(1-(\alpha/\beta)^2 t^2)}}$

を得る．$\phi(x_1)=\alpha$ と第1種完全楕円積分の定義より

(2.15) $\quad x_1-x_0 = \dfrac{\sqrt{2}}{\beta\sqrt{\lambda}} K(k), \quad k := \dfrac{\alpha}{\beta}$

である．こうして (2.14) と (2.15) から楕円関数を用いて

(2.16) $\quad \phi(x) = \alpha\,\mathrm{sn}\left(K(k)(x-x_0)/(x_1-x_0)\,;k\right) \quad (0 \leqq x \leqq x_1)$

と表せる．ところで，(2.14) の右辺をみると，ϕ についての奇関数になっているので，その逆関数は $x=x_0$ を原点にして奇関数である．このことから

$$x_1-x_0 = x_0$$

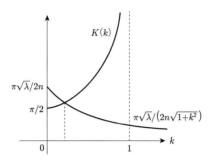

図 2.3 $K(k)$ と $\pi\sqrt{\lambda}/(2n\sqrt{1+k^2})$ のグラフ．$\lambda > n^2$ のとき，ただ 1 つの交点 k が区間 $(0,1)$ に存在する．

なる関係式を得る．(2.16) の右辺は $\mathbb{R}$ に周期 $4x_0$ の関数として拡張できる．解がみたす条件 (2.11) と楕円関数 $\mathrm{sn}(x;k)$ の微分が 0 になる点を考慮すると，ある自然数 n に対して

$$K(k)\frac{\pi-x_0}{x_1-x_0} = K(k)\frac{\pi-x_0}{x_0} = (2n-1)K(k)$$

でなければならない．すなわち，

(2.17) $$\pi = x_0 + (2n-1)x_0 = 2nx_0$$

となる．

一方，(2.13) の第 1 の式と (2.15) の k の定義より

(2.18) $$\alpha = k\sqrt{2/(1+k^2)}, \quad \beta = \sqrt{2/(1+k^2)}.$$

こうして (2.18) の第 2 式を (2.15) に代入して β を消去し，(2.17)，(2.18) および (2.16) から解 (2.8) と k の条件式 (2.9) を得る．

関数 $\pi\sqrt{\lambda}/2n\sqrt{1+k^2}$ ($k \in [0,\infty)$) は原点で最大値 $\pi\sqrt{\lambda}/2n$ をとる単調減少関数なので，完全楕円積分 $K(k)$ に関する性質 (2.2) から (2.26) をみたす k が存在する必要十分条件は $\lambda > n^2$ である (図 2.3 参照)．しかもこのときの解 k は区間 $(0,1)$ 内で一意に決まる．

上記以外の解が存在しないのは上の解の構成方法から容易に導かれる．こうして題意が証明された．

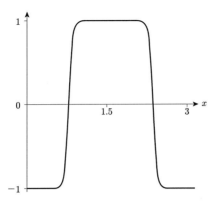

図 2.4 $n=2$, $\lambda=100$ のときの解 $\phi_n(x;\lambda)$ のグラフ.

注意 2.1 上の証明でパラメータ C の代わりに，パラメータ α を導入し，最終的には k の導入によって k に関する方程式に帰着された．(2.9)の方程式の右辺は k についての単調性をもち目的の結果が得られる．後にもう少し複雑な問題を解く場合にも上と同様のアイデアを採用する．

(2.4)の非定数解は楕円関数で表されているので $\lambda\to\infty$ の解の挙動も比較的簡単に示すことができる．

系 2.3 (2.4)の非定数解 $\phi_n(x;\lambda)$ ($\phi_n(0;\lambda)<0$) の n 個の零点を $x_j=\pi/2n+(j-1)\pi/n$ $(j=1,\cdots,n)$ とし，$x_0=0$, $x_{n+1}=\pi$ とおくと

$$\lim_{\lambda\to\infty}\phi(x;\lambda)=(-1)^m \quad (x\in(x_{m-1},x_m)) \quad (m=1,2,\cdots,n+1).$$

ここで収束は $[0,\pi]\setminus\{x_j\}_{j=1}^n$ で広義一様収束である． □

[証明] まず(2.9)の解を $k=k_n(\lambda)$ とすると $\lambda\to\infty$ のとき $k_n(\lambda)\to 1$ で

$$\lim_{\lambda\to\infty}\frac{K(k_n(\lambda))}{\sqrt{\lambda}}=\frac{\pi}{2\sqrt{2}\,n}$$

が成り立つ．任意に $\delta>0$ を小さくとり，区間 $[x_1+\delta,x_2-\delta]$ で $\phi(x;\lambda)$ が 1 に一様収束することを示そう（図2.4参照）．$x\in[x_1+\delta,x_2-\delta]$ では

$$\phi(x;\lambda)\geqq \phi(x_1+\delta;\lambda)$$
$$=\sqrt{2k_n(\lambda)^2/(1+k_n(\lambda)^2)}\,\mathrm{sn}\,(2n\delta K(k_n(\lambda))/\pi,k_n(\lambda))>0$$

に注意する．この右辺を $b(\lambda)$ とおき，$a(\lambda)=\sqrt{(1+k_n(\lambda)^2)/2k_n(\lambda)^2}$ とすると楕円関数の定義から

$$\frac{2n\delta K(k_n(\lambda))}{\pi} = \int_0^{a(\lambda)b(\lambda)} \frac{dt}{\sqrt{(1-t^2)(1-k_n(\lambda)^2 t)}}$$

と表される．$\lambda\to\infty$ のとき，$k_n\to 1$, $K(k_n)\to\infty$, $a(\lambda)\to 1$ より $b(\lambda)\to 1$ が従う．解は上から $\phi(x,\lambda)<1$ と抑えられているから 1 への収束が示せた．他の区間でも同様の議論が使え，題意が成り立つ． ∎

つぎに解の安定性を証明する．

命題 2.4 (2.3)の解 $\bm{u}_n=\mathrm{e}^{ic}\phi_n(x;\lambda)$ $(n=0,1,\cdots)$ を考える．ここで $\phi_0=1$ とする．この解の線形化作用素のスペクトルは，単純な零固有値，$2n$ 個の負の固有値および無限個の正の固有値からなる．また，自明解 $\bm{u}=0$ に対する線形化固有値問題のスペクトルは，$\lambda\in((m-1)^2/4, m^2/4)$ $(m\in\mathbb{N})$ のとき，$2m$ 個の負の固有値と無限個の正の固有値からなる．よって，定数解 $\bm{u}_0$ のみが安定で，他の解は常に不安定である． □

[証明] 線形化作用素の固有値問題は

$$\begin{cases} \bm{L}[\bm{v}] := -\bm{v}_{xx}-\lambda(1-\phi_n^2)\bm{v}+2\lambda\phi_n^2\mathrm{e}^{ic}\,\mathrm{Re}\,(\mathrm{e}^{-ic}\bm{v}) = \sigma\bm{v}, \\ D(\bm{L}) = \{\bm{v}\in H^2((0,\pi);\mathbb{C}): \bm{v}_x(0)=\bm{v}_x(1)=0\} \end{cases}$$

である．そこで $\bm{v}=\mathrm{e}^{ic}\bm{w}$ と変換し $\bm{w}=w_1+iw_2$ の実部と虚部に分けて書くと，2 つの固有値問題

(2.19) $\quad L_1[w_1] := -(w_1)_{xx}-\lambda(1-3\phi_n^2)w_1 = \sigma w_1,$

(2.20) $\quad L_2[w_2] := -(w_2)_{xx}-\lambda(1-\phi_n^2)w_2 = \sigma w_2$

に分離できる．L_2 の方から調べる．$L_2[\phi_n]=0$ が成り立ちノイマン境界条件をみたすことより $w=\phi_n$ は固有値 $\sigma=0$ に対応する固有関数である．ϕ_n は n 個の零点をもつから，スツリム-リューピルの定理より $\sigma=0$ は $n+1$ 番目の固有値である．すなわち L_2 は n 個の負の固有値をもつ($n=0$ のときは負の固有値は存在しない)．

つぎに L_1 を調べよう．L_1 は実スカラーの方程式(2.4)の線形化作用素と同

じである．(2.4) を x で微分すると

$$L_1[\phi_x] = 0$$

を得る．すなわち $(\phi_n)_x$ は，ディリクレ境界条件 $((\phi_n)_x(0)=(\phi_n)_x(\pi)=0)$ の場合の固有値零に対する固有関数になっている．$(\phi_n)_x$ は区間の内部に $n-1$ 個の零点をもつのでスツルム–リュービルの定理より，ディリクレ問題の n 番目の固有関数である．一般にノイマン問題の k 番目の固有値はディリクレのそれより小さい．よって L_1 のノイマン問題の n 番目の固有値は負である．すなわち，少なくとも n 個の負の固有値をもつ．

ちょうど n 個の固有値をもつことを示すには，L_1 と L_2 の $n+1$ 番目の固有値の大きさを比べればよい．L_1 の方が L_2 よりポテンシャルの項が大きいので，一般に k 番目の固有値は L_2 のそれより大きくなる．L_2 の $n+1$ 番目の固有値が零であるから L_1 のそれは正になる．すなわち非定数解に対する題意の主張が証明された．

自明解 $u=0$ についての結論は容易なので省略する． ∎

注意 2.2 この節の結果より，λ をパラメータとして変化させた場合，$\lambda=n^2$ を境に新たな解が現れ，解集合の構造が変わる．このような現象を**解の分岐**と呼ぶ．解 $u_n = e^{ic}\phi_n(x;\lambda)$ $(c\in\mathbb{R})$ が $\lambda=n^2$ で自明解 $u=0$ より分岐するという．この分岐した解は λ 方向に無限に延びており，その解からは新たな解は分岐しない．この例のように，あるパラメータに関する大域的な分岐構造の詳細がわかっている例は極めて少ない．この節のノイマン問題の解は，すべてスカラー方程式の解で表されているので簡単な議論で大域的構造を明らかにすることができた．しかし，次節の周期境界条件の場合はこのような単純な議論だけでは済まない．

2.3 周期境界条件の場合——解の分類

この節以降では周期境界条件の場合を扱う．最終目標は任意の $\lambda>0$ に対して解をすべて決定し，大域的な分岐構造を明らかにすることである．

区間 $[0,2\pi]$ における周期境界条件をもつ GL 方程式は

と書ける．ここでは $u(x)$ に 2π 周期を仮定した $\mathbb{R}$ 上の方程式

$$(2.21) \quad \begin{cases} u_{xx}+\lambda(1-|u|^2)u=0 \quad (x\in(0,2\pi)), \\ u(0)=u(2\pi), \quad u_x(0)=u_x(2\pi) \end{cases}$$

$$(2.22) \quad \begin{cases} u_{xx}+\lambda(1-|u|^2)u=0 \quad (x\in\mathbb{R}), \\ u(x+2\pi)=u(x) \quad (x\in\mathbb{R}) \end{cases}$$

と同等である．以下では(2.21)の代わりに(2.22)について，任意に与えられたパラメータ $\lambda>0$ に対しどのような解が存在するか考察しよう．

(2.22)の恒等的に 0 でない解を分類する．まず，零点をもつ解とそうでない解の2種類に分類できる．さらに後者の場合，解の振幅 $|u(x)|$ が一定な場合と非一様な場合に分類できる．こうして解を次の3つのタイプに分類する．

（Ⅰ）零点をもつ解，すなわちある点 x_0 で $u(x_0)=0$ となる．
（Ⅱ）振幅が一定の解，すなわち $|u(x)|$ が正の定数．
（Ⅲ）振幅が非一様で零点をもたない解．

この分類は自明であるが，解を特徴付ける有効な分類である．

タイプ（Ⅰ）の解は前節のノイマン境界条件の場合のように，スカラータイプの解になっていることが，次の補題からわかる．

補題 2.5 零点をもつ任意の解は区間 $[0,2\pi)$ 内に偶数個の零点をもつ．各 $n\in\mathbb{N}$ に対して区間 $[0,2\pi)$ 内に $2n$ 個の零点をもつ解は，$\lambda>n^2$ をみたすときに限り存在する．この解を $u^0_{\lambda,n}(x)$ とすると

$$(2.23) \quad u^0_{\lambda,n}(x) = e^{ic_1}\phi_{\lambda,n}(x+c_2), \quad c_1,c_2\in\mathbb{R}$$

と表せる．ここで，$\phi=\phi_{\lambda,n}(x)$ は区間 $[0,2\pi)$ 内に $2n$ 個の零点をもつ実関数で，次の方程式をみたす．

$$(2.24) \quad \phi_{xx}+\lambda(1-\phi^2)\phi=0, \quad \phi(x+2\pi)=\phi(x) \quad (x\in\mathbb{R})$$

また，$\phi_{\lambda,n}(0)=0$ をみたす(2.24)の解は

$$(2.25) \quad \phi_{\lambda,n}(x) = k\sqrt{\frac{2}{1+k^2}}\,\mathrm{sn}\left(\frac{2nK(k)x}{\pi};k\right), \quad \lambda>n^2$$

と表される．ただし，$k \in (0,1)$ は

(2.26) $$\frac{\pi}{2n} = \frac{\sqrt{1+k^2}K(k)}{\sqrt{\lambda}}$$

をみたす一意解である． □

[証明] 解 $\boldsymbol{u}=\boldsymbol{u}(x)$ が零点 $x_0 \in [0, 2\pi)$ をもったとする．周期性より $\boldsymbol{u}(x_0)=\boldsymbol{u}(x_0+2\pi)=0$ である．$\boldsymbol{u}=u_1(x)+iu_2(x)$ は

$$(u_1)_{xx}+\lambda(1-|\boldsymbol{u}|^2)u_1 = 0,$$
$$(u_2)_{xx}+\lambda(1-|\boldsymbol{u}|^2)u_2 = 0$$

をみたし，さらに

$$u_1(x_0) = u_1(x_0+2\pi) = 0, \quad u_2(x_0) = u_2(x_0+2\pi) = 0$$

である．前節の補題 2.1 の証明と同様に，スツリム-リュービルの定理を固有値問題

$$L[w] := -w_{xx}-\lambda(1-|\boldsymbol{u}|^2)w = \sigma w, \quad w(x_0) = w(x_0+2\pi) = 0$$

に適用すれば $\boldsymbol{u}=\phi(x)\,e^{ic}$ と表されることがわかる．ここで ϕ は (2.24) の解である．方程式は平行移動に関して不変なので，結局 (2.23) のように表せる．

つぎに (2.24) を解こう．この方程式は定数解 $\phi=0, \pm 1$ をもつが，零点をもつ非定数解を求める．x 方向の平行移動に関する不変性と変換 $\phi \mapsto -\phi$ に対する方程式の不変性より

(2.27) $$\phi(0) = \phi(2\pi) = 0, \quad \phi_x(0) > 0$$

を仮定する．(2.4) の解の構成と全く同様の議論で，$\lambda > n^2$ に対して (2.26) をみたす $k \in (0,1)$ が存在し，その k を使って (2.25) のように表される．くわしい証明は同じ議論を繰り返すだけなので省略する．$\mathrm{sn}\,(x;k)$ の零点は $x=2jK(k)$ $(j \in \mathbb{Z})$ であったから，解は確かに区間 $[0, 2\pi)$ 内に $2n$ 個の零点 $x_j=\pi j/n$ $(j=0,1,\cdots,2n-1)$ をもつ．

最後に (2.24) の解の全体は，定数解と，楕円関数で表されるこのような解しか存在しないことはその構成方法から容易にわかる．こうして補題の証明が

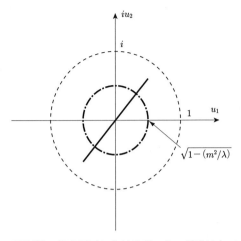

図 2.5 平衡解の複素平面における像．太い線分は (2.23) のスカラータイプの解，一点鎖線の円は (2.29) の振幅一定解に対応する．破線は半径 1 の円である．

完了する． ∎

タイプ (II) の解について次の結果は簡単に検証できる．

補題 2.6 $\lambda > m^2$ ($m \in \mathbb{Z}$) をみたすとき，次の振幅一定の解が存在する．

$$(2.28) \qquad \boldsymbol{u}^c_{\lambda,m}(x) := \sqrt{1-(m^2/\lambda)}\,\exp(imx)$$

ここで $m=0$ の場合は絶対値が 1 の定数解とする．また，任意の振幅一定の解 $\boldsymbol{u}$ は

$$(2.29) \qquad \boldsymbol{u} = \boldsymbol{u}^c_{\lambda,m}(x)\,\mathrm{e}^{ic}, \quad c \in \mathbb{R}$$

と表される． □

さて，タイプ (III) の解を考察する前に次の性質に注意しておく．解 $\boldsymbol{u}=\boldsymbol{u}(x)$ は単位円 S^1 から $\mathbb{C}$ への写像と見ることができる．そこで，この像が複素平面の原点を含まないとき，原点の周りの巻き数を定義することができる．タイプ (I) とタイプ (II) の複素平面における像を見比べると (図 2.5) その違いは明らかである．すなわちタイプ (II) の解のように零点をもたない解については，

位相的な指数である巻き数が自然に決まる．(2.28) の場合，その巻き数は m で，m が正なら左巻き，負なら右巻きである．

タイプ (III) の解については，やはり零点をもたないので，一般に滑らかな関数 $w(x), \theta(x)$ を用いて

$$\boldsymbol{u}(x) = w(x)\exp(i\theta(x)), \quad w(x) > 0 \quad (x \in \mathbb{R})$$

と表すことができる．このとき巻き数は $\theta(x)$ から決まる．すなわち巻き数 m をもつことは

$$\theta(x+2\pi) = \theta(x) + 2m\pi \quad (x \in \mathbb{R})$$

をみたすことである．一方，$w(x)$ は周期 2π の周期関数であるが，これは解の振幅を表し，この振幅が変化する解を見つけなければならない．

このようにタイプ (III) の解は，巻き数をもち振幅が変化する解として特徴付けることができる．このような解を，振幅変動解と呼ぶことにする．次節でこの振幅変動解をやはり楕円関数を用いて具体的に構成する．

2.4 振幅変動解の楕円関数による表現

S^1 上の GL 方程式において最も興味深い振幅変動解を考える．(2.22) の零点をもたない解を $\boldsymbol{u} = w(x)\exp(i\theta(x))$ と表し，方程式に代入すると w と θ の連立方程式

$$(2.30) \quad \begin{cases} w_{xx} - \theta_x^2 w + \lambda(1-w^2)w = 0 \\ (w^2\theta_x)_x = 0 \end{cases} \quad (x \in \mathbb{R})$$

が得られる．周期境界条件 $\boldsymbol{u}(x+2\pi) = \boldsymbol{u}(x)$ より

$$(2.31) \quad w(x+2\pi) = w(x), \quad \theta(x+2\pi) = \theta(x) + 2m\pi \quad (m \in \mathbb{Z}).$$

さらに，ここでは一般性を失わず

$$(2.32) \quad w(0) = \min_{x \in [0, 2\pi]} w(x), \quad \theta(0) = 0$$

を仮定してよい．なぜなら，この条件をみたす解が見つかれば，他の場合は補題2.5の(2.23)のように表せば得られるからである．

方程式 $(w^2\theta_x)_x=0$ を積分すると，未知定数 $b\in\mathbb{R}$ を用いて

$$\theta_x = \frac{b}{w^2}. \tag{2.33}$$

この式をもう一度積分し，(2.31)を使うと，方程式系(2.30)-(2.32)は $w(x)$ と b を求める問題

$$w_{xx} - b^2/w^3 + \lambda(1-w^2)w = 0 \quad (x\in\mathbb{R}), \tag{2.34}$$

$$w(x+2\pi) = w(x) \quad (x\in\mathbb{R}), \tag{2.35}$$

$$w(0) = \min_x w(x) > 0, \tag{2.36}$$

$$b = 2m\pi \left(\int_0^{2\pi} \frac{ds}{w(s)^2}\right)^{-1} \tag{2.37}$$

に帰着される．実際(2.34)-(2.37)の解が求まると，(2.33)より $\theta(0)=0$ をみたす $\theta(x)$ は

$$\theta(x) = 2m\pi \int_0^x \frac{ds}{w(s)^2} \left(\int_0^{2\pi} \frac{ds}{w(s)^2}\right)^{-1} \tag{2.38}$$

で与えられる．ここで $m=0$ なら $\theta(x)\equiv 0$ および $b=0$ で，w の方程式は $w_{xx}+\lambda(1-w^2)w=0$ となり，この正の解は定数解 $w=1$ のみである．そこで，以下では $m\neq 0$ とする．解の存在に関して次の命題が成り立つ．

命題 2.7 条件

$$|m| > \frac{n}{2} \quad (m\in\mathbb{Z}\setminus\{0\},\ n\in\mathbb{N}),\ \lambda > 3m^2 - \frac{n^2}{2} \tag{2.39}$$

をみたす m, n と λ に対して(2.22)は次のような解 $\boldsymbol{u}_{\lambda,m,n}^a(x)$ をもつ：

(2.40)

$$\boldsymbol{u}_{\lambda,m,n}^a(x) = w_n(x;\lambda)\exp\left\{2m\pi i \int_0^x \frac{1}{w_n(s;\lambda)^2}ds \left(\int_0^{2\pi} \frac{1}{w_n(s;\lambda)^2}ds\right)^{-1}\right\}.$$

ここで $w_n(\cdot\,;\lambda)$ は(2.34)-(2.37)の解で，$w_n(x+2\pi/n;\lambda)=w_n(x;\lambda)$ をみた

し，λ について一意に決まる．また，任意の振幅が非一様な解は，条件(2.39)をみたす m, n と λ が存在して

(2.41) $$\boldsymbol{u} = \boldsymbol{u}^a_{\lambda,m,n}(x+c_1)\,\mathrm{e}^{ic_2}, \quad c_1, c_2 \in \mathbb{R}$$

の形で与えられる(図 2.6 参照)． □

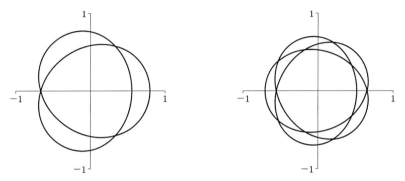

図 2.6 振幅変動解(2.40)の複素平面における像．左図は $m=2, n=3, \lambda=8$ の場合で右図は $m=3, n=5, \lambda=15$ の場合．

以下では解を具体的に構成することによってこの命題を証明していこう．まず，与えられた $b \in \mathbb{R}$ に対して(2.34)-(2.36)の解を楕円関数を用いて解く．その後，(2.37)をみたすように解を決定する．

$w(x)$ は $x=0$ で最小値をとるので，$w_x(0)=0$ に注意しよう．w は非定数なので

(2.42) $$w_x(x_1) = 0, \quad w_x(x) > 0 \quad (x \in (0, x_1))$$

なる $x_1 \in (0, 2\pi)$ が存在する(図 2.7 参照)．$2w_x$ を(2.34)に乗じると

$$\frac{d}{dx}\left((w_x)^2 + \frac{b^2}{w^2} + \frac{\lambda}{2}\left(2w^2 - w^4\right)\right) = 0.$$

積分してから w^2 を乗じると

(2.43) $$(ww_x)^2 - \frac{\lambda}{2}\left(w^6 - 2w^4\right) + b^2 = Cw^2.$$

ここで C は積分定数である．

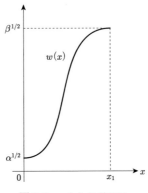

図 2.7 $w(x)$ のグラフ.

新しい変数

$$v(x) := w(x)^2$$

を用いて v の方程式

(2.44) $\quad (v_x)^2 = 2\lambda g(v), \quad g(v) := v^3 - 2v^2 + (2C/\lambda)v - 2b^2/\lambda$

に直す.このとき右辺の $g(v)$ は 3 次式になっていることに注意しておく.

(2.45) $\quad \alpha = v(0) = w(0)^2, \quad \beta = v(x_1) = w(x_1)^2$

とおいて $v_x(0) = v_x(x_1) = 0$ に注意すると,$g(\alpha) = g(\beta) = 0$ より

$$(v_x)^2 = 2\lambda(v-\alpha)(v-\beta)(v-\gamma)$$

と書き直される.ここで

(2.46) $\quad \gamma := 2 - \alpha - \beta, \quad \alpha < \beta \leqq \gamma, \quad \alpha\beta\gamma = 2b^2/\lambda$

である.$v_x(x) > 0 \ (x \in (0, x_1))$ なので,結局 $v = v(x)$ についての方程式

(2.47) $\quad \dfrac{dv}{dx} = \sqrt{2\lambda(v-\alpha)(v-\beta)(v-\gamma)} \quad (x \in [0, x_1])$

を得る.

(2.47) を解こう.積分すると

$$(2.48) \quad x = \frac{1}{\sqrt{2\lambda}} \int_\alpha^v \frac{dy}{\sqrt{(y-\alpha)(y-\beta)(y-\gamma)}} \quad (x \in [0, x_1]).$$

置換 $y = \alpha + (\beta-\alpha)\tau^2$ と新しいパラメータ

$$(2.49) \quad k := \sqrt{(\beta-\alpha)/(\gamma-\alpha)}$$

を導入する．このとき

$$\frac{dy}{\sqrt{(y-\alpha)(y-\beta)(y-\gamma)}} = \frac{2d\tau}{\sqrt{(\gamma-\alpha)(1-\tau^2)(1-k^2\tau^2)}}$$

だから (2.48) に適用して，区間 $u \in [0,1]$ では

$$\mathrm{sn}^{-1}(u\,;k) = \int_0^u \frac{d\tau}{\sqrt{1-\tau^2}\sqrt{1-k^2\tau^2}}$$

であることを使うと

$$(2.50) \quad x = \sqrt{\frac{2}{\lambda(\gamma-\alpha)}}\, \mathrm{sn}^{-1}\left(\sqrt{\frac{v-\alpha}{\beta-\alpha}};k\right) \quad (x \in [0, x_1])$$

を得る．こうして区間 $[0, x_1]$ で

$$(2.51) \quad v(x) = \alpha + (\beta-\alpha)\,\mathrm{sn}^2\left(\sqrt{\frac{\lambda(\gamma-\alpha)}{2}}x\,;k\right)$$

を得る．$\mathrm{sn}^2(x\,;k)$ は周期 $2K(k)$ の周期関数だから，右辺は $\mathbb{R}$ 上で定義される周期 $2K(k)\sqrt{2/\lambda(\gamma-\alpha)}$ の周期関数に拡張される．一方，$w(x)$ が 2π 周期であるという条件より，ある自然数 n に対して

$$2K(k)\sqrt{2/\lambda(\gamma-\alpha)} = 2\pi/n$$

を得る．これを書き直すと

$$(2.52) \quad \gamma - \alpha = \frac{2n^2 K(k)^2}{\lambda \pi^2}$$

が得られる．このときの n は振幅変動の回数 (振幅に関する波数) を表す．

3 つの条件 (2.46) の第 1 式，(2.49), (2.52) より α, β, γ について解くとそれぞれ k の関数として以下のように表せる：

$$(2.53) \quad \alpha(k,\lambda) := \frac{2}{3} - \frac{2n^2 K(k)^2 (k^2+1)}{3\lambda\pi^2},$$

$$(2.54) \quad \beta(k,\lambda) := \frac{2}{3} - \frac{2n^2 K(k)^2 (1-2k^2)}{3\lambda\pi^2},$$

$$(2.55) \quad \gamma(k,\lambda) := \frac{2}{3} - \frac{2n^2 K(k)^2 (k^2-2)}{3\lambda\pi^2}.$$

結局 (2.52) とこれらの $\alpha(k,\lambda)$, $\beta(k,\lambda)$, $\gamma(k,\lambda)$ を用いて

$$(2.56) \quad w(x) = \sqrt{v(x)} = \sqrt{\alpha(k,\lambda) + (\beta(k,\lambda) - \alpha(k,\lambda))\,\mathrm{sn}^2\,(nK(k)x/\pi\,;k)}$$

が得られた．すなわち任意の $k \in (0,1)$ に対して (2.56) が (2.34)-(2.36) の解を与える．

ここまでは，まだ k を決める条件が与えられていない．(2.37) をみたすような $w(x)$ を求めるために k の条件を導こう．

次の**第 3 種完全楕円積分**を用意する（[74], [166] 参照）：

$$(2.57) \quad \Pi(\nu,k) := \int_0^1 \frac{dt}{(1+\nu t^2)\sqrt{(1-t^2)(1-k^2 t^2)}}$$

$$= \int_0^{\pi/2} \frac{d\tau}{(1+\nu \sin^2 \tau)\sqrt{1-k^2 \sin^2 \tau}}.$$

ここで $\Pi(0,k) = K(k)$ である．

条件 (2.52) に注意すると

$$\int_0^{2\pi} \frac{dx}{w^2} = 2n \int_0^{\pi/n} \frac{dx}{w^2} = 2n \int_0^{\pi/n} \frac{dx}{v} = 2n \int_0^{\pi/n} \frac{1}{v} \frac{dx}{dv} dv$$

を得る．(2.47) と上の計算で用いた置換 $y = \alpha + (\beta-\alpha)\tau^2$ を適用し (2.57) を使うと

$$\int_0^{\pi/n} \frac{dx}{w^2} = \frac{1}{\sqrt{2\lambda}} \int_\alpha^\beta \frac{dy}{y\sqrt{(y-\alpha)(y-\beta)(y-\gamma)}}$$

$$= \sqrt{\frac{2}{\lambda}} \int_0^1 \frac{1}{\sqrt{\gamma-\alpha}} \frac{d\tau}{(\alpha+(\beta-\alpha)\tau^2)\sqrt{(1-\tau^2)(1-k^2\tau^2)}}$$

$$= \sqrt{\frac{2}{\lambda}} \frac{1}{\alpha\sqrt{\gamma-\alpha}} \Pi(\beta/\alpha-1,k)$$

となる.そこで(2.52)を使って $\gamma-\alpha$ を消去すると

$$(2.58) \quad \int_0^{2\pi} \frac{dx}{w^2} = 2n\sqrt{\frac{2}{\lambda}}\frac{\Pi(\beta/\alpha-1,k)}{\alpha}\frac{\sqrt{\lambda}\pi}{\sqrt{2}\,nK(k)} = \frac{2\pi\Pi(\beta/\alpha-1,k)}{\alpha K(k)}$$

を得る.よって(2.58)を(2.37)に代入すると

$$(2.59) \quad b = \frac{m\alpha K(k)}{\Pi(\beta/\alpha-1,k)}.$$

ここで使っていなかった(2.46)の3番目の条件を使って(2.59)の b を消去すると k に関する方程式が得られる.条件 $v(0)=w^2(0)>0$ を考慮すると,結局 k についての方程式

$$(2.60) \quad \rho(k,\lambda)$$
$$:= 2m^2 K(k)^2 - \frac{\lambda\beta(k,\lambda)\gamma(k,\lambda)}{\alpha(k,\lambda)}\Pi\left(\beta(k,\lambda)/\alpha(k,\lambda)-1,k\right)^2 = 0,$$

$$(2.61) \quad \alpha(k,\lambda) > 0$$

を得る.これらをみたす k が求まれば命題の解が得られる.

(2.61)に関して次の補題が成り立つ.

補題2.8 $\lambda \leqq n^2/4$ のとき $\alpha(k,\lambda)<0$ $(k\in(0,1))$ である. $\alpha(0,\lambda)=0$ が成り立つのは $\lambda=n^2/4$ のときのみである.一方, $\lambda>n^2/4$ のとき, $k=k_n(\lambda)$ を

$$(2.62) \quad \frac{\pi}{n} = \frac{\sqrt{1+k^2}K(k)}{\sqrt{\lambda}}$$

の一意な解とすると

$$(2.63) \quad \alpha(k_n(\lambda),\lambda)=0, \quad \alpha(k,\lambda)>0 \quad (k\in[0,k_n(\lambda)))$$

が成り立つ. □

[証明] 補題の前半は $d\alpha/dk<0$ と

$$\alpha(0,\lambda) = \frac{2}{3}(1-n^2/(4\lambda))$$

より明らかである.つぎに(2.53)より

$$(2.64) \quad \alpha(k,\lambda) = 0 \iff \lambda\pi^2 = (nK(k))^2(1+k^2)$$

である．この右側の式は，(2.62)に他ならない．(2.62)は(2.26)において n を $n/2$ で置き換えたものと同じである．よって，その解 $k \in (0,1)$ が存在する必要十分条件は $\lambda > \dfrac{n^2}{4}$ である．$d\alpha/dk < 0$ より(2.62)の解 $k = k_n(\lambda)$ に対して(2.63)が成り立つ． ∎

(2.60)-(2.61)の解の存在に関して次の補題が成り立つ．

補題 2.9 $\alpha = \alpha(k,\lambda)$, $\beta = \beta(k,\lambda)$, $\gamma = \gamma(k,\lambda)$ をそれぞれ(2.53), (2.54), (2.55)で定義された $k \in (0,1)$ の関数とする．(2.60)-(2.61)が解をもつ m, n およびパラメータ λ に関する必要十分条件は(2.39)である．この解 $k = k^*(\lambda) \in (0, k_n(\lambda))$ は各 $\lambda > 3m^2 - n^2/2$ に対して一意に決まり，

$$(2.65) \quad k^*(\lambda) \to 0 \quad (\lambda \to 3m^2 - n^2/2)$$

が成り立つ． ∎

[証明] まず方程式(2.60)の解 $k \in (0, k_n(\lambda))$ の存在を証明する．ρ の $k=0$ での値と，$k \to k_n(\lambda)$ の極限での値を調べよう．

補題 2.8 により $\lambda > n^2/4$ は必要条件である．$\beta(0,\lambda)/\alpha(0,\lambda) = 1$, $\gamma(0,\lambda) = 2(1 + n^2/2\lambda)/3$ および $\Pi(0,0) = K(0) = \pi/2$ より

$$(2.66) \quad \rho(0,\lambda) = 2m^2 \frac{\pi^2}{4} - \frac{2\lambda}{3}\left(1 + \frac{n^2}{2\lambda}\right) \cdot \frac{\pi^2}{4} = \frac{\pi^2}{6}(3m^2 - n^2/2 - \lambda).$$

つぎに $\lim_{k \to k_n(\lambda)} \rho(k,\lambda)$ を調べる．完全楕円積分 Π について

$$(2.67) \quad \lim_{k \to k_n(\lambda)} \sqrt{\beta/\alpha}\, \Pi(\beta/\alpha - 1, k) = \frac{\pi}{2}$$

が成り立つ．これを証明するため $\Pi(\beta/\alpha - 1, k)$ の積分で

$$s = \frac{\sqrt{\tilde{\nu}}\, t}{\sqrt{1-t^2}}, \quad \tilde{\nu} := \frac{\beta}{\alpha}$$

と置換する．すなわち

$$ds = \frac{\sqrt{\tilde{\nu}}\, dt}{(1-t^2)\sqrt{1-t^2}}, \quad t^2 = \frac{s^2}{\tilde{\nu} + s^2}$$

を使うと

$$\sqrt{\tilde{\nu}}\,\Pi(\tilde{\nu}-1,k) = \int_0^\infty \frac{\sqrt{s^2+\tilde{\nu}}}{(1+s^2)\sqrt{\tilde{\nu}+(1-k^2)s^2}}\,ds$$
$$\leqq \int_0^\infty \frac{\sqrt{s^2+\tilde{\nu}}}{(1+s^2)\sqrt{(1-k^2)\tilde{\nu}+(1-k^2)s^2}}\,ds$$
$$= \int_0^\infty \frac{1}{(1+s^2)\sqrt{1-k^2}}\,ds$$
$$\leqq \int_0^\infty \frac{1}{(1+s^2)\sqrt{1-k_n(\lambda)^2}}\,ds < \infty.$$

$\tilde{\nu}=\beta/\alpha\to\infty$ ($k\to k_n(\lambda)-0$) だから，この上の最初の等式にルベーグの収束定理を適用すると

$$\lim_{k\to k_n(\lambda)-0}\sqrt{\beta/\alpha}\,\Pi(\beta/\alpha-1,k) = \int_0^\infty \frac{1}{1+s^2}\,ds = \frac{\pi}{2}$$

が従う．(2.52)と $\alpha(k_n(\lambda),\lambda)=0$ より

$$\gamma(k_n(\lambda),\lambda) = \frac{2n^2 K(k_n(\lambda))^2}{\lambda\pi^2}$$

である．この式と(2.67)と併せて

(2.68) $$\rho(k_n(\lambda),\lambda) = \lim_{k\to k_n(\lambda)-0}\rho(k,\lambda)$$
$$= 2m^2 K(k_n(\lambda))^2 - \lambda\gamma(k_n(\lambda),\lambda)\cdot\frac{\pi^2}{4}$$
$$= 2(m^2-n^2/4)K(k_n(\lambda))^2$$

を得る．$\lambda > n^2/4$ の条件のもとでは

$$3m^2-n^2/2-\lambda < 3(m^2-n^2/4)$$

が成り立っているから，$\rho(0,\lambda)\rho(k_n(\lambda),\lambda)<0$ となる必要十分条件は

(2.69) $$3m^2-n^2/2 < \lambda,\quad 0 < m^2-n^2/4$$

である．この条件は(2.39)そのものである．このとき $\rho=0$ の解 $k=k^*(\lambda)$ が中間値の定理より存在する（図2.8参照）．

一意性は次の補題より従う．

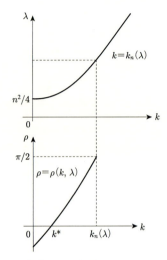

図 2.8 $\rho(k,\lambda)$ の定義される領域は，(k,λ) のパラメータ空間において $k=k_n(\lambda)$ と $k=0$ で囲まれた部分である．下の図は $\lambda>3m^2-n^2/2$ のときの $\rho=\rho(\cdot,\lambda)$ のグラフを表す．

補題 2.10 $k\in(0,k_n(\lambda))$ が $\rho(k,\lambda)=0$ をみたすなら，

$$\frac{\partial\rho}{\partial k}(k,\lambda)>0$$

が成り立つ． □

この補題は重要であるがその証明の計算は長くなる．3 種類の完全楕円積分の間の関係式を用いた技巧的な計算が要求されるので付録の A.6 節にまわすことにする．

補題 2.10 より $\rho(0,\lambda)\rho(k_n(\lambda),\lambda)<0$ がみたされている限りは，$\rho(k,\lambda)=0$ の解は一意に決まる．

つぎに (2.39) すなわち (2.69) がみたされない場合には (2.60)–(2.61) の解が存在しないことを証明する．最初に，$\lambda\leq 3m^2-n^2/2$ なら解が存在しないことを示す．すべての $k\in(0,k_n(\lambda))$ に対して $\rho(k,\lambda)\neq 0$ を導けばよい．

$$\tilde{\lambda}:=3m^2-n^2/2$$

とおこう．

$$\rho(0,\lambda) = \frac{\pi^2}{6}(\tilde{\lambda}-\lambda), \quad \rho(k_n(\lambda),\lambda) = 2(m^2-n^2/4)K(k_n(\lambda))^2$$

なので，$n^2/4<\lambda<\tilde{\lambda}$ なら

$$\rho(0,\lambda) > 0, \quad \rho(k_n(\lambda),\lambda) > 0$$

である．補題 2.10 を適用すれば $\rho(k,\lambda)>0$ $(k\in[0,k_n(\lambda)))$ がただちに導かれる．さらに各 $k\in(0,k_n(\tilde{\lambda}))$ に対して

$$\liminf_{\lambda \to \tilde{\lambda}} \rho(k,\lambda) \geqq 0, \quad \rho(k_n(\tilde{\lambda}),\tilde{\lambda}) > 0$$

が成り立つから，再び補題 2.10 を適用すれば，

(2.70) $\qquad \rho(k,\tilde{\lambda}) > 0 \quad (k \in (0,k_n(\tilde{\lambda}))), \quad \rho(0,\tilde{\lambda}) = 0$

である．こうして，解は存在しない．

つぎに $|m|\leqq n/2$ とする．この場合は，$3m^2-n^2/2<\lambda$ が成り立つから，$|m|<n/2$ なら

(2.71) $\qquad\qquad \rho(0,\lambda) < 0, \quad \rho(k_n(\lambda),\lambda) < 0$

である．補題 2.10 を適用すれば解は存在しない．一方，$|m|=n/2$ のときは

$$\rho(0,\lambda) < 0, \quad \rho(k_n(\lambda),\lambda) = 0$$

に注意する．この場合は直接補題 2.10 を適用できない．そこで，m を実数の範囲まで拡げて，$|m|\to(n/2)-0$ と極限をとればよい．実際，$|m|<n/2$ の範囲では (2.71) が成り立つので，最初の場合と同様の議論で，$|m|\to(n/2)-0$ をとれば

$$\rho(k,\lambda) < 0 \quad (k \in (0,k_n(\lambda))), \quad \rho(k_n(\lambda),\lambda) = 0$$

が $|m|=n/2$ のときに成り立つことが証明できる．こうして補題 2.9 の前半部分が証明できた．

つぎに (2.65) を証明する．(2.70) を用いると (2.65) が次のようにして示される．$\{\lambda_N\}$ を $N\to\infty$ のとき $\lambda_N\to\tilde{\lambda}+0$ をみたす任意の列とする．解 $k(\lambda)$ は

有界だから $k(\lambda_{N'})$ がある k_* に収束するように部分列 $\{\lambda_{N'}\}$ をとる．このとき

$$0 < k(\lambda_{N'}) < k_n(\lambda), \quad \rho(k(\lambda_{N'}), \lambda_{N'}) = 0$$

だから収束した極限では

$$0 \leqq k_* \leqq k_n(\tilde{\lambda}), \quad \rho(k_*, \tilde{\lambda}) = 0$$

が成り立つ．(2.70)を適用すると極限 k_* は零でなければならない．任意の収束列 $\{\lambda_N\}$ に対して極限が 0 になることがいえるから，(2.65)が証明できたことになる．■

上の補題 2.9 のおかげで命題 2.7 が従うのは容易にわかる．実際，$k = k^*(\lambda)$ によって(2.56)の k を与えればよい．

一方，補題 2.9 より

$$\lim_{\lambda \to 3m^2 - n^2/2} \alpha(k^*(\lambda), \lambda) = \frac{2(m^2 - n^2/4)}{3m^2 - n^2/2},$$

$$\lim_{\lambda \to 3m^2 - n^2/2} |\beta(k^*(\lambda), \lambda) - \alpha(k^*(\lambda), \lambda)| = 0.$$

また，(2.29)の振幅一定解について $\lambda = 3m^2 - n^2/2$ なら

$$|\boldsymbol{u}_{\lambda,m}(x)| = \sqrt{1 - m^2/\lambda} = \sqrt{\frac{2(m^2 - n^2/4)}{3m^2 - n^2/2}}$$

に注意すると次の系が従う．

系 2.11 (2.29)の振幅一定解 $\boldsymbol{u}^c_{\lambda,m}$ において $\lambda = 3m^2 - n^2/2$ に対する解を $\boldsymbol{u}^c(x)$ とする．(2.39)のとき(2.40)で与えられる解 $\boldsymbol{u}^a_{\lambda,m,n}(x)$ について

$$\lim_{\lambda \to 3m^2 - n^2/2} \sup_{x \in [0, 2\pi]} |\boldsymbol{u}^a_{\lambda,m,n}(x) - \boldsymbol{u}^c(x)| = 0$$

が成り立つ．□

2.5 安定性

この節では安定性について議論しよう．(2.22)はエネルギー汎関数

$$(2.72) \qquad \mathcal{E}(\boldsymbol{u}) := \int_0^{2\pi} \left\{ \frac{1}{2}|\boldsymbol{u}_x|^2 + \frac{\lambda}{4}(1-|\boldsymbol{u}|^2)^2 \right\} dx$$

の臨界点を与えるオイラー–ラグランジュ方程式であった．明らかに絶対値1の定数解はこのエネルギーの最小値を与える．よって非定数な解で，この汎関数を局所的に最小化する解(安定解)を決定することは重要である．

定理 2.12 解の安定性について次の結果が成り立つ．

(ⅰ) 零点をもつ解 $\boldsymbol{u}_{\lambda,n}^0$ ($n\in\mathbb{N}$) はすべて不安定である．また，この解に付随する線形化作用素は $4n-1$ 個の不安定な固有値をもつ．

(ⅱ) 巻き数 $m\in\mathbb{Z}$ の振幅一定な解 $\boldsymbol{u}_{\lambda,m}^c$ は，パラメータ $\lambda>3m^2-(1/2)$ の範囲で安定で，$m^2<\lambda<3m^2-(1/2)$ の範囲では不安定である． □

[証明] (ⅰ)の証明：解 $\boldsymbol{u}=\boldsymbol{u}_{\lambda,n}^0$ における線形化固有値問題を考える．$\boldsymbol{u}=\boldsymbol{u}_{\lambda,n}^0+\tilde{\boldsymbol{v}}$ とおいて(2.72)の2次変分を計算すると，対応する線形化固有値問題は

$$(2.73) \qquad \tilde{\boldsymbol{v}}_{xx}+\lambda(1-|\boldsymbol{u}_{\lambda,n}^0|^2)\tilde{\boldsymbol{v}}+2\lambda\,\mathrm{Re}\,(\overline{\boldsymbol{u}_{\lambda,n}^0}\tilde{\boldsymbol{v}})\boldsymbol{u}_{\lambda,n}^0 = -\sigma\tilde{\boldsymbol{v}}$$

となる．ここで

$$\boldsymbol{u}_{\lambda,n}^0(x) = \phi_{\lambda,n}(x)\,\mathrm{e}^{ic}, \quad \phi_{\lambda,n}(x+2\pi) = \phi_{\lambda,n}(x)$$

と表せることを思い出そう．$\phi_{\lambda,n}$ は実関数である．また，以下の証明では記法の簡略化のため添え字は省略する．

ノイマン境界条件の場合のスカラータイプの解の安定性と同様の議論を用いる．$\tilde{\boldsymbol{v}}=\boldsymbol{v}\,\mathrm{e}^{ic}, \boldsymbol{v}=v_1+iv_2$ と変換すると，(2.73)は

$$(2.74) \qquad (v_1)_{xx}+\lambda(1-3\phi(x)^2)v_1 = -\sigma v_1, \quad v_1(x+2\pi)=v_1(x),$$

$$(2.75) \qquad (v_2)_{xx}+\lambda(1-\phi(x)^2)v_2 = -\sigma v_2, \quad v_2(x+2\pi)=v_2(x)$$

と2つの固有値問題に分解される．(2.74)と(2.75)の固有値をそれぞれ $\{\sigma_k\}$

と $\{\sigma_k'\}$ とすると，スツルム–リュービルの定理により，

$$\sigma_1 < \sigma_2 \leqq \sigma_3 < \sigma_4 \leqq \sigma_5 < \cdots < \sigma_{2\ell} \leqq \sigma_{2\ell+1} < \cdots,$$
$$\sigma_1' < \sigma_2' \leqq \sigma_3' < \sigma_4' \leqq \sigma_5' < \cdots < \sigma_{2\ell}' \leqq \sigma_{2\ell+1}' < \cdots$$

と並べられる．また，第1固有値に対応する固有関数は零点をもたず，2ℓ と $2\ell+1$ 番目の固有値に対する固有関数は 2ℓ 個の零点をもつ．ポテンシャルの項 $Q_1(x):=-\lambda(1-3\phi(x)^2)$ と $Q_2(x):=-\lambda(1-\phi(x)^2)$ に $Q_1(x)>Q_2(x)$ という大小関係があるので，$\sigma_k>\sigma_k'$ ($k=1,2,\cdots$) が成り立つ．さて，$v_1=\phi_x(x)$ は (2.74) の $\sigma=0$ に対する固有関数で $2n$ 個の零点をもつ．一方，$v_2=\phi(x)$ は (2.75) の $\sigma=0$ に対する固有関数でやはり $2n$ 個の零点をもつ．よって，ともに $2n$ 番目か $2n+1$ 番目の固有値は 0 である．大小関係

$$\sigma_{2n} \leqq \sigma_{2n+1}, \quad \sigma_{2n}' \leqq \sigma_{2n+1}', \quad \sigma_{2n}' < \sigma_{2n}, \quad \sigma_{2n+1}' < \sigma_{2n+1},$$

より，$\sigma_{2n+1}'=\sigma_{2n}=0$ が従う．このとき負の固有値は，合せて $4n-1$ 個になる．

(ii) の証明：解 $\boldsymbol{u}_{\lambda,m}^c = A_m e^{imx}, A_m:=\sqrt{1-m^2/\lambda}$ からの変分を考える．(2.72) の2次変分を計算すると，対応する線形化固有値問題は

$$(2.76) \quad \tilde{\boldsymbol{v}}_{xx}+\lambda(1-A_m^2)\tilde{\boldsymbol{v}}+2\lambda\operatorname{Re}(A_m e^{-imx}\tilde{\boldsymbol{v}})A_m e^{imx} = -\sigma\tilde{\boldsymbol{v}}$$

となる．この固有値問題は固有値 $\sigma=0$ をもつ．実際，$\tilde{\boldsymbol{v}}=iA_m e^{imx}$ を代入すれば確かめられる．安定であることを示すためには，零になる固有値が単純で，残りの固有値 σ がすべて正であることを示せばよい．

計算しやすいように $\tilde{\boldsymbol{v}}=\boldsymbol{v} e^{imx}$ と変換し，書き直すと

$$(2.77) \qquad \boldsymbol{v}_{xx}+2im\boldsymbol{v}_x-2(\lambda-m^2)\operatorname{Re}(\boldsymbol{v}) = -\sigma\boldsymbol{v}.$$

フーリエ級数

$$(2.78) \qquad \boldsymbol{v} = \sum_{\ell=-\infty}^{\infty} \zeta_\ell e^{i\ell x}$$

を適用する．$2\operatorname{Re}(\zeta_\ell e^{i\ell x})=\zeta_\ell e^{i\ell x}+\overline{\zeta_\ell}e^{-i\ell x}$ に注意して計算すると，(2.77) は

$$(2.79) \qquad 2(\lambda-m^2)\operatorname{Re}(\zeta_0) = \sigma\zeta_0,$$

$$(2.80)\quad \begin{cases} \{\ell^2+2m\ell+\lambda-m^2\}\zeta_\ell+(\lambda-m^2)\overline{\zeta_{-\ell}} = \sigma\zeta_\ell, \\ \{\ell^2-2m\ell+\lambda-m^2\}\zeta_{-\ell}+(\lambda-m^2)\overline{\zeta_\ell} = \sigma\zeta_{-\ell} \end{cases}$$

と分解される．(2.79)から固有値 $\sigma=0$, $2(\lambda-m^2)$ が得られる．$\sigma=0$ に対応する固有ベクトルの実部は0で，これは $\tilde{v}=iA_m\,e^{imx}$ に対応している．つぎに (2.80)を調べよう．$\zeta_\ell=\xi_\ell+i\eta_\ell$ (ξ_ℓ, η_ℓ は実) とおくと

$$(2.81)\quad B^+_{m,\ell}\begin{pmatrix}\xi_\ell\\ \xi_{-\ell}\end{pmatrix} = \sigma\begin{pmatrix}\xi_\ell\\ \xi_{-\ell}\end{pmatrix},$$

$$(2.82)\quad B^-_{m,\ell}\begin{pmatrix}\eta_\ell\\ \eta_{-\ell}\end{pmatrix} = \sigma\begin{pmatrix}\eta_\ell\\ \eta_{-\ell}\end{pmatrix}.$$

ここで左辺の行列は

$$B^+_{m,\ell} := \begin{pmatrix} \lambda-m^2+\ell^2+2m\ell & \lambda-m^2 \\ \lambda-m^2 & \lambda-m^2+\ell^2-2m\ell \end{pmatrix},$$

$$B^-_{m,\ell} := \begin{pmatrix} \lambda-m^2+\ell^2+2m\ell & -(\lambda-m^2) \\ -(\lambda-m^2) & \lambda-m^2+\ell^2-2m\ell \end{pmatrix}$$

である．(2.81)と(2.82)はともに同じ固有方程式

$$(2.83)\quad \sigma^2-2(\lambda-m^2+\ell^2)\sigma+\ell^2(2\lambda-6m^2+\ell^2)=0$$

をもつ．(2.83)は，$\lambda=3m^2-\ell^2/2$ のとき，解 $\sigma=0$ をもち，$\lambda>3m^2-\ell^2/2$ なら2つの解はともに正で，$m^2<\lambda<3m^2-\ell^2/2$ なら正と負の解をもつ．こうして，$\lambda>3m^2-1/2$ のとき各 $\ell\neq 0$ に対して，固有値はすべて正となり，また $m^2<\lambda<3m^2-1/2$ なら少なくとも2つの負の固有値が存在する((2.81)と(2.82)の分を合わせる)．以上により，補題の2番目の主張が正しいことが示せた．■

注意 2.3 周期境界条件の場合，スカラータイプの解の線形化固有値問題は上の証明からも明らかであるが，2重の零固有値をもつ．対応する固有関数として解を x につい

て微分した $(\boldsymbol{u}_{\lambda,n}^0)_x$ と $i\boldsymbol{u}_{\lambda,n}^0$ が現れる．これは1つの解に対して，その解を含む連続体が2次元トーラスを構成していることに対応している．一方，振幅一定解はより対称性が強く解の連続体は円周と同相である．

注意 2.4 $\lambda=m^2$ で自明解 $\boldsymbol{u}=0$ から分岐した解 $\boldsymbol{u}_{\lambda,m}^c$ は，安定化するまでに何度も分岐を起こしている．実際，$m^2<3m^2-\ell^2/2$ の条件より，$\ell<2|m|$ となり，$\lambda_\ell=3m^2-(2|m|-\ell)^2/2$ ($\ell=1,2,\cdots,2|m|-1$) とおくと λ が各 λ_ℓ を横切るとき (2.83) は負の解から正に変わる解をもつ．このとき系 2.11 により振幅変動解 $\boldsymbol{u}_{\lambda,m,2|m|-\ell}^a$ が振幅一定解 $\boldsymbol{u}_{\lambda,m}^c$ から分岐することに注意しておく．

注意 2.5 振幅変動解の安定性はここでは議論していないが，この解が振幅一定解から分岐するとき，分岐が起こる直前の振幅一定解は不安定である．局所的な分岐解析により，分岐した振幅変動解は分岐点の近くで不安定であることが証明できる．分岐点から離れた任意の λ に対しても不安定であると予想される．しかし，このことをきっちりと数学的に証明した結果はない．

2.6 分岐構造

2.2 節と 2.3 節の結果により，巻き数 $m\neq 0$ の振幅一定解と $2|m|$ 個の零点をもつスカラータイプの解が $\lambda=m^2$ で自明解 $\boldsymbol{u}=0$ から分岐する．分岐解の枝を空間 $\mathbb{R}^+\times C(S^1;\mathbb{C})$, $\mathbb{R}^+:=\{\lambda\in\mathbb{R}:\lambda>0\}$ における曲線と考えると，$\lambda>m^2$ の方向に解の枝は無限に延びる．さらに区間 $[0,2\pi]$ において振幅が n 回振動する解 $\boldsymbol{u}_{\lambda,m,n}^a$ は，$\lambda=3m^2-n^2/2$ において振幅一定解 $\boldsymbol{u}_{\lambda,m}^c$ から分岐し，やはり λ が正の方向に無限に延びている．ただし，$1\leq n\leq 2|m|-1$ である．それ以外の非定数解は現れない．こうして，周期境界条件の場合には，パラメータ λ が増加していった場合に出現する新しい解を完全に決定することができる．

ところで，周期境界条件の場合の分岐構造をながめると，スカラータイプの解は自明解から分岐した後は，安定性に変化がなくその解から新たに分岐する解も存在しない．しかもその形状を他のタイプの解と比較すると，何か特別な解のような印象を受ける．このスカラータイプの解が位相的に退化していることや，正の巻き数と負の巻き数をもつ振幅一定解が $\lambda=m^2$ で同時に分岐していることを考慮すると，スカラータイプの解が大域的な解の構造において何らかの隠れた役割を果たしているのではないかと想像される．

この節ではこれまでの観点とは違った角度から，零点をもつ解の存在につい

ての意味と特殊性を考えてみよう．そのため(2.22)を少し一般化した次の方程式を考察する．

$$(2.84) \quad \begin{cases} \left(\dfrac{d}{dx}-i\mu\right)^2\psi+\lambda(1-|\psi|^2)\psi = 0 & (x\in\mathbb{R}), \\ \psi(x+2\pi) = \psi(x), & (x\in\mathbb{R}) \end{cases}$$

この方程式は，水平に置かれた細いリング状の超伝導体に垂直な定磁場をかけたときの1次元モデルとして知られており，パラメータ μ は外部磁場の強さに対応して決まる．よって $\mu=0$ の場合は(2.22)と一致し，外部磁場の無い場合に対応する．

この方程式の解について，パラメータ空間 (μ,λ) における分岐構造を調べてみる．(2.22)のときと同様に解は3つのタイプに分類できる．もっともわかりやすいのはタイプ(II)の振幅一定解である．$\psi=A\exp(i\theta(x))$ (A：定数)とおいて方程式に代入し解くと，次の振幅一定の解が得られる：

$$\psi^c_{\lambda,\mu,m}(x) := \sqrt{1-(m-\mu)^2/\lambda}\,\exp(imx), \quad \lambda > (m-\mu)^2.$$

一方，タイプ(I)の零点をもつ解を調べるには，$\psi(x)=\boldsymbol{u}(x)\exp(i\mu x)$ と変換する．このとき(2.84)は

$$(2.85) \quad \begin{cases} \boldsymbol{u}_{xx}+\lambda(1-|\boldsymbol{u}|^2)\boldsymbol{u} = 0 & (x\in\mathbb{R}), \\ \boldsymbol{u}(x+2\pi) = \boldsymbol{u}(x)\exp(-2\pi i\mu) & (x\in\mathbb{R}) \end{cases}$$

と変換される．(2.22)の場合と同じ議論によって，(2.85)の解が零点をもてばスカラータイプになることが示される．さらに(2.85)の境界条件より，このスカラータイプの解は μ が整数か，2μ が整数になるときしか現れないことが容易に確かめられる．結局，区間 $[0,2\pi)$ 内に N (>0) 個の零点をもつ(2.84)の解は，$\mu=m+N/2-[N/2]$, $\lambda>N^2/4$, $m\in\mathbb{Z}$ のとき存在する（ここで $[\ ]$ はガウス記号である）．この解を $\psi^0_{\lambda,\mu,N}$ とすると

$$
(2.86) \quad \psi^0_{\lambda,\mu,N}(x) := \varphi_{\lambda,N}(x)\exp(i\mu x)
$$
$$
= \begin{cases} \varphi_{\lambda,N}(x)\exp(imx) & (\mu = m), \\ \varphi_{\lambda,N}(x)\exp(i(m{+}1/2)x) & (\mu = m{+}1/2) \end{cases}
$$

と表される.ここで,$\varphi = \varphi_{\lambda,N}(x)$ は区間 $[0,2\pi)$ 内に N 個の零点をもつ実関数で,次の方程式をみたす.

$$
(2.87) \quad \begin{cases} \varphi_{xx} + \lambda(1-\varphi^2)\varphi = 0 \\ \varphi(x+2\pi) = (-1)^N \varphi(x) \end{cases} \quad (x \in \mathbb{R}), \quad \varphi(0) = 0
$$

こうして μ が整数値の場合は偶数個の零点をもち,2μ が奇数の場合は奇数個の零点をもつ.

つぎにタイプ(III)の振幅変動解について考察しよう.2.3節の議論を (2.85) に適用すれば,m を $m-\mu$ に置き換えてほとんど同じように解を構成することができる.解の存在するパラメータに関する条件は,条件 (2.39) においてやはり m を $m-\mu$ で置き換えた条件

$$
(2.88) \quad \lambda > 3(m-\mu)^2 - n^2/2, \quad |m-\mu| > n/2
$$

として得られる.これを書き直すとつぎの2つのパラメータに関する領域が定まる:

$$
(2.89) \quad D^-_{m,n} := \{(\mu,\lambda) : \mu < m - n/2,\ \lambda > 3(\mu-m)^2 - n^2/2\},
$$
$$
(2.90) \quad D^+_{m,n} := \{(\mu,\lambda) : \mu > m + n/2,\ \lambda > 3(\mu-m)^2 - n^2/2\}.
$$

結局,タイプ(III)の解が存在するパラメータ (μ,λ) に関する必要十分条件は $(\mu,\lambda) \in D^-_{m,n} \cup D^+_{m,n}$ であることが確かめられる.ただし,$m \in \mathbb{Z}$, $n \in \mathbb{N}$.また,このとき解として

$$
(2.91) \quad \psi^a_{\mu,\lambda,m,n}(x) := w_n(x;\lambda)\exp(i\theta(x;m,\mu,\lambda) + i\mu x),
$$
$$
\theta(x;m,\mu,\lambda) := 2\pi(m-\mu)\int_0^x \frac{1}{w_n(s;\lambda)^2}ds \left(\int_0^{2\pi} \frac{1}{w_n(s;\lambda)^2}ds\right)^{-1}
$$

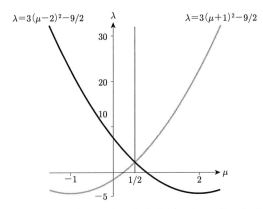

図 2.9 (μ,λ) 平面における放物線 $\lambda=3(\mu-2)^2-9/2$ と $\lambda=3(\mu+1)^2-9/2$ の図. 前者の放物線と直線 $\mu=1/2$ で囲まれた領域が $D_{2,3}^-$ で後者と $\mu=1/2$ で囲まれた領域が $D_{-1,3}^+$ になる.

が得られる. ここで $w_n(x;\lambda)$ は正値で $w_n(x+2\pi/n;\lambda)=w_n(x;\lambda)$ をみたす. また $w_n(0;\lambda)=\min\limits_{x\in[0,2\pi]} w_n(x;\lambda)$ の条件のもとで $w_n(x;\lambda)$ は一意に決まる.

この振幅変動解について同じ巻き数 m の解が, (μ,λ) 空間の中で離れた位置に独立して存在しているのが興味深い. 実際, 直線 $\mu=m-n/2$ を中心にしてみると, $D_{m,n}^-$ と $D_{m-n,n}^+$ の領域がこの直線を境にして接している. 左側の領域の $D_{m,n}^-$ では巻き数が m で, n 回の振幅変動を起こす解が存在し, 右側では巻き数が $m-n$ の解で, 振幅変動数は同じである(図 2.9 参照). その中間(境界)に n 個の零点をもつ位相的に退化したスカラータイプの解が存在する. 解がパラメータに関して連続的に変化するなら, ここから推測できるシナリオは次の通りである.

『μ がこの境界を左から横切るとき, 巻き数 m の解の像は n 個の点で原点を横切り n だけ巻き数を減らす.』

この予想は「巻き数」という位相的な視点からみると自然であり, 零点をもつ解が特別な μ の値にしか現れない理由についての自然な説明がつく. 実際, 楕円関数と完全楕円積分の計算から任意の $D_{m,n}^-$ と $D_{m-n,n}^+$ の解を連続的につなぐことが可能である. それを定理としてまとめておく. この証明は文献 [107] で与えられている.

定理 2.13 $\psi_{\lambda,m,n}^0$ と $\psi_{\mu,\lambda,m,n}^a$ をそれぞれ (2.86) と (2.91) で与えられる

(2.84) の解とする. ただし, $w_n(0;\lambda) = \min_{x \in [0,2\pi)} w_n(x;\lambda)$ となるように $w_n(\cdot;\lambda)$ $= |\psi_{\mu,\lambda,m,n}(\cdot)|$ を決める. 任意の $m, n \in \mathbb{Z}$, $n>0$ についてパラメータ空間で隣り合う領域 $D_{m,n}^-$ と $D_{m-n,n}^+$ を考えると, それぞれの領域で存在する解 $\psi_{\mu,\lambda,m,n}^a$ と $\psi_{\mu,\lambda,m,n}^a$ を次のように連続的につなぐことができる:

$$\mu_{\lambda,m,n}^{\pm} := m \pm \sqrt{\lambda/3 + n^2/6}$$

とおき, 空間 $C(S^1;\mathbb{C})$ における曲線 $\{\psi(\cdot;\mu) : \mu_{\lambda,m,n}^- < \mu < \mu_{\lambda,m-n,n}^+\}$ を

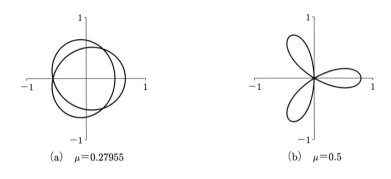

(a) $\mu=0.27955$ (b) $\mu=0.5$

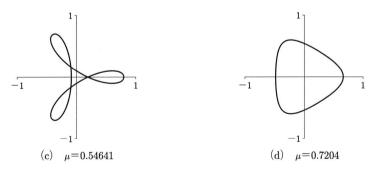

(c) $\mu=0.54641$ (d) $\mu=0.7204$

図 2.10 領域 $D_{2,3}^-$ から $D_{-1,3}^+$ へ, パラメータ μ が変化したときの振幅変動解の複素平面における形状の変化. $\lambda=9/2$ と固定し, $\mu=0.27955$, 0.5, 0.54641, 0.7204 の場合の図を描いている. $\mu=0.5$ ではスカラータイプの解に変化し, 解曲線は原点を 3 回通っているのがわかる.

$$\psi(x;\mu) := \begin{cases} \psi^a_{\mu,\lambda,m,n}(x) & (\mu^-_{\lambda,m,n} < \mu < m-n/2), \\ i\psi^0_{\lambda,m,n}(x) & (\mu = m-n/2), \\ -\psi^a_{\mu,\lambda,m-n,n}(x) & (m-n/2 < \mu < \mu^+_{\lambda,m-n,n}) \end{cases}$$

と定義すると，この曲線は $C(S^1;\mathbb{C})$ において（一様収束の位相で）連続である． □

この節の最後に，$\lambda=9/2$ のとき，$\psi^a_{\mu,\lambda,2,3}$ から $-\psi^a_{\mu,\lambda,-1,3}$ へ，その $\mathbb{C}$ における像の形状がどのように変化するか，$\mu=0.27955, 0.5, 0.54641, 0.7204$ の 4 つの場合を図 2.10 であげておく．

第 2 章ノート▶ ここで扱えなかった話題や，文献を紹介しておく．2.1 節の有限区間でノイマン境界条件あるいはディリクレ境界条件（境界で $\boldsymbol{u}=0$）の場合の解の構造は Brown-Dunne-Gardner[25]にみることができる．このとき現れるスカラー方程式(2.24)の楕円関数による構成は亀高[95]にみることができる．

ところで，これらの境界条件の場合には，時間発展方程式

$$\boldsymbol{u}_t = \boldsymbol{u}_{xx} + \lambda(1-|\boldsymbol{u}|^2)\boldsymbol{u}$$

の大域的な力学系の研究もある(Mischaikow-Morita[125])．そこでは平衡解を結ぶ，この時間発展方程式の解軌道の存在も証明されている．

周期境界条件の場合の振幅一定解の安定性の研究については，Barrow-Bates[8]，Bates[9]，Doering-Gibbon-Holm-Nicolaenko[47]および[83]をあげておこう．注意 2.4 でも触れたが，線形化安定性解析により振幅一定解から新たに分岐する解の存在が予想され，局所的な分岐解析から振幅変動解の存在がわかっていた．しかし，数学的にはあくまで分岐点の近くで振幅変動解が存在することが保証されていただけで，大域的な存在の予想は Kosugi-Morita-Yotsutani[106]で解決された．

つぎに 2.6 節に出てきた 2 パラメータの方程式(2.84)の問題については，Berger-Rubinstein[15]でタイプ（Ⅰ）の解の存在やタイプ（Ⅱ）の解の安定性が議論されている．また，$(\mu,\lambda)=(m+1/2,1/4)$ の近傍における局所的な分岐構造が変数係数の場合も含めて議論されている．さらに Richardson[139]は，[15]の研究を発展させ，$(\mu,\lambda)=(m+1/2,1/4)$ における分岐構造をより詳細に明示している．彼らの議論は，一部の結果を除いて([16]も参照)数学的な厳密さという点においては完全でないが，いろいろおもしろい結果を含んだ研究である．定数係数の場合の大域的な分岐構造の研究は，[107]による．そこでは[106]を発展させ，方程式

(2.84)の解を完全に決定した.

変数係数の場合の解の形状についての研究では，Hill-Rubinstein-Sternberg[70]やKosugi-Morita[104]がある.

ところで流体のBoussinesq方程式において，温度のパラメータが変化するとき定常解がある周波数モードについて不安定性を起こす．このとき方程式の解を

$$U(x,t) = \varepsilon(A(\xi,\tau)\exp{(iq_ct)} + \overline{A(\xi,\tau)\exp{(iq_ct)}}) + O(\varepsilon^2)$$

と表せると仮定する．ただし，q_cは不安定を起こすモード数である.

$$\xi = \varepsilon x, \quad \tau = \varepsilon^2 t$$

というスケーリングによってεについて漸近展開し，可解性の条件を適用すると振幅Aについての方程式

$$A_\tau = A_{\xi\xi} + \lambda A - |A|^2 A$$

が得られる．もとの解の形Uに周期性を仮定してその周期をRとすると

$$A(\varepsilon(x+R))\exp{(iq_cR)} = A(\varepsilon x)$$

が得られる．ここでさらに，次のスケーリング

$$x' = 2\pi x/R, \quad Q_c = q_cR/2\pi$$

をすると

$$A(x'+2\pi) = A(x')\exp{(2\pi iQ_c)}$$

という境界条件が得られる．これは(2.85)の境界条件と同じで(2.85)は上の方程式の定常問題になっている．この擬周期境界条件とも呼ばれる問題の分岐構造はTuckerman-Barkley[167]によって(2.84)とは独立に研究された．彼らの研究により分岐構造は部分的に解明されたが，最終的な構造解明はやはり[107]まで待つ必要があったことを付記しておく.

3 ノイマン境界条件をもつ Ginzburg-Landau 方程式

この章では，一般次元の有界領域 $\Omega \subset \mathbb{R}^n$ における GL 汎関数

$$(3.1) \qquad \mathcal{E}_\lambda(\boldsymbol{u}) = \int_\Omega \left\{ \frac{1}{2}|\nabla \boldsymbol{u}|^2 + \frac{\lambda}{4}(1-|\boldsymbol{u}|^2)^2 \right\} dx$$

および，その変分方程式

$$(3.2) \qquad \begin{cases} \Delta \boldsymbol{u} + \lambda(1-|\boldsymbol{u}|^2)\boldsymbol{u} = 0 & (x \in \Omega), \\ \partial \boldsymbol{u}/\partial \boldsymbol{\nu} = 0 & (x \in \partial\Omega) \end{cases}$$

を扱う．この式の未知関数 $\boldsymbol{u}$ は複素数値関数である．非定数解の存在や安定性について，領域の形状や位相に関する依存性を考察する．安定解の構成にあたってはパラメータ λ の役割が重要となる．この方程式の安定解は物理的には外部磁場のない場合の永久電流に対応する．

3.1 単純領域と解の安定性

方程式 (3.2) を考える．すぐにわかるように，定数関数 $\boldsymbol{u}(x) = e^{ic}$ (c: 実定数) は解となる．これは $|\boldsymbol{u}| \equiv 1$ をみたし，明らかに汎関数 (3.1) を最小化する (最小値は 0)．この解は自明なものとみなされる．この章では非自明な安定解の存在について調べることを目的にしているが，物理的な直感に従うと単純な状況においてはあまり複雑な現象は起こらないと考えるのが自然である．実際，第 1 章において，1 次元の有限区間の問題においては必然的にすべての解はスカラータイプであり，非定数なものはすべて不安定であることが示されてい

る．多次元の場合にもそのような考えを支持する結果についてまず述べよう．

定理 3.1 領域 Ω がもし凸領域 (convex domain) ならば (3.2) の任意の安定解は定数関数 $\boldsymbol{u}(x)=e^{ic}$ (c: 実定数) のみである． □

この定理は以下で述べる定理 (定理 3.2) の特別な場合である．この節では GL 汎関数より少し一般化したエネルギー汎関数とその変分方程式を扱うことにする．実ベクトル値の未知関数 $\boldsymbol{u}=(u_1,u_2,\cdots,u_N)\in H^2(\Omega;\mathbb{R}^N)$ に対する半線形楕円型方程式系

$$(3.3) \quad \begin{cases} d_k \Delta u_k - \dfrac{\partial G}{\partial u_k}(\boldsymbol{u}) = 0 & (x \in \Omega) \\ \dfrac{\partial u_k}{\partial \boldsymbol{\nu}} = 0 & (x \in \partial\Omega) \end{cases} \quad (1 \leq k \leq N)$$

を考える．未知関数は実ベクトル値であることに注意する．ここで $d_k>0$ ($1\leq k\leq N$) は定数であり，$G=G(\boldsymbol{u})$ は $\mathbb{R}^N$ 上の C^3 級の実数値関数である．上の方程式は汎関数

$$(3.4) \quad \mathcal{H}(\boldsymbol{u}) = \int_\Omega \left\{ \frac{1}{2} \sum_{k=1}^N d_k |\nabla u_k|^2 + G(u_1,\cdots,u_N) \right\} dx$$

のオイラー–ラグランジュ方程式となっている．$\mathcal{H}$ が GL 汎関数の場合，すなわち

$$N = 2,\ d_1 = d_2 = 1, \quad G(u_1,u_2) = (\lambda/4)(1-u_1^2-u_2^2)^2$$

の場合は (3.3) は GL 方程式と同じである．すなわち $\boldsymbol{u}$ の実部，虚部を u_1, u_2 とすると (3.1), (3.2) はそれぞれ (3.4), (3.3) に一致する．

定理 3.2 $\Omega\subset\mathbb{R}^n$ を C^3 級の境界 $\partial\Omega$ をもつ凸領域とする．このとき (3.3) の任意の非定数ベクトル値の解 $\boldsymbol{u}(x)$ は不安定である (すなわち $\boldsymbol{u}$ はエネルギー汎関数 $\mathcal{H}$ の極小値を与えない)． □

対偶を示すことで定理を証明する．いくつかの補題を重ねて議論してゆく．

まず，汎関数 $\mathcal{H}$ の第 2 変分を考える．解 $\boldsymbol{u}$ において汎関数 $\mathcal{H}$ の $\boldsymbol{v}=(v_1,\cdots,v_N)^T$ 方向の 2 階微分は直接計算によって

$$(3.5) \quad \mathcal{K}(\boldsymbol{v};\boldsymbol{u}) = \frac{d^2 \mathcal{H}(\boldsymbol{u}+\varepsilon \boldsymbol{v})}{d\varepsilon^2}\Big|_{\varepsilon=0} = \int_\Omega \left(\sum_{k=1}^N d_k |\nabla v_k|^2 + \boldsymbol{v}^\mathrm{T} G''(\boldsymbol{u})\boldsymbol{v} \right) dx$$
$$(\boldsymbol{v} \in H^1(\Omega; \mathbb{R}^N))$$

と具体的に表現される.ただし,上式積分の中の最後の項の表現は

$$(3.6) \quad \boldsymbol{v}^\mathrm{T} G''(\boldsymbol{u})\boldsymbol{v} = \sum_{p,q=1}^N \frac{\partial^2 G}{\partial u_p \partial u_q}(\boldsymbol{u}) v_p v_q$$

で定められている.この第2変分 $\mathcal{K}(\boldsymbol{v};\boldsymbol{u})$ は $\boldsymbol{v}$ を変数とする2次形式とみなすことができる.そして,停留点の無限小の近傍での汎関数の方向別の増減をみることができる.$\boldsymbol{u}$ が汎関数を極小にするための必要条件として「第2変分が全方向に非負定値であること」があげられる.定理の証明はこの条件の否定を示す方針で行われる.

準備のために境界上の外向き単位法線ベクトル $\boldsymbol{\nu}$ に関する第2基本形式 B を導入しよう.まず $\boldsymbol{\nu}$ を $\partial \Omega$ の近傍まで C^2 級に拡張しておく.$x \in \partial \Omega$ における接ベクトル $X=(X_1,\cdots,X_n)$, $Y=(Y_1,\cdots,Y_n)$ に対して

$$B(X,Y) := \sum_{i,j=1}^n \frac{\partial \nu_i}{\partial x_j} X_i Y_j$$

とおく.ここで,$\boldsymbol{\nu}$ は成分表示して $\boldsymbol{\nu}=(\nu_1,\cdots,\nu_n)$ とした.各成分は $\partial \Omega$ の近傍で定まっているから,$B(X,Y)$ は定義可能である.このとき B は接空間 ($n-1$ 次元)上で定義された対称な双一次形式で,$\boldsymbol{\nu}$ の拡張の仕方に依存せず $\partial \Omega$ だけから定まることも確認できる.これは実数固有値をもち,対応する固有ベクトルの系(正規直交系)によって対角化される.このときの $n-1$ 個の固有値はその点における主曲率である(丹野[161]の9章を参照).

第2変分公式に関して次の等式を示す.

補題 3.3 各 j ($1 \le j \le N$) に対して $\boldsymbol{v}_j = \partial \boldsymbol{u}/\partial x_j$ としたとき,

$$(3.7) \quad \sum_{j=1}^n \mathcal{K}(\boldsymbol{v}_j;\boldsymbol{u}) = -\sum_{k=1}^N d_k \int_{\partial \Omega} B(\nabla u_k, \nabla u_k) dS$$

である. □

$\boldsymbol{u}$ はノイマン境界条件をみたすから $\nabla u_k(x)$ は x における $\partial \Omega$ の接空間に属する.よって第2基本形式 B に代入できることに注意しておく.

[証明] 左辺をそのまま直接計算する．

$$\mathcal{K}(\boldsymbol{v}_j;\boldsymbol{u}) = \int_\Omega \left(\sum_{k=1}^N d_k \left|\nabla\left(\frac{\partial u_k}{\partial x_j}\right)\right|^2 + \sum_{p,q=1}^N \frac{\partial u_p}{\partial x_j}\frac{\partial^2 G}{\partial u_p \partial u_q}(\boldsymbol{u})\frac{\partial u_q}{\partial x_j}\right) dx$$

$$= \sum_{k=1}^N d_k \int_{\partial\Omega} \frac{\partial u_k}{\partial x_j}\frac{\partial}{\partial \boldsymbol{\nu}}\left(\frac{\partial u_k}{\partial x_j}\right) dS$$

$$- \int_\Omega \left\{ \sum_{p=1}^N d_p \frac{\partial u_p}{\partial x_j}\Delta\left(\frac{\partial u_p}{\partial x_j}\right) - \sum_{p,q=1}^N \frac{\partial u_p}{\partial x_j}\frac{\partial^2 G}{\partial u_p \partial u_q}(\boldsymbol{u})\frac{\partial u_q}{\partial x_j}\right\} dx$$

$$= \sum_{k=1}^N \frac{d_k}{2} \int_{\partial\Omega} \frac{\partial}{\partial \boldsymbol{\nu}}\left(\frac{\partial u_k}{\partial x_j}\right)^2 dS$$

$$- \int_\Omega \sum_{p=1}^N \frac{\partial u_p}{\partial x_j}\left(d_k\Delta\left(\frac{\partial u_p}{\partial x_j}\right) - \sum_{q=1}^N \frac{\partial^2 G}{\partial u_p \partial u_q}(\boldsymbol{u})\frac{\partial u_q}{\partial x_j}\right) dx$$

$\boldsymbol{u}$ の方程式の第 p 成分に $\partial/\partial x_j$ を作用させることによって

$$d_p\Delta\left(\frac{\partial u_p}{\partial x_j}\right) - \sum_{q=1}^N \frac{\partial^2 G}{\partial u_p \partial u_q}(\boldsymbol{u})\frac{\partial u_q}{\partial x_j} = 0$$

を得るから，これを $\mathcal{K}(\boldsymbol{v}_j;\boldsymbol{u})$ に代入して $j=1,2,\cdots,n$ に対して辺々加えると

$$\sum_{j=1}^n \mathcal{K}(\boldsymbol{v}_j;\boldsymbol{u}) = \sum_{j=1}^n \sum_{k=1}^N \frac{d_k}{2} \int_{\partial\Omega} \frac{\partial}{\partial \boldsymbol{\nu}}\left(\frac{\partial u_k}{\partial x_j}\right)^2 dS = \sum_{k=1}^N \frac{d_k}{2} \int_{\partial\Omega} \frac{\partial}{\partial \boldsymbol{\nu}}|\nabla u_k|^2 dS$$

を得る．右辺の式を第 2 基本形式を用いた形に書き直そう．ノイマン境界条件から微分作用素 $\sum_{j=1}^n (\partial u_k/\partial x_j)(\partial/\partial x_j)$ は境界では接方向の微分である．これをノイマン境界条件の式 $\langle\nabla u_k, \boldsymbol{\nu}\rangle=0$ に作用させる（$\langle\cdot,\cdot\rangle$ は $\mathbb{R}^n$ 上の内積である）．

$$0 = \sum_{j=1}^n \frac{\partial u_k}{\partial x_j}\frac{\partial}{\partial x_j}\langle\nabla u_k,\boldsymbol{\nu}\rangle = \sum_{j=1}^n \left\{\frac{\partial u_k}{\partial x_j}\left\langle\frac{\partial}{\partial x_j}(\nabla u_k),\boldsymbol{\nu}\right\rangle + \frac{\partial u_k}{\partial x_j}\left\langle\nabla u_k,\frac{\partial \boldsymbol{\nu}}{\partial x_j}\right\rangle\right\}$$

$$= \frac{1}{2}\frac{\partial}{\partial \boldsymbol{\nu}}|\nabla u_k|^2 + \sum_{i,j=1}^n \frac{\partial \nu_i}{\partial x_j}\frac{\partial u_k}{\partial x_i}\frac{\partial u_k}{\partial x_j}$$

となり，結局

$$(3.8) \qquad \frac{\partial}{\partial \boldsymbol{\nu}}|\nabla u_k|^2 = -2B(\nabla u_k,\nabla u_k)$$

が得られた．これを代入して結論の公式が導かれる[*1]．

定理の仮定である Ω の凸性より第 2 基本形式 B が非負定値となる[*2]（ソープ-後藤[162], Kobayashi-Nomizu[101]（Chap.VII）参照）．したがって，この補題 3.3 によって

$$(3.9) \qquad \sum_{j=1}^{n} \mathcal{K}(\boldsymbol{v}_j ; \boldsymbol{u}) \leqq 0$$

を得る．もしある $\boldsymbol{v} \in H^1(\Omega ; \mathbb{R}^N)$ があって $\mathcal{K}(\boldsymbol{v} ; \boldsymbol{u}) < 0$ であるなら $\boldsymbol{u}$ は汎関数の極小を与えず定理の結論が従う．したがってそれ以外の場合，すなわち

『任意の $\boldsymbol{v}$ に対して $\mathcal{K}(\boldsymbol{v} ; \boldsymbol{u}) \geqq 0$』

となる場合を考える．このことと (3.9) により

$$\mathcal{K}(\boldsymbol{v}_j ; \boldsymbol{u}) = 0 \quad (1 \leqq j \leqq n)$$

となり，各 $\boldsymbol{v}_j$ は汎関数 $\mathcal{K}(\boldsymbol{v} ; \boldsymbol{u})$ の最小値 0 を与えている．したがって $\boldsymbol{v}_j$ ($1 \leqq j \leqq n$) は，$\mathcal{K}(\boldsymbol{v} ; \boldsymbol{u})$ のオイラー-ラグランジュ方程式

$$(3.10) \quad \begin{cases} d_k \Delta w_k - \displaystyle\sum_{p=1}^{N} \frac{\partial^2 G}{\partial u_k \partial u_p}(\boldsymbol{u}) w_p = 0 & (x \in \Omega) \\ \partial w_k / \partial \boldsymbol{\nu} = 0 & (x \in \partial\Omega) \end{cases} \quad (k = 1, 2, \cdots, N)$$

を満足する．この事実を使って各 $\boldsymbol{v}_j$ が恒等的に零になることを以下で示そう（これによって定理の証明が完結することになる）．

次の補題を用意する．

補題 3.4 $\boldsymbol{p}$ を境界 $\partial\Omega$ 上の点とする．$\mathcal{W}$ は $\boldsymbol{p}$ を含む $\mathbb{R}^n$ の開集合とする．さらに $\partial\Omega$ の $\boldsymbol{p}$ におけるすべての主曲率は 0 でないと仮定する（すなわち B が $\boldsymbol{p}$ の接空間で非退化）．いま，ある関数 $w \in C^2(\overline{\Omega} \cap \mathcal{W})$ が条件

$$(3.11) \quad \frac{\partial w}{\partial \boldsymbol{\nu}} = 0 \quad (x \in \partial\Omega \cap \mathcal{W}), \quad \frac{\partial}{\partial \boldsymbol{\nu}}\left(\frac{\partial w}{\partial x_j}\right)(\boldsymbol{p}) = 0 \quad (1 \leqq j \leqq n)$$

[*1] 等式 (3.8) は Matano[122] でも用いられている．
[*2] B の固有値がその点での主曲率となる．$\partial\Omega$ のすべての点で主曲率が非負となることと領域 Ω が凸となることは同値になる（[162] 13 章：凸曲面）．

をみたすと仮定すると $\nabla w(\boldsymbol{p})=0$ である. □

[証明] $\mathbb{R}^n$ における直交座標系 $(x_1, x_2, \cdots, x_n)$ を,超平面 $x_n=0$ が $\boldsymbol{p}$ において $\partial\Omega$ に接するようにとる.仮定の条件が直交変換と平行移動で不変であることに注意しておく.ここでノイマン境界条件 $\partial w/\partial\boldsymbol{\nu}=\langle\boldsymbol{\nu},\nabla w\rangle=0$ は境界上 $\partial\Omega\cap\mathcal{W}$ で成立しているから,この条件式の $\boldsymbol{p}$ における接方向の微分 $\partial/\partial x_j$ ($1\leqq j\leqq n-1$) を施すことができる.これを実行して

$$\left\langle \frac{\partial \boldsymbol{\nu}}{\partial x_j}(\boldsymbol{p}), \nabla w(\boldsymbol{p}) \right\rangle + \left\langle \boldsymbol{\nu}(\boldsymbol{p}), \nabla\left(\frac{\partial w}{\partial x_j}\right)(\boldsymbol{p}) \right\rangle = 0 \quad (1\leq j\leq n-1)$$

を得る.したがって,仮定 (3.11) を用いて

$$(3.12) \quad \left\langle \frac{\partial \boldsymbol{\nu}}{\partial x_j}(\boldsymbol{p}), \nabla w(\boldsymbol{p}) \right\rangle = 0 \quad (1\leq j\leq n-1)$$

を得る.一方, $\boldsymbol{p}$ における境界の主曲率の仮定により, $n-1$ 個のベクトル

$$\frac{\partial \boldsymbol{\nu}}{\partial x_1}(\boldsymbol{p}), \frac{\partial \boldsymbol{\nu}}{\partial x_2}(\boldsymbol{p}), \cdots, \frac{\partial \boldsymbol{\nu}}{\partial x_{n-1}}(\boldsymbol{p})$$

は $\boldsymbol{p}$ における $\partial\Omega$ の接空間を生成するが, $\nabla w(\boldsymbol{p})$ も接空間に属するから,(3.12) の直交性より $\nabla w(\boldsymbol{p})$ は零ベクトルである. ∎

次の補題は線形偏微分方程式の初期値問題の一意性に関する定理である.カルデロン (Calderón) の一意性定理あるいは一意接続性定理と呼ばれている定理の特別なケースの変形版である.証明は元の定理とほとんど同じで自明な一般化を行うだけなので,ここでは述べない.文献,溝畑 [127] あるいは熊ノ郷 [108] を参照されたい.

補題 3.5 $\Omega\subset\mathbb{R}^n$ を C^3 級の境界をもつ領域とする.いま,関数 $w_1, w_2, \cdots, w_N \in C^2(\overline{\Omega})$ は次の条件をみたすと仮定する.

$$(3.13) \quad d_k \Delta w_k + \sum_{j=1}^{N} a_{kj}(x) w_j(x) = 0 \quad (x\in\Omega) \quad (1\leqq k\leqq N)$$

ただし $a_{kj}(x)\in C(\overline{\Omega})$ である.いま,境界 $\partial\Omega$ と交わるような $\mathbb{R}^n$ の開集合 $\mathcal{W}$ が存在して

$$(3.14) \quad w_k(x)=0, \quad \frac{\partial w_k}{\partial \boldsymbol{\nu}}(x)=0 \quad (x\in\partial\Omega\cap\mathcal{W}) \quad (1\leqq k\leqq N)$$

を仮定する．このとき

(3.15) $$w_k(x) = 0 \quad (x \in \Omega) \quad (1 \leqq k \leqq N)$$

となる． □

以上の準備ができたところで定理の証明に戻る．

[定理 3.2 の証明] $\mathcal{K}(\boldsymbol{v}_j; \boldsymbol{u})=0$ $(1 \leqq j \leqq n)$ のとき，すべての j $(1 \leqq j \leqq n)$ について $\boldsymbol{v}_j$ が零関数になることを示す．Ω が有界で C^2 級の境界をもつことにより，すべての主曲率が正になる境界点が存在する[*3]．そして，そのような点全体の集合 Γ は曲率の連続性より $\partial\Omega$ の相対的な開集合である．任意に $1 \leqq p \leqq N$ をとり固定する．u_p に補題 3.4 を適用することを考える．$\mathcal{W}=\mathbb{R}^n$, $\boldsymbol{p} \in \Gamma$ とする．u_p が $\partial\Omega$ 上でノイマン境界条件をみたすこと，および各 $\boldsymbol{v}_j$ が (3.10) の境界条件をみたすことから補題 3.4 の条件が成立し $\nabla u_p(\boldsymbol{p})=0$ が従う．よって，∇u_p が Γ 上で恒等的に零である．p $(1 \leqq p \leqq N)$ が任意だったから，これによって，各 j について $\boldsymbol{v}_j=0$ が Γ 上で成立する．

$$a_{pq}(x) = -\frac{\partial^2 G}{\partial u_p \partial u_q}(\boldsymbol{u}(x))$$

とおいて，$\boldsymbol{v}_j$ の成分 $(w_1, \cdots, w_N)$ に対して補題 3.5 を適用すると，各 j について

$$\boldsymbol{v}_j(x) = 0 \quad (x \in \Omega)$$

が成立する．よって $\boldsymbol{u}$ が定数ベクトル値関数となる．こうして定理 3.2 の証明が完了する． ■

注意 3.1 このような凸領域における非定数な安定解の非存在に関する結果は，スカラーの反応拡散方程式の場合 (Matano[122], Casten-Holland[31]) や競合系の2成分の反応拡散方程式系 (Kishimoto-Weinberger[98]) の定常問題においてすでに得られている．ところがこれらの結果の証明では最大値原理の性質が活用されるので，上の方程式系ではその議論を直接適用できない．その代わりに，方程式系が汎関数の変分から導かれることが本質的な役割をしている．ところでスカラー方程式 $N=1$ の場合には，領

[*3] なぜなら $\overline{\Omega}$ を含むような最小の閉球を考える．この球面と $\partial\Omega$ の共有点を考えれば，この点での $\partial\Omega$ のすべての主曲率は球面の半径の逆数以上となるためである (Sakaguchi[148])．

域が円環の場合でも任意の非定数解が不安定になることが成立することが知られている．ところが，GL 方程式の場合にはそうならない．次節でこの決定的な相違が示される．

3.2 円環領域と安定解

前節では単純な領域には非自明な安定解が存在しないという考えを裏付ける結果をみた．一方，位相的な視点から少し複雑な領域，たとえば，円環領域やドーナツ型領域などではどうであろうか？ 本節では 2 次元円環領域(図 3.1)上で GL 方程式(3.2)を考える．まず，領域を定義しよう．

(3.16) $\quad \Omega(R_1, R_2) = \{(r\cos\theta, r\sin\theta) \in \mathbb{R}^2 : R_1 < r < R_2, \ 0 \leqq \theta < 2\pi\}$

もし内半径と外半径の差が非常に小さいならば問題は 1 次元円周上の方程式で近似されるので，これは第 2 章で扱った円周上の問題と密接な関係がある．ここでは一般の $R_1 < R_2$ について考える．領域 $\Omega(R_1, R_2)$ で対称性のある解として次の形のものを考える．

(3.17) $\quad \boldsymbol{u}(x) = w(r)\exp(im\theta) \quad (R_1 < r < R_2, \ 0 \leqq \theta < 2\pi)$

これを GL 方程式(3.2)に代入して常微分方程式

(3.18) $\quad \begin{cases} \dfrac{1}{r}\dfrac{d}{dr}\left(r\dfrac{dw}{dr}\right) - \dfrac{m^2}{r^2}w + \lambda(1-w^2)w = 0 \quad (R_1 < r < R_2), \\ (dw/dr)(R_1) = (dw/dr)(R_2) = 0 \end{cases}$

を得る．この方程式が解をもつことをみよう．

定理 3.6 m は任意の整数とする．$\lambda > m^2/R_1^2$ ならば，方程式(3.18)は正値関数となる解 $w=w(r)$ を一意にもつ． □

[証明] 比較存在定理(付録の定理 A.21 参照)の適用を考える．2 つの定数関数

(3.19) $\quad v(r) = \left(1 - \dfrac{m^2}{\lambda R_1^2}\right)^{\frac{1}{2}}, \quad V(r) = 1$

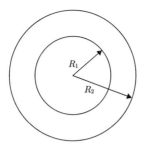

図 3.1　円環領域.

を用意する.これらはそれぞれ方程式(3.19)の劣解,優解となる.これは以下のように簡単に確かめられる.まず,両者は定数関数であるから境界条件をみたしている.また,$v(r) \leqq V(r)$ $(R_1 \leqq r \leqq R_2)$ であり,不等式

$$\frac{1}{r}\frac{d}{dr}\left(r\frac{dV}{dr}\right) - \frac{m^2}{r^2}V + \lambda(1-V^2)V = -\frac{m^2}{r^2} < 0,$$
$$\frac{1}{r}\frac{d}{dr}\left(r\frac{dv}{dr}\right) - \frac{m^2}{r^2}v + \lambda(1-v^2)v = m^2(1/R_1^2 - 1/r^2)v > 0$$
$$(R_1 < r < R_2)$$

から,比較存在定理により $0 < v(r) \leqq w(r) \leqq V(r)$ となる解 $w = w(r)$ の存在がわかる.さらにこのような w の中には最小元 w_1,最大元 w_2 がある ($\overline{w} \leqq w_1 \leqq w_2 \leqq \overline{w}$).$w_1(r)$ の方程式に $rw_2(r)$ をかけ,$w_2(r)$ の方程式に $rw_1(r)$ をかけて,その差を $[R_1, R_2]$ で積分することにより,

$$\int_{R_1}^{R_2}\left(w_2\frac{d}{dr}\left(r\frac{dw_1}{dr}\right) - w_1\frac{d}{dr}\left(r\frac{dw_2}{dr}\right) + \lambda(-w_1^2+w_2^2)w_1w_2 r\right)dr = 0.$$

よって,部分積分を使うと

$$(3.20) \qquad \lambda\int_{R_1}^{R_2}(w_2^2 - w_1^2)w_1 w_2 r dr = 0.$$

いま $0 < w_1(r) \leqq w_2(r) \leqq 1$ であるから (3.20) は $w_1 \equiv w_2$ を意味する.これより一意性が成立する. ∎

さて,この w_λ を用いて得られる解 $\boldsymbol{u}_\lambda(x) = w_\lambda(r)\exp(im\theta)$ は (3.2) ($\Omega = \Omega(R_1, R_2)$) の解として安定になるであろうか? 実はパラメータ $\lambda > 0$ を大き

くとればこの事実は成立する．すなわち，次が成り立つ．

定理 3.7 任意の整数 m に対して，ある $\lambda(m)>0$ が存在して $\lambda \geqq \lambda(m)$ ならば

$$\boldsymbol{u}_\lambda(x) = w_\lambda(r) \exp(im\theta)$$

は (3.2) の解として安定である． □

証明は本章後半で述べる一般の領域の場合の議論に含まれるので，ここでは省略する．

3.3 複雑な領域における非自明解の存在と安定性

この節では前節の円環に比べてより一般の領域において自明でない解の存在を考察する．領域にある種の複雑性を仮定し，その結果として方程式の解（と構造）に多様性が発生する．領域の複雑性を計る指標はいろいろなものがあるが，ここでは S^1 への連続写像のクラスを用いて定理を述べよう．

定理 3.8 任意の連続写像

$$\theta_0 : \overline{\Omega} \longrightarrow S^1 = \mathbb{R}/(2\pi\mathbb{Z})$$

に対して，ある定数 $\lambda_0>0$ が存在して GL 方程式(3.2)は $\lambda \geqq \lambda_0$ に対して次をみたす解 $\boldsymbol{u}_\lambda$ をもつ．

（i） $|\boldsymbol{u}_\lambda(x)|>0 \ (x\in\overline{\Omega})$.

（ii） 連続写像 $\overline{\Omega} \ni x \mapsto \boldsymbol{u}_\lambda(x)/|\boldsymbol{u}_\lambda(x)| \in S_c^1$ は $\exp(i\theta_0(x))$ とホモトピー同値である． □

上の定理にある，領域から S^1 への連続写像 θ_0 のホモトピークラスは領域固有のものである（位相幾何ではコホモトピーと呼ばれる）．たとえば Ω が前節のような円環領域（あるいはドーナツ領域）の場合には Ω 中の 1 つのサイクル（環の中を 1 周する路）に対する θ_0 による像が，S^1 の中の基本サイクルの何倍になっているか（何回巻きになっているか）によって決まる．また 3 つ穴ドーナツの場合は，サイクルは 3 つで考えればよい（図 3.2 参照）．このような場合には，$C(\overline{\Omega}; S^1)$ には可算無限個のクラスがある．領域が 2 次元あるい

図 3.2 位相的に複雑な領域 (3 次元).

は 3 次元の場合には単連結でないということが,無限個のクラスが存在するための十分条件として知られている.

それでは,解の存在証明に取りかかることにする.解 $\boldsymbol{u}$ が次のような形

(3.21) $$\boldsymbol{u}(x) = w(x)\exp\left(i\theta(x)\right)$$

をしているとする.ここで未知関数 $w(x)$ や $\theta(x)$ は次の写像である.

$$w:\overline{\Omega} \longrightarrow (0,\infty), \quad \theta:\overline{\Omega} \longrightarrow S^1 = \mathbb{R}/(2\pi\mathbb{Z})$$

これらを GL 方程式 (3.2) に代入して

(3.22) $$\begin{cases} \Delta w + \left(\lambda(1-w^2) - |\nabla\theta|^2\right)w = 0 & (x \in \Omega), \\ \dfrac{\partial w}{\partial \boldsymbol{\nu}} = 0 & (x \in \partial\Omega), \end{cases}$$

(3.23) $\quad \mathrm{div}\,(w^2 \nabla\theta) = 0 \quad (x \in \Omega), \quad \dfrac{\partial \theta}{\partial \boldsymbol{\nu}} \equiv \langle \nabla\theta, \boldsymbol{\nu} \rangle = 0 \quad (x \in \partial\Omega)$

を得る.ここで $\nabla\theta$ は $\mathbb{R}^n$-値の写像

$$\nabla\theta : \Omega \longrightarrow \mathbb{R}^n$$

とみなせることに注意する.また,この方程式系の $\lambda \to \infty$ の極限の方程式も用意しておく.

(3.24) $\quad \mathrm{div}\,(\nabla\theta) = 0 \quad (x \in \Omega), \quad \dfrac{\partial \theta}{\partial \boldsymbol{\nu}} \equiv \langle \nabla\theta, \boldsymbol{\nu} \rangle = 0 \quad (x \in \partial\Omega)$

(3.24) に対して,与えられたホモトピークラスの中で解 θ が本質的に一意に

存在することが示せる．

命題 3.9 任意の連続写像
$$\theta_0 : \overline{\Omega} \longrightarrow S^1 = \mathbb{R}/(2\pi\mathbb{Z})$$
に対して C^2 級の (3.24) の解 θ_∞ で θ_0 とホモトピー同値なものが存在する．□

記号 以下 $\theta_1, \theta_2 \in C(\overline{\Omega}; S^1)$ がホモトープのとき $\theta_1 \sim \theta_2$ と表す．

[証明] $E = \overline{\Omega}$ 上の $\mathbb{R}$ 値の関数 η をとって $\theta(x) = \theta_0(x) + \iota_2(\eta(x))$ を考えると，これは自然に θ_0 とホモトピー同値となる．逆に θ_0 とホモトピー同値な θ に対して $\iota_2(\eta(x)) = \theta(x) - \theta_0(x)$ となるような E 上の実数値関数 η がある．ここで ι_2 は $\mathbb{R}$ から $S^1 = \mathbb{R}/(2\pi\mathbb{Z})$ への射影である．付録の A.5 節 (b) および命題 A.28 を参照．よって方程式を新しい未知関数 $\eta(x)$（実数値関数）を用いて記述することができる．これによって通常の実数値関数を未知関数とする微分方程式の問題に帰着できる．また近似を用いることで θ_0 は滑らかな写像として一般性を失わないことに注意する．η による方程式は

$$(3.25) \quad \mathrm{div}\,(\nabla\eta) = -\mathrm{div}\,\boldsymbol{e}_0 \quad (x \in \Omega), \quad \frac{\partial \eta}{\partial \boldsymbol{\nu}} = -\langle \boldsymbol{e}_0, \boldsymbol{\nu} \rangle \quad (x \in \partial\Omega).$$

上式における $\boldsymbol{e}_0$ は E 上のベクトル場 $\boldsymbol{e}_0(x) = \nabla\theta_0(x)$ である．(3.25) は通常のポアソン方程式であり，ガウスの発散定理より整合条件

$$\int_\Omega (-\mathrm{div}\,\boldsymbol{e}_0) dx = \int_{\partial\Omega} (-\langle \boldsymbol{e}_0, \boldsymbol{\nu} \rangle) dS$$

が確かめられるから解 η をもつ．また定数差を除いて一意である．これによって $\theta_\infty(x) = \theta_0(x) + \iota_2(\eta(x))$ とすれば良い．θ_∞ の不定性は S^1 の中での定数差の分である． ■

定理 3.8 の解の存在を示す．

命題 3.10 ある定数 $c > 0$ が存在して，十分大きいすべての $\lambda > 0$ に対して，方程式 (3.22), (3.23) は次の条件 (3.26), (3.27) をみたす解 $(w_\lambda(x), \theta_\lambda(x))$ をもつ．

$$(3.26) \qquad \theta_\lambda \sim \theta_0,$$

$$
(3.27) \quad \begin{cases} 1-\dfrac{c}{\lambda} \leqq w_\lambda \leqq 1 \quad (x \in \Omega, \quad \lambda > 0), \\ \limsup\limits_{\lambda \to \infty} \|\nabla \theta_\lambda\|_{L^\infty(\Omega;\mathbb{R}^n)} < \infty, \ \lim\limits_{\lambda \to \infty} \|\Delta \theta_\lambda\|_{L^\infty(\Omega)} = 0, \\ \lim\limits_{\lambda \to \infty} \|\lambda(1-w_\lambda^2) - |\nabla \theta_\lambda|^2\|_{L^\infty(\Omega)} = 0. \end{cases}
$$
□

[証明] 解の構成の考え方を説明する．適当な θ を与え (3.22) の (一意) 解 w を考える，この w に対する (3.23) の解 θ' を考える．最初に与えた θ と最後に得られた θ' が一致すれば (3.22), (3.23) を両立させるペア (w, θ) が得られることになる．θ を θ' に対応させる写像を適当な関数空間の中で実現し，不動点定理を適用する．ただし θ は S^1 値なので前命題と同様に $\mathbb{R}$ 値の関数 η を導入して θ 部分を置き換える．以下，証明はいくつかの段階を踏んで行われる．

(第 1 段階)

定理で与えられた θ_0 に対して，命題 3.9 で得られる極限方程式 (3.24) の解 θ_∞ を 1 つとっておく．$p \in \Omega, q \in S^1$ をそれぞれとって固定する．θ_∞ を適当に定数だけずらして $\theta_\infty(p) = q$ となるようにしておく．上に述べたように $\theta(x) - \theta_\infty(x) = \iota_2(\eta(x))$ $(x \in E)$ として未知関数を変換する．$e_\infty(x) = \nabla \theta_\infty(x)$ とおくことによって (3.22), (3.23) の代わりに

$$
(3.28) \quad \begin{cases} \Delta w + \left(\lambda(1-w^2) - |e_\infty + \nabla \eta|^2\right) w = 0 & (x \in \Omega), \\ \dfrac{\partial w}{\partial \boldsymbol{\nu}} = 0 & (x \in \partial\Omega), \end{cases}
$$

$$
(3.29) \quad \begin{cases} \operatorname{div}(w^2 \nabla \eta) = -\operatorname{div}(w^2 e_\infty) & (x \in \Omega), \\ \dfrac{\partial \eta}{\partial \boldsymbol{\nu}} = -\langle e_\infty, \boldsymbol{\nu} \rangle & (x \in \partial\Omega) \end{cases}
$$

を用意する．ここで，写像を作るための $\overline{\Omega}$ 上の関数のクラス $\boldsymbol{\Sigma}$ を導入する．

$$\boldsymbol{\Sigma} = \{\eta \in C^{1,\alpha}(\overline{\Omega}) : \eta(\boldsymbol{p}) = 0, \ \|\eta\|_{C^{1,\alpha}(\overline{\Omega})} \leqq 1\}$$

この $\boldsymbol{\Sigma}$ は $C^{1,\alpha}(\overline{\Omega})$ の有界凸閉集合である．

(第 2 段階)

$\eta \in \boldsymbol{\Sigma}$ を与えて (3.28) の解 w を考える．定数関数 $\underline{w}, \overline{w}$ を

$$\underline{w}(x) = 1 - c/\lambda, \quad \overline{w}(x) = 1$$

と定める．簡単な計算により，$0<c<\lambda_0$ となる c, λ_0 を適当に定めると，$\lambda \geqq \lambda_0$ に対して $\underline{w}, \overline{w}$ が方程式(3.28)の劣解，優解になることを示すことができる(ただし $\eta \in \Sigma$)．したがって，劣解，優解の間に解 w が存在する(付録の定理 A.21 参照)．一意性を示す．まず $\underline{w} \leqq w \leqq \overline{w}$ をみたす解 w のうち最小元 w_1，最大元 w_2 が存在すること(付録の定理 A.21 参照)に注意する．それぞれの方程式を用いて $\int_{\Omega} \lambda w_1 w_2 (w_2^2 - w_1^2) dx = 0$ を得るから $0 \leqq w_1 \leqq w_2$ から $w_1 \equiv w_2$ が従う．この一意の解を $w = w(\lambda, \eta; \cdot)$ と書く ($\lambda \geqq \lambda_0$)．λ_0 は $\eta \in \Sigma$ に依存しないでとれることに注意する．またこのとき

$$1 - \frac{c}{\lambda} \leqq w(\lambda, \eta; x) \leqq 1 \quad (x \in \Omega)$$

となっている．ただし正定数 c は $\lambda > 0$，$\eta \in \Sigma$ に依存しない．これによって

$$\sup_{\lambda \geqq \lambda_0} \sup_{\eta \in \Sigma} \sup_{x \in \Omega} \left| \lambda(1 - w(\lambda, \eta; x)^2) w(\lambda, \eta; x) - |e_\infty + \nabla \eta|^2 w(\lambda, \eta; x) \right| < +\infty$$

がいえる．(3.28)にシャウダー(Schauder)評価(付録の命題 A.16, Gilbarg-Trudinger [58] など)を適用して集合族 $\{w(\lambda, \eta)\}_{\lambda \geqq \lambda_0, \eta \in \Sigma}$ が $C^{1,\alpha}(\overline{\Omega})$ の中で有界となる．

もう少し精密な評価や解の特徴付けをするために次のような関数 g を定義する．

$$g(\lambda, \eta; x) = \lambda(1 - w(\lambda, \eta; x))$$

これを(3.28)に代入して

$$\begin{cases} \left(2 - \frac{1}{\lambda}\Delta\right) g + (w+2)(w-1)g - |e_\infty + \nabla \eta|^2 w = 0 & (x \in \Omega), \\ \dfrac{\partial g}{\partial \nu} = 0 & (x \in \partial\Omega) \end{cases}$$

を得る．カンパナート(Campanato)の評価(付録の定理 A.17)を適用すると，任意の小さい $\varepsilon > 0$ に対し，ある $\lambda_1(\varepsilon)$ が存在して $\lambda \geqq \lambda_1(\varepsilon)$ について

3.3 複雑な領域における非自明解の存在と安定性

$$\|g\|_{C^\alpha(\overline{\Omega})} \leqq c_1 \|(w+2)(w-1)g - |e_\infty + \nabla \eta|^2 w\|_{C^\alpha(\overline{\Omega})}$$
$$\leqq c_1(\varepsilon \|g\|_{C^\alpha(\overline{\Omega})} + c_2 \|g\|_{C^0(\overline{\Omega})}) + c_3$$

が成り立つ.ここで $\varepsilon>0$ を $0<c_1\varepsilon\leqq 1/2$ となるようにとり固定する.これによってある $c_4>0$ があって

$$\|g(\lambda,\eta)\|_{C^\alpha(\overline{\Omega})} = \lambda \|w(\lambda,\eta)-1\|_{C^\alpha(\overline{\Omega})} \leqq c_4 \quad (\lambda \geqq \lambda_1, \eta \in \boldsymbol{\Sigma})$$

となる.以上からある定数 $c_5>0$ があって,

$$\|\lambda w(\lambda,\eta)(1-w(\lambda,\eta)^2) - |e_\infty + \nabla\eta|^2 w(\lambda,\eta)\|_{C^\alpha(\overline{\Omega})} \leqq c_5 \quad (\lambda \geqq \lambda_1, \eta \in \boldsymbol{\Sigma})$$

となる.再び (3.28) にシャウダー評価を適用して $\eta \in \boldsymbol{\Sigma}$, $\lambda \geqq \lambda_1$ に依らない定数によって $\|w(\lambda,\eta)\|_{C^{2,\alpha}(\overline{\Omega})}$ が上からおさえられる.さて $C^0(\overline{\Omega})$ における収束

$$\lim_{\lambda\to\infty} \sup_{\eta\in\boldsymbol{\Sigma}} \|w(\lambda,\eta)-1\|_{C^0(\overline{\Omega})} = 0$$

という事実と,埋め込み写像 $C^{2,\alpha}(\overline{\Omega}) \hookrightarrow C^2(\overline{\Omega})$ のコンパクト性により

$$\lim_{\lambda\to\infty} \sup_{\eta\in\boldsymbol{\Sigma}} \|w(\lambda,\eta)-1\|_{C^2(\overline{\Omega})} = 0$$

が従う.

(第 3 段階)

つぎに $w=w(\lambda,\eta)$ としたときの方程式 (3.29) を考える.その解 η' の存在を示す.命題 3.9 の証明と同じように解 $\eta'(x)$ を構成する.この方程式は第 2 種境界条件をもつポアソン (Poisson) 方程式であるから,ガウス (Gauss) の発散定理

$$\int_\Omega (-\mathrm{div}\,(w^2 \boldsymbol{e}_\infty))dx = \int_{\partial\Omega} (-w^2)\langle \boldsymbol{e}_\infty, \boldsymbol{\nu}\rangle dS \quad (w=w(\lambda,\eta))$$

が成立するから両立条件をみたす.よって解 $\eta'(x)$ が存在する.これは定数差を除いて一意である.ただし定数差を調節して $\eta'(\boldsymbol{p})=0$ となるようにしておく.これによって η' が一意に定まる.

（第4段階）

さて第1～3段階で定まった対応 $\boldsymbol{\Sigma} \ni \eta \mapsto \eta'$ から定まる写像の性質を調べる．この写像を Ψ_λ と書く．まず第1段階の写像

$$\boldsymbol{\Sigma} \ni \eta \longrightarrow w(\lambda, \eta) \in C^{2,\alpha}(\overline{\Omega})$$

を調べる．$\eta_1, \eta_2 \in \boldsymbol{\Sigma}$ に対して，差 $w(\lambda, \eta_1) - w(\lambda, \eta_2)$ を評価する．

$$\begin{cases} (\Delta - 2\lambda - |\boldsymbol{e}_\infty + \nabla \eta_2|^2)(w_2 - w_1) + \lambda(w_2 - w_1)(3 - (w_1^2 + w_1 w_2 + w_2^2)) \\ \quad = w_1(|\boldsymbol{e}_\infty + \nabla \eta_2|^2 - |\boldsymbol{e}_\infty + \nabla \eta_1|^2) & (x \in \Omega), \\ (\partial/\partial \boldsymbol{\nu})(w_2 - w_1) = 0 & (x \in \partial \Omega) \end{cases}$$

記述の単純化のため $w_i(x) = w(\lambda, \eta_i; x)$ $(i=1, 2)$ とした．シャウダー評価を適用して，$\lambda > 0$ が十分大きければ λ に関係なく $\|\eta_1 - \eta_2\|_{C^{1,\alpha}(\overline{\Omega})}$ $(\eta_1, \eta_2 \in \boldsymbol{\Sigma})$ が小さければ $\|w_2 - w_1\|_{C^{2,\alpha}(\overline{\Omega})}$ が小さくなることがわかる．$\tilde{\eta}_1 \equiv \Psi_\lambda(\eta_1), \tilde{\eta}_2 \equiv \Psi_\lambda(\eta_2)$ とおく．$\xi = \tilde{\eta}_1 - \tilde{\eta}_2$ のみたす方程式は

$$(3.30) \quad \begin{cases} \operatorname{div}(w_1^2 \nabla \xi) = \operatorname{div}((w_2^2 - w_1^2)\nabla \boldsymbol{e}_\infty + \eta_2) & (x \in \Omega), \\ \partial \xi / \partial \boldsymbol{\nu} = 0 \quad (x \in \partial \Omega), \quad \xi(\boldsymbol{p}) = 0. \end{cases}$$

再びシャウダー評価を適用して，$\eta_1, \eta_2 \in \boldsymbol{\Sigma}$ で $\|w_2 - w_1\|_{C^{1,\alpha}(\overline{\Omega})}$ が小さいならば $\|\xi\|_{C^{2,\alpha}(\overline{\Omega})}$ が小さいことがわかる．以上で Ψ_λ が $\boldsymbol{\Sigma}$ から $\boldsymbol{\Sigma}$ への連続写像であることがわかる．また，上の議論で $\Psi_\lambda(\boldsymbol{\Sigma})$ が $\boldsymbol{\Sigma}$ の中で相対コンパクトになることも示されている．よって，シャウダーの不動点定理より $\boldsymbol{\Sigma}$ の中に不動点 $\eta_\lambda \in \boldsymbol{\Sigma}$ がある．$w_\lambda = w(\lambda, \eta_\lambda; \cdot)$ とおけば，$(w_\lambda, \eta_\lambda)$ が (3.28)，(3.29) の解になる．$\theta_\lambda(x) = \theta_\infty(x) + \iota_2(\eta_\lambda(x))$ とおくと (3.22)，(3.23) の解を得て $\boldsymbol{u}_\lambda(x) = w_\lambda(x) \exp(i\theta_\lambda(x))$ はもとの GL 方程式 (3.2) の解となる．解についての性質 (3.27) を説明する．w_λ の性質は第2段階の構成法から $1 - (c/\lambda) \leq w_\lambda \leq 1$ が成立する．$\nabla \theta_\lambda = \boldsymbol{e}_\infty + \nabla \eta_\lambda$ であり，$\eta_\lambda \in \boldsymbol{\Sigma}$ なので $\nabla \theta_\lambda$ が一様有界となる．w_λ が C^2 の意味で 1 に一様収束することと (3.22) から w_λ のもう1つの性質が従う．また，方程式 (3.23) と ∇w_λ が 0 に一様収束することから $\Delta \theta_\lambda$ が 0 に一様収束する．以上から命題 3.10 の証明は完了した．∎

3.4 非自明解の安定性

前節で構成した解 $\boldsymbol{u}_\lambda$ の安定性を調べる.以下,実数値関数に直して議論したほうがわかりやすいため $\boldsymbol{u}_\lambda$ の実部,虚部を $u_{1,\lambda}, u_{2,\lambda}$ とすると($\boldsymbol{u}_\lambda(x)=u_{1,\lambda}(x)+iu_{2,\lambda}(x)$), $(u_{1,\lambda}, u_{2,\lambda})$ は方程式系

$$(3.31)\begin{cases} \Delta \begin{pmatrix} u_1 \\ u_2 \end{pmatrix} + \lambda(1-u_1^2-u_2^2)\begin{pmatrix} u_1 \\ u_2 \end{pmatrix} = \begin{pmatrix} 0 \\ 0 \end{pmatrix} & (x \in \Omega), \\ \dfrac{\partial}{\partial \boldsymbol{\nu}}\begin{pmatrix} u_1 \\ u_2 \end{pmatrix} = \begin{pmatrix} 0 \\ 0 \end{pmatrix} & (x \in \partial\Omega) \end{cases}$$

をみたす.これは(3.2)の GL 方程式と同等な方程式となる.以下,次の線形化固有値問題の固有値(とくに符号)を調べる.

$$(3.32)\begin{cases} \Delta \begin{pmatrix} \phi \\ \psi \end{pmatrix} + \lambda M(u_{1,\lambda}, u_{2,\lambda})\begin{pmatrix} \phi \\ \psi \end{pmatrix} + \mu \begin{pmatrix} \phi \\ \psi \end{pmatrix} = \begin{pmatrix} 0 \\ 0 \end{pmatrix} & (x \in \Omega), \\ \dfrac{\partial}{\partial \boldsymbol{\nu}}\begin{pmatrix} \phi \\ \psi \end{pmatrix} = \begin{pmatrix} 0 \\ 0 \end{pmatrix} & (x \in \partial\Omega) \end{cases}$$

ここで,行列 $M(u_1, u_2)$ は次のように定められている.

$$M(u_1, u_2) = \begin{pmatrix} 1-3u_1^2-u_2^2 & -2u_1 u_2 \\ -2u_1 u_2 & 1-u_1^2-3u_2^2 \end{pmatrix}$$

この固有値問題は滑らかな境界をもつ有界領域上の自己共役な楕円型作用素のスペクトル問題で,たかだか多重度有限の離散的固有値からなることは知られている.これらを $\{\mu_k(\lambda)\}_{k=1}^\infty$ で表す.ただし多重度を数えて番号付けする.まず簡単にわかることはもともとの方程式の形により $\{\mu_k(\lambda)\}_{k=1}^\infty \ni 0$ となることである.実際

$$(\phi, \psi) = (-u_{2,\lambda}, u_{1,\lambda}) = (-w_\lambda \sin\theta_\lambda, w_\lambda \cos\theta_\lambda)$$

とおけば, $\mu=0$ とした固有方程式(3.32)が成立する. これは元々の GL 方程式の変換 $\boldsymbol{u} \mapsto e^{ic}\boldsymbol{u}$ に関する不変性に起因する. さらに $\{(\phi_{k,\lambda}, \psi_{k,\lambda})\}_{k=1}^\infty \subset (L^2(\Omega))^2$ を対応する固有関数の完全正規直交系とすると

命題 3.11 次が成立する.

$$(3.33) \qquad \lim_{\lambda \to \infty} \mu_k(\lambda) = \mu_k \quad (k \geq 1)$$

ここで $\{\mu_k\}_{k=1}^\infty$ は Ω 上のラプラス(Laplace)作用素(ノイマン境界条件)の固有値である. すなわち, 固有値問題

$$(3.34) \qquad \Delta\psi + \mu\psi = 0 \quad (x \in \Omega), \quad \frac{\partial \psi}{\partial \boldsymbol{\nu}} = 0 \quad (x \in \partial\Omega)$$

の固有値である. $k=1$ のときは $\mu_1=0$ であり, 対応する固有関数は定数関数で与えられる. また $\lambda \to \infty$ の極限において

$$\lim_{\lambda \to \infty} (\|\nabla(\phi_{k,\lambda}\cos\theta_\lambda + \psi_{k,\lambda}\sin\theta_\lambda)\|_{L^2(\Omega)}^2$$
$$+ \lambda \|\phi_{k,\lambda}\cos\theta_\lambda + \psi_{k,\lambda}\sin\theta_\lambda\|_{L^2(\Omega)}^2) = 0 \quad (k \geq 1)$$

が成立する. □

命題 3.12 ある $\lambda_* > 0$ が存在して

$$\mu_1(\lambda) \equiv 0 \ (\lambda \geq \lambda_*), \quad \lim_{\lambda \to \infty} \mu_2(\lambda) = \mu_2$$

となる. □

$\mu_1 = 0$, $\mu_2 > 0$ より, この命題とあわせて, ある $\delta > 0$ があって $\mu_2(\lambda) \geq \delta$ ($\lambda \geq \lambda_*$) も従う. これはまた $\boldsymbol{u}_\lambda$ の線形化安定性も意味している.

[命題 3.11 の証明] 次の関係式で(3.32)の固有方程式の未知関数を (ϕ, ψ) から $(\widehat{\phi}, \widehat{\psi})$ に変換する.

$$(3.35) \qquad \begin{pmatrix} \phi(x) \\ \psi(x) \end{pmatrix} = \begin{pmatrix} \cos\theta_\lambda(x) & -\sin\theta_\lambda(x) \\ \sin\theta_\lambda(x) & \cos\theta_\lambda(x) \end{pmatrix} \begin{pmatrix} \widehat{\phi}(x) \\ \widehat{\psi}(x) \end{pmatrix}$$

単純な計算によって新しい固有方程式を得ることができる. 記号を簡単にする

ため，改めて $(\widehat{\phi}, \widehat{\psi})$ を (ϕ, ψ) と書くことにすると

(3.36)
$$\Delta \begin{pmatrix} \phi \\ \psi \end{pmatrix} + \begin{pmatrix} -\langle \nabla \theta_\lambda, \nabla \psi \rangle \\ \langle \nabla \theta_\lambda, \nabla \phi \rangle \end{pmatrix} + (\lambda(1-w_\lambda^2) - |\nabla \theta_\lambda|^2) \begin{pmatrix} \phi \\ \psi \end{pmatrix}$$
$$+ \Delta \theta_\lambda \begin{pmatrix} 0 & -1 \\ 1 & 0 \end{pmatrix} \begin{pmatrix} \phi \\ \psi \end{pmatrix} - 2\lambda w_\lambda^2 \begin{pmatrix} \phi \\ 0 \end{pmatrix} + \mu \begin{pmatrix} \phi \\ \psi \end{pmatrix} = \begin{pmatrix} 0 \\ 0 \end{pmatrix} \quad (x \in \Omega),$$

$$\begin{pmatrix} \partial \phi / \partial \boldsymbol{\nu} \\ \partial \psi / \partial \boldsymbol{\nu} \end{pmatrix} = \begin{pmatrix} 0 \\ 0 \end{pmatrix} \quad (x \in \partial \Omega)$$

を得る．もちろん，ここから定まる固有値は元のものと同じである．また $(\phi, \psi) = (0, w_\lambda(x))$ はこの固有値問題の零固有値を与える固有関数となる．ここで変数 (ϕ, ψ) をもつ汎関数 $\mathcal{K}_\lambda(\phi, \psi)$ および ψ を変数にもつ汎関数 $\mathcal{K}_\infty(\psi)$ を導入する．

(3.37) $\quad \mathcal{K}_\lambda(\phi, \psi) := \int_\Omega \{|\nabla \phi|^2 + |\nabla \psi|^2 + \langle \nabla \theta_\lambda, \nabla \psi \rangle \phi - \langle \nabla \theta_\lambda, \nabla \phi \rangle \psi$
$$- (\lambda(1-w_\lambda^2) - |\nabla \theta_\lambda|^2)(\phi^2 + \psi^2) + 2\lambda w_\lambda^2 \phi^2\} dx,$$

(3.38) $\quad \mathcal{K}_\infty(\psi) := \int_\Omega |\nabla \psi|^2 dx$

$\{\mu_k(\lambda)\}_{k=1}^\infty$ は汎関数 $\mathcal{K}_\lambda$ を通じて変分法によって特徴付けられる．記号の単純化のため

$$\mathcal{D}_\lambda(\phi, \psi) := \int_\Omega (\phi^2 + \psi^2) dx, \quad \mathcal{D}_\infty(\psi) := \int_\Omega \psi^2 dx$$

とおく．このとき

(3.39) $\quad \mu_k(\lambda) = \sup_{\dim V \leqq k-1} \inf \left\{ \frac{\mathcal{K}_\lambda(\phi, \psi)}{\mathcal{D}_\lambda(\phi, \psi)} : (\phi, \psi) \in H^1(\Omega)^2 \cap V^\perp \right\}.$

ここで，V は $(L^2(\Omega))^2$ の部分空間であり，$V^\perp$ は $L^2(\Omega)^2$ における V の直交補空間である．一方，μ_k については

と特徴付けられる．ここで W は $L^2(\Omega)$ の部分空間であり，$W^\perp$ は $L^2(\Omega)$ における W の直交補空間である．（この固有値の特徴付けは，最大最小原理 (max-min principle) と呼ばれ，自己共役作用素のスペクトル理論に現れる ([51], [131], [82])．ラプラシアンの固有値については，クーラン-ヒルベルト [41] や神保 [82] にも記述がある[*4]．）

まず各 $k \geq 1$ について

$$(3.41) \qquad \liminf_{\lambda \to \infty} \mu_k(\lambda) > -\infty$$

を示す．$\{(\phi_{k,\lambda}, \psi_{k,\lambda})\}_{k=1}^\infty$ を固有値 $\{\mu_k(\lambda)\}_{k=1}^\infty$ に対応する (3.36) の固有関数系とする．これは $(L^2(\Omega))^2$ の完全正規直交系をなすようにとれる．命題 3.10 より，ある $c>0$ が存在して

$$(3.42) \qquad \|\nabla \theta_\lambda\|_{L^\infty(\Omega)} \leq c \quad (\lambda > 0)$$

となる．また，

$$|\langle \nabla \theta_\lambda, \nabla \psi_{k,\lambda} \rangle \phi_{k,\lambda} - \langle \nabla \theta_\lambda, \nabla \phi_{k,\lambda} \rangle \psi_{k,\lambda}|$$
$$\leq \frac{1}{2}(|\nabla \phi_{k,\lambda}|^2 + |\nabla \psi_{k,\lambda}|^2) + \frac{1}{2}\|\nabla \theta_\lambda\|_{L^\infty(\Omega)}^2 (\phi_{k,\lambda}^2 + \psi_{k,\lambda}^2).$$

これらを用いて $\mu_k(\lambda)$ が下に有界であることを示す．

$$\mu_k(\lambda) = \mathcal{K}_\lambda(\phi_{k,\lambda}, \psi_{k,\lambda})$$
$$\geq \frac{1}{2}\int_\Omega \left(|\nabla \phi_{k,\lambda}|^2 + |\nabla \psi_{k,\lambda}|^2\right) dx + 2\lambda \int_\Omega w_\lambda^2 \phi_{k,\lambda}^2 dx$$
$$- \left(\frac{1}{2}\|\nabla \theta_\lambda\|_{L^\infty(\Omega)}^2 + \|\lambda(1-w_\lambda^2) - |\nabla \theta_\lambda|^2\|_{L^\infty(\Omega)}\right) \int_\Omega \left(\phi_{k,\lambda}^2 + \psi_{k,\lambda}^2\right) dx$$

ここで，命題 3.10 と $\|\phi_{k,\lambda}\|_{L^2(\Omega)}^2 + \|\psi_{k,\lambda}\|_{L^2(\Omega)}^2 = 1$ を用いると，ある定数 $c' > 0$ が存在して $\mu_k(\lambda) \geq -c'$ を結論できる．とくに (3.41) を得る．また同時に

[*4] エルミート行列（あるいは実対称行列）の固有値を近似するために応用されることもある．

3.4 非自明解の安定性

評価式

(3.43) $\quad \dfrac{1}{2}\int_\Omega \left(|\nabla\phi_{k,\lambda}|^2+|\nabla\psi_{k,\lambda}|^2\right)dx+2\lambda\int_\Omega w_\lambda^2\phi_{k,\lambda}^2\,dx \leqq \mu_k(\lambda)+c'$

が得られる.

この性質を用いて $\mu_k(\lambda)$ の上からの評価を行う. すなわち次の補題を示す.

補題 3.13 各 $k\geqq 1$ に対して次が成立する.

(3.44) $\quad\qquad\qquad\qquad \limsup\limits_{\lambda\to\infty}\mu_k(\lambda)\leqq\mu_k \qquad\qquad\qquad \square$

[証明] $\{\psi_k\}_{k=1}^\infty$ を固有値問題(3.34)の固有関数系の完全正規直交系とする. (3.39)の適用を考える. 任意の $k-1$ 以下の次元の部分空間 $V\subset (L^2(\Omega))^2$ をとる. さて

$$F = L.H.[(0,\psi_1),(0,\psi_2),\cdots,(0,\psi_k)]$$

とおけば,これは $(L^2(\Omega))^2$ の k 次元部分空間である. 線形代数における次元定理により $(\widetilde{\phi},\widetilde{\psi})\in F$ が存在して

$$(\widetilde{\phi},\widetilde{\psi})\perp V, \quad \|\widetilde{\phi}\|_{L^2(\Omega)}^2+\|\widetilde{\psi}\|_{L^2(\Omega)}^2 = 1$$

(直交は $(L^2(\Omega))^2$ の内積の意味)とできる. ここで明らかに $\widetilde{\phi}\equiv 0$ であることに注意. また, $\widetilde{\psi}$ は次の形に表せる.

$$\widetilde{\psi}=a_1(\lambda)\psi_1+a_2(\lambda)\psi_2+\cdots+a_k(\lambda)\psi_k, \quad a_1(\lambda)^2+a_2(\lambda)^2+\cdots+a_k(\lambda)^2=1$$

これを汎関数に代入して

$$\begin{aligned}
\mathcal{K}_\lambda&(0,\widetilde{\psi})\\
&=\int_\Omega\left\{|\nabla\widetilde{\psi}|^2-(\lambda(1-w_\lambda^2)-|\nabla\theta_\lambda|^2)\widetilde{\psi}^2\right\}dx\\
&\leqq \int_\Omega|\nabla\widetilde{\psi}|^2dx+\|\lambda(1-w_\lambda^2)-|\nabla\theta_\lambda|^2\|_{L^\infty(\Omega)}\int_\Omega\widetilde{\psi}^2dx\\
&\leqq \sum_{\ell=1}^k\mu_\ell a_\ell(\lambda)^2+\|\lambda(1-w_\lambda^2)-|\nabla\theta_\lambda|^2\|_{L^\infty(\Omega)}\\
&\leqq \mu_k+\|\lambda(1-w_\lambda^2)-|\nabla\theta_\lambda|^2\|_{L^\infty(\Omega)}
\end{aligned}$$

を得る. これより

$$\inf\{\mathcal{K}_\lambda(\phi,\psi) : (\phi,\psi) \perp V, \|\phi\|^2_{L^2(\Omega)}+\|\psi\|^2_{L^2(\Omega)} = 1\}$$
$$\leqq \mathcal{K}_\lambda(0,\widetilde{\psi}) \leqq \mu_k + \|\lambda(1-w_\lambda^2)-|\nabla\theta_\lambda|^2\|_{L^\infty(\Omega)}.$$

以上から (3.39) を適用して

$$\mu_k(\lambda) \leqq \mu_k + \|\lambda(1-w_\lambda^2)-|\nabla\theta_\lambda|^2\|_{L^\infty(\Omega)}$$

を得る. $\lambda \to \infty$ をとると命題 3.10 の性質 (3.27) を用いて (3.44) が結論される. ∎

つぎに,固有値の下からの評価を考える.解の安定性を示すだけなら $k=2$ の場合のみ扱えば十分であり,帰納法の $k \geqq 3$ の部分は同様の議論となるため以下 $k=2$ だけ扱う.$\mu_2(\lambda)$ の下からの評価を考えるため次の値を定義する.

$$\mu(\lambda) = \inf\left\{\frac{\mathcal{K}_\lambda(\phi,\psi)}{\mathcal{D}_\lambda(\phi,\psi)} : (\phi,\psi) \perp (0,w_\lambda),\ (\phi,\psi) \in (H^1(\Omega))^2\right\}$$

$(0,w_\lambda)$ 自体が固有値 0 に対応する固有関数になっているから $(\phi_\lambda,\psi_\lambda) \in (H^1(\Omega))^2$ は最小値 $\mu(\lambda)$ を固有値として固有関数になる.適当な定数をかけて

$$\|\phi_\lambda\|^2_{L^2(\Omega)}+\|\psi_\lambda\|^2_{L^2(\Omega)} = 1$$

としておく.以上より

(3.45)
$$\Delta\begin{pmatrix}\phi_\lambda\\\psi_\lambda\end{pmatrix}+\begin{pmatrix}-\langle\nabla\theta_\lambda,\nabla\psi_\lambda\rangle\\\langle\nabla\theta_\lambda,\nabla\phi_\lambda\rangle\end{pmatrix}+\left(\lambda(1-w_\lambda^2)-|\nabla\theta_\lambda|^2\right)\begin{pmatrix}\phi_\lambda\\\psi_\lambda\end{pmatrix}$$
$$+\Delta\theta_\lambda\begin{pmatrix}0 & -1\\1 & 0\end{pmatrix}\begin{pmatrix}\phi_\lambda\\\psi_\lambda\end{pmatrix}-2\lambda w_\lambda^2\begin{pmatrix}\phi_\lambda\\0\end{pmatrix}+\mu(\lambda)\begin{pmatrix}\phi_\lambda\\\psi_\lambda\end{pmatrix}=\begin{pmatrix}0\\0\end{pmatrix}\quad(x\in\Omega),$$
$$\begin{pmatrix}\partial\phi_\lambda/\partial\boldsymbol{\nu}\\\partial\psi_\lambda/\partial\boldsymbol{\nu}\end{pmatrix}=\begin{pmatrix}0\\0\end{pmatrix}\quad(x\in\partial\Omega)$$

を得る.最大最小原理による固有値の特徴付けを再び適用すると $\mu(\lambda) \leqq$

$\mu_2(\lambda)$. すなわち

(3.46)
$$\mu(\lambda) \in \{\mu_1(\lambda), \mu_2(\lambda)\}, \quad (\phi_\lambda, \psi_\lambda) \in L.H.[(\phi_{1,\lambda}, \psi_{1,\lambda}), (\phi_{2,\lambda}, \psi_{2,\lambda})]$$

となる．さて，$\{\lambda(p)\}_{p=1}^\infty$ を $+\infty$ に発散する任意の正数列とする．ある値 μ' およびある部分列 $\{\lambda(p(\tau))\}_{\tau=1}^\infty$ が存在して，次の条件が成立する．

(*)『$\lim_{\tau\to\infty}\mu(\lambda(p(\tau)))=\mu'$ かつ，ある $\psi' \in H^1(\Omega)$ が存在して $\tau\to\infty$ のとき $(\phi_{\lambda(p(\tau))}, \psi_{\lambda(p(\tau))})$ は $(0, \psi')$ に $(H^1(\Omega))^2$ において弱収束し，かつ $(L^2(\Omega))^2$ で強収束する』．

さて各 $\mu(\lambda)$ の極限を積分式から評価する．そのために，まず上の条件から

(3.47)
$$\left|\int_\Omega \langle \nabla\theta_\lambda, \nabla\psi_\lambda \rangle \phi_\lambda dx\right| \leq \|\nabla\theta_\lambda\|_{L^\infty(\Omega)} \|\nabla\psi_\lambda\|_{L^2(\Omega)} \|\phi_\lambda\|_{L^2(\Omega)},$$

(3.48)
$$\left|\int_\Omega \langle \nabla\theta_\lambda, \nabla\phi_\lambda \rangle \psi_\lambda dx\right|$$
$$\leq \left|\int_\Omega \langle \nabla(\theta_\lambda - \theta_\infty), \nabla\phi_\lambda \rangle \psi_\lambda dx\right| + \left|\int_\Omega \langle \nabla\theta_\infty, \nabla\phi_\lambda \rangle (\psi_\lambda - \psi') dx\right|$$
$$+ \left|\int_\Omega \langle \nabla\theta_\infty, \nabla\phi_\lambda \rangle \psi' dx\right|$$
$$\leq \|\nabla(\theta_\lambda - \theta_\infty)\|_{L^\infty(\Omega)} \|\nabla\phi_\lambda\|_{L^2(\Omega)} \|\psi_\lambda\|_{L^2(\Omega)}$$
$$+ \|\nabla\theta_\infty\|_{L^\infty(\Omega)} \|\nabla\phi_\lambda\|_{L^2(\Omega)} \|\psi_\lambda - \psi'\|_{L^2(\Omega)} + \left|\int_\Omega \langle \nabla\theta_\infty, \nabla\phi_\lambda \rangle \psi' dx\right|$$

をみると $\lambda = \lambda(p(\tau))$ として $\tau \to \infty$ のとき各項は 0 に収束する．これは上の条件 (*) と解の構成により $\nabla\theta_\lambda$ が $\nabla\theta_\infty$ に一様収束することから従う．これらを用いて $\mu(\lambda(p(\tau)))$ の表現式をみると

$$\mu(\lambda(p(\tau)))$$
$$= \int_\Omega \{|\nabla\phi_{\lambda(p(\tau))}|^2 + |\nabla\psi_{\lambda(p(\tau))}|^2 + 2\lambda(p(\tau)) w_{\lambda(p(\tau))}^2 \phi_{\lambda(p(\tau))}^2\} dx$$
$$+ \int_\Omega \{\langle \nabla\theta_{\lambda(p(\tau))}, \nabla\psi_{\lambda(p(\tau))} \rangle \phi_{\lambda(p(\tau))} - \langle \nabla\theta_{\lambda(p(\tau))}, \nabla\phi_{\lambda(p(\tau))} \rangle \psi_{\lambda(p(\tau))}\} dx$$
$$- \int_\Omega \{\lambda(p(\tau))(1 - w_{\lambda(p(\tau))}^2) - |\nabla\theta_{\lambda(p(\tau))}|^2\} (\phi_{\lambda(p(\tau))}^2 + \psi_{\lambda(p(\tau))}^2) dx.$$

上で得られた結果と命題 3.10 より,この式の右辺の後半の項は消えてしまうので

$$
\begin{aligned}
(3.49)\quad \mu' &= \lim_{\tau\to\infty}\mu(\lambda(p(\tau))) = \lim_{\tau\to\infty}\mathcal{K}_{\lambda(p(\tau))}(\phi_{\lambda(p(\tau))},\psi_{\lambda(p(\tau))}) \\
&= \limsup_{\tau\to\infty}\int_\Omega \{|\nabla\phi_{\lambda(p(\tau))}|^2+|\nabla\psi_{\lambda(p(\tau))}|^2+2\lambda(p(\tau))w_{\lambda(p(\tau))}^2\phi_{\lambda(p(\tau))}^2\}dx \\
&\geqq \limsup_{\tau\to\infty}\int_\Omega|\nabla\psi_{\lambda(p(\tau))}|^2 dx \geqq \liminf_{\tau\to\infty}\int_\Omega|\nabla\psi_{\lambda(p(\tau))}|^2 dx \\
&\geqq \int_\Omega|\nabla\psi'|^2 dx = \mathcal{K}_\infty(\psi')
\end{aligned}
$$

となる.最後の不等式でヒルベルト (Hilbert) 空間の弱収束極限においてノルムは下半連続であることを用いた.補題 3.13 と併せて

$$(3.50)\qquad\qquad \mu_2 \geqq \mu' \geqq \mathcal{K}_\infty(\psi')$$

を得る.また $\tau\to\infty$ のときの $(\phi_{\lambda(p(\tau))},\psi_{\lambda(p(\tau))})$ の $(L^2(\Omega))^2$ での収束と直交性から

$$\int_\Omega \psi' dx = 0,\quad \int_\Omega |\psi'|^2 dx = 1$$

であることに注意する.変分法による固有値の特徴付けより $\mathcal{K}_\infty(\psi')\geqq\mu_2$ であるから (3.50) と併せて $\mu_1'=0$,$\mu'=\mu_2$ となる.こうして ψ' は (3.34) の固有関数となる.また,$\mu(\lambda(p(\tau)))=\mu_2(\lambda(p(\tau)))$ である.さらに (3.49) の不等号がすべて等号になる.数列 $\{\lambda_p\}_{p=1}^\infty$ の任意性より $\lim_{\lambda\to\infty}\mu_2(\lambda)=\mu_2$ かつ

$$\lim_{\lambda\to\infty}\|\psi_{2,\lambda}-\psi'\|_{H^1(\Omega)}=0,\quad \lim_{\lambda\to\infty}\lambda\int_\Omega\phi_\lambda^2 dx=0,\quad \lim_{\lambda\to\infty}\int_\Omega|\nabla\phi_\lambda|^2 dx=0$$

が成立する.命題 3.11 の後半の極限式の $k=2$ の場合の証明は次のように完了する.上で得られた $\psi_{2,\lambda},\phi_{2,\lambda}$ の性質は,元の記号に戻すと $\widehat{\psi}_{2,\lambda},\widehat{\phi}_{2,\lambda}$ の性質である (記号の単純化のため $\widehat{\cdot}$ を省略していた).これを変数変換 (3.35) $(\phi,\psi)\longmapsto(\widehat{\phi},\widehat{\psi})$ を通じて元に戻すことで命題 3.11 の証明を完了する.

3.5 安定性不等式

定理3.8で構成した $\boldsymbol{u}_\lambda$ は線形化の意味で安定であることが示されたが，それはエネルギー汎関数 $\mathcal{E}_\lambda$ の極小値を与えているであろうか？ $1 \leqq n \leqq 6$ の場合には第1章において示された．本章では一般の場合の議論をする．すなわち $\boldsymbol{u}_\lambda$ に微小な変動 $\boldsymbol{v}$ に対して不等式

$$(3.51) \qquad \mathcal{E}_\lambda(\boldsymbol{u}_\lambda+\boldsymbol{v}) \geqq \mathcal{E}_\lambda(\boldsymbol{u}_\lambda)$$

を示す．これはかならずしも自明ではない．以下 $\boldsymbol{u}_\lambda$ の線形化の第2固有値が $\mu_2(\lambda)>0$ となるような λ に対して上の不等式(3.51)を示す(命題3.12における λ_* より大きい λ に対し成立する)．この $\lambda>0$ を固定して以下議論する．

命題 3.14 定理3.8で構成した $\boldsymbol{u}_\lambda$ をとる．任意の $\lambda \geqq \lambda_*$ に対して，定数 $\tau_1>0, \delta>0$ が存在して

$$(3.52) \qquad \mathcal{E}_\lambda(\boldsymbol{u}_\lambda+\boldsymbol{v})-\mathcal{E}_\lambda(\boldsymbol{u}_\lambda) \geqq 0 \quad (\boldsymbol{v} \in H^1(\Omega;\mathbb{C}), \|\boldsymbol{v}\|_{L^2(\Omega;\mathbb{C})} < \delta),$$

$$(3.53) \qquad \mathcal{E}_\lambda(\boldsymbol{u}_\lambda+\boldsymbol{v})-\mathcal{E}_\lambda(\boldsymbol{u}_\lambda) \geqq \tau_1 \|\boldsymbol{v}\|^2_{L^2(\Omega;\mathbb{C})}$$
$$(\boldsymbol{v} \in H^1(\Omega;\mathbb{C}), \|\boldsymbol{v}\|_{L^2(\Omega;\mathbb{C})} < \delta, \int_\Omega \mathrm{Re}\,(i\boldsymbol{v}\overline{\boldsymbol{u}}_\lambda)dx = 0)$$

が成立する． □

[証明] 実数値関数の表示で計算する．

$$(3.54) \qquad \boldsymbol{u}_\lambda(x) = u_{1,\lambda}(x)+iu_{2,\lambda}(x), \quad \boldsymbol{v}(x) = v_1(x)+iv_2(x),$$

$$\mathcal{E}_\lambda(u_1,u_2) = \int_\Omega \left\{ \frac{1}{2}(|\nabla u_1|^2+|\nabla u_2|^2)+G(u_1,u_2) \right\} dx$$

ただし

$$G(u_1,u_2) = \frac{\lambda}{4}(1-u_1^2-u_2^2)^2$$

とおいた．ここで，関数 $g=g(u_1,u_2)$ を次の条件(i), (ii)をみたす $\mathbb{R}^2$ 上の C^2 級関数とする．

（i） $u_1^2+u_2^2 \leqq 4$ の範囲で $g(u_1,u_2)=G(u_1,u_2)$ である．

（ii）大小関係 $0 \leqq g(u_1, u_2) \leqq G(u_1, u_2)$ $((u_1, u_2) \in \mathbb{R}^2)$ が成立し，ある正定数 $c>0$ があって $\mathbb{R}^2$ 全体において評価式

$$(3.55) \quad \left|\frac{\partial^j g}{\partial u_1^p \partial u_2^q}\right| \leqq c \quad (p+q=j, \ 1 \leqq j \leqq 3, \ p \geqq 0, \ q \geqq 0)$$

が成立する．

ここで G を g に置き換えた汎関数を定める．

$$(3.56) \quad \mathcal{H}_\lambda(u_1, u_2) = \int_\Omega \left\{\frac{1}{2}(|\nabla u_1|^2 + |\nabla u_2|^2) + g(u_1, u_2)\right\} dx$$

解 $\boldsymbol{u}_\lambda$ は $|\boldsymbol{u}_\lambda| \leqq 1$ $(u_{1,\lambda}^2 + u_{2,\lambda}^2 \leqq 1)$ をみたすから $\mathcal{E}_\lambda(\boldsymbol{u}_\lambda) = \mathcal{H}_\lambda(u_{1,\lambda}, u_{2,\lambda})$ となる．また，一般に $\mathcal{H}_\lambda(\boldsymbol{u}) \leqq \mathcal{E}_\lambda(\boldsymbol{u})$ であるから，命題の結論を $\mathcal{H}_\lambda$ に対して示せば十分である．以上の状況下で $\boldsymbol{u}_\lambda$, $\boldsymbol{u}_\lambda + \boldsymbol{v}$ に対するエネルギー $\mathcal{H}_\lambda$ の差を考える．計算によって

$$(3.57)$$

$$\mathcal{H}_\lambda(\boldsymbol{u}_\lambda + \boldsymbol{v}) - \mathcal{H}_\lambda(\boldsymbol{u}_\lambda)$$
$$= \int_\Omega \left\{\langle \nabla \boldsymbol{u}_\lambda, \nabla \boldsymbol{v}\rangle + \frac{1}{2}|\nabla \boldsymbol{v}|^2 + g(\boldsymbol{u}_\lambda + \boldsymbol{v}) - g(\boldsymbol{u}_\lambda)\right\} dx$$
$$= \int_\Omega \left\{\frac{1}{2}|\nabla \boldsymbol{v}|^2 + g(\boldsymbol{u}_\lambda + \boldsymbol{v}) - g(\boldsymbol{u}_\lambda) - \frac{\partial g}{\partial u_1}(\boldsymbol{u}_\lambda)v_1 - \frac{\partial g}{\partial u_2}(\boldsymbol{u}_\lambda)v_2\right\} dx.$$

ここで，$u_{1,\lambda}, u_{2,\lambda}$ に関する元々の方程式から得られる条件

$$\int_\Omega \left(\langle \nabla u_{1,\lambda}, \nabla v_1\rangle + \frac{\partial g}{\partial u_1}(u_{1,\lambda}, u_{2,\lambda})v_1\right) dx = 0,$$

$$\int_\Omega \left(\langle \nabla u_{2,\lambda}, \nabla v_2\rangle + \frac{\partial g}{\partial u_2}(u_{1,\lambda}, u_{2,\lambda})v_2\right) dx = 0$$

を用いた．記号を単純化するため，しばらく関数 $\boldsymbol{u}_\lambda, u_{1,\lambda}, u_{2,\lambda}$ を $\boldsymbol{u}, u_1, u_2$ と書く．$(L^2(\Omega))^2$ を直交分解する．

$$(L^2(\Omega))^2 = F(\ell) \oplus F(\ell)^\perp, \quad F(\ell) = L.H.[\boldsymbol{\xi}_{1,\lambda}, \boldsymbol{\xi}_{2,\lambda}, \cdots, \boldsymbol{\xi}_{\ell,\lambda}],$$
$$\boldsymbol{\xi}_{k,\lambda} = (\phi_{k,\lambda}, \psi_{k,\lambda})^{\mathrm{T}} \quad (k \geqq 1)$$

ここで $\boldsymbol{\xi}_{k,\lambda}$ は固有値問題(3.32)の第 k 固有関数であることに注意する．このとき

$$\int_\Omega \left(\frac{1}{2}|\nabla\boldsymbol{\xi}|^2 + \boldsymbol{\xi}^{\mathrm{T}} g''(\boldsymbol{u})\boldsymbol{\xi}\right) dx \geqq \frac{1}{2}\mu_{\ell+1}(\lambda)\|\boldsymbol{\xi}\|^2_{L^2(\Omega;\mathbb{R}^2)} \quad (\boldsymbol{\xi} \in F(\ell)^\perp)$$

となる．このヒルベルト空間の直交分解にしたがって $\boldsymbol{v}=(v_1,v_2)$ を次のように分解する．

$$\boldsymbol{v} = \boldsymbol{v}^{(1)} + \boldsymbol{v}^{(2)}, \quad v_1 = v_1^{(1)} + v_1^{(2)}, \quad v_2 = v_2^{(1)} + v_2^{(2)}$$

簡単な計算により

(3.58) $$\mathcal{H}_\lambda(\boldsymbol{u}+\boldsymbol{v}) - \mathcal{H}_\lambda(\boldsymbol{u}) = J_1(\boldsymbol{v}) + J_2(\boldsymbol{v})$$

とできる．ただし J_1, J_2 は以下の通りである．

(3.59)
$$J_1(\boldsymbol{v}) := \int_\Omega \left\{ \frac{1}{2}|\nabla\boldsymbol{v}^{(1)}|^2 + g(\boldsymbol{u}+\boldsymbol{v}^{(1)}) - g(\boldsymbol{u}) - \frac{\partial g}{\partial u_1}(\boldsymbol{u})v_1^{(1)} - \frac{\partial g}{\partial u_2}(\boldsymbol{u})v_2^{(1)} \right\} dx$$

(3.60) $$J_2(\boldsymbol{v}) := \int_\Omega \left\{ \frac{1}{2}|\nabla\boldsymbol{v}^{(2)}|^2 + g(\boldsymbol{u}+\boldsymbol{v}^{(1)}+\boldsymbol{v}^{(2)}) - g(\boldsymbol{u}+\boldsymbol{v}^{(1)}) \right.$$
$$\left. - \frac{\partial g}{\partial u_1}(\boldsymbol{u})v_1^{(2)} - \frac{\partial g}{\partial u_2}(\boldsymbol{u})v_2^{(2)} \right\} dx$$

ここで J_1, J_2 をそれぞれを評価する．被積分関数をみるため，テイラーの公式より

$$\rho(t) = \rho(0) + t\rho'(0) + \int_0^t (t-s)\rho''(s)ds,$$
$$\rho(t) = \rho(0) + t\rho'(0) + \frac{t^2}{2}\rho''(0) + \int_0^t \frac{(t-s)^2}{2}\rho'''(s)ds$$

を利用する．$\rho(t) = g(\boldsymbol{u}+t\boldsymbol{v}^{(1)})$ として

(3.61)
$$g(\boldsymbol{u}+\boldsymbol{v}^{(1)}) - g(\boldsymbol{u}) - \frac{\partial g}{\partial u_1}(\boldsymbol{u})v_1^{(1)} - \frac{\partial g}{\partial u_2}(\boldsymbol{u})v_2^{(1)}$$
$$= \frac{\partial^2 g}{\partial u_1^2}(\boldsymbol{u})(v_1^{(1)})^2 + 2\frac{\partial^2 g}{\partial u_1 \partial u_2}(\boldsymbol{u})v_1^{(1)}v_2^{(1)} + \frac{\partial^2 g}{\partial u_2^2}(\boldsymbol{u})(v_2^{(1)})^2 + R(\boldsymbol{v}^{(1)}).$$

ただし

$$R(\boldsymbol{v}^{(1)}) = \int_0^1 \frac{(1-s)^2}{2} \bigg(\frac{\partial^3 g}{\partial u_1^3}(\boldsymbol{u}+s\boldsymbol{v}^{(1)})(v_1^{(1)})^3 \\ + 3\frac{\partial^3 g}{\partial u_1^2 \partial u_2}(\boldsymbol{u}+s\boldsymbol{v}^{(1)})(v_1^{(1)})^2 v_2^{(1)} + 3\frac{\partial^3 g}{\partial u_1 \partial u_2^2}(\boldsymbol{u}+s\boldsymbol{v}^{(1)})v_1^{(1)}(v_2^{(1)})^2 \\ + \frac{\partial^3 g}{\partial u_2^3}(\boldsymbol{u}+s\boldsymbol{v}^{(1)})(v_2^{(1)})^3 \bigg) ds$$

である．R はいわば剰余項の役割をもち，評価式

$$|R(\boldsymbol{v}^{(1)})| \leqq c \left(|v_1^{(1)}| + |v_2^{(1)}| \right)^3 \leqq 2\sqrt{2}\, c |\boldsymbol{v}^{(1)}|^3$$

をみたす．よって，条件

$$\int_\Omega (-u_{2,\lambda} v_1^{(1)} + u_{1,\lambda} v_2^{(1)}) dx = 0$$

のもとで

$$\begin{aligned}(3.62)\quad J_1(\boldsymbol{v}) &= \int_\Omega \left(\frac{1}{2} |\nabla \boldsymbol{v}^{(1)}|^2 + (\boldsymbol{v}^{(1)})^{\mathrm{T}} g''(\boldsymbol{u}_\lambda) \boldsymbol{v}^{(1)} \right) dx + \int_\Omega R(\boldsymbol{v}^{(1)}) dx \\ &\geqq \frac{\mu_2(\lambda)}{2} \|\boldsymbol{v}^{(1)}\|^2_{L^2(\Omega;\mathbb{R}^2)} - 2\sqrt{2}\, c \|\boldsymbol{v}^{(1)}\|^3_{L^\infty(\Omega;\mathbb{R}^2)} \\ &\geqq \frac{\mu_2(\lambda)}{2} \|\boldsymbol{v}^{(1)}\|^2_{L^2(\Omega;\mathbb{R}^2)} - c' \|\boldsymbol{v}^{(1)}\|^3_{L^2(\Omega;\mathbb{R}^2)}\end{aligned}$$

が成立する．c' は λ や ℓ に依存する．上で $\boldsymbol{v}^{(1)}$ が属するところの $F(\ell)$ が有限次元であることにより，2 つの位相 $L^2(\Omega;\mathbb{R}^2)$, $L^\infty(\Omega;\mathbb{R}^2)$ が $F(\ell)$ において同値であることを用いた．

つぎに J_2 の中の被積分項を評価するための不等式を準備する．テイラーの定理および g の条件(3.55)を利用して評価式

$$\left| g(\boldsymbol{u}+\boldsymbol{v}^{(1)}+\boldsymbol{v}^{(2)}) - g(\boldsymbol{u}+\boldsymbol{v}^{(1)}) - \frac{\partial g}{\partial u_1}(\boldsymbol{u}) v_1^{(2)} - \frac{\partial g}{\partial u_2}(\boldsymbol{u}) v_2^{(2)} \right| \\ \leqq \left| g(\boldsymbol{u}+\boldsymbol{v}^{(1)}+\boldsymbol{v}^{(2)}) - g(\boldsymbol{u}+\boldsymbol{v}^{(1)}) - \frac{\partial g}{\partial u_1}(\boldsymbol{u}+\boldsymbol{v}^{(1)}) v_1^{(2)} - \frac{\partial g}{\partial u_2}(\boldsymbol{u}+\boldsymbol{v}^{(1)}) v_2^{(2)} \right| \\ + \left| \left(\frac{\partial g}{\partial u_1}(\boldsymbol{u}+\boldsymbol{v}^{(1)}) - \frac{\partial g}{\partial u_1}(\boldsymbol{u}) \right) v_1^{(2)} \right| + \left| \left(\frac{\partial g}{\partial u_2}(\boldsymbol{u}+\boldsymbol{v}^{(1)}) - \frac{\partial g}{\partial u_2}(\boldsymbol{u}) \right) v_2^{(2)} \right|$$

$$\leqq 2c\left(|\boldsymbol{v}^{(2)}|^2+|\boldsymbol{v}^{(1)}||\boldsymbol{v}^{(2)}|\right) \leqq \varepsilon|\boldsymbol{v}^{(1)}|^2+\left(\frac{c^2}{\varepsilon}+2c\right)|\boldsymbol{v}^{(2)}|^2$$

を得ることができる．ここで $\varepsilon>0$ は任意の実数，$c>0$ は g の条件に現れる定数である．以上の評価を用いて J_2 を下から評価すると

(3.63)
$$\begin{aligned}J_2(\boldsymbol{v}) &\geqq \int_\Omega \left(\frac{1}{2}|\nabla \boldsymbol{v}^{(2)}|^2+(\boldsymbol{v}^{(2)})^\mathrm{T} g''(\boldsymbol{u})\boldsymbol{v}^{(2)}\right) dx \\ &\quad -\int_\Omega (\boldsymbol{v}^{(2)})^\mathrm{T} g''(\boldsymbol{u})\boldsymbol{v}^{(2)} dx - \int_\Omega \left\{\varepsilon|\boldsymbol{v}^{(1)}|^2+\left(\frac{c^2}{\varepsilon}+2c\right)|\boldsymbol{v}^{(2)}|^2\right\} dx \\ &\geqq \left(\frac{\mu_{\ell+1}(\lambda)}{2}-\frac{c^2}{\varepsilon}-4c\right)\|\boldsymbol{v}^{(2)}\|^2_{L^2(\Omega;\mathbb{R}^2)}-\varepsilon\|\boldsymbol{v}^{(1)}\|^2_{L^2(\Omega;\mathbb{R}^2)}\end{aligned}$$

となる．以上の J_1,J_2 の評価 (3.62), (3.63) を合わせて

$$\begin{aligned}\mathcal{H}_\lambda(\boldsymbol{u}+\boldsymbol{v})-\mathcal{H}_\lambda(\boldsymbol{u}) &\geqq \left(\frac{\mu_2(\lambda)}{2}-\varepsilon\right)\|\boldsymbol{v}^{(1)}\|^2_{L^2(\Omega;\mathbb{R}^2)}-c'\|\boldsymbol{v}^{(1)}\|^3_{L^2(\Omega;\mathbb{R}^2)} \\ &\quad +\left(\frac{\mu_{\ell+1}(\lambda)}{2}-\frac{c^2}{\varepsilon}-4c\right)\|\boldsymbol{v}^{(2)}\|^2_{L^2(\Omega;\mathbb{R}^2)}\end{aligned}$$

を得る．つぎに $\varepsilon=\mu_2(\lambda)/4$ として固定し，この ε に対して

$$\frac{\mu_{\ell+1}(\lambda)}{2}-\frac{c^2}{\varepsilon}-4c\geqq 1$$

となるように番号 ℓ を大きくとる．これらを合わせて

$$\mathcal{H}_\lambda(\boldsymbol{u}+\boldsymbol{v})-\mathcal{H}_\lambda(\boldsymbol{u}) \geqq \min(\mu_2(\lambda)/4,1)\|\boldsymbol{v}\|^2_{L^2(\Omega;\mathbb{R}^2)}-c'\|\boldsymbol{v}^{(1)}\|^3_{L^2(\Omega;\mathbb{R}^2)}$$

となる．よって

$$\delta=\min(\mu_2(\lambda)/4,1)/(2c'),\quad \tau_1=\min(\mu_2(\lambda)/4,1)/2$$

とおくことで (3.53) の不等式が得られる． ∎

3.6 領域摂動と渦糸解

前節で,ある種の条件をみたす位相的に自明でない領域に対して $\lambda>0$ を大きくとって,安定な解 $\bm{u}_\lambda$ を構成した.この解は零点をもたなかったことを思い出そう.物理的には安定解は永久電流に対応するが,その零点は渦とも呼ばれ,その微小近傍には大きなエネルギーが集中するため,現象の状態(あるいは物質の状態)を特徴付ける重要な性質となっている.ここでは前節で得られた安定解を元に領域を変形することによって零点をもつ安定解(渦糸解)を構成してみよう[*5].その証明には前節の安定性不等式が有効に働く.まず領域の族を導入する.領域 Ω に対して $\zeta\to 0$ のとき Ω に近づくような領域の族 $\Omega(\zeta)$ (ζ (>0) 正パラメータ)を考える.各 $\Omega(\zeta)$ は $\mathbb{R}^n$ の有界領域で C^3 級の境界をもち,次の条件をみたすとする.

$$(3.64) \quad \begin{cases} \Omega(\zeta_1) \supset \Omega(\zeta_2) \supset \Omega \quad (\zeta_1 \geqq \zeta_2 > 0), \\ \lim_{\zeta\to 0} \mathrm{Vol}\,(\Omega(\zeta)\setminus\Omega) = 0 \end{cases}$$

$\Omega(\zeta)$ 上の GL 方程式

$$(3.65) \quad \Delta\bm{u}+\lambda(1-|\bm{u}|^2)\bm{u}=0 \quad (x\in\Omega(\zeta)),\quad \partial\bm{u}/\partial\bm{\nu}=0 \quad (x\in\partial\Omega(\zeta))$$

を考えよう.$H^1(\Omega(\zeta);\mathbb{C})$ 上で定義されるエネルギー汎関数に対する変分問題によって $\Omega(\zeta)$ 上の GL 方程式の解を構成する.すなわち

$$(3.66) \quad \widetilde{\mathcal{E}}_{\lambda,\zeta}(\bm{u}) = \int_{\Omega(\zeta)} \left\{ \frac{1}{2}|\nabla\bm{u}|^2 + \frac{\lambda}{4}(1-|\bm{u}|^2)^2 \right\} dx$$

を考える.

定理 3.15 Ω および $\bm{u}_\lambda$ ($\lambda\geqq\lambda_*$) を定理 3.8 で得られた解とする.また λ_* は命題 3.12 で得られたものとする.このとき $\zeta_0=\zeta_0(\lambda)>0$ が存在して,$0<\zeta\leqq\zeta_0$ ならば(3.65)は安定解 $\bm{u}_{\lambda,\zeta}$ をもち,次の条件をみたす.

[*5] 可縮な領域(位相的には自明)において渦をもつ安定解が存在するか? という数学的好奇心が動機.

$$\lim_{\zeta \to 0} \|\boldsymbol{u}_{\lambda,\zeta} - \boldsymbol{u}_\lambda\|_{L^2(\Omega;\mathbb{C})} = 0$$

さらに任意の $\varepsilon > 0$ に対して

$$\lim_{\zeta \to 0} \sup_{x \in \Omega \setminus \mathcal{W}(\varepsilon)} |\boldsymbol{u}_{\lambda,\zeta}(x) - \boldsymbol{u}_\lambda(x)| = 0.$$

ただし集合 $\mathcal{W}(\varepsilon)$ は次の通り定義されるものである.

$$\mathcal{W}(\varepsilon) := \{x \in \overline{\Omega} : \limsup_{\zeta \to 0} \mathrm{dist}\,(x, \Omega(\zeta) \setminus \overline{\Omega}) \leqq \varepsilon\} \qquad \square$$

証明の方針は, 近似解の近傍で最小化列を作ってその集積点を近傍内で求めるという変分法の直接法で行われる. ただし, この列が途中で遠くへ逃げ出さないことを示すことが肝要である. そのために列を制御する評価不等式が必要である. まさにそのために前節の安定性不等式が活用される. Ω 上の関数 $\boldsymbol{u}_\lambda$ を滑らかに $\mathbb{R}^n$ 上の関数として拡張しておく. その関数を $\widetilde{\boldsymbol{u}}_\lambda$ と記述し近似解とする. $\widetilde{\boldsymbol{u}}_\lambda$ の近傍(位相的には開集合でないので近傍ではない)として次の集合を定義する.

$$K(\kappa) = \Big\{\boldsymbol{u} \in H^1(\Omega(\zeta);\mathbb{C}) : \int_\Omega \mathrm{Re}\,(i(\boldsymbol{u} - \boldsymbol{u}_\lambda)\overline{\boldsymbol{u}}_\lambda)dx = 0,$$
$$\|\boldsymbol{u} - \boldsymbol{u}_\lambda\|_{L^2(\Omega;\mathbb{C})} < \kappa\Big\}$$

とおく. この集合上において汎関数は次の挙動をもつ.

補題 3.16 ある $\tau_2 > 0$, $\kappa > 0$ と $\rho(\lambda, \zeta) \geqq 0$ が存在して,

$$(3.67) \quad \widetilde{\mathcal{E}}_{\lambda,\zeta}(\boldsymbol{u}) - \widetilde{\mathcal{E}}_{\lambda,\zeta}(\widetilde{\boldsymbol{u}}_\lambda) \geqq \tau_2 \|\boldsymbol{u} - \widetilde{\boldsymbol{u}}_\lambda\|^2_{L^2(\Omega;\mathbb{C})} - \rho(\lambda, \zeta) \quad (\boldsymbol{u} \in K(\kappa))$$

が成立する. ただし $\rho(\lambda, \zeta) \geqq 0$, $\lim_{\zeta \to 0} \rho(\lambda, \zeta) = 0$ である. $\qquad \square$

[証明] 積分の中の非負の項を差し引き,

$$\widetilde{\mathcal{E}}_{\lambda,\zeta}(\boldsymbol{u}) - \widetilde{\mathcal{E}}_{\lambda,\zeta}(\widetilde{\boldsymbol{u}}_\lambda) \geqq \mathcal{E}_\lambda(\boldsymbol{u}) - \mathcal{E}_\lambda(\boldsymbol{u}_\lambda) - \int_{\Omega(\zeta) \setminus \Omega} \left(\frac{|\nabla \widetilde{\boldsymbol{u}}_\lambda|^2}{2} + \frac{\lambda(1-|\widetilde{\boldsymbol{u}}_\lambda|^2)^2}{4}\right) dx$$

を得る. 命題 3.14 の不等式を適用して

$$\rho(\lambda, \zeta) = \int_{\Omega(\zeta) \setminus \Omega} \left(\frac{1}{2}|\nabla \widetilde{\boldsymbol{u}}_\lambda|^2 + \frac{\lambda}{4}(1-|\widetilde{\boldsymbol{u}}_\lambda|^2)^2\right) dx$$

とおくことで補題の結論(3.67)を得る.

[定理 3.15 の証明] $K(\kappa)$ におけるエネルギー汎関数の最小化列をとって議論する．すなわち $\boldsymbol{u}_m \in K(\kappa)$ ($m \geqq 1$) を次の条件

$$(3.68) \qquad \lim_{m \to \infty} \widetilde{\mathcal{E}}_{\lambda,\zeta}(\boldsymbol{u}_m) = \inf_{\boldsymbol{u} \in K(\kappa)} \widetilde{\mathcal{E}}_{\lambda,\zeta}(\boldsymbol{u})$$

をみたすものとする．最小化列に対して

$$(3.69) \qquad \widetilde{\mathcal{E}}_{\lambda,\zeta}(\boldsymbol{u}_m) \leqq \widetilde{\mathcal{E}}_{\lambda,\zeta}(\widetilde{\boldsymbol{u}}_\lambda) \quad (m \geqq 1)$$

としてよいから，補題 3.16 の不等式から

$$(3.70) \qquad \|\boldsymbol{u}_m - \widetilde{\boldsymbol{u}}_\lambda\|_{L^2(\Omega;\mathbb{C})}^2 \leqq \rho(\lambda,\zeta)/\tau_2 \quad (m \geqq 1)$$

となる．$\widetilde{\mathcal{E}}_{\lambda,\zeta}(\boldsymbol{u}_m)$ が一定の値を越えないことから $\boldsymbol{u}_m$ が $H^1(\Omega(\zeta);\mathbb{C})$ の有界列になることが従う．よって，ヒルベルト空間の有界列が弱相対コンパクトであることやソボレフ空間に関するレリッヒの定理およびルベーグ (Lebesgue) 測度論の結果を用いて，適当に部分列 $\boldsymbol{u}_{m(p)} \in K(\kappa)$ ($p \geqq 1$) および $\widehat{\boldsymbol{u}} \in K(\kappa)$ があって次の条件をみたす．

（ i ）$\displaystyle\lim_{p \to \infty} \|\boldsymbol{u}_{m(p)} - \widehat{\boldsymbol{u}}\|_{L^2(\Omega(\zeta);\mathbb{C})} = 0$,
（ ii ）$\displaystyle\lim_{p \to \infty} \boldsymbol{u}_{m(p)}(x) = \widehat{\boldsymbol{u}}(x)$ 　(a.e. $x \in \Omega(\zeta)$),
（iii）$\displaystyle\lim_{p \to \infty} \boldsymbol{u}_{m(p)} = \widehat{\boldsymbol{u}}$ 　($H^1(\Omega(\zeta);\mathbb{C})$ において弱収束),
（iv）$\displaystyle\liminf_{p \to \infty} \widetilde{\mathcal{E}}_{\lambda,\zeta}(\boldsymbol{u}_{m(p)}) \geqq \widetilde{\mathcal{E}}_{\lambda,\zeta}(\widehat{\boldsymbol{u}})$

これより $\widehat{\boldsymbol{u}}$ が $K(\kappa)$ における $\widetilde{\mathcal{E}}_{\lambda,\zeta}$ の最小値を与えている．この $\widehat{\boldsymbol{u}}$ が実際に $\widetilde{\mathcal{E}}_{\lambda,\zeta}$ の極小値になっていることを示す．次の集合を定義する．

$$\widehat{K}(\kappa) := \left\{\boldsymbol{u} \in H^1(\Omega(\zeta);\mathbb{C}) : \inf_{0 \leqq t < 2\pi} \|e^{it}\boldsymbol{u} - \boldsymbol{u}_\lambda\|_{L^2(\Omega;\mathbb{C})} \leqq \kappa\right\}$$

$\zeta_0 = \zeta_0(\lambda) > 0$ として

$$(3.71) \qquad 0 \leqq (\rho(\zeta,\lambda)/\tau_2)^{1/2} < \kappa/2 \quad (0 < \zeta \leqq \zeta_0)$$

となるものをとって固定する．このとき $\|\widehat{\boldsymbol{u}} - \boldsymbol{u}_\lambda\|_{L^2(\Omega;\mathbb{C})} \leqq \kappa/2$ となる．$\widehat{\boldsymbol{u}}$ は $\widehat{K}$ においても最小値を与える．なぜならば，任意の $\boldsymbol{u} \in \widehat{K}(\kappa)$ に対して適当に $t \in [0, 2\pi)$ をとれば $e^{it}\boldsymbol{u} \in K(\kappa)$ となり

$$\widetilde{\mathcal{E}}_{\lambda,\zeta}(\widehat{\boldsymbol{u}}) = \widetilde{\mathcal{E}}_{\lambda,\zeta}(e^{it}\widehat{\boldsymbol{u}})$$

だからである．こうして $\widehat{\boldsymbol{u}}$ は GL 方程式 (3.65) の解となり，これを $\boldsymbol{u}_{\lambda,\zeta}$ と表記する．$\zeta>0$ が小さくなるとき，それに応じて (3.71) の条件の $\kappa>0$ も小さくとることができる．これによって

$$\lim_{\zeta\to 0}\|\boldsymbol{u}_{\lambda,\zeta}-\boldsymbol{u}_{\lambda}\|_{L^2(\Omega;\mathbb{C})}=0$$

が導かれる．最後に，定理 3.15 の後半の性質は付録の命題 A.16 を用いて導かれる． ∎

渦糸解の存在

　上で構成した $\Omega(\zeta)$ 上の GL 方程式の解 $\boldsymbol{u}_{\lambda,\zeta}$ が零点をもつ場合の具体例を作成する．空間次元は 3 次元 ($n=3$) とし，最初にとる領域 Ω としてドーナツ型領域または，3 つ穴ドーナツをとる (図 3.2 の領域参照)．これらをもとに特異的摂動領域 $\Omega(\zeta)$ としては，薄いビスケット型の集合 (厚みは約 ζ) を穴のところにはめ込んで単連結の領域 (図 3.3) を作る．さて定理 3.8 の $\theta_0:\overline{\Omega}\to S^1$ として自明でない写像 (零ホモトープでないもの) をとっておく．対応する解 $\boldsymbol{u}_\lambda$ について $\lambda\to\infty$ のとき $|\boldsymbol{u}_\lambda(x)|$ は 1 に一様収束するから，大きな $\lambda>0$ に対して $|\boldsymbol{u}_\lambda(x)|\geq 2/3$ ($x\in\Omega$) とできる．この λ を固定した上で ζ を小さくとることを考える．任意の $\varepsilon>0$ に対して $\boldsymbol{u}_{\lambda,\zeta}$ は $\Omega\setminus\mathcal{W}(\epsilon)$ で $\boldsymbol{u}_\lambda$ に一様収束するから，とくに

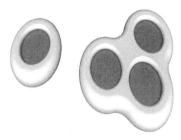

図 3.3　領域の特異的摂動 (図 3.2 のものと比較して体積変化が微小ながら位相は異なる)．

$$|\boldsymbol{u}_{\lambda,\zeta}(x)-\boldsymbol{u}_\lambda(x)| \leqq 1/3 \quad (x \in \Omega\backslash\mathcal{W}(\epsilon))$$

とできる．これより

$$\overline{\Omega}\backslash\mathcal{W}(\epsilon) \ni x \longmapsto \boldsymbol{u}_{\lambda,\zeta}(x)/|\boldsymbol{u}_{\lambda,\zeta}(x)| \in S_c^1$$

は零ホモトープではない．$\Omega(\zeta)$ で写像度を考えると $\boldsymbol{u}_{\lambda,\zeta}(x)$ は零点をもつことになる．

第3章ノート▶ この章ではノイマン境界条件をもつ GL 方程式の非自明な安定解の存在問題を考察した．第5章で扱う第一種境界条件の場合ほどは研究は多くないが，外部的な駆動力がなくても電流が存続できるような状態を記述する方程式として重要性がある．また，領域の位相的な性質を反映しやすいという意味で数学的におもしろい．スカラー方程式((3.2)で未知関数が実数値の場合)についてはこの章のような領域形状の観点からの研究が1970年代から多くある(Matano[122]，Casten-Holland[31]，Hale-Vegas[66]，Vegas[169]，Kishimoto-Weinberger[98]，Jimbo[79, 80, 81]，… etc)．GL 方程式は変分構造をもつため，スカラー方程式の性質をある面で受け継ぐ．一方，システムの方程式であるがゆえに生じる，新たな性質を 3.2 節で示した．定理 3.1, 定理 3.2 は Jimbo-Morita[83]の結果である．Lopes[117]でも類似の結果が得られている．定理 3.7 についても[83]による．複雑な領域上の非自明解の構成については Jimbo-Morita[84]，Jimbo-Morita-Zhai[90]を参照するとよい．定理 3.8 については[90]による．また渦糸解の存在の話題は Dancer[42]，Jimbo-Morita[85]にある．ところで，安定な渦糸解の存在について Montero-Sternberg-Ziemer[130]は，一部分が凹んだ3次元領域を考え，パラメータ λ>0 を非常に大きくとることでその存在を示した(変分法の特異摂動問題でしばしば用いられるガンマ収

図 3.4 ネットワーク型領域(極限は6つの線分の和)．

束の方法による).3.6 節では一部分薄膜のように極端に退化した領域(ドーナツ＋ビスケット型)で議論したが,[130]では領域の薄さの代わりに λ を大きくとることで方程式に同じ効果を与えている.また,Rubinstein-Sternberg-Wolansky [147]は細い棒をつないでできるネットワーク型の領域上で極小化解の存在を論じた(図 3.4 参照)[*6].ネットワーク型の場合は位相の効果が現れるのでスカラーの方程式と GL 方程式は解の構造の観点から様相はだいぶ異なる.特異的な領域変形の問題は磁場の効果を含む方程式(第 8 章)で応用的な問題に関連して多く現れる.

[*6] この領域については,スカラー方程式の場合 Kosugi[103]の先行研究があり,極小化解のみならず一般の解も扱っている.

4 | 空間2次元領域における回転対称性をもつ渦糸解

　この章では，渦糸解と呼ばれる GL 方程式の特徴的な解を単純な設定で構成し，その安定性を議論する．超伝導の GL モデルでは，渦糸は秩序パラメータの零点として特徴付けられる．前章では3次元以上の有界領域において零点をもつ安定な解の存在を示したが，零点まわりの解の詳細な形状について議論していない．ここでは，全領域 $\mathbb{R}^2$ の渦糸解として原点に零点をもつ $f(r)\exp(im\theta)$ と極座標で変数分離できる形の解を構成する．このとき，問題は振幅 $f(r)$ の2階非線形常微分方程式の境界値問題に帰着される．この振幅方程式の解構造を明らかにし，$\mathbb{R}^2$ での解の存在を示す．また，応用として円板領域における第1種境界条件とノイマン境界条件の場合の解の存在が導かれる．さらにこの形の渦糸解の安定性について解析する．

4.1 無限領域と円板領域における渦糸解

2次元の無限領域における GL 方程式

$$(4.1) \quad \Delta \boldsymbol{u} + (1-|\boldsymbol{u}|^2)\boldsymbol{u} = 0 \quad (x \in \mathbb{R}^2)$$

を考える．回転対称性をもつ解として

$$(4.2) \quad \boldsymbol{u} = f(r)\exp(im\theta), \quad x = (x_1, x_2) = (r\cos\theta, r\sin\theta)$$

という形の解を求める．m は0でない整数である．解 $\boldsymbol{u}$ が原点で特異性をもたないように，$r \to 0+$ の条件として $f(0)=0$ を課す必要がある．また，$r \to$

∞ ではポテンシャルエネルギー $(1-|\boldsymbol{u}|^2)^2$ が発散しないようにするために $f(r) \to 1$ と仮定するのが自然である．(4.2)を(4.1)に代入すると振幅 $f(r)$ の満たす方程式

$$\text{(4.3)} \quad f_{rr} + \frac{1}{r} f_r - \frac{m^2}{r^2} f + (1-f^2) f = 0, \quad f(r) > 0 \quad (0 < r < \infty),$$

$$\text{(4.4)} \quad f(0) = 0, \quad \lim_{r \to \infty} f(r) = 1$$

が得られる．ここで $f_r = df/dr, f_{rr} = d^2f/dr^2$ と略記している．境界値問題 (4.3)-(4.4) の解の存在を証明する．$r=0$ で展開

$$f(r) = a_k r^k + a_{k+1} r^{k+1} + \cdots$$

を仮定し (4.3) に代入すると，

$$\text{(4.5)} \quad f(r) = \alpha r^m - \frac{\alpha}{4m+4} r^{m+2} + \cdots$$

となる．ここで $\alpha\,(>0)$ は $r=0$ における局所的な展開だけでは決まらないことに注意しておく．同様に，無限遠方で

$$f(r) = 1 - \frac{m^2}{2r^2} - \frac{8m^2 + m^4}{8r^4} - \cdots$$

が確かめられる．次の命題は求める解の一意存在を与える．

命題 4.1 $m \in \mathbb{Z}, m \neq 0$ に対し (4.3)-(4.4) の解 $f = f^{(m)}(r)$ は一意に存在し，$f_r^{(m)}(r) > 0\ (0 < r < \infty)$ および

$$f^{(m)}(r) = \alpha r^m + O(r^{m+2}) \quad (r \to 0),$$
$$f^{(m)}(r) = 1 - \frac{m^2}{2r^2} + O(1/r^4) \quad (r \to \infty),$$
$$f_r^{(m)}(r) = \frac{m^2}{r^3} + O(1/r^5) \quad (r \to \infty)$$

を満たす．ここで α は正の一意に決まる定数である． □

方程式 (4.1) が変換

$$\boldsymbol{u} \mapsto \boldsymbol{u} \exp(ic), \quad \boldsymbol{u}(x_1, x_2) \mapsto \boldsymbol{u}(x_1 + c_1, x_2 + c_2)$$

に対して不変であることから，(4.1) の回転対称解について次の定理がただちに導かれる．

定理 4.2 与えられた $m \in \mathbb{Z}$, $m \neq 0$ に対して，$f^{(m)}(r)$ を (4.3)-(4.4) の解とする．$\mathbb{R}^2$ を $z = x_1 + ix_2$, $x = (x_1, x_2) \in \mathbb{R}^2$ によって $\mathbb{C}$ と同一視すると，任意の $z_0 \in \mathbb{C}$, $c \in \mathbb{R}$ に対して (4.1) は解

$$\boldsymbol{u} = e^{ic} f^{(m)}(|z-z_0|) \left(\frac{z-z_0}{|z-z_0|} \right)^m$$

をもつ．とくに $c=0$, $z_0=0$ のとき，極座標 $(x_1, x_2) = (r\cos\theta, r\sin\theta)$ を用いて解は

$$(4.6) \qquad \boldsymbol{u} = f^{(m)}(r) \exp(im\theta)$$

と表される． □

領域が円板のように回転対称なら上の定理と同様な解が得られる．実際，単位円板でパラメータ $\lambda > 0$ をもつ方程式

$$(4.7) \qquad \Delta \boldsymbol{u} + \lambda(1-|\boldsymbol{u}|^2)\boldsymbol{u} = 0 \quad (x \in D), \quad D := \{x \in \mathbb{R}^2 : |x| < 1\}$$

を考える．($x = x'/\sqrt{\lambda}$ とおけば領域 $\{|x'| < \sqrt{\lambda}\}$ において (4.1) を考えることと同値である．) 境界条件としてはディリクレデータを与える次の第 1 種境界条件

$$(4.8) \qquad \boldsymbol{u}|_{r=1} = \exp(im\theta) \quad (0 \leqq \theta < 2\pi), \quad m \in \mathbb{Z}, \, m \neq 0$$

または，ノイマン境界条件

$$(4.9) \qquad \frac{\partial \boldsymbol{u}}{\partial r}\bigg|_{r=1} = 0$$

を考える．(4.2) を仮定すると f が満たす方程式は

$$(4.10) \qquad f_{rr} + \frac{1}{r} f_r - \frac{m^2}{r^2} f + \lambda(1-f^2)f = 0, \quad f(r) > 0 \quad (0 < r < 1)$$

と，境界条件

$$(4.11) \qquad f(0) = 0, \quad f(1) = 1$$

あるいは

(4.12) $$f(0) = f_r(1) = 0$$

となる．

$\sigma_1(m)$ を固有値問題

(4.13) $$\begin{cases} -\left(\varphi_{rr} + \dfrac{1}{r}\varphi_r - \dfrac{m^2}{r^2}\varphi\right) = \sigma\varphi & (0 < r < 1), \\ \varphi(0) = 0, \quad \varphi_r(1) = 0 \end{cases}$$

の第1固有値とする．次の系が得られる．

系 4.3 $m \in \mathbb{Z}$, $m \neq 0$ とする．(4.7)-(4.8) は任意の $\lambda > 0$ に対して解 $\boldsymbol{u} = f_D^{(m)}(r;\lambda)\,e^{im\theta}$ という形の解をもつ．ここで，$f_D^{(m)}(r;\lambda)$ は (4.10)-(4.11) を満たす一意な解である．一方，(4.7)-(4.9) が $\boldsymbol{u} = f_N^{(m)}(r;\lambda)\,e^{im\theta}$ という形の解をもつための必要十分条件は $\lambda > \sigma_1(m)$ である．ここで $f_N^{(m)}(r;\lambda)$ は (4.10)-(4.12) を満たす解で $\lambda > \sigma_1(m)$ のとき，一意に存在する． □

次節で命題 4.1 と系 4.3 を証明する．

4.2 振幅方程式の解構造

この節では振幅 $f(r)$ の満たす方程式について，$r \to 0$ での漸近挙動を与えたとき，$0 < r < \infty$ での挙動のタイプによって解を分類できることを示す．すなわち，方程式

(4.14) $$f_{rr} + \dfrac{1}{r}f_r - \dfrac{m^2}{r^2}f + (1 - f^2)f = 0 \quad (r > 0)$$

と，$r = 0$ における条件

(4.15) $$\lim_{r \to 0} f(r)/r^m = \alpha, \quad \alpha > 0$$

を与えたとき，パラメータ α に対して得られる (4.14)-(4.15) の解 $f = f(r;\alpha)$ の大域的な挙動のタイプを分類する．実際，α の値によって解の挙動が3種類のタイプに分類できる．その結果，命題 4.1 を満たす解の存在が自然に導か

れる．このように，初期条件($r=0$ での条件)の1つをパラメータとして(いまの場合は傾き)，求める解に対応するパラメータの値を決定する方法を**射撃法**(shooting method)と呼ぶ．

以下，とくに明記しなければならないとき以外は $f(r)=f^{(m)}(r)$ と略記し，$f(r)$ の m に関する依存性は必要な場合以外は明示しないことにする．また，$m>0$ の場合を考える．$m<0$ の場合も全く同様なので省略する．

定理 4.4 $f(r;\alpha)$ を (4.14)-(4.15) の極大延長解とし，その存在区間を $(0, r_\omega)$，$r_\omega = r_\omega(\alpha) \leqq \infty$ とする．このとき次を満たす $\alpha^* > 0$ が一意に存在する．

（ i ）$\alpha \in (0, \alpha^*)$ なら，
$$r_\omega = \infty, \quad |f(r;\alpha)| < 1 \quad (0 < r < \infty).$$

また，$f(r;\alpha)$ は $(0, \infty)$ において無限個の零点をもつ．

（ ii ）$\alpha \in (\alpha^*, \infty)$ なら，
$$r_\omega < \infty, \quad f_r > 0 \quad (0 < r < r_\omega), \quad \lim_{r \to r_\omega - 0} f(r;\alpha) = \infty$$

が成り立つ．

（iii）$\alpha = \alpha^*$ なら
$$r_\omega = \infty, \quad f_r > 0 \quad (0 < r < \infty), \quad \lim_{r \to \infty} f(r;\alpha^*) = 1$$

を満たす．また，
$$Y(r) := 1 - \frac{m^2}{2r^2} - \frac{8m^2 + m^4}{8r^4}$$

とおくと，十分大きい $R > 0$ に対してある定数 $C > 0$ がとれて

(4.16) $$\sup_{R \leqq r} \{|f(r) - Y(r)| + |f_r(r) - Y_r(r)| + |f_{rr}(r) - Y_{rr}(r)|\} \leqq \frac{C}{R^5}$$

が成り立つ． □

定理の (i), (ii), (iii) に対応する解曲線については図 4.1 参照．

定理 4.4 から，命題 4.1 が従うのは明らかである．以下，この定理を証明していく．そのために，いくつかの補題を用意する．

まず，解の存在について確認しておく．

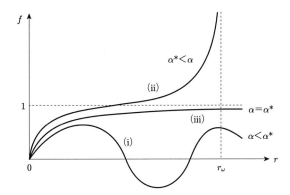

図 4.1 定理 4.4 による (4.14)-(4.15) の解 $f(r;\alpha)$ の分類. $\alpha<\alpha^*, \alpha=\alpha^*$ および $\alpha>\alpha^*$ の解曲線が同時に描かれている.

補題 4.5 $f(r;\alpha)$ は $r=0$ の近傍で実解析的で

$$(4.17) \quad f(r;\alpha)=\sum_{j=0}^{\infty} a_j r^{m+j}=\alpha r^m - \frac{\alpha}{4m+4}r^{m+2}-\cdots$$

と展開される. また，α に関して偏微分可能で $f_\alpha(r;\alpha)=\partial f(r;\alpha)/\partial \alpha$ は

$$(4.18) \quad (f_\alpha)_{rr}+\frac{1}{r}(f_\alpha)_r-\frac{m^2}{r^2}f_\alpha+(1-3f^2)f_\alpha=0, \quad 0<r<r_\omega,$$

$$(4.19) \quad \lim_{r\to 0} f_\alpha(r;\alpha)/r^m = 1$$

を満たす滑らかな解である. □

[証明] $r=0$ における展開によって，形式的べき級数解が得られる．f の解析性からこの形式解の収束性が示される．このような議論は解析的な方程式の初期値問題の解法としては標準的である．文献 [95] を参照するとよい[*1].

後半は (4.18)-(4.19) を満たす滑らかな解が一意に存在することより，$f(r;\alpha)$ の α に関する微分可能性とその偏導関数が (4.18)-(4.19) を満たすことがいえる． ■

次の補題は比較定理の一種で，以下の議論でたびたび利用する．なお，十分小さい $r>0$ を $0<r\ll 1$ と略記する．

[*1] 少し古いが木村 [97] もくわしい.

補題 4.6 区間 $[r_0, R]$ で定義された連続関数 $w^{(j)}(r)$ ($j=1,2$) について,$w^{(j)} \in C^1[r_0, R] \cap C^2(r_0, R)$ で次の方程式

$$(4.20) \quad w_{rr}^{(j)} + \frac{1}{r} w_r^{(j)} = g_j(r, w^{(j)}) \quad (r \in (r_0, R)), \quad j = 1, 2$$

を満たし, $w^{(1)}(r) > 0$ ($r_0 < r < R$) とする. ただし $0 \leqq r_0 < R$ である.

(ⅰ) $g_1(r, \cdot)$, $g_2(r, \cdot)$ は区間 (r_0, R) において

$$(4.21) \quad \frac{g_2(r, \eta)}{\eta} > \frac{g_1(r, \xi)}{\xi} \quad (0 < \xi < \eta)$$

を満たすとする.

$$(4.22) \quad \lim_{r \to r_0 + 0} \frac{w^{(2)}(r)}{w^{(1)}(r)} \to 1, \quad \frac{w^{(2)}(r)}{w^{(1)}(r)} > 1 \quad (0 < r - r_0 \ll 1)$$

なら $w^{(2)}(r) > w^{(1)}(r)$ ($r_0 < r < R$) が成り立つ. さらにある区間 $(r_0, r_1] \subset (r_0, R)$ 上で $w_r^{(1)} > 0$ なら, その区間上で $w_r^{(2)} > 0$ である.

(ⅱ) $\eta > 0$, $r \in (r_0, R)$ に対し

$$(4.23) \quad \frac{g_2(r, \eta)}{\eta} > \frac{g_1(r, w^{(1)}(r))}{w^{(1)}(r)}$$

および

$$(4.24) \quad r_0 \{ w_r^{(2)}(r_0) w^{(1)}(r_0) - w^{(2)}(r_0) w_r^{(1)}(r_0) \} \geqq 0$$

が満たされているとする. $w^{(2)}(r) > 0$ ($0 < r - r_0 \ll 1$) ならば $w^{(2)}(r) > 0$ ($r_0 < r < R$) が成り立つ. □

[証明] (ⅰ)の証明:

$$(4.25) \quad W(r) := w_r^{(2)}(r) w^{(1)}(r) - w^{(2)}(r) w_r^{(1)}(r)$$

とおくと, 方程式(4.20)から等式

$$W_r(r) + \frac{1}{r} W(r) = g_2(r, w^{(2)}(r)) w^{(1)}(r) - g_1(r, w^{(1)}(r)) w^{(2)}(r)$$

を得る. これを積分すると

$$(4.26) \quad rW(r) = r_0 W(r_0) + \int_{r_0}^r g_2(s, w^{(2)}(s)) w^{(1)}(s) - g_1(s, w^{(1)}(s)) w^{(2)}(s) \} s \, ds.$$

$w^{(2)}(r) > w^{(1)}(r)$ $(r_0 < r < R)$ が成り立つことを背理法によって示そう．(4.22) より $W(r_0) \geqq 0$ が従う．$w^{(2)}(r) > w^{(1)}(r)$ $(0 < r - r_0 \ll 1)$ だから

$$w^{(2)}(r_1) = w^{(1)}(r_1), \quad w^{(2)}(r) > w^{(1)}(r) \quad (r_0 < r < r_1)$$

を満たす $r_1 \in (r_0, R]$ が存在したとする．このとき，

$$W(r_1) = w^{(1)}(r_1)\{w_r^{(2)}(r_1) - w_r^{(1)}(r_1)\} \leqq 0$$

である．条件(4.21)より(4.26)の右辺は $r \leqq r_1$ の範囲では正になる．よって $W(r_1) > 0$ となり矛盾が導かれた．

後半の部分は，$W(r)$ の定義(4.25)と(4.26)に前半の結果を適用すれば，ただちに従う．

(ii)の証明：(4.26)と $w^{(2)}(r) > 0$ $(0 < r - r_0 \ll 1)$ より，もし途中で $w^{(2)}(r_1) = 0$ となる点 r_1 があるとその点で $w_r^{(2)}(r_1) \leqq 0$ としてよい．このとき $W(r_1) \leqq 0$ である．一方，(4.23)と(4.24)より $W(r_1) > 0$ となり矛盾が導かれるので，補題の主張が成立する． ∎

次の補題より，$f(r; \alpha)$ が正の範囲では，各 r を固定するごとに α に関して単調増加することがわかる．

補題4.7 ある $R_0 > 0$ に対して $f(r; \alpha) > 0$ $(0 < r < R_0)$ が成り立てば，$f_\alpha(r; \alpha) = (\partial f / \partial \alpha)(r; \alpha) > 0$ $(0 < r < R_0)$ である． ∎

[証明] 補題4.6 (ii)を適用する．

$$r_0 = 0, \quad R = R_0, \quad w^{(1)}(r) = f(r; \alpha), \quad w^{(2)}(r) = f_\alpha(r; \alpha)$$

とおく．明らかに(4.24)は満たされている．さらに

$$g_1(r, \xi) = \{m^2/r^2 - (1 - \xi^2)\}\xi, \quad g_2(r, \eta) = \{m^2/r^2 - (1 - 3f(r; \alpha)^2)\}\eta$$

とおけば，$f_\alpha > 0$ $(0 < r \ll 1)$ と

$$g_2(r, \eta)w^{(1)} - g_1(r, w^{(1)})\eta = 2f(r; \alpha)^2 \eta w^{(1)} \quad (w^{(1)} = f(r; \alpha))$$

より補題4.6 (ii)の条件(4.23)が満たされる．よって題意が従う． ∎

さて $0<\alpha<\infty$ を次の3つの場合に分ける.

$$\mathcal{A}_1 := \{\alpha > 0 : f_r(r;\alpha) = 0 \text{ なる } r \in (0, r_\omega) \text{ が存在する }\},$$
$$\mathcal{A}_2 := \{\alpha > 0 : f_r(r;\alpha) > 0 \ (0 < r < r_\omega) \text{ かつ } \sup_{0<r<r_\omega} f(r;\alpha) > 1\},$$
$$\mathcal{A}_3 := \{\alpha > 0 : f_r(r;\alpha) > 0 \ (0 < r < r_\omega) \text{ かつ } \sup_{0<r<r_\omega} f(r;\alpha) \leqq 1\}.$$

明らかに $\mathcal{A}_j \cap \mathcal{A}_k = \emptyset$ $(j \neq k)$, $\mathcal{A}_1 \cup \mathcal{A}_2 \cup \mathcal{A}_3 = (0, \infty)$ である. 以下の議論で定理4.4の(ⅰ),(ⅱ),(ⅲ)に対応する解はそれぞれ $\mathcal{A}_1, \mathcal{A}_2, \mathcal{A}_3$ から得られること, $\mathcal{A}_3$ が1点のみからなることを示す. これにより定理の結論が導かれる.

それぞれの集合に対応する解の性質をくわしく調べていこう. 与えられた $\alpha \in \mathcal{A}_1$ に対して $f(r;\alpha)$ の導関数が初めて零になる正の点を定義する.

$$(4.27) \quad \ell(\alpha) := \sup_{\tau > 0} \{f_r(r;\alpha) > 0 \ (0 < r < \tau)\} \quad (\alpha \in \mathcal{A}_1)$$

このとき, 次の性質が成り立つ.

補題 4.8 $\alpha \in \mathcal{A}_1$ に対して,

$$(4.28) \quad \ell(\alpha) > m, \quad f(\ell(\alpha);\alpha) < \sqrt{1-(m/\ell(\alpha))^2}, \quad f_{rr}(\ell(\alpha);\alpha) < 0$$

が成り立つ. □

[証明] 簡単のため $f(r)=f(r;\alpha)$, $\ell=\ell(\alpha)$ と略記する. $\ell(\alpha)$ の定義から, $f_{rr}(\ell) \leqq 0$, すなわち

$$(m^2/r^2 - 1 + f^2)_{|r=\ell(\alpha)} \leqq 0$$

が成り立つ. また, f の満たす方程式(4.14)より $f(\ell) < 1$ である. 上の式を書き直すと

$$m^2 \leqq (1 - f^2(\ell))\ell^2 < \ell^2.$$

これから, (4.28)の最初の2つの不等式が導かれる.

$f_{rr}(\ell) < 0$ を証明しよう. $U(r) := f(r)^2 - 1 + m^2/r^2$ とおくと,

$$f_{rr}(\ell) - U(\ell)f(\ell) = 0$$

である．$U(\ell)=0$ なら，$U_r(\ell)=-2m^2/\ell^3<0$ より $U(r)>0$ なる区間 $(\ell-\delta,\ell)$ がある．一方，(4.14)を書き直すと

$$(rf_r)_r = rU(r)f(r) > 0 \quad (r \in (\ell-\delta,\ell))$$

だから，$(\ell-\delta)f_r(\ell-\delta)<\ell f_r(\ell)=0$ となり，ℓ の定義に矛盾する．よって $f_{rr}(\ell)=U(\ell)f(\ell)\neq 0$，すなわち $f_{rr}(\ell)<0$ である． ∎

補題 4.9 $\ell=\ell(\alpha)$ は α に関して連続的微分可能で

$$(4.29) \quad \frac{d\ell}{d\alpha} = -\frac{f_{\alpha r}(\ell(\alpha);\alpha)}{f_{rr}(\ell(\alpha);\alpha)} = -\frac{2\int_0^{\ell(\alpha)} f^3 f_\alpha r dr}{f_{rr}(\ell(\alpha);\alpha)f(\ell(\alpha);\alpha)\ell(\alpha)} > 0$$

が成り立つ． ∎

[証明] 補題 4.8 より $f_{rr}(\ell;\alpha)<0$ である．方程式 $f_r(\ell;\alpha)=0$ にこの条件を使って陰関数定理を適用すると，ℓ について解くことができ，$\ell=\ell(\alpha)$ は連続的微分可能である．$f_r(\ell(\alpha);\alpha)=0$ を α で微分すれば

$$(4.30) \quad f_{rr}(\ell(\alpha);\alpha)\frac{d\ell}{d\alpha}+f_{\alpha r}(\ell(\alpha);\alpha) = 0$$

を得る．

一方，(4.14)と(4.18)に rf_α と rf をそれぞれ乗じて差をとり積分すると

$$(4.31) \quad r(f_{\alpha r}f-f_\alpha f_r) = 2\int_0^r f^3 f_\alpha s ds$$

この式で $r=\ell$ とおき(4.30)に代入すると(4.29)の等式を得る．また，補題 4.7 より(4.29)の右辺は正である． ∎

次の補題は $\mathcal{A}_1$ に対応する解の挙動を特徴付ける．

補題 4.10 $\alpha\in\mathcal{A}_1$ に対する解 $f(r;\alpha)$ は無限個の正の零点 $0<\tau_1<\tau_2<\tau_3<\cdots\to\infty$ をもち，

$$(4.32) \quad \max_{\tau_j<r<\tau_{j+1}}|f(r;\alpha)| \leq \max_{\tau_{j-1}<r<\tau_j}|f(r;\alpha)| < 1 \quad (\forall j \geq 1)$$

が成り立つ．ただし $\tau_0=0$ とおく． ∎

[証明] 以下では記法の簡略化のため α 依存性は $f(r)=f(r;\alpha)$ などと省略

して書く．$s=\log r$, $w(s)=f(r)$ とおくと，方程式(4.14)は

(4.33) $\qquad w_{ss} = \{m^2 - e^{2s}(1-w^2)\}w, \quad (-\infty < s < \infty)$

と変換される．$f(0)=0$ より $w(-\infty)=0$ である．証明を2段階に分ける．

(第1段階)

$w=w(s)$ は有限の点で s 軸を上から横切ることを示す．$\alpha \in \mathcal{A}_1$ なので，補題4.8 より $s_\ell := \log \ell$ とおくと

$$w(s) > 0 \quad (-\infty < s \leqq s_\ell), \quad w_s(s_\ell) = 0, \quad w_{ss}(s_\ell) < 0$$

が成り立つ．$G(s) := m^2 - e^{2s}(1-w^2)$ とおくと，$G(s_\ell) < 0$ で

$$\frac{dG}{ds} = -2e^{2s}(1-w^2) + e^{2s}ww_s$$

だから $w_s < 0$ なら $dG/ds < 0$ に注意しておく．まず，ある点 $s_1 > s_\ell$ が存在して $w(s_1) = 0$, $w_s(s_1) < 0$ を示そう．$w_s(s_1) < 0$ は零点では導関数が退化しないこと(もしそうなら自明解 $w=0$ とその点で同じ初期値をもつことになり，初期値問題の解の一意性に反する)から従うので，有限の零点 s_1 の存在さえいえればよい．もし

$$w_s(s') = 0, \quad w_s < 0 \ (s_\ell \leqq s < s'), \quad 0 < w(s') < 1$$

となる点 s' が存在すると $w_{ss}(s') \geqq 0$ となるが，$G(s') < 0$ なので方程式(4.33)に矛盾する．よって w の零点が存在しないとすると，$w_s < 0$ $(s > s_\ell)$ である．このとき

$$w(s) \to 0, \quad w_s(s) \to 0 \quad (s \to \infty)$$

となり，十分大きい s に対して $w_{ss}(s) \geqq 0$ となる点がなければならないが，そのときは $G(s) < 0$ となり(4.33)に再び矛盾する．結局，背理法により零点が存在することが証明できた．

(第2段階)

$-\infty \leqq s_* < s^*$ を2つの連続する w の零点とする．s^* より大きい次の零点が存在し，それを s' とすると

$$\max_{s^*<s<s'}|w(s)| < \max_{s_*<s<s^*}|w(s)|$$

を証明しよう. これが証明できれば, 補題が証明できたことになる. (s_*,s^*) 上で $w(s)>0$ と仮定する. 逆の符号の場合も, 以下の議論を少し修正すれば成り立つのでその検証は読者に任せる. $w(s)<0$ $(s^*<s<T)$ となる任意の T をとる.

$$W(s) := -w(s), \quad V(s) := w(2s^*-s)$$

とおく. $V(s)$ は $w(s)$ を $s=s^*$ で折り返した関数であることに注意し, $V(s)$ と $W(s)$ の大きさを比較する. 実際, $W(s), V(s)$ がそれぞれ

(4.34) $$W_{ss} = \{m^2 - e^{2s}(1-W^2)\}W,$$
$$W(s^*) = 0, \quad W_s(s^*) = -w_s(s^*) > 0,$$
(4.35) $$V_{ss} = \{m^2 - e^{2(2s^*-s)}(1-V^2)\}V,$$
$$V(s^*) = 0, \quad V_s(s^*) = -w_s(s^*) > 0$$

を満たすことより

(4.36) $$0 < W(s) < V(s) \quad (s^* < s < T)$$

を示す. これを示せば T は $W(s)>0$ $(s^*<s<T)$ を満たす任意の数なので, $s_*>-\infty$ なら $V(2s^*-s_*)=w(s_*)=0$ より $W(2s^*-s_*)\leqq 0$ でなければならない. よって,

$$s' \leqq 2s^*-s_* \iff s'-s^* \leqq s^*-s_*$$

を満たす $W(s')=0$ なる零点 s' が存在する. また, $s_*=-\infty$ の場合には, やはり (4.36) より, $0<W(s_0)<1$ で

$$W_s(s_0) = 0, \quad W_s(s) > 0 \quad (s^* < s < s_0), \quad W_{ss}(s_0) < 0$$

を満たすある $s_0>s^*$ が存在する. 第 1 段階の議論を用いれば, W は有限の零点 s' をもつ.

(4.36)の証明に補題4.6(ⅰ)を使う．補題の方程式とW,Vの方程式は少し形が違うが，今回の場合にも同様の主張が成り立つことは証明を少し修正すればわかる．$s^*<s<T$に対して$e^{2s}>e^{2(2s^*-s)}$だから

$$\{m^2-e^{2s}(1-W^2)\} < \{m^2-e^{2(2s^*-s)}(1-V^2)\} \quad (W<V)$$

が成り立ち$W(s^*)/V(s^*) \to 1\ (s \to s^*-0)$なので，

$$0 < W(s) < V(s) \quad (0 < s-s^* \ll 1)$$

が証明できれば，修正した形の補題4.6(ⅰ)が適用でき(4.36)が従う．単純な計算により

$$W_{ss}(s^*)=V_{ss}(s^*)=0, \quad W_{sss}(s^*)=V_{sss}(s^*)=-(m^2-e^{2s^*})w_s(s^*)$$

および$W_{ssss}(s^*)=4e^{2s^*}w_s(s^*)<0<V_{ssss}(s^*)=-4e^{2s^*}w_s(s^*)$より確かに$0<s-s^*\ll1$で目的の不等式が得られる．

こうして，(4.36)から任意の$s\in(s^*,s')$に対して

$$|w(s)| < |w(2s^*-s)| \leqq \max_{s_*<s<s^*}|w(s)|$$

が成り立つことがわかり，s_*,s^*は任意の連続する$w(s)$の零点であったから目的の結論が得られた． ∎

つぎに$\mathcal{A}_2$に対応する解の挙動をくわしく調べよう．$\alpha\in\mathcal{A}_2$に対して最初に$f=1$になる点を定義する．

(4.37) $\quad R_1(\alpha) := \sup_{\tau>0}\{0<f(r;\alpha)<1\ (0<r<\tau)\} \quad (\alpha\in\mathcal{A}_2)$

補題 4.11 $\alpha\in\mathcal{A}_2$なら$r_\omega=r_\omega(\alpha)<\infty$で，$\lim_{r\to r_\omega-0}f(r;\alpha)=\infty$である． ∎

[証明] $w=f(r;\alpha)-1$とおくと，wは

$$w_{rr}+\frac{1}{r}w_r = K(r,w) := \left(\frac{m^2}{r^2}+2w+w^2\right)(1+w)$$

を満たしている．比較関数を導入しよう．$y=y(r)$を

$$y_r = \frac{hy^2}{r}, \quad y(2R_1) = w(2R_1) > 0$$

を満たす解とする．ただし，$h>0$ である．また，$r_\omega>2R_1$ と仮定した（もし，そうでなければ後の議論は必要でない）．この解はある有限の $r_\infty=r_\infty(h)$ で無限大に発散する．変数分離法で厳密解を求めれば，簡単に確かめられる．さらにこの解は

$$y_{rr} + \frac{1}{r}y_r = \frac{2h^2}{r^2}y^3$$

を満たすことに注意しよう．補題 4.6(i) を適用するため

$$y_r(2R_1) = \frac{hw(2R_1)^2}{2R_1} < w_r(2R_1)$$

となるように h を選ぶ．

$$g_1(r,\xi) := \frac{2h^2}{r^2}\xi^3, \quad g_2(r,\eta) := K(r,\eta)$$

とおくと，h をさらに小さくとることによって，$r \in (2R_1, r_\infty)$ に対し

$$g_2/\eta - g_1/\xi \geqq \eta^2 - \frac{2h^2}{(2R_1)^2}\xi^2 > 0 \quad (\eta > \xi)$$

が成り立つ．よって，$r_\omega > r_\infty$ なら任意の $R \in (2R_1, r_\infty)$ に対して補題 4.6(i) を適用すると，$y(r)<w(r)$ $(2R_1<r<R)$．R を r_∞ に近づければ $w(r)$ はいくらでも大きくなり $r_\omega > r_\infty$ に反する．こうして $r_\omega \leqq r_\infty$ が従う．無限大への発散は単調増加より明らかである． ∎

(4.37) で定義した $R_1(\alpha)$ に対して次の補題が得られる．

補題 4.12 $R_1(\alpha)$ は α に関して連続的微分可能で

(4.38) $$\frac{dR_1}{d\alpha} = -\frac{f_\alpha(R_1(\alpha);\alpha)}{f_r(R_1(\alpha);\alpha)} < 0.$$ ∎

[証明] 方程式 $f(r;\alpha)=1$ に条件 $f_r(R_1;\alpha)>0$ を用いて陰関数定理を適用すればよい．このとき (4.38) の等式は明らかに成り立つ．不等号は補題 4.7 から従う． ∎

次の補題によって $\mathcal{A}_1$ と $\mathcal{A}_2$ が空でないことがわかる．

補題 4.13 $0<\alpha^{(1)}<\alpha^{(2)}$ を満たす $\alpha^{(j)}$ $(j=1,2)$ で $(0,\alpha^{(1)}]\subset\mathcal{A}_1$, $[\alpha^{(2)},\infty)$ $\subset\mathcal{A}_2$ となるものが存在する. □

［証明］ 先にある $\alpha^{(2)}$ に対して $(\alpha^{(2)},\infty)\subset\mathcal{A}_2$ を証明する.

f の方程式 (4.14) の線形部分だけを取り出した方程式を考え，その解と $f(r)$ を比較する．この線形化方程式はベッセル (Bessel) 方程式であることに注意しよう．そこで ν 次の第 1 種ベッセル関数 $J_\nu(z)$, すなわちベッセル方程式

$$(4.39) \qquad \frac{d^2y}{dz^2}+\frac{1}{z}\frac{dy}{dz}+\left(1-\frac{m^2}{z^2}\right)y=0$$

を満たす $y=J_\nu(z)$ を導入しよう．このベッセル関数は

$$(4.40) \qquad J_\nu(z)=\sum_{k=0}^{\infty}\frac{(-1)^k}{k!\,\Gamma(\nu+k+1)}\left(\frac{z}{2}\right)^{\nu+2k}$$

と級数展開できることが知られている (たとえば [7] 参照).

$J_m(r)$ とその導関数の最初の正の零点をそれぞれ j_m および k_m とすると次の不等式が成り立つ.

$$(4.41) \qquad \alpha 2^m m!\,J_m(r)<f(r;\alpha) \quad (0<r<j_m),$$

$$(4.42) \qquad f_r(r;\alpha)>0 \quad (0<r\leqq k_m)$$

実際，$v(r;\alpha):=\alpha 2^m m!\,J_m(r)$ とおくと，$r=0$ における級数展開により

$$f(r;\alpha)=v(r;\alpha)+\alpha^3 r^{3m}+O(r^{3m+2})$$

が成り立つので，$f(r;\alpha)/v(r;\alpha)\to 1$ $(r\to 0+)$ かつ $f(r;\alpha)>v(r;\alpha)$ $(0<r\ll 1)$. そこで $w^{(1)}=f(r;\alpha)$, $w^{(2)}=v(r;\alpha)$,

$$g_1(r,\xi):=(m^2/r^2-1)\xi, \quad g_2(r,\eta):=(m^2/r^2-1+\eta^2)\eta$$

とおけば，補題 4.6 (ⅰ) の条件を満たすので (4.41) および (4.42) が成り立つ.

この (4.41) と (4.42) を適用すると，$\alpha^{(2)}$ を十分大きくとっておけばすべての $\alpha>\alpha^{(2)}$ に対して

$$f(j_m;\alpha)>1, \quad f_r(r;\alpha)>0 \quad (0<r\leqq j_m)$$

となる．このとき $r>j_m$ に対しても $f_r(r;\alpha)>0$ となることがいえる．実際,

ある点 r' で初めて $f_r(r';\alpha)=0$ となると $f(r';\alpha)>1$ より方程式(4.14)に $r=r'$ を代入して矛盾が導かれる. こうして題意を満たす $\alpha^{(2)}$ の存在が証明できた.

つぎに, $\alpha^{(1)}$ の存在を示す. $w(r;\alpha):=f(r;\alpha)/\alpha$ とおくと, w は

(4.43) $$w_{rr}+\frac{1}{r}w_r-\frac{m^2}{r^2}w+w=\alpha^2 w,$$

(4.44) $$\lim_{r\to 0} w/r^m = 1$$

を満たす. $\tilde{v}(r):=2^m m! J_m(r)$ とおき $\tilde{v}(r)<0$ となる区間 $(j_m, j_m+\delta]$ を固定する. ある $\tilde{\alpha}$ が存在して $\alpha\in(0,\tilde{\alpha})$ なら, $w(r;\alpha)<0$ となる $r=r(\alpha)\in(j_m, j_m+\delta]$ が存在することを示す. 背理法を用いる. $\{\alpha_j\}, \alpha_j\to 0$ となる列で

$$w(r;\alpha_j)>0 \quad (r\in(j_m, j_m+\delta]), \quad \forall j$$

が成り立つものが存在したとする. (4.26)を導いたときと同様の計算で

$$\tilde{v}_r w - w_r \tilde{v} = -\frac{\alpha^2}{r}\int_0^r w^3 \tilde{v} s\, ds$$

を得る. $w(r;\alpha_j)>0$ ($r\in(0,j_m+\delta]$) より, α_j に対して

$$\tilde{v}(r)/w(r) = 1-\alpha^2 \int_0^r \frac{1}{w^2(\tau)\tau}\int_0^\tau w^3 \tilde{v} s\, ds\, d\tau \quad (r\in[0,j_m+\delta])$$

と表すことができる. この式から $\alpha_j\to 0$ のとき, $w(r;\alpha_j)$ は $\tilde{v}(r)$ に区間 $[0, j_m+\delta]$ で一様に収束する. よって, 十分小さい α_j に対して $w(r;\alpha_j)$ が負になる点 $r\in(\xi, \xi+\delta]$ をもつことになり, これは α_j のとり方に矛盾する. こうしてある $\tilde{\alpha}>0$ が存在して各 $\alpha\leq\tilde{\alpha}$ に対して $w(r;\alpha)<0$ となる $r=r(\alpha)\in(j_m, j_m+\delta]$ が存在する. 最初の零点に至る前にかならず極大値をとる点が存在するので, $\alpha^{(1)}=\tilde{\alpha}$ ととれば題意が証明できたことになる. ∎

補題 4.14 $\mathcal{A}_1$ と $\mathcal{A}_2$ は $(0,\infty)$ において開集合である. また, $\sup(\mathcal{A}_1)=\inf(\mathcal{A}_2)\in\mathcal{A}_3$ が成り立つ. すなわち $\mathcal{A}_3$ は1点から成る. また, $\alpha\in\mathcal{A}_3$ に対する $f(r;\alpha)$ は, $0<f(r;\alpha)<1$ ($0<r<\infty$) を満たす. □

[証明] 補題4.8と補題4.9より $\mathcal{A}_1$ は開集合になることが容易にわかる. また, 補題4.12から $\alpha'\in\mathcal{A}_2$ なら十分 α' に近い α に対して $f(R_1(\alpha);\alpha)=1$,

$f_r(R_1(\alpha);\alpha) > 0$ が成り立つ. このような α は $\mathcal{A}_2$ 以外では存在し得ないので, $\mathcal{A}_2$ も開集合である. よって $\alpha_1 = \sup(\mathcal{A}_1)$, $\alpha_2 := \inf(\mathcal{A}_2)$ とおくと $[\alpha_1, \alpha_2] \subset \mathcal{A}_3$ である.

$\alpha_1 = \alpha_2$ を示す. $\alpha_1 \leqq \alpha_2$ と $f_\alpha(r;\alpha) > 0$ より,

$$f^{(1)}(r) := f(r;\alpha_1) \leqq f^{(2)}(r) := f(r;\alpha_2)$$

が成り立つ. それぞれが(4.14)を満たすので, $f^{(1)}$ と $f^{(2)}$ の方程式に $rf^{(2)}$ と $rf^{(1)}$ をそれぞれ乗じて積分し, 差をとった後で部分積分を用いると

$$0 \leqq \int_0^\infty f^{(1)} f^{(2)} \{(f^{(2)})^2 - (f^{(1)})^2\} r dr = 0$$

を得る. $f^{(1)}, f^{(2)}$ は滑らかな正の関数なので $f^{(1)}(r) \equiv f^{(2)}(r)$. こうして $\alpha_1 = \alpha_2$ が証明できた. 最後に $f(r) < 1$ $(0 < r < \infty)$ となることは背理法によって容易に示せるので詳細は省略する. ■

定理 4.4 の証明の完成

上の一連の補題より定理 4.4 の(i),(ii),(iii)に対応する解はそれぞれ $\mathcal{A}_1$, $\mathcal{A}_2, \mathcal{A}_3$ であることは明らかである. また, 補題 4.14 から, (4.16)を除いた定理の結論が従う.

以下, (4.16)を証明しよう. $f(r) = f(r;\alpha^*)$ とする. $Z(s) = 1 - f(1/s)$ と変換する. $Z(s)$ は

$$s^2 Z_{ss} + s Z_s + m^2(1-Z) - \frac{1}{s^2}(2 - 3Z + Z^2)Z = 0,$$

$$Z(0) = 0, \quad Z_s(0) = 0$$

を満たす. 解 $Z(s)$ は $s=0$ の近傍で実解析的で

$$Z(s) = \frac{m^2 s^2}{2} + \frac{(8m^2 + m^4)s^4}{8} + \frac{(128m^2 + 32m^4 + m^6)s^6}{16} + \cdots$$

と展開できる. これから(4.16)が従うのは容易である. こうして定理の証明が完了した. ■

[系 4.3 の証明] まず(4.10)-(4.11)の場合を考えよう. この場合, 変数変換によって方程式(4.10)を(4.14)の形に直すと定理 4.4 と補題 4.12 の(4.38)

より,任意の $\lambda>0$ に対して方程式(4.14)と境界条件

$$f(0) = 0, \quad f(\sqrt{\lambda}) = 1$$

を満たす解が一意に存在する.実際,

(4.45) $$\lambda = R_1(\alpha)^2, \quad \alpha \in \mathcal{A}_2$$

を解いて一意に決まる $\alpha=\alpha(\lambda)$ によって,解 $f_D^{(m)}(r;\lambda)=f(\sqrt{\lambda}r;\alpha(\lambda))$ が与えられる.

つぎに,ノイマン境界条件の場合を証明する.$\varphi(r)$ を(4.13)の第1固有値 $\sigma_1(m)$ に対応する固有関数とする.$\varphi(r)>0$ $(0<r\leq1)$ ととり,方程式(4.10)に $r\varphi>0$ を乗じて部分積分をすると

$$\begin{aligned}0 &= \int_0^1 [\{(r\varphi_r)_r/r - m^2\varphi/r^2\}f + \lambda(1-f^2)f\varphi]rdr \\ &= \int_0^1 [(\lambda-\sigma_1(m))f\varphi - \lambda f^3\varphi]rdr\end{aligned}$$

よって,$\lambda\leq\sigma_1(m)$ なら $f(r)\equiv0$ である.つぎに $\lambda>\sigma_1(m)$ に対して

$$N[f] := \frac{1}{r}(rf_r)_r - \frac{m^2}{r^2}f + \lambda(1-f^2)f$$

とおくと

$$N[c\varphi] = (\sigma_1(m) - \lambda - c^2\varphi^2)\varphi$$

だから,十分小さい $c>0$ に対して $N[c\varphi]>0$ となり $c\varphi(r)$ は劣解である.比較定理より $c\varphi(r)<f(r)<1$ を満たす(4.10)-(4.12)の解が存在する(付録の定理A.21).変数変換 $x=x'/\sqrt{\lambda}$ によって方程式(4.10)を(4.14)の形に直すと定理4.4と(4.29)より解は一意に決まることがわかる. ■

4.3 渦糸解の安定性:第1種境界条件の場合

この節では,(4.7)-(4.8)の渦糸解 $\boldsymbol{u}=f_D^{(m)}(r;\lambda)\exp(im\theta)$ の安定性を調べる.任意の $\lambda>0$ に対してその安定性を決定することがこの節の目標である.

以下,
$$\|\boldsymbol{u}\| = \|\boldsymbol{u}\|_{L^2(D;\mathbb{C})}, \quad \langle \boldsymbol{u}, \boldsymbol{v} \rangle_{L^2} = \mathrm{Re} \int_D \overline{\boldsymbol{u}} \boldsymbol{v} dx$$
とする.

GL 汎関数

(4.46) $$\mathcal{E}_\lambda(\boldsymbol{u}) := \int_D \left(\frac{1}{2} |\nabla \boldsymbol{u}|^2 + \frac{\lambda}{4} (1-|\boldsymbol{u}|^2)^2 \right) dx$$

の渦糸解における第 2 変分

(4.47)
$$\begin{aligned}
\mathcal{K}_\lambda(\boldsymbol{v}; \boldsymbol{u}) &:= \frac{d^2}{d\varepsilon^2} \mathcal{E}_\lambda(\boldsymbol{u}+\varepsilon\boldsymbol{v})_{|\varepsilon=0} \\
&= \int_D \{|\nabla \boldsymbol{v}|^2 - \lambda(1-(f_D^{(m)})^2)|\boldsymbol{v}|^2 + 2\lambda(f_D^{(m)})^2 (\mathrm{Re}\,(\overline{\boldsymbol{v}}\,\mathrm{e}^{im\theta}))^2\} dx
\end{aligned}$$

を調べる. 以下, $f_D(r) = f_D^{(m)}(r;\lambda)$, $\mathcal{K}_\lambda(\boldsymbol{v}) = \mathcal{K}_\lambda(\boldsymbol{v};\boldsymbol{u})$ と略記する. レイリー商の最小値を

(4.48) $$\mu(\lambda) := \inf\{\mathcal{K}_\lambda(\boldsymbol{v})/\|\boldsymbol{v}\|^2 : \boldsymbol{v} \in H_0^1(D;\mathbb{C}),\ \boldsymbol{v} \neq 0\}$$

で定義すると $\mu(\lambda) > 0$ ならば安定 (局所最小化解) である. 一方, ある関数 $\boldsymbol{v} \in H_0^1(D;\mathbb{C})$ に対して $\mathcal{K}_\lambda(\boldsymbol{v}) < 0$ がいえれば不安定である.

この節の目標は次の定理の証明である.

定理 4.15 (4.7)-(4.8) の解 $\boldsymbol{u} = f_D(r) \exp(im\theta)$ について, 以下の安定性が成り立つ.

(ⅰ) $|m| \geq 2$ の場合, ある $\lambda_m > 0$ が存在して, $\lambda \in (0, \lambda_m)$ なら安定, $\lambda > \lambda_m$ なら不安定である.

(ⅱ) $m = \pm 1$ の場合, 任意の $\lambda > 0$ に対して安定である. □

[定理 4.15 (ⅰ) の証明] まず十分小さな λ に対して安定になることを証明しよう. ポアンカレの不等式 ([55] 参照) を使うと, ある定数 $C = C(D) > 0$ が存在して

$$\|\nabla \boldsymbol{v}\|^2 \geqq C \|\boldsymbol{v}\|^2 \quad (\boldsymbol{v} \in H_0^1(D;\mathbb{C}))$$

だから (4.47) の式で最後の非負の項を落とすと

$$\mathcal{K}_\lambda(\boldsymbol{v}) \geqq C\|\boldsymbol{v}\|^2 - 2\lambda\|\boldsymbol{v}\|^2.$$

よって $\lambda < C/2$ に対して安定である.

つぎに第 2 変分の λ に対する単調性を示す. 変数変換 $x = x'/\sqrt{\lambda}$, $\boldsymbol{v}(x) = \tilde{\boldsymbol{v}}(x')$ する. このとき $f_D(r) = f(r'; \alpha(\lambda))$, $r' = \sqrt{\lambda}\, r$ なので領域 $\sqrt{\lambda}D = \{|x| < \sqrt{\lambda}\}$ 上の積分に直して

$$(4.49) \quad \mathcal{K}'_\lambda(\tilde{\boldsymbol{v}}) := \mathcal{K}_\lambda(\boldsymbol{v})$$
$$= \int_{|x|<\sqrt{\lambda}} \{|\nabla \tilde{\boldsymbol{v}}|^2 - (1 - f(r; \alpha(\lambda))^2)|\tilde{\boldsymbol{v}}|^2$$
$$+ 2f(r; \alpha(\lambda))^2 (\mathrm{Re}\,(\overline{\tilde{\boldsymbol{v}}}\,\mathrm{e}^{im\theta}))^2\} dx$$

を考える.

ここで $\mathcal{K}'_\lambda(\cdot)$ のレイリー商の最小値 $\mu = \mu(\lambda)$ は λ に対して単調減少であることを示す. 実際 (4.45) と補題 4.12 を思い出すと, $d\alpha/d\lambda < 0$ で

$$\lambda_1 < \lambda_2 \implies f(r; \alpha(\lambda_1)) > f(r; \alpha(\lambda_2)) \quad (0 < r < \sqrt{\lambda_1})$$

が成り立つ. そこで $\tilde{\boldsymbol{v}}^* \in H_0^1(\sqrt{\lambda_1}D)$ を $\mu(\lambda_1) = \mathcal{K}'_{\lambda_1}(\tilde{\boldsymbol{v}}^*)$ を満たす関数とする. これを $H_0^1(\sqrt{\lambda_2}D)$ に零延長したものを $\tilde{\boldsymbol{v}}'$ とすると

$$\mu(\lambda_1) = \mathcal{K}'_{\lambda_1}(\tilde{\boldsymbol{v}}^*) = \mathcal{K}'_{\lambda_2}(\tilde{\boldsymbol{v}}'), \quad \|\tilde{\boldsymbol{v}}^*\|_{L^2(\sqrt{\lambda_1}D)} = \|\tilde{\boldsymbol{v}}'\|_{L^2(\sqrt{\lambda_2}D)}$$

である. これから $\mu(\lambda_1) > \mu(\lambda_2)$ $(\lambda_1 < \lambda_2)$ が従うのは容易に確かめられる.

上の結果より $|m| \geqq 2$ の場合に定理の題意を証明するためには, ある λ に対して不安定になっていることが示せれば十分である. そこでまず, $\lambda \to \infty$ の極限問題を考える. $\alpha(\lambda)$ の λ に対する単調性より $\alpha(\lambda) \to \alpha^*$ $(\lambda \to \infty)$ が従うから, $\lambda \to \infty$ の極限のエネルギー汎関数として次のものが考えられる.

$$(4.50) \quad \mathcal{K}_\infty(\boldsymbol{w}) := \int_{\mathbb{R}^2} \{|\nabla \boldsymbol{w}|^2 - (1 - f(r; \alpha^*)^2)|\boldsymbol{w}|^2$$
$$+ 2f(r; \alpha^*)^2 (\mathrm{Re}\,(\overline{\boldsymbol{w}}\,\mathrm{e}^{im\theta}))^2\} dx.$$

適当な $H^1(\mathbb{R}^2; \mathbb{C})$ に属する関数 $\tilde{\boldsymbol{w}}$ に対して

$$\text{(4.51)} \qquad \mathcal{K}_\infty(\tilde{\boldsymbol{w}}) < 0$$

を示そう．もし，これが示されれば以下のような議論で目的が達せられる．
$\mathcal{K}_\infty$ の近似として

$$\tilde{\mathcal{K}}_\lambda(\boldsymbol{w}) = \mathcal{K}'_\lambda(\boldsymbol{w}) + \int_{\{\sqrt{\lambda}<|x|\}} \{|\nabla \boldsymbol{w}|^2 + 2(\operatorname{Re}(\overline{\boldsymbol{w}}\,e^{im\theta}))^2\} dx \quad (\boldsymbol{w} \in H^1(\mathbb{R}^2; \mathbb{C}))$$

を考える．

$$\tilde{f}_\lambda(r) := \begin{cases} f(r;\alpha(\lambda)) & (|x| \leqq \sqrt{\lambda}), \\ 1 & (|x| \geqq \sqrt{\lambda}) \end{cases}$$

は $f(r;\alpha^*)$ に広義一様収束するので，確かにこれは $\mathcal{K}_\infty$ の近似になっている．
$\{\boldsymbol{w}_j\} \subset C_0^\infty(\mathbb{R}^2;\mathbb{C})$ を $\tilde{\boldsymbol{w}}$ の $H^1(\mathbb{R}^2;\mathbb{C})$ における近似列とする[*2]．十分大きい j に対して $\boldsymbol{w}_j$ は

$$\mathcal{K}_\infty(\boldsymbol{w}_j) < -\frac{\delta}{2}, \quad \delta := -\mathcal{K}_\infty(\tilde{\boldsymbol{w}})$$

を満たす．このような j を固定し $\operatorname{supp}(\boldsymbol{w}_j) \subset \{|x|<R\}$ となるような R をとる[*3]．この R に対して

$$\tilde{\mathcal{K}}_\lambda(\boldsymbol{w}_j) < -\frac{\delta}{4} \quad (\sqrt{\lambda} > R)$$

を満たすような十分大きな λ をとる．この λ に対して，明らかに $\tilde{\mathcal{K}}_\lambda(\boldsymbol{w}_j) = \mathcal{K}'_\lambda(\boldsymbol{w}_j)$ である．結局，(4.51) を確かめることが残る．

よく使われるテスト関数として解の偏導関数

$$\partial(f(r;\alpha^*)\,e^{im\theta})/\partial x_1 = \{f_r(r;\alpha^*)\cos\theta - i(mf(r;\alpha^*)/r)\sin\theta\}\,e^{im\theta}$$

(x_2 に関する偏導関数でもよい)を用いることが多いが，いまの場合は $\mathcal{K}_\infty$ に代入すると零になる．そこで，上の偏導関数を少し修正した

$$\text{(4.52)} \qquad \boldsymbol{v}_m = \{(f_r(r;\alpha^*)/r)\cos 2\theta - i(mf(r;\alpha^*)/r^2)\sin 2\theta\}\,e^{im\theta}$$

[*2] $H^1(\mathbb{R}^2) = H_0^1(\mathbb{R}^2)$ に注意．
[*3] $\operatorname{supp}(f)$ は関数 f の台，すなわち $\{x \in \mathbb{R} : f(x) \neq 0\}$ の閉包である．

を用いる．以下，簡単に $f(r)=f(r;\alpha^*)$ と書く．代入する前に次の等式が成り立つことに注意しておく．

$$(4.53) \quad (f_r)_{rr}+\frac{1}{r}(f_r)_r-\frac{m^2+1}{r^2}f_r+\frac{2m^2}{r^2}\frac{f}{r}+(1-3f^2)f_r = 0,$$

$$(4.54) \quad \left(\frac{f}{r}\right)_{rr}+\frac{1}{r}\left(\frac{f}{r}\right)_r-\frac{m^2+1}{r^2}\frac{f}{r}+\frac{2}{r^2}f_r+(1-f^2)\frac{f}{r} = 0$$

実際，f に関する方程式(4.14)とそれを r で微分することによって上の式は容易に確かめられる．(4.52)の $\boldsymbol{v}_m$ を $\mathcal{K}_\infty$ に代入する．$U=f_r/r$, $V=mf/r^2$ とおいて $\mathcal{K}_\infty(\boldsymbol{v}_m)$ を表わす．

$$\begin{aligned}
\frac{1}{2\pi}&\mathcal{K}_\infty(\boldsymbol{v}_m) \\
&= \int_0^\infty \left\{ U_r^2+\frac{m^2+4}{r^2}U^2-\frac{4m}{r^2}UV-(1-3f^2)U^2 \right.\\
&\qquad\qquad \left. +V_r^2+\frac{m^2+4}{r^2}V^2-\frac{4m}{r^2}UV-(1-f^2)V^2 \right\} rdr \\
&= [U_rUr]_{r=0}^\infty + [V_rVr]_{r=0}^\infty \\
&\quad -\int_0^\infty \left\{ U_{rr}+\frac{1}{r}U_r-\frac{m^2+4}{r^2}U+\frac{4m}{r^2}V+(1-3f^2)U \right\} Urdr \\
&\quad -\int_0^\infty \left\{ V_{rr}+\frac{1}{r}V_r-\frac{m^2+4}{r^2}V+\frac{4m}{r^2}U+(1-f^2)V \right\} Vrdr
\end{aligned}$$

関係式(4.53)と(4.54)を用いると

$$U_{rr}+\frac{1}{r}U_r-\frac{m^2+4}{r^2}U+\frac{4m}{r^2}V+(1-3f^2)U = \frac{2}{r^2}(1-f^2)f,$$

$$V_{rr}+\frac{1}{r}V_r-\frac{m^2+4}{r^2}V+\frac{4m}{r^2}U+(1-f^2)V = 0.$$

一方，$r=0$ と $r=\infty$ での関数の挙動を考慮して

$$[U_rUr]_{r=0}^\infty = \{(f_{rr}(r)/r-f_r(r)/r^2)f_r(r)\}|_{r=\infty} = 0,$$

$$[V_rVr]_{r=0}^\infty = \{m^2(f_r(r)/r^2-2f(r)/r^3)(f(r)/r)\}|_{r=\infty} = 0$$

により

$$(4.55) \quad \mathcal{K}_\infty(\boldsymbol{v}_m) = -4\pi \int_0^\infty \frac{1}{r^2}(1-f^2)ff_r dr < 0$$

が従う．こうして $\tilde{\boldsymbol{w}} = \boldsymbol{v}_m$ とおいて (4.51) が成立し，(ⅰ) が証明できた． ∎

[定理 4.15 (ⅱ) の証明] $m = \pm 1$ の場合を証明しよう．すべての λ に対して安定であることを証明しなければならないので少し用意が必要である．以下の議論では $m = \pm 1$ であるが，途中までの計算は一般の m でも成り立つことに注意しておく．$\boldsymbol{v} \in H_0^1(D;\mathbb{C})$ をフーリエ級数展開する．

$$\boldsymbol{v} = \varphi e^{im\theta}, \quad \varphi = \sum_{n=-\infty}^{+\infty} \varphi_n(r) e^{in\theta}$$

$\mathcal{K}_\lambda[\boldsymbol{v}]$ も展開しよう．

$$\int_D |\nabla \boldsymbol{v}|^2 dx = \int_D \left(|\varphi_r|^2 + \frac{1}{r^2}|\varphi_\theta + im\varphi|^2\right) dx$$

に注意して

$$\int_D im(\varphi\overline{\varphi_\theta} - \overline{\varphi}\varphi_\theta)/r^2 dx = 2\pi \sum_{n=-\infty}^{\infty} \int_0^1 (2mn|\varphi_n|^2/r^2) r dr$$

を使うと，

$$\int_D |\nabla \boldsymbol{v}|^2 dx = 2\pi \sum_{n=-\infty}^{\infty} \int_0^1 \left(|(\varphi_n)_r|^2 + \frac{(n+m)^2}{r^2}|\varphi_n|^2\right) r dr.$$

一方，

$$2\mathrm{Re}(\overline{\varphi}) = \sum_{n=-\infty}^{+\infty}(\varphi_n e^{in\theta} + \overline{\varphi}_n e^{-in\theta})$$

より

$$\int_0^{2\pi} (\mathrm{Re}(\overline{\varphi}))^2 d\theta = \pi \sum_{n=-\infty}^{+\infty} \{\mathrm{Re}(\varphi_n \varphi_{-n}) + |\varphi_n|^2\}.$$

こうして

$$(4.56) \quad \mathcal{K}_\lambda(\varphi) = 2\pi \mathcal{K}_0(\varphi_0) + 2\pi \sum_{n=1}^{\infty} \mathcal{K}_n(\varphi_n, \varphi_{-n}),$$

(4.57)
$$\mathcal{K}_0(\varphi_0) := \int_0^1 \left\{ |(\varphi_0)_r|^2 + \frac{m^2}{r^2}|\varphi_0|^2 - \lambda(1-f^2)|\varphi_0|^2 + 2\lambda(\mathrm{Re}\,(\varphi_0))^2 f^2 \right\} r dr,$$

(4.58) $\mathcal{K}_n(\varphi_n, \varphi_{-n})$
$$:= \int_0^1 \left\{ |(\varphi_n)_r|^2 + |(\varphi_{-n})_r|^2 + \frac{(m+n)^2}{r^2}|\varphi_n|^2 \right.$$
$$+ \frac{(m-n)^2}{r^2}|\varphi_{-n}|^2 - \lambda(1-2f^2)(|\varphi_n|^2 + |\varphi_{-n}|^2)$$
$$\left. + 2\lambda\,\mathrm{Re}\,(\varphi_n \varphi_{-n}) f^2 \right\} r dr \quad (n = 1, 2, \cdots)$$

と分解できる．次の補題は易しい．

補題 4.16 $n \geq 2$ に対して

(4.59) $\quad \mathcal{K}_n(g_1, g_2) \geq \mathcal{K}_1(g_1, g_2) + (n-1)^2 \int_0^1 \frac{|g_1|^2 + |g_2|^2}{r^2} r dr$

が成り立つ． □

さらに次の補題が成り立つ．

補題 4.17 ある正数 $\sigma_0 = \sigma_0(\lambda)$ が存在して

$$\mathcal{K}_0(g) \geq \sigma_0 \int_0^1 |g|^2 r dr \quad (\forall g \in H^1_{0,r}((0,1); \mathbb{C}))$$

が成り立つ．ここで

$$H^1_{0,r}((0,1); \mathbb{C}) := \left\{ g : g \text{ は超関数の意味で微分可能で} \right.$$
$$\left. \int_0^1 (|g|^2 + |g_r|^2) r dr < \infty,\ g(1) = 0 \right\}.$$

□

[証明] 空間 L^2_r を

$$L^2_r := \left\{ g : \|g\|_r := \left(\int_0^1 |g|^2 r dr \right)^{1/2} < \infty \right\}$$

とする．

$$\sigma_0 := \inf\{\mathcal{K}_0(g)/\|g\|_r^2 : g \in H^1_{0,r},\ g \neq 0\}$$

が正になることを示せばよい． $g=p+iq$ とおくと

(4.60) $$\mathcal{K}_0(g) = \mathcal{K}_0^{(1)}(p)+\mathcal{K}_0^{(2)}(q),$$

(4.61) $$\mathcal{K}_0^{(1)}(p) := \int_0^1 \left\{ p_r^2 + \frac{m^2}{r^2}p^2 - \lambda(1-3f^2)p^2 \right\} rdr,$$

(4.62) $$\mathcal{K}_0^{(2)}(q) := \int_0^1 \left\{ q_r^2 + \frac{m^2}{r^2}q^2 - \lambda(1-f^2)q^2 \right\} rdr$$

と表せる．

$$\sigma_1 := \min\{\mathcal{K}_0^{(2)}(q)/\|q\|_r^2 : q \in H_{0,r}^1,\ q \neq 0\}$$

とおく．ただし，このときの $H_{0,r}^1$ は実数値関数の空間である．σ_1 は固有値問題

(4.63) $$L[q] := -\frac{1}{r}(rq_r)_r + \frac{m^2}{r^2}q - \lambda(1-f^2)q = \sigma q,$$
$$q(0) = 0, \quad q(1) = 0$$

の第 1 固有値で対応する非負の固有関数を $q=q_1(r)$ とする．次が成り立つ．

$$\int_0^1 L[q_1]frdr = -[r(q_1)_r f]_{r=0}^1 + [q_1(rf_r)]_{r=0}^1 - \int_0^1 q_1 L[f]rdr = \sigma_1 \int_0^1 q_1 frdr$$

$q_1(r)$ は区間の内部で正で，$q_1(1)=0$ から $(q_1)_r(1)<0$．これと $L[f]=0$ を使うと

$$\sigma_1 = -(q_1)_r(1)/\int_0^1 q_1 frdr > 0$$

が得られる．また，

$$\mathcal{K}_0^{(1)}[\phi] \geqq \mathcal{K}_0^{(2)}[\phi] \quad (\forall \phi \in H_{0,r}^1)$$

より $\sigma_0=\sigma_1$ ととれば，補題が成り立つ． ∎

次の補題によって $m=\pm 1$ のときの証明は完了する．

補題 4.18 $m=\pm 1$ のとき，ある正数 $\mu=\mu(\lambda)$ が存在して

$$\mathcal{K}_1(g_1,g_2) \geqq \mu \int_0^1 (|g_1|^2+|g_2|^2)rdr$$

が成り立つ． □

[証明] $m=1$ とする．$m=-1$ の場合も全く同様なので省略する．このとき (4.58) より

$$\mathcal{K}_1(\varphi_1, \varphi_{-1}) = \int_0^1 \bigg\{ |(\varphi_1)_r|^2 + |(\varphi_{-1})_r|^2 + \frac{4}{r^2}|\varphi_1|^2$$
$$-\lambda(1-2f^2)(|\varphi_1|^2+|\varphi_{-1}|^2) + 2\lambda \operatorname{Re}(\varphi_1\varphi_{-1})f^2 \bigg\} rdr$$

となる．$\varphi_1(r) = g_1(r) + ih_1(r)$, $\varphi_{-1} = g_2(r) + ih_2(r)$ とおくと

$$\mathcal{K}_1(\varphi_1, \varphi_{-1}) = \mathcal{K}_1^R(g_1, -g_2) + \mathcal{K}_1^R(h_1, h_2).$$

ここで $\mathcal{K}_1^R$ は次で定義される．

(4.64) $$\mathcal{K}_1^R(v,w) := \int_0^1 \bigg\{ (v_r)^2 + (w_r)^2 + \frac{4}{r^2}v^2$$
$$-\lambda(1-2f^2)(v^2+w^2) - 2\lambda f^2 vw \bigg\} rdr$$

よって，$(v(r), w(r))$ を実関数の組として $\mathcal{K}_1^R(v,w)$ を調べればよい．

変数変換

(4.65) $$p = (w-v)/\sqrt{2}, \quad q = (v+w)/\sqrt{2}$$

によって

(4.66) $$\mathcal{K}_1^R(v,w) = \tilde{\mathcal{K}}_1^R(p,q)$$
$$:= \int_0^1 \bigg\{ (p_r)^2 + (q_r)^2 + \frac{2}{r^2}(p-q)^2$$
$$-\lambda(1-f^2)(p^2+q^2) + 2\lambda f^2 p^2 \bigg\} rdr$$

と書き直される．レイリー商の最小化問題

$$\inf\{ \tilde{\mathcal{K}}_1^R(p,q) / (\|p\|_r^2 + \|q\|_r^2) : (p,q) \in H_{0,r}^1((0,1); \mathbb{R}^2),\ (p,q) \neq (0,0) \}$$

に対応する固有値問題は

4.3 渦糸解の安定性：第1種境界条件の場合

$$(4.67) \quad L_\kappa \begin{pmatrix} p \\ q \end{pmatrix} = \mu \begin{pmatrix} p \\ q \end{pmatrix},$$
$$\mathrm{Dom}(L_\kappa) = \{(p,q) \in H^2_r((0,1);\mathbb{R}^2) \cap H^1_{0,r}((0,1);\mathbb{R}^2)\},$$

$$(4.68) \quad L_\kappa \begin{pmatrix} p \\ q \end{pmatrix} := -\begin{pmatrix} p_{rr} + \dfrac{1}{r}p_r - \dfrac{2}{r^2}(p-q) + \lambda(1-3f^2)p \\ q_{rr} + \dfrac{1}{r}q_r - \dfrac{2}{r^2}(q-p) + \lambda(1-f^2)q \end{pmatrix}$$

となる．最小固有値 μ に対応する固有関数の組 $(p(r),q(r))$ は

$$(4.69) \quad p(r), q(r) > 0 \quad (0 < r < 1)$$

を満たすとしてよい．実際，もしどちらかの関数がある点 $r \in (0,1)$ で零点をとり，その点で r 軸に接するとすると，その関数は常微分方程式の初期値問題の一意性より恒等的に零になる．このとき(4.61)または(4.62)の問題と同じになるので，この場合は除外してよい．$p(r)$ または $q(r)$ が符号を変える場合は

$$(p-q)^2 \geqq (|p|-|q|)^2$$

より $\tilde{\mathcal{K}}^R_1(p,q) \geqq \tilde{\mathcal{K}}^R_1(|p|,|q|)$ だが，(p,q) が最小値を与えるということより，等号が成り立ち，$(|p(r)|, |q(r)|)$ も最小値を与える．しかしこの関数は(4.67)を満たすので C^2 級でなければならない．これは矛盾である．

さて，関数の組 $(f_r, f/r)$ を L_κ の最小固有値を調べるテスト関数とする．実際，(4.10)で $m=1$ とおき両辺を r で微分すると以下の式が成り立つことが確かめられる．

$$(4.70) \quad L_\kappa \begin{pmatrix} f_r \\ f/r \end{pmatrix} = \begin{pmatrix} 0 \\ 0 \end{pmatrix}$$

$f_{rr}r$ と $(f/r)_r r$ を(4.70)の第1成分と第2成分にそれぞれ乗じて区間 $[0,1]$ で積分し，部分積分を用いる．(4.70)より左辺は境界での値だけが残り

$$-[(rp_r)f_r]_{r=0}^1+[p(rf_{rr})]_{r=0}^1-[(rq_r)(f/r)]_{r=0}^1+[qr(f/r)_r]_{r=0}^1$$
$$=\mu\left\{\int_0^1 f_r prdr+\int_0^1 fqrdr\right\}$$

$f(1)=1$, $f_r(1)>0$ および (4.69) と $p(1)=q(1)=0$ から $p_r(1)<0$, $q_r(1)<0$ であることに注意すると

(4.71) $$\mu=-\frac{p_r(1)f_r(1)+q_r(1)}{\int_0^1 f_r prdr+\int_0^1 fqrdr}>0.$$

こうして補題が証明された. ∎

上記の 3 つの補題 4.16, 4.17, 4.18 より, 定理 4.15(ii) が従うのは明らかである. こうして定理 4.15 の証明が完了した. ∎

4.4 無限領域における渦糸解の安定性

この節では無限領域における渦糸解 $\boldsymbol{u}=f(r;\alpha^*)\exp(im\theta)$ の安定性を議論する. $|m|\geq 2$ の場合については, 前節の議論の (4.55) から不安定であることが, すでに証明されているので $|m|=1$ の場合だけ議論すればよい. 以下 $m=1$ とする ($m=-1$ も議論は同様なので省略する). ここでは第 2 変分の非負性を証明する. 記法の簡単化のため α^* を省略して $f(r)=f(r;\alpha^*)$ とする.

この渦糸解の第 2 変分に対応する 2 次形式は円板領域の場合と同様に

(4.72) $$\mathcal{B}(\boldsymbol{v})=\int_{\mathbb{R}^2}\{|\nabla \boldsymbol{v}|^2-(1-f^2)|\boldsymbol{v}|^2+2f^2(\mathrm{Re}\,(\overline{\boldsymbol{v}}e^{i\theta}))^2\}dx$$

である. これに対応して線形化作用素

(4.73) $$\boldsymbol{L}[\boldsymbol{v}]:=-\Delta\boldsymbol{v}-(1-f^2)\boldsymbol{v}+2\lambda f^2\mathrm{Re}\,(\overline{\boldsymbol{v}}e^{i\theta})$$

を考えると, 解 $\boldsymbol{u}=f(r)e^{i\theta}$ に対して

(4.74) $$\boldsymbol{L}[i\boldsymbol{u}]=\boldsymbol{L}[\partial\boldsymbol{u}/\partial x_1]=\boldsymbol{L}[\partial\boldsymbol{u}/\partial x_2]=0$$

が成り立っている.

ここで，解を実際に微分すると，簡単な計算から

$$\nabla(f(r)\,e^{i\theta}) = e^{i\theta}\{(\cos\theta, \sin\theta)f_r + i(-\sin\theta, \cos\theta)f/r\}$$

なので，$\partial \boldsymbol{u}/\partial x_1, \partial \boldsymbol{u}/\partial x_2$ はそれぞれ

(4.75) $$\frac{\partial}{\partial x_1}(f\,e^{i\theta}) = \frac{e^{i\theta}}{2}\{(f_r - f/r)\,e^{i\theta} + (f_r + f/r)\,e^{-i\theta}\},$$

(4.76) $$\frac{\partial}{\partial x_2}(f\,e^{i\theta}) = i\frac{e^{i\theta}}{2}\{(-f_r + f/r)\,e^{i\theta} + (f_r + f/r)\,e^{-i\theta}\}$$

と表される．これより，$i\boldsymbol{u}$ のみならず，$\partial \boldsymbol{u}/\partial x_1, \partial \boldsymbol{u}/\partial x_2$ も f/r の項のため $L^2(\mathbb{R}^2; \mathbb{C})$ に属していない．また，$\mathcal{B}(i\boldsymbol{u})$ も発散する．

一方，$\partial \boldsymbol{u}/\partial x_1$ や $\partial \boldsymbol{u}/\partial x_2$ を $\mathcal{B}[\boldsymbol{v}]$ に代入した場合は

$$1 - f(r) = O(1/r^2) \quad (r \approx \infty)$$

と，$\mathrm{Re}\,(\overline{\boldsymbol{v}}\,e^{i\theta})$ の部分に f/r が現れないので，積分は収束し，部分積分により

(4.77) $$\mathcal{B}(\partial \boldsymbol{u}/\partial x_1) = \mathcal{B}(\partial \boldsymbol{u}/\partial x_2) = 0$$

が容易に確かめられる．

(4.77)を考慮して，ここでは，関数空間として $L^2(\mathbb{R}^2; \mathbb{C})$ より少し広い空間で考えることにする．以下の空間を導入する．

(4.78)
$$L^2_w(\mathbb{R}^2; \mathbb{C}) := \left\{ \boldsymbol{v} \in L^2_{loc}(\mathbb{R}^2; \mathbb{C}) : \|\boldsymbol{v}\|_{L^2_w} := \left(\int_{\mathbb{R}^2} |\boldsymbol{v}|^2 (1+|x|^2)^{-1}\,dx\right)^{\frac{1}{2}} < \infty \right\}$$

この節の目標は次の定理の証明である．

定理 4.19 (4.6)の $m = \pm 1$ の場合の解 $\boldsymbol{u} = f(r)\exp(\pm i\theta)$ における第2変分(4.72)について次の不等式が成立する．

(4.79) $$\mathcal{B}(\boldsymbol{v}) \geqq 0 \quad (\boldsymbol{v} \in L^2_w(\mathbb{R}^2; \mathbb{C})).$$

また，

(4.80)
$$\mathcal{B}(\boldsymbol{v}) = 0 \quad (\boldsymbol{v} \in L^2_w(\mathbb{R}^2; \mathbb{C})) \iff \boldsymbol{v} = c_1 \frac{\partial \boldsymbol{u}}{\partial x_1} + c_2 \frac{\partial \boldsymbol{u}}{\partial x_2} \quad (\exists c_1, c_2 \in \mathbb{C})$$

である. □

この定理の証明は，円板領域の場合より工夫が必要である．円板領域では，実質的に $\partial u/\partial x_1, \partial u/\partial x_2$ をテスト関数に用いて安定性を議論することができたが，今回の場合はこれが利用できない．いくつかの段階に議論を分けてこの定理の証明を行う．上でも述べたが，$m=1$ の場合を扱う．

まず $\boldsymbol{v}$ はコンパクトな台をもつ滑らかな関数とする．円板領域と同様に展開

(4.81)
$$\boldsymbol{v} = e^{i\theta} \left(\sum_{n=-\infty}^{+\infty} \boldsymbol{v}_n(r) e^{in\theta} \right)$$

を使うと $\mathcal{B}(\boldsymbol{v})$ も以下のように展開できる．

(4.82)
$$\mathcal{B}(\boldsymbol{v}) = 2\pi \mathcal{B}_0(\boldsymbol{v}_0) + 2\pi \sum_{n=1}^{\infty} \mathcal{B}_n(\boldsymbol{v}_n, \boldsymbol{v}_{-n}),$$

(4.83)
$$\mathcal{B}_0(\boldsymbol{v}_0) := \int_0^\infty \left\{ |(\boldsymbol{v}_0)_r|^2 + \frac{1}{r^2} |\boldsymbol{v}_0|^2 \right.$$
$$\left. - (1-f^2)|\boldsymbol{v}_0|^2 + 2(\mathrm{Re}\,(\boldsymbol{v}_0))^2 f^2 \right\} r dr,$$

(4.84) $\mathcal{B}_n(\boldsymbol{v}_n, \boldsymbol{v}_{-n})$
$$:= \int_0^\infty \left\{ |(\boldsymbol{v}_n)_r|^2 + |(\boldsymbol{v}_{-n})_r|^2 + \frac{(n+1)^2}{r^2}|\boldsymbol{v}_n|^2 + \frac{(n-1)^2}{r^2}|\boldsymbol{v}_{-n}|^2 \right.$$
$$\left. - (1-2f^2)(|\boldsymbol{v}_n|^2 + |\boldsymbol{v}_{-n}|^2) + 2(\mathrm{Re}\,(\boldsymbol{v}_n \boldsymbol{v}_{-n}))^2 f^2 \right\} r dr$$
$$(n = 1, 2, \cdots)$$

ここで (4.77) より

(4.85)
$$\mathcal{B}_1(f_r - f/r, f_r + f/r) = \mathcal{B}_1(i(-f_r + f/r), i(f_r + f/r)) = 0$$

が成り立つが，$f_r, f/r$ はコンパクトな台をもつ関数でないことに注意しておく．

補題 4.16 の (4.59) に相当する不等式がいまの場合も成り立つので次の補題

が得られる．

補題 4.20 v をコンパクトな台をもつ任意の滑らかな関数とする．展開 (4.81) に対して

(4.86)
$$\frac{1}{2\pi}\mathcal{B}(v) \geq \mathcal{B}_0(v_0) + \mathcal{B}_1(v_1, v_{-1}) + \sum_{n=2}^{\infty}\left\{\mathcal{B}_1(v_n, v_{-n}) + (n-1)^2 \int_0^{\infty} \frac{|v_n|^2 + |v_{-n}|^2}{r^2} rdr\right\}$$

が成り立つ． □

この補題によって定理の証明の本質的な部分は $\mathcal{B}_0$ と $\mathcal{B}_1$ の非負性を調べる問題に帰着される．関数を原点を含まないコンパクトな台をもつものに制限すると正値性が証明できる．さらに一般の関数に対する非負性が導かれる．

補題 4.21 半無限区間 $[0,\infty)$ で定義された複素数値関数で，原点を含まないコンパクトな台をもつ C^{∞} の関数全体を $C_0^{\infty}([0,\infty);\mathbb{C})$ とすると

$$\mathcal{B}_0(v_0) > 0, \quad \mathcal{B}_1(v_1, v_{-1}) > 0 \quad (v_j \in C_0^{\infty}([0,\infty);\mathbb{C}),\ v_j(\cdot) \not\equiv 0,\ j=0,\pm 1)$$

が成り立つ．さらに，空間

$$X_r := \left\{w(r) : \int_0^{\infty} |w(r)|^2 (1+r^2)^{-1} rdr < \infty\right\}$$

において，$\mathcal{B}_0(v_0)=0$ が成り立つのは $v_0=0$ のときのみで，$\mathcal{B}_1(v_1,v_{-1})=0$ が成り立つ $(v_1,v_{-1}) \in X_r \times X_r$ は

$$(v_1, v_{-1}) = c_1(f_r - f/r, f_r + f/r), \quad ic_2(-f_r + f/r, f_r + f/r)$$

のときのみである．ただし c_1, c_2 は実定数である． □

この補題を仮定して先に定理の証明を完成しておく．

[定理 4.19 の証明] $\mathbb{R}^2$ で定義された原点を含まない台をもつ関数で $H^1(\mathbb{R}^2;\mathbb{C})$ に属する v を考える．補題 4.20 と補題 4.21 より，このような v について $\mathcal{B}(v) \geq 0$ である (H^1 の関数に収束する滑らかな関数列をつくればよい)．

任意のコンパクトな台をもつ滑らかな v (台が原点を含んでいても構わない)

に対して $\mathcal{B}(\boldsymbol{v}) \geqq 0$ が成り立つことを示す．連続関数 $\chi_\delta(s)$ を

$$\chi_\delta(s) = \begin{cases} 0 & (s \leqq \delta), \\ \log(s/\delta)/\log(1/\delta) & (\delta < s < 1), \\ 1 & (s \geqq 1) \end{cases}$$

で定義する．χ_δ は C^1 級でないが局所的に H^1 の関数である．また各点 $s>0$ で

$$\lim_{\delta \to +0} \chi_\delta(s) = 1$$

は明らかである．$\chi_\delta(|x|)\boldsymbol{v}(x)$ は原点を台に含まないコンパクトな台をもつ H^1 に属する関数である．そこで $\delta \to 0$ のとき $\mathcal{B}(\chi_\delta \boldsymbol{v}) \to \mathcal{B}(\boldsymbol{v})$ を証明する．

$\|\chi_\delta \boldsymbol{v} - \boldsymbol{v}\|_{L^2} \to 0$ $(\delta \to +0)$ はルベーグの収束定理より明らかなので，$\|\nabla(\chi_\delta \boldsymbol{v})\|_{L^2} \to \|\nabla \boldsymbol{v}\|_{L^2}$ を示せばよい．まず，

$$\int_{\mathbb{R}^2} |\nabla(\chi_\delta \boldsymbol{v})|^2 = \int_{\mathbb{R}^2} \{\chi_\delta^2 |\nabla \boldsymbol{v}|^2 + 2\operatorname{Re}(\chi_\delta \overline{\boldsymbol{v}} \nabla \chi_\delta \cdot \nabla \boldsymbol{v}) + |\boldsymbol{v}|^2 |\nabla \chi_\delta|^2\} dx$$
$$= \int_{\mathbb{R}^2} \chi_\delta^2 |\nabla \boldsymbol{v}|^2 dx + \int_{\{\delta < |x| < 1\}} (\chi_\delta \nabla \chi_\delta \cdot \nabla |\boldsymbol{v}|^2 + |\boldsymbol{v}|^2 |\nabla \chi_\delta|^2) dx$$

である．部分積分を使うと

$$\int_{\{\delta \leqq |x| \leqq 1\}} \chi_\delta \nabla \chi_\delta \cdot \nabla |\boldsymbol{v}|^2 dx = \int_0^{2\pi} \left[\chi_\delta \frac{d\chi_\delta}{dr} |\boldsymbol{v}|^2 r\right]_{r=\delta}^1 d\theta$$
$$- \int_{\{\delta < |x| < 1\}} (|\nabla \chi_\delta|^2 |\boldsymbol{v}|^2 + \chi_\delta \Delta \chi_\delta |\boldsymbol{v}|^2) dx$$
$$= \frac{1}{\log(1/\delta)} \int_0^{2\pi} |\boldsymbol{v}|^2_{r=1} d\theta$$
$$- \int_{\{\delta < |x| < 1\}} |\nabla \chi_\delta|^2 |\boldsymbol{v}|^2 dx.$$

($\Delta \chi_\delta = 0$ に注意)．上の等式を組み合わせると

(4.87) $$\int_{\mathbb{R}^2} |\nabla(\chi_\delta \boldsymbol{v})|^2 = \frac{1}{\log(1/\delta)} \int_0^{2\pi} |\boldsymbol{v}|^2_{r=1} d\theta + \int_{\mathbb{R}^2} \chi_\delta^2 |\nabla \boldsymbol{v}|^2 dx.$$

ここで，ある定数 $C>0$ が存在し

4.4 無限領域における渦糸解の安定性

$$\int_0^{2\pi} |\boldsymbol{v}|_{r=1}^2 d\theta \leqq C\|\nabla \boldsymbol{v}\|_{L^2}^2$$

である.実際,$\boldsymbol{v}$ はコンパクトな台をもつので十分大きな ρ に対して

$$[\boldsymbol{v}]_{r=1} = -\int_1^\rho \frac{\partial \boldsymbol{v}}{\partial r} dr$$

だから,シュワルツの不等式を使って

$$|\boldsymbol{v}|_{r=1}^2 \leqq \left(\int_1^\rho \left|\frac{\partial \boldsymbol{v}}{\partial r}\right| dr\right)^2 \leqq \int_1^\rho |\nabla \boldsymbol{v}|^2 r dr \int_1^\rho \frac{1}{r} dr$$

これより

$$\int_0^{2\pi} |\boldsymbol{v}|_{r=1}^2 d\theta \leqq \log \rho \int_0^{2\pi} \int_1^\rho |\nabla \boldsymbol{v}|^2 r dr d\theta$$

が従う.(4.87) で $\delta \to +0$ とすると

$$\lim_{\delta \to 0} \int_{\mathbb{R}^2} |\nabla(\chi_\delta \boldsymbol{v})|^2 dx = \int_{\mathbb{R}^2} |\nabla \boldsymbol{v}|^2 dx.$$

こうして任意のコンパクトな台をもつ滑らかな関数 $\boldsymbol{v}$ に対して $\mathcal{B}(\boldsymbol{v}) \geqq 0$ が成り立つ.

つぎに任意の $\boldsymbol{v} \in L_w^2$ に対して $\mathcal{B}(\boldsymbol{v}) \geqq 0$ が成り立つことを示すには,コンパクトな台をもつ滑らかな関数全体が空間 L_w^2 で稠密であることを使えば容易である.実際コンパクトな台をもつ滑らかな関数全体が $L^2(\mathbb{R}^2;\mathbb{C})$ で稠密であることを証明する議論を少し修正して適用すればよい.詳細は読者に任せる.

最後に (4.86) の不等式は $\|\nabla \boldsymbol{v}\|_{L^2} < \infty$,$\boldsymbol{v} \in L_w^2(\mathbb{R}^2;\mathbb{C})$ なる $\boldsymbol{v}$ でも成り立つことに注意すると,補題 4.21 より $\mathcal{B}(\boldsymbol{v})=0$ なる $\boldsymbol{v} \in L_w^2(\mathbb{R}^2;\mathbb{C})$ は

$$\boldsymbol{v}_0 = 0, \quad \boldsymbol{v}_n = \boldsymbol{v}_{-n} = 0 \quad (n \geqq 2),$$

$$(\boldsymbol{v}_1, \boldsymbol{v}_{-1}) = (f_r - f/r, f_r + f/r) \quad \text{または} \quad (\boldsymbol{v}_1, \boldsymbol{v}_{-1}) = i(-f_r + f/r, f_r + f/r)$$

を満たす.これは

$$\boldsymbol{v} = \frac{\partial}{\partial x_1}(f e^{i\theta}) \quad \text{または} \quad \frac{\partial}{\partial x_2}(f e^{i\theta})$$

に他ならない.こうして定理の主張が証明された.

この節の残りで補題 4.21 を証明する.

[補題 4.21 の証明] 原点を含まないコンパクトな台をもつ関数を考えると次のような変換が可能になる.

$$\varphi_j(x) = \boldsymbol{v}_j(x)/f(|x|) \quad (j=0, \pm 1) \tag{4.88}$$

とおいて

$$\tilde{\mathcal{B}}_0(\varphi_0) := \mathcal{B}_0(f\varphi_0), \quad \tilde{\mathcal{B}}_1(\varphi_1, \varphi_{-1}) := \mathcal{B}_1(f\varphi_1, f\varphi_{-1}) \tag{4.89}$$

と表す. $\tilde{\mathcal{B}}_0$ と $\tilde{\mathcal{B}}_1$ を具体的に計算する.

$$\begin{aligned}\tilde{\mathcal{B}}_0(\varphi_0) &= \int_0^\infty \Big[f^2|(\varphi_0)_r|^2 + ff_r(|\varphi_0|^2)_r + f_r^2|\varphi_0|^2 \\ &\quad + \frac{1}{r^2}f^2|\varphi_0|^2 - (1-f^2)f^2|\varphi_0|^2 + 2(\mathrm{Re}\,(\varphi_0))^2 f^4 \Big] r\,dr \\ &= \int_0^\infty \Big[\Big(f_r^2 + \frac{1}{r^2}f^2 - (1-f^2)f^2\Big)|\varphi_0|^2 + f^2|(\varphi_0)_r|^2 \\ &\quad + 2(\mathrm{Re}\,(\varphi_0))^2 f^4 + ff_r(|\varphi_0|^2)_r \Big] r\,dr \\ &= \int_0^\infty \Big[\Big(f_r^2 + f_{rr}f + \frac{1}{r}f_r f\Big)|\varphi_0|^2 \Big] r\,dr - \int_0^\infty (rff_r)_r |\varphi_0|^2\,dr \\ &\quad + \int_0^\infty [|(\varphi_0)_r|^2 f^2 + 2(\mathrm{Re}\,(\varphi_0))^2 f^4] r\,dr \end{aligned}$$

ここで, 部分積分と

$$f_{rr} + \frac{1}{r}f_r - \frac{1}{r^2}f + (1-f^2)f = 0 \tag{4.90}$$

を使った. 結局 $(rff_r)_r = rf_r^2 + rff_{rr} + ff_r$ より

$$\tilde{\mathcal{B}}_0(\varphi_0) = \int_0^\infty [|(\varphi_0)_r|^2 + 2(\mathrm{Re}\,(\varphi_0))^2 f^2] f^2 r\,dr \geqq 0 \tag{4.91}$$

を得る. この $\tilde{\mathcal{B}}_0$ については

$$\int_0^1 |\varphi_0|^2 f^2 r\,dr < \infty, \quad \int_1^\infty |\varphi_0|^2 (1+r^2)^{-1} r\,dr \tag{4.92}$$

を満たす φ_0 ($\varphi_0 \neq 0$) に対して $\tilde{\mathcal{B}}_0(\varphi_0) > 0$ となる. なぜなら $\tilde{\mathcal{B}}_0(\varphi_0)=0$ なら $\mathrm{Re}\,(\varphi_0)=0$ かつ $(\varphi_0)_r=0$ を満たさないといけないから $\varphi_0=ic$ ($c\in\mathbb{R}$) となる. しかし $c\neq 0$ に対してこの定数解は (4.92) を満たさない. $\boldsymbol{v}_0=\varphi_0 f$ だから $w\in$

X_r の w について $\mathcal{B}_0(w) > 0$ となり補題 4.21 の $\mathcal{B}_0$ に関する部分は証明できた.

つぎに $\tilde{\mathcal{B}}_1$ を調べよう. 同様の計算で

$$\tilde{\mathcal{B}}_1(\varphi_1, \varphi_{-1}) = \int_0^\infty \left[(|(\varphi_1)_r|^2 + |(\varphi_{-1})_r|^2)f^2 + (|\varphi_1|^2 + |\varphi_{-1}|^2)f^4 \right.$$
$$\left. + \frac{3}{r^2}|\varphi_1|^2 f^2 - \frac{1}{r^2}|\varphi_{-1}|^2 f^2 + 2\{\mathrm{Re}\,(\varphi_1 \varphi_{-1})\}^2 f^4 \right] r dr$$

を確かめるのは易しい.

ここで次のことに注意しておく. $\varphi_1 = f_r/f - 1/r$, $\varphi_{-1} = f_r/f + 1/r$ (および $\varphi_1 = i(-f_r/f + 1/r)$, $\varphi_{-1} = i(f_r/f + 1/r)$) の場合, これらは原点を含まないコンパクトな台をもつという条件を満たさないが, 上の計算で部分積分のときに現れる境界での値は消えることにより, (4.85) に対応する等式

(4.93) $\quad \tilde{\mathcal{B}}_1(f_r/f - 1/r, f_r/f + 1/r) = \tilde{\mathcal{B}}_1(i(-f_r/f + 1/r), i(f_r/f + 1/r)) = 0$

が成り立っている.

さて, $\varphi_1 = g_1 + ih_1$, $\varphi_{-1} = g_2 + ih_2$ とおくと

$$\tilde{\mathcal{B}}_1(\varphi_1, \varphi_{-1}) = \tilde{\mathcal{B}}_1^R(g_1, -g_2) + \tilde{\mathcal{B}}_1^R(h_1, h_2)$$

と分解できる. ただし,

(4.94) $\quad \tilde{\mathcal{B}}_1^R(w_1, w_2) := \int_0^\infty \left[(|(w_1)_r|^2 + |(w_2)_r|^2)f^2 + (w_1^2 + w_2^2)f^4 \right.$
$$\left. + \frac{1}{r^2}(3w_1^2 - w_2^2)f^2 - 2w_1 w_2 f^4 \right] r dr.$$

よって $(w_1(r), w_2(r))$ を実関数の組として $\tilde{\mathcal{B}}_1^R(w_1, w_2)$ を調べればよい. また, (4.93) に対応して

(4.95) $\quad \tilde{\mathcal{B}}_1^R((f_r/f - 1/r), -(f_r/f + 1/r)) = 0$

が成り立つ. 変数変換

(4.96) $\quad p = (w_2 - w_1)/\sqrt{2}, \quad q = (w_1 + w_2)/\sqrt{2}$

によって

(4.97) $\quad \tilde{\mathcal{B}}_1^R(v,w) = \hat{\mathcal{B}}_1^R(p,q)$
$$:= \int_0^\infty \left[(p_r^2 + q_r^2) + \frac{1}{r^2}(p^2+q^2) - \frac{4}{r^2}pq + 2f^2p^2\right] f^2 r\, dr$$

と書き直される. (4.95) と変換 (4.96) より

(4.98) $\quad\quad\quad\quad\quad\quad \hat{\mathcal{B}}_1^R(f_r/f, 1/r) = 0$

が成り立つことに注意しよう.

次の補題は重要である. 実際, 変換 (4.88) によって $\mathcal{B}_1(\boldsymbol{v}_1, \boldsymbol{v}_{-1}) = 0$ を満たす解は $\tilde{\mathcal{B}}_1(\varphi_1, \varphi_{-1}) = 0$ に移るので, 次の補題の結果によって補題 4.21 の $\tilde{\mathcal{B}}_1$ の部分はただちに従う. こうして補題 4.21 の証明は完了する. ∎

補題 4.22 原点を含まないコンパクトな台もつ C^∞ の関数 $p(r), q(r)$ ($r \geqq 0$) に対して

$$\hat{\mathcal{B}}_1^R(p,q) \geqq 0$$

が成り立つ. また, $\hat{\mathcal{B}}_1^R(p,q) = 0$, $(p,q) \neq (0,0)$ となるのは $(p_0, q_0) := (f_r/f, 1/r)$ の定数倍だけである. ∎

[証明] (p_0, q_0) は $\hat{\mathcal{B}}_1^R(p,q)$ の次のオイラー-ラグランジュ方程式を満たす:

(4.99) $\quad \begin{cases} -(rf^2(p_0)_r)_r + \left(\dfrac{1}{r^2}p_0 - \dfrac{2}{r^2}q_0 + 2f^2p_0\right)rf^2 = 0, \\ -(rf^2(q_0)_r)_r + \left(\dfrac{1}{r^2}q_0 - \dfrac{2}{r^2}p_0\right)rf^2 = 0 \end{cases}$

次の等式

(4.100) $\quad w_r^2 - \left(\dfrac{w^2}{g}\right)_r g_r = w_r^2 + \left(\dfrac{w}{g}\right)^2 g_r^2 - 2\left(\dfrac{w}{g}\right) w_r g_r \geqq 0$

は証明の議論で本質的な役割をする. この式で $w=p, g=p_0$ とおいて rf^2 を乗じて積分する. 部分積分と (4.99) の最初の等式を使うと

$$0 \leq \int_0^\infty rf^2\{p_r^2-(p^2/p_0)_r(p_0)_r\}dr = \int_0^\infty [rf^2p_r^2-(p^2/p_0)_r(rf^2)(p_0)_r]dr$$
$$= \int_0^\infty [rf^2p_r^2+(p^2/p_0)\{(rf^2)(p_0)_r\}_r]dr$$
$$= \int_0^\infty rf^2\left(p_r^2+\frac{p^2}{r^2}-\frac{2}{r^2}\frac{q_0}{p_0}p^2+2f^2p^2\right)dr$$

が得られる．同様にして

$$0 \leq \int_0^\infty rf^2\{q_r^2-(q^2/q_0)_r(q_0)_r\}dr = \int_0^\infty rf^2\left(q_r^2+\frac{q^2}{r^2}-\frac{2}{r^2}\frac{p_0}{q_0}q^2\right)dr.$$

よって

$$0 \leq \int_0^\infty rf^2\{p_r^2-(p^2/p_0)_r(p_0)_r+q_r^2-(q^2/q_0)_r(q_0)_r\}dr$$
$$= \hat{\mathcal{B}}_1^R(p,q)-\int_0^\infty rf^2(2/r^2)\left(\frac{q_0}{p_0}p^2+\frac{p_0}{q_0}q^2-2pq\right)dr$$

を得る．

$$\frac{q_0}{p_0}p^2+\frac{p_0}{q_0}q^2-2pq = \frac{q_0}{p_0}\left(p-\frac{p_0}{q_0}q\right)^2 \geq 0$$

より，$\hat{\mathcal{B}}_1^R$ の非負性が得られる．

また，$\hat{\mathcal{B}}_1^R(p,q)=0$ になるのは上の不等式より明らかに $p=(p_0/q_0)q$ が成り立つときである．これより $(p_0,q_0)=(f_r/f,1/r)$ の定数倍しかない．こうして補題 4.22 の証明が完了した． ∎

第 4 章ノート ▶ 無限領域における対称性のある渦糸解の存在についての最初の証明は Kametaka[94] にある．その後，Chen-Elliott-Qi[36] によって再発見された．[36]では，**射撃法**(shooting method)[*4] により振幅解の分類に成功している．3.2 節は後者の仕事を参考にした．3.3 節の第 1 種境界条件の場合の渦糸解の安定性の証明については Mironescu[123] に負う．ただし，無限領域における $|m|\geq 2$ をもつ解の不安定性の証明は[64]の先行する研究がある．Lin[114] も興味ある結果である．最後の節の安定性の証明は del Pino-Felmer-Kowalczyk[45] によるが，補題 4.22 の証明は原論文ではかなり長い議論を使っていた．ここでは

[*4] 射的法と呼ばれることもある．

Kowalczyk 氏より紹介された Shafrir 氏の証明 [154] を利用させてもらった.無限領域の安定性に関しては Pacard-Rivière[136] にも関連した研究がある.

ノイマン境界条件の場合には,前章で一般の凸領域での不安定性がすでに証明されているが,非一様な係数をもつ場合にはノイマン条件の場合であっても渦糸が安定化し得る.これについて少し触れておこう.

次のような非一様な係数をもつ円板領域における GL 方程式を考えよう.

$$(4.101) \quad \begin{cases} \mathrm{div}\,(a(x)\nabla \boldsymbol{u}) + \lambda a(x)(1-|\boldsymbol{u}|^2)\boldsymbol{u} = 0 & (x \in D = \{|x| < 1\}), \\ \partial \boldsymbol{u}/\partial r = 0 & (|x| = r = 1) \end{cases}$$

ここで $a(x) > 0$ は滑らか(C^2 級)で回転対称,すなわち

$$a(x) = a(|x|)$$

と書ける場合を考える.方程式 (4.101) は次のエネルギー関数

$$(4.102) \quad \mathcal{E}_a(\boldsymbol{u}) = \int_D \left(\frac{1}{2}|\nabla \boldsymbol{u}|^2 + \frac{\lambda}{4}(1-|\boldsymbol{u}|^2)^2\right) a(x) dx$$

のオイラー-ラグランジュ方程式になっていることはすぐ確かめられる.このエネルギー汎関数 (4.102) は次のようにして形式的に導かれる.3 次元の厚みが薄い領域(薄膜領域)

$$\Omega(\varepsilon) := \{(x,z) = (x_1, x_2, z) : 0 < z < \varepsilon a(x),\ x \in D\} \quad (0 < \varepsilon \ll 1)$$

における GL エネルギー汎関数を ε で割り $\varepsilon \to 0$ での極限を考える.極限では z 方向には関数の変化は無視できると仮定すると,その極限形として (4.102) が得られる.これは第 2 章の 1 次元モデル方程式と対応しており,外部磁場がない場合の 3 次元薄膜領域から 2 次元へ縮約したモデル方程式と考えることができる.$a(x)$ が定数の場合には回転対称な $f(r) \exp(\pm i\theta)$ と表される渦糸解が不安定であったが,非一様な $a(x)$ のおかげでこのような渦糸解が安定化する可能性がある.前章で穴のある 3 次元領域を摂動することにより安定な渦糸解を得ることができたが,それに対応して,$a(x)$ が 3 次元領域 $\Omega(\varepsilon)$ の表面の形状を決める関数であることと,渦糸解 $f(r) \exp(i\theta)$ は原点に零点をもちこの点ではエネルギーが高くなることを考慮すると,$a(r)$ として原点に最小値をもつ単調増加関数をうまくとれば,この渦糸解が安定化することが想像できる.[87] や,[89] の Appendix ではこの問題を扱っており,安定化するための係数 $a(x)$ の十分条件を与えている.なお,本書の第 8 章でも磁場の効果を入れた GL 方程式について,薄膜領域の極限問題の話題を紹介している.

最後に,無限領域における解の一意性について述べておこう.$\mathbb{R}^2$ における非定数解は,

4.4 無限領域における渦糸解の安定性

$$\int_{\mathbb{R}^2}(1-|\boldsymbol{u}|^2)^2 dx < \infty, \quad \deg(\boldsymbol{u}/|\boldsymbol{u}|,\infty) = 1$$

の条件の下では,定理 4.2 の解しか存在しないことが [124] で証明されている.また,λ が十分大きいときの (4.7)-(4.8) の解について $\boldsymbol{u}(0)=0$ なら系 4.3 の解しかないことも証明されている ([124]).このような一意性の研究についてのくわしい解説は [136] を参照するとよい.

5 第1種境界条件をもつGinzburg-Landau方程式

本章では主に 2 次元領域の場合に第 1 種境界条件をもつ GL 方程式を考察する．未知関数 $\boldsymbol{u}$ の境界での振る舞いを規定して GL 汎関数や GL 方程式の解を考える．第 1 種境界条件によって $\boldsymbol{u}$ に位相的な制約が加わるため，零点の符号込みの総個数は保存される(境界条件により定まる)．最小化解の性質や領域との関連において λ が大きいときの零点(渦糸)を解析する．GL 汎関数の形は自然境界条件の場合と同じで次の通りである．

$$(5.1) \quad \mathcal{E}_\lambda(\boldsymbol{u}) = \int_\Omega \left\{ \frac{1}{2}|\nabla \boldsymbol{u}|^2 + \frac{\lambda}{4}(1-|\boldsymbol{u}|^2)^2 \right\} dx$$

$\partial\Omega$ 上の関数(複素数値) $\boldsymbol{g} \in H^{1/2}(\partial\Omega;\mathbb{C})$ を与えて，境界上 $\boldsymbol{u}=\boldsymbol{g}$ となるような $\boldsymbol{u}$ に対して GL 汎関数を考える．この汎関数のオイラー–ラグランジュ方程式は

$$(5.2) \quad \begin{cases} \Delta \boldsymbol{u} + \lambda(1-|\boldsymbol{u}|^2)\boldsymbol{u} = 0 & (x \in \Omega), \\ \boldsymbol{u}(x) = \boldsymbol{g}(x) & (x \in \partial\Omega) \end{cases}$$

となる．境界条件 $\boldsymbol{u}=\boldsymbol{g}$ による制約を受けることによって，解の様相はノイマン境界条件の場合とは異なってくる．最小化解の性質を中心に変分構造について調べていく．

5.1 最小化問題と解の存在

本節では Ω は $\mathbb{R}^n$ の有界領域で境界は C^1 級とする．$\boldsymbol{g} \in H^{1/2}(\partial\Omega;\mathbb{C})$ を与

える．汎関数 $\mathcal{E}_\lambda$ の変分問題を定式化するため定義域を定める．

(5.3) $$H_g^1(\Omega;\mathbb{C}) = \{\boldsymbol{u} \in H^1(\Omega;\mathbb{C}) : \boldsymbol{u}_{|\partial\Omega} = \boldsymbol{g}\}$$

これは関数空間 $H^1(\Omega;\mathbb{C})$ の閉部分集合でアフィン部分空間[*1]となっている．この集合を定義域とする汎関数の最小値問題に対して次のような結果が得られる．

定理 5.1 $\mathcal{E}_\lambda$ はある $\boldsymbol{u} \in H_g^1(\Omega;\mathbb{C})$ において最小値をとる．最小化解 $\boldsymbol{u}$ は GL 方程式(5.2)を満たす． □

[証明] $\mathcal{E}_\lambda$ は非負だから最小化列 $\{\boldsymbol{u}_m\}_{m=1}^\infty \subset H_g^1(\Omega;\mathbb{C})$ がとれる．この列は $m \to \infty$ のとき

$$\mathcal{E}_\lambda(\boldsymbol{u}_m) \to \gamma = \inf\{\mathcal{E}_\lambda(\boldsymbol{u}) : \boldsymbol{u} \in H_g^1(\Omega;\mathbb{C})\}$$

を満たす．明らかに $\{\boldsymbol{u}_m\}_{m=1}^\infty$ は $H^1(\Omega;\mathbb{C})$ における有界列であるから，この空間がヒルベルト空間であることにより弱収束する部分列を選出できる．すなわち，$\boldsymbol{u} \in H^1(\Omega;\mathbb{C})$ が存在して $\{\boldsymbol{u}_{m(p)}\}_{p=1}^\infty$ は $\boldsymbol{u}$ に弱収束する．またレリッヒの定理より(さらに部分列をとることで) $\{\boldsymbol{u}_{m(p)}\}_{p=1}^\infty$ は次の性質を満たす．

$$\lim_{p\to\infty} \|\boldsymbol{u}_{m(p)} - \boldsymbol{u}\|_{L^2(\Omega;\mathbb{C})} = 0, \quad \lim_{p\to\infty} \boldsymbol{u}_{m(p)}(x) = \boldsymbol{u}(x) \quad \text{a.e. } x \in \Omega$$

したがって

$$\liminf_{p\to\infty} \int_\Omega |\nabla \boldsymbol{u}_{m(p)}|^2 dx \geqq \int_\Omega |\nabla \boldsymbol{u}|^2 dx$$

が成立する．さらにルベーグ積分のファトゥ(Fatou)の補題より

$$\liminf_{p\to\infty} \int_\Omega (\lambda/4)(1-|\boldsymbol{u}_{m(p)}|^2)^2 dx \geqq \int_\Omega (\lambda/4)(1-|\boldsymbol{u}|^2)^2 dx$$

も成り立つから

$$\gamma = \liminf_{p\to\infty} \mathcal{E}_\lambda(\boldsymbol{u}_{m(p)}) \geqq \mathcal{E}_\lambda(\boldsymbol{u})$$

[*1] アフィン部分空間とは線形空間の部分空間を一定ベクトルだけずらしたもの．したがって，凸集合である．

を得る．ところで $H_g^1(\Omega;\mathbb{C})$ は $H^1(\Omega;\mathbb{C})$ の閉アファイン部分空間であり，もちろん閉凸集合だから弱収束の意味でも閉じている（藤田-黒田-伊藤[55]参照）．すなわち $\boldsymbol{u} \in H_g^1(\Omega;\mathbb{C})$ となり結局 $\mathcal{E}_\lambda(\boldsymbol{u})=\gamma$ となる．よって $\boldsymbol{u}$ は $H_g^1(\Omega;\mathbb{C})$ における最小値を与えている． ∎

さて GL 方程式の解の定性的な性質を調べたい．定理(5.1)で与えられる GL 方程式(5.2)の解 $\boldsymbol{u}$ はエネルギーの最小値を与えるため，もっとも安定な解となっている．よって安定解の中でも中心の役割を担うものであると考えられる．それゆえ何か特別な性質をもつことがいえるのではないか？　第3章ではノイマン境界条件の場合に単純な領域には単純な安定状態しか許されないということが示されたが，この章のような第1種境界条件の場合でもエネルギー的に最安定という制約からその解の性質を導くことができる．エネルギー汎関数 $\mathcal{E}_\lambda$ の形をみると $\lambda>0$ が大きい場合にはエネルギー密度関数は $\boldsymbol{u}$ の零点近傍が大きく，状態 $\boldsymbol{u}$ の特性を主に決めているものは零点であることがわかる．次節以降では零点（渦糸）の性質を考える．一般の次元の領域の場合は詳しい解析はあまりなされていないが2次元の場合にはその特殊性を用いて著しい結果が得られている．それについて述べる．

5.2　可縮な領域上の最小化解

この節では $\Omega \subset \mathbb{R}^2$ を2次元の有界領域とし，境界は C^3 級であるとする．領域の単純性から安定解の単純性が導かれる結果をここで紹介する．第3章においても同じような問題意識に基づいた結果を述べたが，この節においては領域 Ω は可縮であると仮定する．領域が2次元であることから，これは単連結であることと同値であることに注意しよう．この仮定のもとでは，境界は単純閉曲線となるので，それをパラメータ表示する．すなわち，次の条件をみたす C^3 級の1対1写像

$$\boldsymbol{p} = \boldsymbol{p}(s) : [0, 2\pi] \longrightarrow \mathbb{R}^2$$

が存在して $\partial\Omega = \{\boldsymbol{p}(s) \in \mathbb{R}^2 : 0 \leq s \leq 2\pi\}$ となっていると仮定する．ただし

$$\text{(5.4)} \quad \begin{cases} \boldsymbol{p}(0) = \boldsymbol{p}(2\pi), \quad \boldsymbol{p}'(0+0) = \boldsymbol{p}'(2\pi-0), \quad \boldsymbol{p}''(0+0) = \boldsymbol{p}''(2\pi-0), \\ |\boldsymbol{p}'(s)| > 0 \quad (0 \leqq s \leqq 2\pi) \end{cases}$$

であるとする.このとき以下の結果を述べる.

定理 5.2 Ω は上に述べた条件をみたすと仮定する.さらに境界データ g に対して $g(\boldsymbol{p}(s)) \neq 0$ $(0 \leqq s \leqq 2\pi)$ で,複素数としての偏角 $\mathrm{Arg}\,(g(\boldsymbol{p}(s))$ に関し,

$$\text{(5.5)} \quad \begin{aligned} &\frac{d}{ds}\mathrm{Arg}\,(g(\boldsymbol{p}(s))) > 0 \quad (0 \leqq s \leqq 2\pi), \\ &\mathrm{Arg}\,(g(\boldsymbol{p}(2\pi))) - \mathrm{Arg}\,(g(\boldsymbol{p}(0))) = 2\pi \end{aligned}$$

と仮定する.このとき $H_g^1(\Omega;\mathbb{C})$ における $\mathcal{E}_\lambda$ の任意の最小化解 $\boldsymbol{u}$ は唯一の零点をもつ.また,この点で $\nabla \boldsymbol{u}$ は 0 とならない. □

注意 5.1 この定理においてパラメータ $\lambda > 0$ に量的な制約が何もないという点が重要である.

注意 5.2 仮定(5.5)のもとで g は $\partial\Omega$ 上の複素数値関数で複素領域の原点 0 の周りを 1 周する単純閉曲線となる(巻き数が 1).また,$g(\partial\Omega)$ は星形領域を囲む.

[定理 5.2 の証明] 定理の $\boldsymbol{u}$ に対して,その実部,虚部をとって議論する.すなわち $u_1(x) = \mathrm{Re}\,(\boldsymbol{u}(x)), u_2(x) = \mathrm{Im}\,(\boldsymbol{u}(x))$ とする.$t \in S^1 = \mathbb{R}/(2\pi\mathbb{Z})$ をパラメータとして

$$\boldsymbol{v}_t(x) = \mathrm{e}^{-it}\boldsymbol{u}(x)$$

を考える.またその実部を

$$\text{(5.6)} \quad U_t(x) = \mathrm{Re}\,(\boldsymbol{v}_t(x)) = \mathrm{Re}\,(\boldsymbol{u}(x))\cos t + \mathrm{Im}\,(\boldsymbol{u}(x))\sin t$$

と定義しておく.$U_{t+(\pi/2)}(x) = \mathrm{Im}\,(\boldsymbol{v}_t(x))$ に注意しておこう.このとき $\boldsymbol{v}_t$ はもともとの問題において境界条件を

$$\text{(5.7)} \quad \boldsymbol{v}_t(x) = \boldsymbol{g}_t(x) = \mathrm{e}^{-it}\boldsymbol{g}(x) \quad (x \in \partial\Omega)$$

に取り替えた場合の GL 方程式の解となり,$\mathcal{E}_\lambda(\boldsymbol{u}) = \mathcal{E}_\lambda(\boldsymbol{v}_t)$(最小値自体は同じ)であることに注意する.$\boldsymbol{u}$ の零点は同時に $\boldsymbol{v}_t$ の零点でもある.また異なる 2 つの t に対する U_t の共通零点と言い換えることもできる.U_t が次の式を

みたすことは明らかである．

(5.8) $\Delta U_t + \lambda(1-|\boldsymbol{u}|^2)U_t = 0 \quad (x \in \Omega)$

ここで U_t の零集合を定義する．

(5.9) $Z(t) = \{x \in \overline{\Omega} : U_t(x) = 0\}$

とおくと条件 (5.5) より $Z(t)$ は境界 $\partial\Omega$ とちょうど 2 点で横断的に交わる．すなわち 2 つの $\eta(t), \tau(t) \in S^1$ が存在して

(5.10) $Z(t) \cap \partial\Omega = \{\boldsymbol{p}(\eta(t)), \boldsymbol{p}(\tau(t))\}$

となる．さらに境界条件 (5.5) より $|\nabla U_t(\boldsymbol{p}(\tau(t)))| \neq 0$, $|\nabla U_t(\boldsymbol{p}(\eta(t)))| \neq 0$ である．よって陰関数定理により $Z(t)$ は境界の近くでは C^2 級の単純曲線となる．

つぎに各 t に対して $Z(t)$ が 2 つの境界点 $\boldsymbol{p}(\eta(t)), \boldsymbol{p}(\tau(t))$ を結ぶ単純曲線になることを証明する．点 $\boldsymbol{p}(\eta(t))$ を起点として陰函数定理を適用すると $\nabla U_t \neq (0,0)$ である限り単純閉曲線として Ω において延長できる．一方 $\nabla U_t(z) = (0,0)$ となる点 $z = (z_1, z_2) \in \Omega$ の近傍においてハートマン-ウィントナー (Hartman-Wintner) の定理 (付録の定理 A.22) より，ある調和多項式の臨界点の近傍の零集合に同相であることがわかっている．すなわち z の 2 つの近傍 $\mathcal{W}$, $\mathcal{W}'$ と z を固定する同相写像 $\chi : \mathcal{W} \to \mathcal{W}'$ および自然数 $m \geq 2$ が存在して

$$\chi(Z(t) \cap \mathcal{W}) = \{(x_1, x_2) \in \mathcal{W}' : \operatorname{Re}(x_1 - z_1 + i(x_2 - z_2))^m = 0\}$$

となる．これによって $\nabla U_t(z) = (0,0)$ となる $z \in Z(t)$ に対して $Z(t) \cap \mathcal{W}$ は z で互いに横断的に交わる 2 つ以上の有限個の単純曲線となる．よって $\Omega \setminus Z(t)$ の連結成分は有限個で，それぞれは区分的に滑らかな境界をもつことが示された．

$\Omega \setminus Z(t)$ のうちの任意の連結成分 J について $\partial J \cap \partial\Omega \neq \emptyset$ であることを背理法を用いて証明しよう．もし $\partial J \cap \partial\Omega = \emptyset$ (図 5.1 の J_2 の場合) ならば

(5.11) $\widetilde{\boldsymbol{v}}_t(x) = \begin{cases} U_t(x) + iU_{t+(\pi/2)}(x) & (x \in \Omega \setminus J) \\ -U_t(x) + iU_{t+(\pi/2)}(x) & (x \in J) \end{cases}$

136   5 第1種境界条件をもつ Ginzburg-Landau 方程式

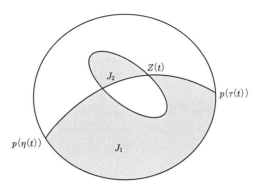

図 5.1 J が領域内部にある場合 ($J=J_2$) と境界に接する場合 ($J=J_1$).

とおく.

このとき $\mathcal{E}_\lambda(\widetilde{\boldsymbol{v}}_t) = \mathcal{E}_\lambda(\boldsymbol{u})$ である. よって $\boldsymbol{v}_t$ および $\widetilde{\boldsymbol{v}}_t$ は境界条件 g_t ($x \in \partial\Omega$) を与えたときの $\mathcal{E}_\lambda$ の最小値を与え, ともに GL 方程式の解となる. したがって, 楕円型方程式の解の滑らかさの議論によって双方は Ω の内部で C^2 級になる. しかし定義により $\partial J \cap \Omega$ において $\widetilde{\boldsymbol{v}}_t$ は C^1 級になっていない. これは矛盾である. よって $\partial J \cap \partial\Omega \neq \emptyset$ となる.

$Z(t)$ は境界とちょうど 2 点で交わる (境界近くでは C^2 曲線) ことに注意する. 一方の点からスタートして ∇U_t が零ベクトルにならない限り C^2 曲線として延長できる. 途中で ∇U_t が零ベクトルとなったとする, そのとき上で述べた通り枝分かれして, 3 つ以上の単純 C^2 曲線として別々に延長される (さらに枝分かれしたとしても). 結果的にジョルダン (Jordan) の曲線定理により Ω の内部に領域を囲むことになる (なぜならば境界に到達可能なのはただ 1 つだけであるからである). しかし, これは上の $\Omega \setminus Z(t)$ の任意の連結成分 J の議論から起きえないことである. よって枝分かれは起こらず $Z(t)$ は $\boldsymbol{p}(\eta(t))$ と $\boldsymbol{p}(\tau(t))$ を結ぶ C^2 級の単純曲線であることになる (図 5.1 の状況はおこらない). その上では ∇U_t が消えないこともいえた. また, 陰関数により $Z(t)$ は t に関して滑らかに依存する.

さて $\boldsymbol{u}$ の零点が 1 点となることを示す. 背理法を用いる. $\boldsymbol{u}$ が異なる 2 つの零点 $\boldsymbol{q}, \boldsymbol{r} \in \Omega$ をもつと仮定する. このとき任意の $t \in S^1$ に対して

(5.12) $$Z(t) \ni \boldsymbol{q}, \boldsymbol{r} \quad (t \in S^1)$$

となる．$Z(0)$ は $\boldsymbol{p}(\eta(0))$ から $\boldsymbol{p}(\tau(0))$ に至る道であるが，その途上に $\boldsymbol{q},\boldsymbol{r}$ がこの順で存在する．パラメータ t を 0 から増加させて $Z(t)$ を考える．これは $\boldsymbol{p}(\eta(t))$ から $\boldsymbol{p}(\tau(t))$ に至る道であるが $\boldsymbol{q},\boldsymbol{r}$ をこの順で通過する．ところが $t=\pi$ に至ると集合として $Z(\pi)=Z(0)$ であり，$\boldsymbol{p}(\eta(\pi))$ から $\boldsymbol{p}(\tau(\pi))$ に至る道で $\eta(\pi)=\tau(0)$, $\tau(\pi)=\eta(0)$ となるが．$\boldsymbol{q},\boldsymbol{r}$ を通過する順番が逆になってしまう．この矛盾から $\boldsymbol{q}=\boldsymbol{r}$ でなければならない．したがって，もともとの $\boldsymbol{u}$ の零点は唯一である．また，この点で $\boldsymbol{u}$ の勾配ベクトルは消えない． ∎

5.3 特異摂動と渦なし解

この節では零点をもたないような解を考える．5.2節では変分法で解の存在を考察したが，ここでは λ が大きいときに構成的な方法で解の解析をする．$\Omega \subset \mathbb{R}^n$ を有界領域として境界は C^3 級とする．まず，この節では一般の次元の場合に境界条件 $\boldsymbol{g}$ に特別な条件を課して零点をもたない解を構成する．

（仮定）

(5.13) $$\begin{cases} \boldsymbol{g} \in C^{2,\alpha}(\partial\Omega; S_c^1) \text{ かつ } \boldsymbol{u}_0 \in H^1(\Omega;\mathbb{C}) \cap C(\overline{\Omega}; S_c^1) \text{ が存在して} \\ \boldsymbol{u}_0(x) = \boldsymbol{g}(x) \quad (x \in \partial\Omega) \text{ が成立する．} \end{cases}$$

この仮定は位相的な条件で Ω が2次元の場合は $\boldsymbol{g}$ の $\partial\Omega$ の各連結成分（単純閉曲線）での $\boldsymbol{g}$ の巻き数の総和が 0 ならば成立する．

方程式(5.2)の解として次の形のものを考える．

(5.14) $$\boldsymbol{u}(x) = w(x)\exp(i\theta(x))$$

ただし $w:\overline{\Omega} \to (0,\infty)$, $\theta:\overline{\Omega} \to S^1$ である．このとき w と θ の方程式は次で与えられる．

(5.15) $\operatorname{div}(w^2 \nabla\theta(x)) = 0 \quad (x \in \Omega), \; \theta(x) = \theta_0(x) \quad (x \in \partial\Omega),$

(5.16) $\quad \Delta w - |\nabla\theta|^2 w + \lambda(1-w^2)w = 0 \quad (x \in \partial\Omega), \quad w(x) = 1 \quad (x \in \partial\Omega)$

ここで $\theta_0(x) = \mathrm{Arg}\,(\boldsymbol{g}(x)) \in S^1$ とした．まず準備として $\lambda \to \infty$ の極限方程式をみておく．$\boldsymbol{u}$ の極限は $\boldsymbol{u}(x) = \exp(i\theta(x))$ と予想される．ここで $\theta(x)$ は

(5.17) $\quad \mathrm{div}\,(\nabla\theta(x)) = 0 \quad (x \in \Omega), \quad \theta(x) = \theta_0(x) \quad (x \in \partial\Omega)$

を満たす．S^1 値である未知関数 θ の代わりに実数値関数 η によって問題を書き換える．θ としては θ_0 とホモトピー同値なものだけ考えるから，関係式 $\theta(x) - \theta_0(x) = \iota_2(\eta(x))$ $(x \in E)$ によって方程式を書き換える（付録の命題 A.28 参照）．境界条件を用いて

$$\eta(x) = 0 \quad (x \in \partial\Omega)$$

とする．また実数値関数 η の方程式は

$$\mathrm{div}\,(\nabla\eta(x)) = -\mathrm{div}\,(\boldsymbol{e}_0) \quad (x \in \Omega), \quad \eta(x) = 0 \quad (x \in \partial\Omega)$$

この方程式の解の存在であるが，ポアソン方程式の第 1 種境界値問題であるから一意存在は知られている．これによって η が定まり $\theta_\infty = \theta_0 + \iota_2(\eta)$ とおいて (5.17) の解となる．これを命題にまとめる．

命題 5.3 方程式 (5.17) は $\theta_\infty \sim \theta_0$，$\theta_\infty(x) = \theta_0(x)$ $(x \in \partial\Omega)$ となる唯一の解 $\theta_\infty \in C^2(\overline{\Omega}; S^1)$ をもつ． □

(5.15), (5.16) の解の存在を考える．$\lambda > 0$ が大きい極限においては解 (w, θ) として w が 1，θ が θ_∞ に漸近するような解を構成する．あとの議論のため $\boldsymbol{e}_\infty = \nabla\theta_\infty$ とおく．解の存在証明は第 3 章の結果と同様なので概要のみ説明する．

［証明の概要］ 不動点定理により解を構成することを考える．まず関数空間 $C^{1,\alpha}(\overline{\Omega})$ の中に集合を定める．$0 < \alpha < \beta < 1$ として

$$\boldsymbol{\Sigma}_1 = \{\eta \in C^{1,\alpha}(\overline{\Omega}) : \eta(x) = 0 \ (x \in \partial\Omega),\ \|\eta\|_{C^{1,\alpha}(\overline{\Omega})} \leqq 1\},$$
$$\boldsymbol{\Sigma}_2(\lambda) = \{w \in C^{1,\beta}(\overline{\Omega}) : 1 - c_\infty/\lambda \leqq w(x) \leqq 1\ (x \in \Omega)\}$$

とおく．ここで $c_\infty = \sup_{x \in \Omega}(|\boldsymbol{e}_\infty(x)|^2 + 1)$ である．

第1の写像：$\eta \in \boldsymbol{\Sigma}_1$ に対して (5.16) において $\theta(x) = \theta_\infty(x) + \iota_2(\eta(x))$ としたときの正の解 $w = w(\lambda, \eta)$ を構成して，写像

$$\boldsymbol{\Sigma}_1 \ni \eta \longmapsto w(\lambda, \eta) \in \boldsymbol{\Sigma}_2(\lambda)$$

を考える．w の存在は優解-劣解の方法で示される．実際 $1, 1 - c_\infty/\lambda$ をそれぞれ優解，劣解として付録の定理 A.21 を適用することで，$\lambda > c_\infty$ ならば優解と劣解の間に真の解 $w(\lambda, \eta)$ が存在する．また，そのような解の一意性も従う（第3章と同様）．さらに λ が増大する際の依存性を示すことができ η のとり方に依存せず 1 に一様収束することがわかる．言い換えると $\lambda_0 \geqq 2c_\infty$ が存在して $\lambda \geqq \lambda_0$ のとき

$$1/2 \leqq 1 - c_\infty/\lambda \leqq w(\lambda, \eta; x) \leqq 1 \quad (x \in \Omega)$$

が従う．これによって $\lambda(1 - w^2)w$ が λ に依存せず，一定の定数で評価される．つぎに方程式 (5.16) にシャウダー評価（付録の定理 A.15 参照）を適用して次の事実を得る．

(5.18)　　$\{w(\lambda, \eta) : \lambda \geqq \lambda_0, \theta \in \boldsymbol{\Sigma}_1\}$ は $C^{1,\beta}(\overline{\Omega})$ の有界集合．

さらに $C^{1,\alpha}(\overline{\Omega})$ でコンパクトになる（付録の命題 A.1 参照）．これより

(5.19)　　$$\lim_{\lambda \to \infty} \sup_{\eta \in \boldsymbol{\Sigma}_1} \|w(\lambda, \eta) - 1\|_{C^{1,\alpha}(\overline{\Omega})} = 0$$

が従う．

第2の写像：上で得た $w = w(\lambda, \eta) \in \boldsymbol{\Sigma}_2(\lambda)$ に対し (5.15) の解 θ' を考える．ただし，これも $\theta - \theta_\infty = \iota_2(\eta')$ として実数値関数 η' によって方程式を書き直し

$$\mathrm{div}\,(w^2 \nabla \eta'(x)) = -\mathrm{div}\,(w^2 \boldsymbol{e}_\infty) \quad (x \in \Omega), \quad \eta'(x) = 0 \quad (x \in \partial\Omega)$$

で考える．これは通常のポアソン方程式の第1種境界値問題だから一意解 η' をもつ．$\lambda > 0$ が大きいときに写像

$$\Sigma_2(\lambda) \ni w \longmapsto \eta'(w) \in \Sigma_1$$

が定まる．一方, (5.18), (5.19)により, 方程式

(5.20)
$$\begin{cases} \operatorname{div}(w^2 \nabla \eta') = -2w\langle \nabla w, \boldsymbol{e}_\infty \rangle & (x \in \Omega), \\ \eta'(x) = 0 & (x \in \partial\Omega) \end{cases}$$

からシャウダー評価を用いて $\eta'(x)$ のノルムを評価することができ

$$\lim_{\lambda \to \infty} \sup_{\eta \in \Sigma_1} \|\eta(w(\lambda, \eta))\|_{C^{1,\alpha}(\overline{\Omega})} = 0$$

を得る．よって λ が大きいときにこの合成写像 $\Sigma_1 \ni \eta \longmapsto \eta(w(\lambda, \eta)) \in \Sigma_1$ を考えることができる．上の議論から写像がコンパクトであることがわかり連続性も第3章のように2つの η_1, η_2 に対する $\eta(w(\lambda, \eta_1))$, $\eta(w(\lambda, \eta_2))$ の差を論じることで示される．以上の状況においてシャウダーの不動点定理を適用して不動点を得る．これによって(5.16),(5.17)の解を得る．以上をまとめて次の結果となる． ■

定理 5.4 仮定(5.13)のもとで GL 方程式の第1種境界値問題(5.2)は解 $\boldsymbol{u}_\lambda$ をもち $\lambda \to \infty$ のとき $\boldsymbol{u}_\lambda$ は $\boldsymbol{u}_\infty = \boldsymbol{u}_\infty(x)$ に一様収束する．ここで $\boldsymbol{u}_\infty$ は Ω から S_c^1 への調和写像で $\boldsymbol{u}_\infty(x) = \exp(i\theta_\infty(x))$ で定まるものである． □

渦なし解の安定性

上で構成された $\boldsymbol{u}_\lambda$ の安定性についてはノイマン問題の安定性解析を考えた 3.4 節の議論と同様に行われる．GL 方程式(5.2)の線形化固有値問題は $\boldsymbol{u}_\lambda$ の実部，虚部をそれぞれ $u_{1,\lambda}, u_{2,\lambda}$ として

(5.21)
$$\begin{cases} \Delta \begin{pmatrix} \phi \\ \psi \end{pmatrix} + \lambda M(u_{1,\lambda}, u_{2,\lambda}) \begin{pmatrix} \phi \\ \psi \end{pmatrix} + \mu \begin{pmatrix} \phi \\ \psi \end{pmatrix} = \begin{pmatrix} 0 \\ 0 \end{pmatrix} & (x \in \Omega), \\ \begin{pmatrix} \phi \\ \psi \end{pmatrix} = \begin{pmatrix} 0 \\ 0 \end{pmatrix} & (x \in \partial\Omega) \end{cases}$$

と記述される．ここで，行列 $M(u_1, u_2)$ は次のように定められている．

$$M(u_1, u_2) = \begin{pmatrix} 1-3u_1^2-u_2^2 & -2u_1 u_2 \\ -2u_1 u_2 & 1-u_1^2-3u_2^2 \end{pmatrix}$$

固有値問題(5.21)の固有値はたかだか多重度有限の離散的固有値からなることが知られ，それらを $\{\mu_k(\lambda)\}_{k=1}^{\infty}$ で表すことにする．ただし小さい順に多重度を数えて番号付けすることにする．このとき，次が成立する．

定理 5.5 λ が大きいとき $\boldsymbol{u}_\lambda$ は線形化固有値問題の意味で安定である．実際

$$\lim_{\lambda \to \infty} \mu_k(\lambda) = \mu_k \quad (k \geqq 1)$$

となる．ここで μ_k は Ω 上のディリクレ境界条件を課したラプラス作用素の第 k 固有値である．よって，すべての固有値 $\mu_k(\lambda)$ が正である． □

上の結果により $\mu_1 > 0$ であるから λ が大きいときの解 $\boldsymbol{u}_\lambda$ の線形化安定性を示している．さらに議論を延長して次の安定性不等式を示すことができる．

定理 5.6 ある定数 $c>0$, $\delta>0$ が存在して，次の不等式

$$(5.22) \qquad \mathcal{E}_\lambda(\boldsymbol{u}_\lambda + \boldsymbol{v}) - \mathcal{E}_\lambda(\boldsymbol{u}_\lambda) \geqq c\|\boldsymbol{v}\|_{L^2(\Omega;\mathbb{C})}^2$$

$$(\boldsymbol{v} \in H_0^1(\Omega;\mathbb{C}), \|\boldsymbol{v}\|_{L^2(\Omega;\mathbb{C})} < \delta)$$

が成立する． □

[証明] 第3章のノイマン問題の場合の証明とほとんど同じである． ■

5.4 特異摂動における零点とエネルギー評価

この章のはじめに $d = \deg(\boldsymbol{g}) \neq 0$ のとき最小化解に零点が生じ，$\lambda > 0$ が大きいときに零点近傍にエネルギーが集中することを説明したが，このような現象についてよりくわしく解析する．後々の式を単純にするため(5.1)のエネルギー汎関数 $\mathcal{E}_\lambda$ において大きいパラメータ $\lambda > 0$ を $\lambda = 1/\varepsilon^2$ と表し，$\varepsilon > 0$ を新たなパラメータとする．以下，$\mathcal{E}_\lambda$, $\boldsymbol{u}_\lambda$ は $\mathcal{E}_\varepsilon$, $\boldsymbol{u}_\varepsilon$ と記す．

汎関数 $\mathcal{E}_\varepsilon$ の最小化解 $\boldsymbol{u} = \boldsymbol{u}_\varepsilon(x)$ の特徴を大まかに観察する．まず $\mathcal{E}_\varepsilon$ のポテ

ンシャルの項 $(1/4\varepsilon^2)(1-|\xi|^2)^2$ を複素変数 $\xi \in \mathbb{C}$ の関数とみると $|\xi|=1$ のとき最小値 0 をとり $\xi=0$ では極大値 $1/4\varepsilon^2$ をとる.よって零点をもつ最小化解は,エネルギー値を小さくするために 0 の値を微小領域のみでとり,外では絶対値をなるべく 1 に近づける傾向をもつ.すなわち $\boldsymbol{u}_\varepsilon$ は零点近傍に急激な値変化(遷移層)をもつと考えられる.実験的に原点に零点をもつ,もっとも素直な関数 $\boldsymbol{\phi}_\varepsilon$ を与えて原点近傍のエネルギー量をみる.$\mathbb{R}^2$ 上の複素数値関数として

$$(5.23) \qquad \boldsymbol{\phi}_\varepsilon(x) = \begin{cases} (x_1+ix_2)/\varepsilon & (|x| \leqq \varepsilon), \\ (x_1+ix_2)/|x| & (\varepsilon < |x| \leqq 1) \end{cases}$$

とおく(図 5.2 参照)と,直接計算によって

$$\begin{aligned}
&\int_{|x|\leqq 1} \left(\frac{1}{2}|\nabla \boldsymbol{\phi}_\varepsilon|^2 + \frac{1}{4\varepsilon^2}(1-|\boldsymbol{\phi}_\varepsilon|^2)^2 \right) dx \\
&= \int_{|x|\leqq \varepsilon} \left(\frac{2}{\varepsilon^2} + \frac{1}{4\varepsilon^2}\left(1-\frac{|x|^2}{\varepsilon^2}\right)^2 \right) dx + \int_{\varepsilon \leqq |x| \leqq 1} \frac{1}{2|x|^2} dx \\
&= \pi \log \frac{1}{\varepsilon} + \frac{13\pi}{12}
\end{aligned}$$

を得る.よって $\varepsilon>0$ が微小のときこの関数の零点の近傍のエネルギーは $\pi \log(1/\varepsilon)$ と見積もることができる.

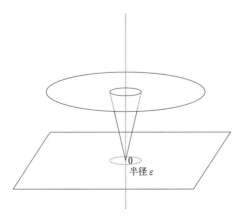

図 5.2　$|\phi_\varepsilon(x)|$ のグラフ.

一般化して複数の零点をもつ関数 $\widetilde{\boldsymbol{u}}_\varepsilon \in H_{\boldsymbol{g}}^1(\Omega;\mathbb{C})$ を与えて，そのエネルギーを考える．$a_1, a_2, \cdots, a_d$ を Ω の異なる d 個の点としてテスト関数を次のようにおく．

$$(5.24) \quad \widetilde{\boldsymbol{u}}_\varepsilon(x) = \begin{cases} \boldsymbol{\phi}_\varepsilon(x-a_k) & (x \in B_{r_0}(a_k)) \quad (1 \leqq k \leqq d), \\ \boldsymbol{\psi}(x) & (x \in \Sigma(r_0)) \end{cases}$$

ここで

$$r_0 = \min\left\{1, \frac{1}{3}|a_i - a_j|, \frac{1}{2}\mathrm{dist}\,(a_k, \partial\Omega) : 1 \leqq i < j \leqq d,\ 1 \leqq k \leqq d\right\},$$

$$\Sigma(r_0) = \Omega \backslash \left(\bigcup_{1 \leqq k \leqq d} B_{r_0}(a_k)\right)$$

とした．関数 $\boldsymbol{\psi}$ は $\overline{\Omega} \backslash \bigcup_{1 \leqq k \leqq d} B_{r_0}(a_k)$ 上の S_c^1 値の C^1 級写像で，$\partial\Omega$ では $\boldsymbol{g}$ に一致するようにする．$\boldsymbol{g}$ の写像度の仮定より，このことは可能である．$\widetilde{\boldsymbol{u}}_\varepsilon$ を GL 汎関数に代入して

$$(5.25) \quad \begin{aligned} \mathcal{E}_\varepsilon(\widetilde{\boldsymbol{u}}_\varepsilon) &= d\left(\pi \log\left(\frac{r_0}{\varepsilon}\right) + \frac{13\pi}{12}\right) + \int_{\Sigma(r_0)} \frac{1}{2}|\nabla\boldsymbol{\psi}|^2 dx \\ &= d\pi \log(1/\varepsilon) + O(1) \end{aligned}$$

を得る．この $\widetilde{\boldsymbol{u}}_\varepsilon$ の各零点近傍に $\pi \log(1/\varepsilon)$ ずつのエネルギーが粒子のように配置されている（図 5.3）．

図 5.3 $\widetilde{\boldsymbol{u}}_\varepsilon$ のエネルギー分布．

対称性のある変分問題

半径 r_0 の円板領域 $\Omega_0 \subset \mathbb{R}^2$ で考える.次のような対称性のある特別な関数を考えてエネルギーの下からの評価を考える.

$$\boldsymbol{u}(x) = w(r)\exp(i\theta)$$

ここで極座標 $x_1 = r\cos\theta$, $x_2 = r\sin\theta$ を用いている.関数 w は $[0, r_0]$ 上の実数値関数である.境界条件としては $\boldsymbol{u}(x) = \exp(i\theta)$ $(r = r_0)$ を与える.すなわち関数 w は $w(0) = 0$, $w(r_0) = 1$ を満たす.簡単な計算で

$$\mathcal{E}_\varepsilon(\boldsymbol{u}) = \pi \int_0^{r_0} \left(|w'(r)|^2 + \frac{w(r)^2}{r^2} + \frac{1}{2\varepsilon^2}(1-w^2)^2 \right) r\, dr$$

を得る.改めて w を変数とする汎関数を

$$\widetilde{\mathcal{E}}_\varepsilon(w) := \pi \int_0^{r_0} \left(|w'(r)|^2 + \frac{w(r)^2}{r^2} + \frac{1}{2\varepsilon^2}(1-w^2)^2 \right) r\, dr$$

とおく.そして下限

$$\widetilde{\gamma}(\varepsilon) := \inf_w \widetilde{\mathcal{E}}_\varepsilon(w)$$

を考える.w が動く範囲は $w(0) = 0, w(r_0) = 1$ をとる実数値関数全体である.この変分問題の最小値に関して次の結果を得る.

定理 5.7

(5.26) $$\liminf_{\varepsilon \to 0} (\widetilde{\gamma}(\varepsilon)/\log(1/\varepsilon)) \geqq \pi$$

が成立する. □

[証明] w を連続として一般性を失わない.任意の $\delta \in (0,1)$ に対して

$$w(\tau) = 1-\delta, \quad w(r) \geqq 1-\delta \quad (\tau \leqq r \leqq r_0)$$

となる $\tau \in (0, r_0)$ をとって議論する.エネルギーを下から評価するために

$$\int_\tau^{r_0} \frac{w(r)^2}{r^2} r\, dr \geqq \int_\tau^{r_0} \frac{(1-\delta)^2}{r} dr = (1-\delta)^2 \log(r_0/\tau)$$

に注意して

$$\int_\tau^{r_0} \left(|w'(r)|^2 + \frac{1}{2\varepsilon^2}(1-w^2)^2\right) r dr$$
$$\geqq \tau \int_\tau^{r_0} \left(|w'(r)|^2 + \frac{1}{2\varepsilon^2}(1-w^2)^2\right) dr$$
$$\geqq \tau \int_\tau^{r_0} \frac{\sqrt{2}}{\varepsilon} w'(r)(1-w^2) dr = \frac{\sqrt{2}\tau}{\varepsilon} \left[w(r) - \frac{w(r)^3}{3}\right]_{r=\tau}^{r=r_0}$$
$$= \frac{\sqrt{2}\tau}{\varepsilon} \left((2/3) - (1-\delta) + (1-\delta)^3/3\right).$$

上の式変形で相加相乗平均の不等式を使用した.以上をまとめて

$$\tilde{\mathcal{E}}_\varepsilon(w) \geqq \pi(1-\delta)^2 \log(r_0/\tau) + \pi \frac{\sqrt{2}\tau}{\varepsilon} \left(\frac{2}{3} - (1-\delta) + \frac{(1-\delta)^3}{3}\right)$$

となる.この式の右辺を τ の関数とみなして最小値を計算することで,さらなる下からの評価を得る.

$$\tilde{\mathcal{E}}_\varepsilon(w) \geqq \pi(1-\delta)^2 \log \frac{\sqrt{2}\, r_0 \left\{\frac{2}{3} - (1-\delta) + \frac{(1-\delta)^3}{3}\right\}}{\varepsilon(1-\delta)^2} + \pi(1-\delta)^2$$

両辺を $\log(1/\varepsilon)$ で割って $\varepsilon \to 0$ に対する下極限をとると,$\tilde{\gamma}(\varepsilon)$ の定義から

$$\liminf_{\varepsilon \to 0} \frac{\tilde{\gamma}(\varepsilon)}{\log(1/\varepsilon)} \geqq \pi(1-\delta)^2$$

を得る.ところで $\delta \in (0,1)$ は任意であったから $\delta \to 0$ として結論を得る. ∎

注意 5.3 第4章では上のような対称解を具体的に構成し安定性を示した.ここでは変分的観点からエネルギー評価を与えた.

以上は対称性をもつ関数 $\boldsymbol{u}$ についての下からのエネルギー評価であったが,一般の $\boldsymbol{u} \in H_{\boldsymbol{g}}^1(\Omega;\mathbb{C})$ についてはどうであろうか.次の結果により $\boldsymbol{u}$ が零点をもつことによってエネルギーレベルが一定下から評価されることがわかる.

定理 5.8 $\deg(\boldsymbol{g}) = d \neq 0$ を仮定する.このとき,ある定数 $c > 0$ が存在して

(5.27) $\quad \mathcal{E}_\varepsilon(\boldsymbol{u}) \geqq |d|\pi \log(1/\varepsilon) - c \quad (0 < \varepsilon \leqq 1,\ \boldsymbol{u} \in H_{\boldsymbol{g}}^1(\Omega;\mathbb{C}))$

が成立する. □

[定理 5.8 の証明の概要] この定理の証明は非常に煩雑なので,特別な状

況に限定して行う.すなわち,$d=1$ の場合で,かつ $\boldsymbol{u}$ が $\overline{\Omega}$ で C^1 級でちょうど 1 つの零点 $\boldsymbol{z}\in\Omega$ をもち[*2],さらにその点での勾配ベクトルが消えないと仮定する.まず $\boldsymbol{u}$ を Ω の r_1 近傍($=\widehat{\Omega}$)まで,次のように拡張しておく.

$$\widetilde{\boldsymbol{u}}(\xi+t\boldsymbol{\nu}) = \boldsymbol{g}(\xi) \quad (0 \leq t < r_1,\ \xi \in \partial\Omega)$$

$\partial\Omega$ の滑らかさから,$r_1>0$ を小さくとれば $\widetilde{\boldsymbol{u}}$ は $\widehat{\Omega}$ で連続かつ区分的に C^1 級関数として定まる.このとき $|\widetilde{\boldsymbol{u}}(x)|=1$ ($x\in\widehat{\Omega}\setminus\Omega$) となり,拡張部分は $\boldsymbol{g}$ のみに依存して定まる.$\widehat{\Omega}$ まで拡張された $\widetilde{\boldsymbol{u}}$ を改めて $\boldsymbol{u}$ と記述する.以下で極座標を用いるときは $x=\boldsymbol{z}$ を中心とする.

いま

$$\rho(x) := |\boldsymbol{u}(x)|, \quad \boldsymbol{v}(x) := \frac{\boldsymbol{u}(x)}{|\boldsymbol{u}(x)|}, \quad s(r) := \min\left\{1, \inf_{x\in\partial B_r(\boldsymbol{z})}\rho(x)\right\},$$

$$e_\varepsilon(\boldsymbol{u}) := \frac{1}{2}|\nabla\boldsymbol{u}|^2 + \frac{1}{4\varepsilon^2}(1-|\boldsymbol{u}|^2)^2 \quad (\text{エネルギー密度})$$

とおく.$\boldsymbol{v}$ は $\boldsymbol{z}$ を除いて定義されていることに注意.まず簡単な式変形をする.

$$|\nabla\boldsymbol{u}|^2 = \left|\frac{\partial\boldsymbol{u}}{\partial r}\right|^2 + \frac{1}{r^2}\left|\frac{\partial\boldsymbol{u}}{\partial\theta}\right|^2 \geq \frac{1}{r^2}\left(\left|\frac{\partial\rho}{\partial\theta}\right|^2 + \rho^2\left|\frac{\partial\boldsymbol{v}}{\partial\theta}\right|^2\right)$$

となる.エネルギーを下から評価することを考える.

$$\int_{\partial B_r(\boldsymbol{z})} e_\varepsilon(\boldsymbol{u})dS \geq \int_0^{2\pi}\frac{\rho^2}{2r}\left|\frac{\partial\boldsymbol{v}}{\partial\theta}\right|^2 d\theta + \int_0^{2\pi}\left(\frac{1}{2r^2}\left|\frac{\partial\rho}{\partial\theta}\right|^2 + \frac{1}{4\varepsilon^2}(1-\rho^2)^2\right)r d\theta$$

ここで仮定より $\boldsymbol{u}$ の零点 $\boldsymbol{z}$ 周りの巻き数が 1 であるから,円周 $|x-\boldsymbol{z}|=r$ ($0<r<r_1$) 上で x が反時計回りに 1 回まわると $\boldsymbol{v}(x)$ は複素閉面上で単位円周上を正の向きに 1 回まわる.よって $\boldsymbol{v}(x)=\exp(i\operatorname{Arg}(\boldsymbol{v}(x)))$ とすると

$$[\operatorname{Arg}(\boldsymbol{v}(r,\theta))]_{\theta=0}^{\theta=2\pi} = 2\pi$$

[*2] 境界条件より零点は境界から離れている.

となる．この等式とシュワルツの不等式を用いて

$$(2\pi)^2 = \left(\int_0^{2\pi} \frac{\partial}{\partial \theta} \operatorname{Arg}(\boldsymbol{v}) d\theta\right)^2 \leq \int_0^{2\pi} 1^2 d\theta \int_0^{2\pi} \left|\frac{\partial}{\partial \theta} \operatorname{Arg}(\boldsymbol{v})\right|^2 d\theta$$
$$= 2\pi \int_0^{2\pi} \left|\frac{\partial \boldsymbol{v}}{\partial \theta}\right|^2 d\theta$$

となり，

(5.28) $$\int_0^{2\pi} \frac{\rho^2}{2r} \left|\frac{\partial \boldsymbol{v}}{\partial \theta}\right|^2 d\theta \geq \frac{\pi s(r)^2}{r}$$

を得る．

エネルギー積分の第2項を評価するため次の不等式を準備する．

補題 5.9 $B_r(\boldsymbol{z}) \subset \hat{\Omega}$ のとき

(5.29) $$\int_{\partial B_r(\boldsymbol{z})} \left(\frac{1}{2r^2}\left|\frac{\partial \rho}{\partial \theta}\right|^2 + \frac{1}{4\varepsilon^2}(1-\rho^2)^2\right) ds \geq \frac{(1-s(r))^2}{4\varepsilon}$$

が成立する． □

［証明］ $0 < r \leq r_1$ に対して $\theta_0 = \theta_0(r) \in S^1$ があって

$$x_0(r) = (r\cos\theta_0, r\sin\theta_0) \in \partial B_r(\boldsymbol{z}), \quad \rho(x_0(r)) = \inf_{x \in \partial B_r(\boldsymbol{z})} \rho(x)$$

が成立する．x_0, θ_0 は r や $\boldsymbol{u}$ に依存する．次の不等式が成り立つ．

$$0 \leq \rho(r,\theta) - \rho(r,\theta_0) = \int_{\theta_0}^{\theta} \frac{\partial \rho}{\partial \theta}(r,\zeta) d\zeta \leq \left|\int_{\theta_0}^{\theta} \left|\frac{\partial \rho}{\partial \zeta}\right|^2 d\zeta\right|^{1/2} |\theta - \theta_0|^{1/2}$$

ここで

$$b = \left(\int_0^{2\pi} \left|\frac{\partial \rho}{\partial \theta}\right|^2 d\theta\right)^{1/2}$$

とおく．このとき

(5.30) $$0 < |\theta - \theta_0| \leq (1-s(r))^2/4b^2 \implies 0 \leq (1/2)(1-s(r)) \leq 1-\rho(r,\theta)$$

が成り立つ．なぜなら，もし $0<|\theta-\theta_0|\leq(1-s(r))^2/4b^2$ ならば
$$\rho(r,\theta)-\rho(r,\theta_0) \leq \frac{1}{2}(1-s(r))$$
となる．ここで $\rho(r,\theta_0)\leq 1$, $\rho(r,\theta_0)>1$ の 2 つの可能性があるが後者の場合は $s(r)=1$ となり，主張の仮定に反するため起こりえない．よって前者の場合のみ起こる．$s(r)$ の定義から $\rho(r,\theta_0)=s(r)$ だから，そのまま式変形して主張が成立する．よって (5.30) は正しい．

(5.30) を用いて積分の下からの評価を行う．
$$\int_{\partial B_r(\boldsymbol{z})}(1-\rho(r,\theta)^2)^2 ds = \int_{\partial B_r(\boldsymbol{z})}(1-\rho(r,\theta))^2(1+\rho(r,\theta))^2 ds$$
$$\geq \int_{|\theta-\theta_0|<(1-s(r))^2/4b^2}(1-\rho(r,\theta))^2 r d\theta \geq \frac{(1-s(r))^2}{4}\frac{r(1-s(r))^2}{2b^2}$$
である．これを用いて
$$\int_{\partial B_r(\boldsymbol{z})}\left(\frac{1}{2r^2}\left|\frac{\partial\rho}{\partial\theta}\right|^2+\frac{1}{4\varepsilon^2}(1-\rho^2)^2\right)ds \geq \frac{b^2}{2r}+\frac{1}{4\varepsilon^2}\frac{(1-s(r))^4 r}{8b^2}$$
$$= \frac{b^2}{2r}+\frac{(1-s(r))^4 r}{32\varepsilon^2 b^2} \geq \frac{(1-s(r))^2}{4\varepsilon}$$
となり，補題の結論 (5.29) が得られた．

さて定理 5.8 ($d=1$) のエネルギー評価に戻ろう．(5.28), (5.29) を用いて
$$\int_{\partial B_r(\boldsymbol{z})}e_\varepsilon(\boldsymbol{u})ds \geq \pi\frac{s(r)^2}{r}+\frac{(1-s(r))^2}{4\varepsilon}$$
$$= \left(\frac{\pi}{r}+\frac{1}{4\varepsilon}\right)\left(s(r)-\frac{r}{4\pi\varepsilon+r}\right)^2+\frac{\pi}{4\pi\varepsilon+r} \geq \frac{\pi}{4\pi\varepsilon+r}$$
となる．この不等式の両辺を $0\leq r\leq r_1$ で積分して
$$\int_{B_{r_1}(\boldsymbol{z})}e_\varepsilon(\boldsymbol{u})dx \geq \int_0^{r_1}\frac{\pi}{4\pi\varepsilon+r}dr = \pi\log\left(\frac{1}{\varepsilon}\right)+\pi\log\left(\frac{r_1}{4\pi}+\varepsilon\right)$$
を得る．以上が $d=1$ で零点が唯一の場合の証明の概要である．

5.5 零点配置と繰り込みエネルギー

これまでの節でみたように境界条件 g の巻き数 d に依存して u の Ω における(連続性により)位相的な性質が制約を受ける．とくに零点の総数が d 個以上ということになる．エネルギーを最小化するには，ちょうど d 個の零点をもち，かつその配置を調節することで達成されると考えられる．いずれにしても ε が微小になった極限ではエネルギーが $+\infty$ に発散し汎関数 $\mathcal{E}_\varepsilon$ を考えることが困難になる．これを克服するためのアイデアが次に述べる**繰り込み**の考えである．全エネルギーから $d\pi\log(1/\varepsilon)$ を差し引いた残りの有界に振る舞う部分を取り出し，それを新たな汎関数として捉える．これは零点の配置を変数とする関数となるので有限自由度の変分問題となる．このようにして本来無限次元である汎関数の変分問題が有限次元の問題に帰着される[*3]．以上のようにして得られる有限次元の汎関数を**繰り込みエネルギー**と呼ぶ．

さて，繰り込みエネルギーの汎関数 W をどのように求めたら良いであろうか．それについて発見的な考察をする．

(a) 繰り込みエネルギーの導入

$\deg(g) = d > 0$ とし $\Omega \subset \mathbb{R}^2$ を可縮とする．$\varepsilon > 0$ が小さいとき $\mathcal{E}_\varepsilon$ の勾配流を考える．まず短時間に零点の近く以外において解の絶対値は 1 に近づく．位相的理由で零点は存続し消えることはない．そしてその近傍において急激な遷移層が形成され，零点近傍から離れた部分ではほぼ調和関数に漸近すると考えられる．このようにしてほぼ平衡な状態に近づく．この状態を想定してエネルギーを考える．零点の配置を $\{a_1, \cdots, a_d\} \subset \Omega$ とする．ただし，すべて異なるとする．$\boldsymbol{a} = (a_1, \cdots, a_d)$ とおく．$\varepsilon > 0$ が小さいときの零点近傍での解の振る舞いを，空間的に拡大してみると第 4 章で構成した $\mathbb{R}^2$ 上の対称性のある解 $f(r)\exp(i\theta)$（$m=1$ の場合）に近いと考えてよい．一方，零点から離れた部分においては 5.2 節でみたように S_c^1 に値をとる調和写像として振る舞うことが

[*3] これによって問題がすべて解決するわけではない．

予想される．

そこで
$$\boldsymbol{u}(x) = \exp\left\{i\left(\sum_{j=1}^{d} \operatorname{Arg}(x-a_j) + \phi(x)\right)\right\} \quad (5.31)$$

とおく．(5.31) が $\Omega\backslash\{a_1, a_2, \cdots, a_d\}$ から S_c^1 への調和写像であるための条件は ϕ が Ω で実調和関数であることである．$\boldsymbol{u}$ が境界条件

$$\boldsymbol{u}(x) = \boldsymbol{g}(x) \quad (x \in \partial\Omega)$$

を満たすように ϕ の境界条件を定める．仮定より $\boldsymbol{g}$ の巻き数は d であるから

$$\boldsymbol{g}(x) = \exp(i(\phi_0(x))) \quad (x \in \partial\Omega)$$

とおける．ただし ϕ_0 は $\partial\Omega$ 上の S^1 値関数でその巻き数は d である．これによって ϕ 自身は $\mathbb{R}$ 値の関数とみなすことができ，

$$\Delta\phi = 0 \quad (x \in \Omega), \quad \phi(x) = \phi_0(x) - \sum_{j=1}^{d} \operatorname{Arg}(x-a_j) \quad (x \in \partial\Omega) \quad (5.32)$$

となる．さて
$$\Omega(\varepsilon) = \Omega \backslash \bigcup_{j=1}^{d} B_\varepsilon(a_j)$$

とおく．$\Omega(\varepsilon)$ でのエネルギーを見積もる[*4]．$|\boldsymbol{u}|=1$ より $(1/4\varepsilon^2)(1-|\boldsymbol{u}|^2)^2=0$ であるから

$$J = \frac{1}{2}\int_{\Omega(\varepsilon)} |\nabla \boldsymbol{u}(x)|^2 dx. \quad (5.33)$$

ここで，$\perp$ をベクトルの反時計回りの $\pi/2$ 回転とすると $\nabla\operatorname{Arg}(x)=x^\perp/|x|^2$ である．(5.31) の関数を微分して

$$\nabla \boldsymbol{u} = i\left(\sum_{j=1}^{d} \frac{(x-a_j)^\perp}{|x-a_j|^2} + \nabla\phi\right)\boldsymbol{u}$$

を得る．よって $|\boldsymbol{u}(x)|=1$ $(x\in\Omega(\varepsilon))$ に注意して (5.33) の積分を考えて

[*4] 対称渦 $f(r/\varepsilon)\exp(i\theta)$（第 4 章で構成）の $B_\varepsilon(\boldsymbol{0})$ でのエネルギーは有界．

$$J = \int_{\Omega(\varepsilon)} \left(\sum_{1 \leqq j,k \leqq d} \frac{\langle (x-a_j)^\perp, (x-a_k)^\perp \rangle}{2|x-a_j|^2|x-a_k|^2} + \sum_{j=1}^d \frac{(\langle (x-a_j)^\perp, \nabla\phi \rangle)}{|x-a_j|^2} + \frac{|\nabla\phi|^2}{2} \right) dx.$$

この積分を書き直すため ϕ の共役な調和関数 R を導入する.すなわち

$$\frac{\partial \phi}{\partial x_1} = -\frac{\partial R}{\partial x_2}, \quad \frac{\partial \phi}{\partial x_2} = \frac{\partial R}{\partial x_1} \quad (x \in \Omega)$$

(コーシー–リーマン (Cauchy-Riemann) の関係式)

の解を R とする.Ω が可縮であるから,これは定数差を除いて一意に定まる.また ϕ, R は $a_1, a_2, \cdots, a_d$ に依存する.また $\partial\Omega$ の正の向きの単位接ベクトルを $\boldsymbol{\tau}$ とする.

$$\nabla\phi = (\nabla R)^\perp, \quad \boldsymbol{\tau} = \boldsymbol{\nu}^\perp$$

である.これらを用いて R の境界条件を計算する.

$$\frac{\partial R}{\partial \boldsymbol{\nu}} = \langle \nabla R, \boldsymbol{\nu} \rangle = \langle (\nabla R)^\perp, \boldsymbol{\nu}^\perp \rangle = \langle \nabla\phi, \boldsymbol{\tau} \rangle = \frac{\partial \phi_0}{\partial \boldsymbol{\tau}} - \frac{\partial}{\partial \boldsymbol{\tau}} \sum_{j=1}^d \mathrm{Arg}\,(x-a_j),$$

$$\frac{\partial}{\partial \boldsymbol{\tau}} \mathrm{Arg}(x-a_j) = \frac{\partial}{\partial \boldsymbol{\nu}} \log|x-a_j|$$

より,調和関数 R の境界条件は

(5.34) $$\frac{\partial R}{\partial \boldsymbol{\nu}} = \frac{\partial \phi_0}{\partial \boldsymbol{\tau}} - \frac{\partial}{\partial \boldsymbol{\nu}} \sum_{j=1}^d \log|x-a_j| \quad (x \in \partial\Omega)$$

となる.

この R を用いて J を書き換えると

$$J = \int_{\Omega(\varepsilon)} \left(\sum_{1 \leqq j,k \leqq d} \frac{\langle (x-a_j), (x-a_k) \rangle}{2|x-a_j|^2|x-a_k|^2} + \sum_{j=1}^d \frac{\langle x-a_j, \nabla R \rangle}{|x-a_j|^2} + \frac{|\nabla R|^2}{2} \right) dx$$

となる.部分積分によって J を書き直す.

$$B_\varepsilon(\boldsymbol{a}) = \bigcup_{j=1}^d B_\varepsilon(a_j)$$

とおく.以下の部分積分では $R, \log|x-\boldsymbol{a}_j|$ が $\Omega(\varepsilon)$ で調和関数であることをしばしば用いる.J を J_1, J_2, J_3 の3つに分けて計算する.

$$
\begin{aligned}
(5.35)\quad J_1 &:= \int_{\Omega(\varepsilon)} \sum_{1\leqq j,k\leqq d} \frac{\langle (x-a_j),(x-a_k)\rangle}{2|x-a_j|^2|x-a_k|^2} dx \\
&= \sum_{1\leqq j,k\leqq d} \int_{\Omega(\varepsilon)} \frac{1}{2}\langle \nabla\log|x-a_j|, \nabla\log|x-a_k|\rangle dx \\
&= \sum_{1\leqq j,k\leqq d} \int_{\partial\Omega(\varepsilon)} \frac{1}{2}\log|x-a_k|\frac{\partial}{\partial\boldsymbol{\nu}}\log|x-a_j|ds \\
&= \sum_{1\leqq j,k\leqq d} \int_{\partial\Omega} \frac{1}{2}\log|x-a_k|\frac{\partial}{\partial\boldsymbol{\nu}}\log|x-a_j|ds \\
&\quad + \sum_{1\leqq j,k\leqq d} \int_{\partial B_\varepsilon(\boldsymbol{a})} \frac{1}{2}\log|x-a_k|\frac{\partial}{\partial\boldsymbol{\nu}}\log|x-a_j|ds,
\end{aligned}
$$

$$
\begin{aligned}
(5.36)\quad J_2 &:= \int_{\Omega(\varepsilon)} \sum_{j=1}^d \frac{\langle x-a_j, \nabla R\rangle}{|x-a_j|^2} dx = \sum_{j=1}^d \int_{\Omega(\varepsilon)} \langle \nabla\log|x-a_j|, \nabla R\rangle dx \\
&= \sum_{j=1}^d \int_{\partial\Omega(\varepsilon)} \frac{1}{2}\frac{\partial R}{\partial\boldsymbol{\nu}}\log|x-a_j|ds + \sum_{j=1}^d \int_{\partial\Omega(\varepsilon)} \frac{1}{2}R\frac{\partial}{\partial\boldsymbol{\nu}}\log|x-a_j|ds \\
&= \sum_{j=1}^d \int_{\partial\Omega} \frac{1}{2}\left(\frac{\partial\phi_0}{\partial\boldsymbol{\tau}} - \frac{\partial}{\partial\boldsymbol{\nu}}\sum_{k=1}^d \log|x-a_k|\right) \log|x-a_j|ds \\
&\quad + \sum_{j=1}^d \int_{\partial B_\varepsilon(\boldsymbol{a})} \frac{1}{2}\frac{\partial R}{\partial\boldsymbol{\nu}}\log|x-a_j|ds + \sum_{j=1}^d \int_{\partial\Omega} \frac{1}{2}R\frac{\partial}{\partial\boldsymbol{\nu}}\log|x-a_j|ds \\
&\quad + \sum_{j=1}^d \int_{\partial B_\varepsilon(\boldsymbol{a})} \frac{1}{2}R\frac{\partial}{\partial\boldsymbol{\nu}}\log|x-a_j|ds,
\end{aligned}
$$

$$
\begin{aligned}
(5.37)\quad J_3 &:= \int_{\Omega(\varepsilon)} \frac{|\nabla R|^2}{2} dx = \int_\Omega \frac{|\nabla R|^2}{2} dx - \int_{B_\varepsilon(\boldsymbol{a})} \frac{|\nabla R|^2}{2} dx \\
&= \int_{\partial\Omega} \frac{1}{2} R\frac{\partial R}{\partial\boldsymbol{\nu}} ds - \int_{B_\varepsilon(\boldsymbol{a})} \frac{|\nabla R|^2}{2} dx \\
&= \int_{\partial\Omega} \frac{R}{2}\left(\frac{\partial\phi_0}{\partial\boldsymbol{\tau}} - \frac{\partial}{\partial\boldsymbol{\nu}}\sum_{k=1}^d \log|x-a_k|\right) ds - \int_{B_\varepsilon(\boldsymbol{a})} \frac{|\nabla R|^2}{2} dx
\end{aligned}
$$

ここで

$$
(5.38)\qquad A(x) := \sum_{j=1}^d \log|x-a_j| + R(x)
$$

とおく．このとき A は (5.34) より境界条件

(5.39) $$\frac{\partial A}{\partial \boldsymbol{\nu}} = \frac{\partial \phi_0}{\partial \boldsymbol{\tau}} \quad (x \in \partial \Omega)$$

を満たす．R は ε に依存しない滑らかな関数であるから

$$\sum_{j=1}^{d} \int_{\partial B_\varepsilon(\boldsymbol{a})} \frac{1}{2} \frac{\partial R}{\partial \boldsymbol{\nu}} \log |x-a_j| ds = O(\varepsilon \log(1/\varepsilon)),$$

$$\int_{B_\varepsilon(\boldsymbol{a})} \frac{|\nabla R|^2}{2} dx = O(\varepsilon^2)$$

となる．よって，J_1, J_2, J_3 の和を整理して

(5.40)
$$\begin{aligned}
J &= J_1 + J_2 + J_3 \\
&= \sum_{1 \leq j,k \leq d} \int_{\partial B_\varepsilon(\boldsymbol{a})} \frac{1}{2} \log |x-a_k| \frac{\partial}{\partial \boldsymbol{\nu}} \log |x-a_j| ds + \int_{\partial \Omega} \frac{1}{2} \frac{\partial \phi_0}{\partial \boldsymbol{\tau}} A(x) ds \\
&\quad + \sum_{j=1}^{d} \int_{\partial B_\varepsilon(\boldsymbol{a})} \frac{1}{2} R \frac{\partial}{\partial \boldsymbol{\nu}} \log |x-a_j| ds + O(\varepsilon \log(1/\varepsilon))
\end{aligned}$$

を得る．この計算では A の定義 (5.38) を用いた．

さて (5.40) の第 1 項，第 3 項を詳しくみる．$\boldsymbol{\nu}$ は $\Omega(\varepsilon)$ の境界での外向き単位法線ベクトルなので

$$\partial B_\varepsilon(\boldsymbol{a}) = \bigcup_{\ell=1}^{d} \partial B_\varepsilon(a_\ell)$$

の上では各円周では内向きになる，すなわち

$$\boldsymbol{\nu}(x) = -(x-a_\ell)/|x-a_\ell| \quad (x \in \partial B_\varepsilon(a_\ell))$$

である．積分 (5.40) において $\partial B_\varepsilon(a_\ell)$ で一様に

$$\log|x-a_k| \frac{\partial}{\partial \boldsymbol{\nu}} \log |x-a_j| = \begin{cases} \left(\dfrac{-1}{\varepsilon}\right) \log \varepsilon & (k=j=\ell) \\ (\log|a_k-a_j|+O(\varepsilon))\left(\dfrac{-1}{\varepsilon}\right) & (k \neq \ell = j) \\ O(\log(1/\varepsilon)) & (k=\ell \neq j) \\ O(1) & (k \neq \ell,\, j \neq \ell) \end{cases}$$

と表せる．また $\partial B_\varepsilon(a_\ell)$ で一様に

$$R(x)\frac{\partial}{\partial \boldsymbol{\nu}}\log|x-a_j| = \begin{cases} (R(a_\ell)+O(\varepsilon))\left(-\dfrac{1}{\varepsilon}\right) & (j=\ell), \\ O(1) & (j\neq \ell) \end{cases}$$

となる．以上を積分 (5.40) に代入して

$$J = d\pi \log\left(\frac{1}{\varepsilon}\right) + \pi \sum_{\substack{1\leq j, \\ k\leq d, \\ j\neq k}} \log\frac{1}{|a_j-a_k|} + \frac{1}{2}\int_{\partial\Omega} A\frac{\partial \phi_0}{\partial \boldsymbol{\tau}}ds - \pi\sum_{j=1}^{d} R(a_j)$$
$$+ O(\varepsilon|\log\varepsilon|)$$

を得る．一方，境界データ $\boldsymbol{g}(x)=\exp(i\phi_0(x))$ に対して，その実部 g_1, 虚部 g_2 を用いて

$$\boldsymbol{g}\times\frac{\partial \boldsymbol{g}}{\partial \boldsymbol{\tau}} = g_1\frac{\partial g_2}{\partial \boldsymbol{\tau}} - g_2\frac{\partial g_1}{\partial \boldsymbol{\tau}}, \quad \boldsymbol{g}=g_1+ig_2$$

とおくと $\boldsymbol{g}\times(\partial \boldsymbol{g}/\partial \boldsymbol{\tau})=\partial\phi_0/\partial\boldsymbol{\tau}$ である．

これによって J から零点の個数だけで決まる量 $d\pi\log(1/\varepsilon)$ を差し引いた残りの有限部分を W と定める．この W は零点の配置により決まるものであり，配置と $\mathcal{H}$ を関係付ける本質的な情報を含んでいると考えてよい．関数 $A(x)$ および $R(x)$ はパラメータ $a_1, \cdots, a_d$ に依存するため，改めてそれぞれ $A(x, \boldsymbol{a})$, $R(x, \boldsymbol{a})$ と記述することにする．これによって W は以下の通りとなる．

$$W(\boldsymbol{a}) = \pi\sum_{\substack{1\leq j, \\ k\leq d, \\ j\neq k}}\log\frac{1}{|a_j-a_k|} + \frac{1}{2}\int_{\partial\Omega} A(x,\boldsymbol{a})\left(\boldsymbol{g}\times\frac{\partial\boldsymbol{g}}{\partial\boldsymbol{\tau}}\right)ds - \pi\sum_{j=1}^{d} R(a_j, \boldsymbol{a})$$

ただし，これは $d\geq 2$ の場合である．また $R(x,\boldsymbol{a})$ および $A(x,\boldsymbol{a})$ は次の方程式を満たす．

$$(5.41) \quad \Delta A = 2\pi \sum_{j=1}^{d} \delta(x-a_j) \quad (x \in \Omega), \quad \frac{\partial A}{\partial \nu} = \boldsymbol{g} \times \frac{\partial \boldsymbol{g}}{\partial \boldsymbol{\tau}} \quad (x \in \partial\Omega),$$

$$(5.42) \quad R(x,\boldsymbol{a}) = A(x,\boldsymbol{a}) - \sum_{j=1}^{d} \log|x-a_j|$$

$A(x,\boldsymbol{a})$ はグリーン (Green) 関数のような振る舞いをする関数で, $R(x,\boldsymbol{a})$ はその正則な部分とみなすことができる. 逆に方程式 (5.41) が与えられたとすると定数差を除いて A は一意存在する. なぜならば

$$\int_{\partial\Omega} \boldsymbol{g} \times \frac{\partial \boldsymbol{g}}{\partial \boldsymbol{\tau}} ds = \int_{\partial\Omega} \frac{\partial \phi_0}{\partial \boldsymbol{\tau}} ds = 2\pi d$$

となるからである (付録の命題 A.18 (iii) より). よって, (5.41) が A の定義を与えていると考えてもよい.

$d=1$ の場合は零点同士の相互作用に関する第 1 項がなくて

$$W(a) = \frac{1}{2} \int_{\partial\Omega} A(x,a) \left(\boldsymbol{g} \times \frac{\partial \boldsymbol{g}}{\partial \boldsymbol{\tau}} \right) ds - \pi R(a,a) \quad (d=1)$$

となる.

以上で繰り込みエネルギー W を導入したが, これが $\mathcal{E}_\varepsilon$ の極限として本当に有効であることを示す結果を述べる. 実際, W が $\mathcal{E}_\varepsilon$ の最小化解の零点配置に関する情報を与えてくれる.

定理 5.10 $\Omega \subset \mathbb{R}^2$ を星形 (star shaped)[*5] の有界領域であるとする. $\{\varepsilon_m\}$ を 0 に収束する任意の正数列とする. $\boldsymbol{u}_{\varepsilon_m}$ を (5.1) の $\varepsilon = \varepsilon_m$ に対する最小化解とする. このとき部分列 $\{\zeta_m\} \subset \{\varepsilon_m\}$ および点 $a_1, a_2, \cdots, a_d \in \Omega$ が存在して $\boldsymbol{u}_{\zeta_m}$ は $H^1_{loc}(\Omega \setminus \{a_1, \cdots, a_d\})$ の弱位相の意味で

$$\boldsymbol{u}_0(x) = \exp\left\{ i \left(\sum_{j=1}^{d} \mathrm{Arg}\,(x-a_j) + \phi(x) \right) \right\}$$

に収束する. ただし $\phi(x)$ は方程式 (5.32) をみたす. このとき $(a_1, a_2, \cdots, a_d)$ は W の最小値を与える点である. □

注意 5.4 Struwe[157, 158] は, この結果を $\Omega \subset \mathbb{R}^2$ が可縮の場合に一般化した.

[*5] Ω が星形であるとは, ある点 $\boldsymbol{p} \in \Omega$ が存在して, 任意の $x \in \Omega$, $0 \leqq t \leqq 1$ に対して $(1-t)\boldsymbol{p} + tx \in \Omega$ となること.

この定理の証明は大部で，本書では述べることができない．原著 Bethuel-Brezis-Hélein [18] を参照するとよい．定理 5.10 は $\varepsilon > 0$ が微小のときの最小化解 u_ε の零点の配置を教えてくれる．すなわち $\mathcal{E}_\varepsilon$ の最小値問題の極限が，W の最小値問題のなかに埋め込まれていることが主張されている．

(b) 具体的な例

円板領域において対称性をもつ境界条件を与えて W を考える．
$$\Omega = \{x \in \mathbb{R}^2 \mid |x| < 1\}, \quad g(x) = \exp(id\theta) \quad (x \in \partial\Omega)$$
境界条件において極座標を用いた．簡単な計算で $g \times (\partial g/\partial \tau) = d$ が確かめられる．式(5.41)から $A(x, \boldsymbol{a})$ を求める．定数差の不定性があるため条件 $\int_{\partial\Omega} A(x, \boldsymbol{a}) ds = 0$ を付け加えると，
$$A(x, \boldsymbol{a}) = \sum_{j=1}^{d} (\log|x - a_j| + \log|x - a_j^*||a_j|), \quad a_j^* = a_j/|a_j|^2$$
となる．これを W に代入して

(5.43) $\quad W(a_1, \cdots, a_d) = \pi \sum_{j \neq k} \log \dfrac{1}{|a_j - a_k|} - \pi \sum_{j=1}^{d} \log(1 - |a_j|^2) \quad (d \geqq 2),$

(5.44) $\quad W(a) = -\pi \log(1 - |a|^2) \quad (d = 1)$

を得る．この場合の W の特徴は回転不変性である．すなわち，$(a_1, \cdots, a_d)$ の同時回転に関して W は不変である．これら d 個の点の置換に関しても不変である．もう1つ注意するべきことは a_j のどれか1つでも境界に接近すると W の値が ∞ に増大する．また，定義されていない点でも ∞ に増大する．したがって，W はかならず最小値をもつ．

$d \geqq 2$ の場合で W を停留させる配置を考える．停留配置ということから，(5.43)の W の勾配ベクトルを考えてそれが零になる状況を考察する．a_j に視点をおいてみて a_j を変数とする W の勾配を考えると
$$-\nabla_{a_j} W(\boldsymbol{a}) = -\pi \sum_{k \neq j} \dfrac{a_k - a_j}{|a_k - a_j|^2} - \pi \dfrac{2a_j}{1 - |a_j|^2}$$
となる．第1項は他の零点からの斥力，第2項は境界からの斥力と解釈する．

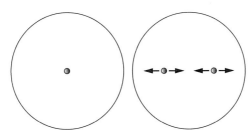

図 5.4 左図は $d=1$ の場合の停留配置で，右図は $d=2$ の場合の停留配置．図の黒丸は零点を表し，右図中の内側の矢印は境界からの斥力，外向きの矢印は零点間の斥力を表す．

よって停留配置は，各零点においてこのような2種の作用の釣り合いが成立することによって実現していると思ってよい．

（ⅰ）$d=1$ の場合：$a=(0,0)$ が最小値を与える．これは(5.44)から明白である．

（ⅱ）$d=2$ の場合：次の配置 $\boldsymbol{a}=(a_1, a_2)$ が $W(\boldsymbol{a})$ を最小化する．停留点は他にない．

$$\begin{cases} a_1 = \left(\dfrac{1}{\sqrt{3}}\cos\tau, \dfrac{1}{\sqrt{3}}\sin\tau\right), \\ a_2 = \left(\dfrac{1}{\sqrt{3}}\cos(\tau+\pi), \dfrac{1}{\sqrt{3}}\sin(\tau+\pi)\right) \end{cases} (0 \leqq \tau < 2\pi)$$

この2点は原点を中心に対称な位置にある．回転の自由度があるためパラメータ τ が入っている（図5.4参照）．

（ⅲ）$d=3$ の場合：$W(\boldsymbol{a})$ を停留させる配置 $\boldsymbol{a}=(a_1, a_2, a_3)$ は次の2組，および，それらを任意に置換した配置がある．1つ目は

$$\begin{cases} a_1 = \left(\dfrac{\sqrt{3}}{\sqrt{5}}\cos\tau, \dfrac{\sqrt{3}}{\sqrt{5}}\sin\tau\right), \\ a_2 = (0,0), \\ a_3 = \left(\dfrac{\sqrt{3}}{\sqrt{5}}\cos(\tau+\pi), \dfrac{\sqrt{3}}{\sqrt{5}}\sin(\tau+\pi)\right) \end{cases} (0 \leqq \tau < 2\pi).$$

これは直線型の配置となり，停留点であるが極小値は与えない．2つ目は

158   5 第1種境界条件をもつ Ginzburg-Landau 方程式

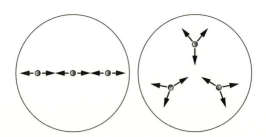

図 5.5 $d=3, \tau=0$ の場合の零点の停留配置. 左図は不安定で右図は安定な配置. 黒丸は零点を表し, 矢印は境界からの斥力と零点間の斥力を表す.

$$\begin{cases} a_1 = \left(\dfrac{1}{\sqrt{2}} \cos \tau, \dfrac{1}{\sqrt{2}} \sin \tau\right), \\ a_2 = \left(\dfrac{1}{\sqrt{2}} \cos\left(\tau + \dfrac{2\pi}{3}\right), \dfrac{1}{\sqrt{2}} \sin\left(\tau + \dfrac{2\pi}{3}\right)\right) \quad (0 \leqq \tau < 2\pi) \\ a_3 = \left(\dfrac{1}{\sqrt{2}} \cos\left(\tau + \dfrac{4\pi}{3}\right), \dfrac{1}{\sqrt{2}} \sin\left(\tau + \dfrac{4\pi}{3}\right)\right) \end{cases}$$

であるが, 正三角形型の配置となり最小値を与えている. 変分構造としては, 1つの正三角形とそれを置換して得られる配置の途中に, 鞍点として直線型の配置がある(図 5.5 参照).

円板というもっともシンプルな場合であっても $d=3$ において W の変分構造はこのように単純でない. $d=4$ の場合では, 対称性のある場合に限っても正四角形型と正三角形+中心の型と2通りあり計算も複雑であるが, ぜひ試みられたい.

注意 5.5 公式(5.43), (5.44)は Bian[21]によって最初に計算された. [87]においても簡明な導出が得られている. 第4章では円板上において, 第1種境界条件をもつ GL 方程式の問題を扱い, 対称性のある解 $u = f(r) e^{i\theta}$ (巻き数 1)の安定性を解析したが, 上で扱った $d=1$ の場合はその極限に相当する. これによって W の性質から, 零点の位置とエネルギー汎関数の関係が明示的にみえてくる.

注意 5.6 この章では, 多重度2以上の零点をもつ関数 u については考察しなかった. もし u が多重度 d の零点をもつならば, それに伴う局所的なエネルギー値は $d^2 \pi \log (1/\varepsilon) + O(1)$ となる(これは $f(r) \exp(id\theta)$ を汎関数に代入して見当を付けることができる). このため d 個の単純な零点がばらばらに散在するときのそれらのエネ

ギー値の総和 $d\pi\log(1/\varepsilon)+O(1)$ と比較して大きくなる．よって，変分問題の最小化解を零点配置を考える際には，このような多重の零点をもつ u を排除して考えても結果には影響しない．

第5章ノート▶ この章は主に GL 方程式の零点をもつ解の解析をした．定理 5.2 は Bauman-Carlson-Phillips[11]による．2 次元特有の性質をフルに活用した証明は非常におもしろい．関連した研究として Rubinstein[142]，Fife-Peletier[54] もある．境界の巻き数が 1 以外の場合に何が一般にいえるか大変興味深い問題である．5.4 節以降は Bethuel-Brezis-Hélein の理論といえる．定理 5.8 は [18] によるが，証明に関しては Jerrard[76]の論文の証明を参考にし，特別な場合だけを扱い簡略化を試みた．[76]は n 次元領域における $\mathbb{R}^n$ 値の写像に関する GL 汎関数を考え，零点のエネルギー評価を行った．この仕事は [18] の1つの一般化という位置にある．定理 5.10 は [18] の中心となる結果である．繰り込みエネルギーの導入を理解すれば，この定理の正しいことが実感できると思う．この定理は画期的な仕事で，変分問題の課題で近年におけるもっとも輝かしい成果の1つといってよい．実際その影響は大きく多くの人々をこの研究分野に引きつけた．以降 GL 方程式とその周辺分野はメジャーなテーマとなった．最小化問題だけでなく，$\mathcal{E}_\varepsilon$ の変分構造全体が W で忠実に特徴付けられているかどうか，という問題が重要な課題となる．これを部分的に正当化する研究が Lin[109]，Lin-Lin[113]によって得られた．それは W の任意の非退化な停留配置 $\boldsymbol{a}$ に対して，零点配置の極限が $\boldsymbol{a}$ となるような (GL 方程式の) 解 $\boldsymbol{v}_\varepsilon$ を構成した．ただし，具体例として扱った円板領域の場合の W に関しては Lin[109]，Lin-Lin[113]は適用できないことに注意しよう．なぜならば回転対称性により停留配置は連続していて孤立していないからである（退化している）．Pacard-Rivière[136]は同様の解の存在問題を構成的な方法で解決した．その際近似解の構成およびその周りでの線形化作用素のスペクトル解析に関して有力な方法を与えた．

2 次元領域 $\Omega\subset\mathbb{R}^2$ において，方程式 (5.2) の代わりに，次の変数係数の方程式

$$\mathrm{div}\,(a(x)\nabla\boldsymbol{u})+\frac{1}{\varepsilon^2}(1-|\boldsymbol{u}|^2)\boldsymbol{u}=0 \quad (x\in\Omega),\ \text{境界条件}$$

もまた安定な渦糸解をもたらす．ただし係数関数 $a(x)$ は $\overline{\Omega}$ で正値であるとする．変数係数 $a(x)$ が極小を与える点の近傍に渦糸をもつような安定解が生じ得る．この研究に関しては Chen-Jimbo-Morita[37]，Jimbo-Morita[86]，Lin-Du[116] をあげておく．

6 渦糸の運動

この章では特異極限における渦糸の運動方程式について考察する．領域は2次元の単連結領域とし，ノイマン境界条件に焦点を与えて調べることにする．歴史的には，第1種境界条件の場合についての運動方程式が先に研究されたが，ノイマン境界条件の場合は，ディリクレ境界条件のグリーン関数とロバン関数でこの運動方程式が書き表せる．よって，その運動方程式の性質を調べるのに都合がよい．実際，領域が円板の場合には，グリーン関数やロバン関数は対数関数のみで表されるので解析しやすい．しかしながらこの運動方程式を時間発展の GL 方程式から数学的に厳密な意味で導出することは容易でない．ここでは，適当な近似解を使って議論するが，近似解の精度や近似の評価についての厳密な議論には触れない．渦糸の運動が，発展方程式の解が作用する無限次元相空間における有限次元の多様体に沿ったダイナミクスとして，幾何学的に理解できることを示すに留める．

6.1 渦糸の特徴的な運動

2次元の単連結領域 Ω における GL エネルギー汎関数

$$\mathcal{E}_\varepsilon(\boldsymbol{u}) := \int_\Omega \left(\frac{1}{2}|\nabla \boldsymbol{u}|^2 + \frac{1}{4\varepsilon^2}(1-|\boldsymbol{u}|^2)^2 \right) dx \tag{6.1}$$

の勾配系を与える半線形拡散方程式

$$(6.2) \quad \bm{u}_t = \Delta \bm{u} + \frac{1}{\varepsilon^2}(1-|\bm{u}|^2)\bm{u} \quad ((x,t) \in \Omega \times (0,\infty)),$$

$$(6.3) \quad \partial \bm{u}/\partial \bm{\nu} = 0 \quad ((x,t) \in \partial\Omega \times (0,\infty)),$$

$$(6.4) \quad \bm{u}(x,0) = \bm{u}_0(x) \quad (x \in \Omega)$$

を考えよう．境界 $\partial\Omega$ は十分滑らかとする．

5.5 節の最初の方でも少し考察したが，この方程式の解の特徴的な運動を十分小さい ε について直感的な議論でもう少しくわしく予想してみよう．初期データ $\bm{u}_0(x)$ は m 個の零点 $\{a_j\}_{j=1,\cdots,m}$ をもつとする．$\bm{u}_0(x)$ を各 a_j の近傍 $B_\rho(a_j) = \{|x-a_j|<\rho\}$ の境界に制限した $\bm{u}_0|_{\partial B_\rho(a_j)}$ を考え，その像の複素平面における原点回りの巻き数を a_j における位数 d_j として定義する．これが定義されるためには，任意に小さい近傍に対して巻き数が一定でなければならないが，初期データ $\bm{u}_0(x)$ としてそのようなものをとることにする．いま，十分小さいすべての ρ に対して $d_j=1$ または -1 とする（正負が混ざっていてもよい）．(6.2) の式に $\overline{\bm{u}}$ を乗じて変形すると

$$\frac{1}{2}|\bm{u}|^2_t = \frac{1}{2}\Delta|\bm{u}|^2 - |\nabla \bm{u}|^2 + \frac{1}{\varepsilon^2}(1-|\bm{u}|^2)|\bm{u}|^2$$

を得る．よって ε が十分小さいとき，$\Delta|\bm{u}|^2, |\nabla \bm{u}|^2 = O(1)$ なら，$|\bm{u}(x,t)|^2$ のダイナミクスは $\bm{u}_0(x)$ の零点を除く各点 $x \in \Omega$ においては常微分方程式

$$\frac{1}{2}\dot{y} = \frac{1}{\varepsilon^2}(1-y)y$$

で近似されるとしてよいであろう．よってその常微分方程式の解のダイナミクスより $\bm{u}(x,t)$ の零点の小さい近傍を除いて $|\bm{u}(x,t)|^2$ は 1 に近づく．このとき零点の位数は変化しないことに注意しておく．各零点の近傍では，$|\bm{u}(x,t)|$ は零点から急激に変化する形状をもつ．このような 2 つの相（いまの場合は零点は常伝導状態，$|\bm{u}|=1$ は完全な超伝導状態の相とみる）を結ぶ急激な変化を示す場所は遷移層と呼ばれる．

$|\bm{u}(x,t)|$ の値が十分 1 に近づいて $1-|\bm{u}(x,t)|^2 = O(\varepsilon^2)$ になると，拡散項の効果が効きだす．数値計算によると零点がゆっくり動き出し，同符号の位数をもつ零点は反発するように，また異符号の場合にはその距離が近ければ引き寄

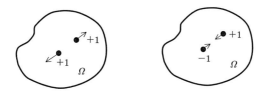

図 6.1 時間発展方程式 (6.2) の零点の運動の性質．位数の符号が同じ場合は反発し，異なる場合は 2 点間の距離が近ければ引き寄せあうように動く．図の矢印は運動の方向を示す．

せあうように動く（図 6.1 参照）．ノイマン境界条件の場合は通常，数値計算では，零点は最終的にすべて消滅するが，その消滅の仕方は，境界から逃げていく場合と異符号の位数をもつ零点がぶつかって消滅する場合の 2 通りに分類できる．

以下の節では，この零点の周りの形状が成長し終わった後のゆっくり動く運動について，ε が十分小さい場合に運動を近似する常微分方程式で表される支配方程式を導入し，数値計算で観察されるような運動が実際に実現されることを示す．

6.2 特異点をもつ調和写像とそのエネルギー

この節では，特異点をもつ領域 Ω から S_c^1 への調和写像のエネルギーについて調べておく．$\varepsilon \to 0$ の GL エネルギーの極限を特徴づけるための重要な準備である．第 1 種境界条件の場合については，すでに前章で述べたが以下ではノイマン境界条件の場合について扱う．前章とよく似た計算が現れるが，ノイマン境界条件の場合はさらに丁寧な計算を実行することによってきれいな形にすることができる．以下では Ω は $\mathbb{R}^2$ における滑らかな境界をもつ単連結領域とする．

$x = a \in \Omega$ に特異点をもつ関数

$$\boldsymbol{u}_h(x;a) := \exp(i\theta(x;a)), \quad \theta(x;a) := \mathrm{Arg}\,(x-a)$$

を定義すると，

$$\nabla\theta(x;a) = \frac{(x-a)^\perp}{|x-a|^2}, \quad \mathrm{div}_x(\nabla_x\theta(x;a)) = 0 \quad (x \neq a)$$

より，$\boldsymbol{u}_h$ は特異点 $x=a$ を除いて

(6.5) $$\Delta \boldsymbol{u}_h + |\nabla \boldsymbol{u}_h|^2 \boldsymbol{u}_h = 0$$

を満たすことは容易に確かめられる．ここで $x^\perp := (-x_2, x_1)$ である．

領域 Ω が円板 $\{x \in \mathbb{R}^2 : |x| < R\}$ で，$a=(0,0)$ とすると境界 $|x|=R$ 上で

$$\frac{\partial \boldsymbol{u}_h}{\partial \boldsymbol{\nu}} = \langle \nabla \boldsymbol{u}_h, \boldsymbol{\nu} \rangle = i \left\langle \frac{x^\perp}{|x|^2}, \frac{x}{|x|} \right\rangle = 0$$

となり，ノイマン境界条件が満たされている．一般の領域および任意の $a \in \Omega$ でノイマン境界条件が満たされるように以下で定義される調和関数を導入する．

方程式

(6.6) $$\begin{cases} \Delta \phi = 0 & (x \in \Omega), \\ \dfrac{\partial \phi}{\partial \boldsymbol{\nu}} = -\dfrac{\langle (x-a)^\perp, \boldsymbol{\nu} \rangle}{|x-a|^2} & (x \in \partial \Omega) \end{cases}$$

を考えると，グリーンの公式より

(6.7) $$\int_\Omega \Delta \phi \, dx = -\int_{\partial \Omega} \frac{\langle (x-a)^\perp, \boldsymbol{\nu} \rangle}{|x-a|^2} ds = -\int_{\partial \Omega} \frac{\partial \theta}{\partial \boldsymbol{\nu}} ds$$

だが，十分小さい $\delta > 0$ に対して

(6.8) $$0 = \int_{\Omega \cap \{|x-a| > \delta\}} \mathrm{div}(\nabla \theta) dx = \int_{\partial \Omega} \frac{\partial \theta}{\partial \boldsymbol{\nu}} ds + \int_{|x-a|=\delta} \frac{\partial \theta}{\partial \boldsymbol{\nu}} ds.$$

一方，

$$\int_{|x-a|=\delta} \frac{\partial \theta}{\partial \boldsymbol{\nu}} ds = -\int_{|x-a|=\delta} \left\langle \frac{(x-a)^\perp}{|x-a|^2}, \frac{x-a}{|x-a|} \right\rangle ds = 0$$

を (6.8) に適用すると

$$\int_{\partial \Omega} \frac{\partial \theta}{\partial \boldsymbol{\nu}} ds = 0$$

となり，結局 (6.7) の右辺は零になることがわかる．よって可解性の条件が満

たされ，定数差を除いて (6.6) の解 ϕ は一意に存在する (付録の命題 A.18(iii) を参照). この解 $\phi=\phi(x;a)$ を用いて

$$(6.9) \qquad \boldsymbol{u}_h(x;a) := \exp\left(i(\theta(x;a)+\phi(x;a))\right)$$

と $\boldsymbol{u}_h$ を定義しなおすと，$\boldsymbol{u}_h(x;a)$ は再び (6.5) を $x \neq a$ で満たし，ノイマン境界条件

$$(6.10) \qquad \frac{\partial \boldsymbol{u}_h}{\partial \boldsymbol{\nu}} = 0 \quad (x \in \partial\Omega)$$

が満たされるのは容易に確かめられる.

$\boldsymbol{u}_h$ は，$x=a$ で特異点をもつ Ω から $S_c^1=\{|\boldsymbol{u}|=1\}$ へのノイマン境界条件を満たす調和写像になっている. $\overline{\boldsymbol{u}_h(x;a)}$ も，また同様な調和写像であるが，特異点の周りで定まる位数は符号が逆になる. (6.9) で定義される $\boldsymbol{u}_h$ は $x=a$ で $+1$ の位数を，$\overline{\boldsymbol{u}_h(x;a)}$ は -1 の位数を定義することができる.

一般に m 個の異なる特異点 $\{a_1,\cdots,a_m\}$ をもつノイマン境界条件を満たす調和写像は，(6.6) を用いて

$$(6.11) \quad \boldsymbol{u}_h(x;\boldsymbol{a}) := \prod_{j=1}^m \exp\{id_j(\theta(x;a_j)+\phi(x;a_j))\}, \quad \boldsymbol{a}=(a_1,\cdots,a_m)$$

で与えられる. ただし，d_j $(j=1,\cdots,m)$ は $+1$ または -1 である. この $\boldsymbol{u}_h$ は

$$(6.12) \qquad \begin{cases} \Delta \boldsymbol{u}_h + |\nabla \boldsymbol{u}_h|^2 \boldsymbol{u}_h = 0 & (x \in \Omega \setminus \{a_1,\cdots,a_m\}) \\ \dfrac{\partial \boldsymbol{u}_h}{\partial \boldsymbol{\nu}} = 0 & (x \in \partial\Omega) \end{cases}$$

を満たすことは簡単な計算で確かめられる.

ところで，$H^1(\Omega;S_c^1)$ 上でディリクレエネルギー

$$\int_\Omega |\nabla \boldsymbol{u}|^2 dx$$

を定義すれば，このエネルギーを最小にする調和写像は明らかに絶対値 1 の定値写像である. また，(6.12) を領域 Ω 全体に書き直したものが，このディリクレエネルギーのオイラー–ラグランジュ方程式であるが，その解は定数解しかないことに注意する. 先ほどの特異点をもつ場合には，このディリクレエ

ネルギーは発散し $H^1(\Omega; S_c^1)$ には属さない．そこで任意の小さい正の数 ρ に対して中心 a_k の円板領域とその閉包を

$$B_\rho(a_k) := \{x \in \mathbb{R}^2 : |x-a_k| < \rho\}, \quad \overline{B_\rho(a_k)} := \{x \in \mathbb{R}^2 : |x-a_k| \leqq \rho\}$$

と表し，特異点を除いた m 個の穴のある領域

(6.13) $$\Omega(\rho) := \Omega \setminus \bigcup_{k=1}^{m} \overline{B_\rho(a_k)}$$

を考えると，そこでの $\boldsymbol{u}_h(x;\boldsymbol{a})$ のディリクレエネルギーは有限になる．また，$\rho \to 0$ とするとそのエネルギーは発散することもわかる．

ここでは，$\rho \to 0$ のときに有限に留まる部分のエネルギーがどのように表せるか，具体的に計算する．次の楕円型方程式を満たすグリーン関数 $G = G(x;a)$ を導入する．

$$\begin{cases} \Delta G = 2\pi \delta_a & (x \in \Omega), \\ G = 0 & (x \in \partial\Omega) \end{cases}$$

ここで $\delta_a(x) = \delta(x-a)$ とおいた[*1]．次のように，このグリーン関数は特異な部分と正則な部分に分解される：

$$G(x;a) = \log|x-a| + S(x;a)$$

正則な部分 $S = S(x;a)$ は

$$\begin{cases} \Delta S = 0 & (x \in \Omega), \\ \dfrac{\partial S}{\partial \boldsymbol{\tau}} = -\left\langle \dfrac{(x-a)}{|x-a|^2}, \boldsymbol{\tau} \right\rangle & (x \in \partial\Omega) \end{cases}$$

を満たす調和関数である（$\boldsymbol{\tau} = \boldsymbol{\nu}^\perp$ に注意）．この境界条件は，G が境界上で $\langle \nabla G, \boldsymbol{\tau} \rangle = 0$ から導かれる．こうして，つぎの補題が成り立つ．

補題 6.1 $\phi(x;a)$ と $S(x;a)$ は互いに共役な調和関数である．すなわち，$\nabla \phi = (\nabla S)^\perp$ が成り立つ．また，$\psi(x,a) := \theta(x;a) + \phi(x;a)$ に対して $\nabla \psi =$

[*1] 通常のディリクレ境界条件のグリーン関数とは定数倍異なる．付録の A.3 節(a)にあるグリーン関数の項を参照．

$(\nabla G)^\perp$ $(x \neq a)$ が成り立つ. □

注意 6.1 $x \in \mathbb{R}^2$ を複素平面上の点と同一視すると，複素関数の $\log(x-a)$ に対しその実部 $\log|x-a|$ と虚部 $\mathrm{Arg}(x-a)$ はコーシー–リーマンの関係式を通して共役な関係にある．すなわち，$\nabla \mathrm{Arg}(x-a) = (\nabla \log|x-a|)^\perp$ $(x \neq a)$．一方，上の補題は領域 Ω でディリクレ境界条件を満たす場合における共役関係を定める．

この節の残りでは，次の 2 つの命題を証明する．以下では，$\mathbb{C}$ における点 a と集合 X の距離を $\mathrm{dist}(a, X) := \inf\{x \in X : |a-x|\}$ で表す.

命題 6.2 領域 $\Omega(\rho)$ を (6.13) で定義する．ただし，$a_i \neq a_k$ $(i \neq k)$ で $\rho > 0$ は

$$\overline{B_\rho(a_k)} \subset \Omega \quad (k = 1, \cdots, m), \quad \overline{B_\rho(a_i)} \cap \overline{B_\rho(a_k)} = \emptyset \quad (i \neq k)$$

となるように小さくとっておく．$\boldsymbol{a} = (a_1, a_2, \cdots, a_m)$ とおくと

$$(6.14) \quad \frac{1}{2}\int_{\Omega(\rho)} |\nabla \boldsymbol{u}_h|^2 dx + \frac{1}{2}\sum_{k=1}^m \int_{B_\rho(a_k)} \left\{|\nabla \boldsymbol{u}_h|^2 - \frac{1}{|x-a_k|^2}\right\} dx$$
$$= m\pi \log(1/\rho) + W(\boldsymbol{a}).$$

ここで

$$(6.15) \quad W(\boldsymbol{a}) := -\pi \sum_{k=1}^m S(a_k; a_k) - \pi \sum_{k=1}^m \sum_{i \neq k} d_i d_k G(a_i; a_k)$$

である． □

系 6.3 正数 $\delta > 0$ と $\{a_j\}_{j=1}^m \subset \Omega$ は

$$\min_{j \neq k} |a_j - a_k| \geqq \delta, \quad \min_{1 \leqq j \leqq m} \mathrm{dist}(a_j, \partial\Omega) \geqq \delta/2$$

を満たすとする．ρ を $0 < 2\rho < \delta$ なるようにとり，関数 $\boldsymbol{u}_h(x; \boldsymbol{a})$ を (6.9) で与えると

$$(6.16) \quad \frac{1}{2}\int_{\Omega(\rho)} |\nabla \boldsymbol{u}_h|^2 dx = m\pi \log(1/\rho) + W(\boldsymbol{a}) + O(\rho/\delta)$$

が成り立つ． □

命題 6.4 命題 6.2 と同じ条件のもとで

(6.17)
$$\frac{1}{2}\int_{\Omega(\rho)}\frac{\partial}{\partial a_j}|\nabla \boldsymbol{u}_h|^2 dx+\frac{1}{2}\sum_{k=1}^{m}\int_{B_\rho(a_k)}\frac{\partial}{\partial a_j}\left\{|\nabla \boldsymbol{u}_h|^2-\frac{1}{|x-a_k|^2}\right\}dx$$
$$=\frac{\partial}{\partial a_j}W(\boldsymbol{a})\quad (j=1,2,\cdots,m)$$

が成り立つ. □

注意 6.2 $S_R(x):=S(x;x)$ とおくと, $S_R(x)$ はロバン関数 (Robin function) と呼ばれる.

注意 6.3 命題 6.4 の (6.17) は, 形式的に (6.16) を a_j で微分して積分の中に入れた形であるが, (6.16) を a_j で微分しようとすると, 領域 $\Omega(\rho)$ も変化するため (6.17) を得るために (6.16) の式は直接使えない. (6.17) は近似解を使って渦糸の運動を議論する場合に重要になる.

まず, 命題 6.2 の証明のため補題を用意する.

補題 6.5 次の等式が成り立つ.

(6.18)
$$\frac{1}{2}\int_{\Omega(\rho)}|\nabla \boldsymbol{u}_h|^2 dx=-\frac{1}{2}\sum_{1\leq i,k,\ell\leq m}\int_{\partial B_\rho(a_k)}d_i d_\ell G(x;a_i)\frac{\partial}{\partial \boldsymbol{\nu}}G(x;a_\ell)ds$$

□

補題 6.6 $B_\rho(a_k)$ 上の積分

(6.19) $$F_\rho^{(k)}:=\frac{1}{2}\int_{B_\rho(a_k)}\left\{|\nabla \boldsymbol{u}_h|^2-\frac{1}{|x-a_k|^2}\right\}dx$$

について

(6.20)
$$F_\rho^{(k)}=-\pi S(a_k;a_k)-\pi\sum_{i\neq k}d_k d_i G(a_i;a_k)$$
$$+\frac{1}{2}\int_{\partial B_\rho(a_k)}\left\{S(x;a_k)\frac{\partial}{\partial \boldsymbol{\nu}}\log|x-a_k|+G(x;a_k)\frac{\partial}{\partial \boldsymbol{\nu}}S(x;a_k)\right\}ds$$
$$+\frac{1}{2}\sum_{i=1}^{m}\int_{\partial B_\rho(a_k)}d_i d_k G(x;a_i)\frac{\partial}{\partial \boldsymbol{\nu}}G(x;a_k)ds$$
$$+\frac{1}{2}\sum_{\ell=1}^{m}\int_{\partial B_\rho(a_k)}d_k d_\ell G(x;a_k)\frac{\partial}{\partial \boldsymbol{\nu}}G(x;a_\ell)ds$$

$$+\frac{1}{2}\sum_{i\neq k}\sum_{\ell\neq k}\int_{\partial B_\rho(a_k)}d_i d_\ell G(x;a_i)\frac{\partial}{\partial \boldsymbol{\nu}}G(x;a_\ell)ds$$

が成り立つ． □

補題 6.5 および補題 6.6 を証明する前に，これらの補題を使って命題 6.2 と系 6.3 を証明しておくことにする．

[命題 6.2 の証明]　$\partial B_\rho(a_k)$ 上の積分について

$$\begin{aligned}
&\int_{\partial B_\rho(a_k)}\log|x-a_k|\frac{\partial}{\partial \boldsymbol{\nu}}\log|x-a_k|ds\\
&=\int_{\partial B_\rho(a_k)}\log|x-a_k|\left\langle\frac{x-a_k}{|x-a_k|^2},\frac{x-a_k}{|x-a_k|}\right\rangle ds\\
&=\int_0^{2\pi}\frac{\log\rho}{\rho}\rho d\theta=2\pi\log\rho
\end{aligned}$$

を使うと

$$\begin{aligned}
&\int_{\partial B_\rho(a_k)}G(x;a_k)\frac{\partial}{\partial \boldsymbol{\nu}}G(x;a_k)ds\\
&=\int_{\partial B_\rho(a_k)}G(x;a_k)\frac{\partial}{\partial \boldsymbol{\nu}}\log|x-a_k|ds+\int_{\partial B_\rho(a_k)}G(x;a_k)\frac{\partial}{\partial \boldsymbol{\nu}}S(x;a_k)ds\\
&=2\pi\log\rho+\int_{\partial B_\rho(a_k)}S(x;a_k)\frac{\partial}{\partial \boldsymbol{\nu}}\log|x-a_k|ds\\
&\quad+\int_{\partial B_\rho(a_k)}G(x;a_k)\frac{\partial}{\partial \boldsymbol{\nu}}S(x;a_k)ds
\end{aligned}$$

と変形できる．こうして

$$\frac{1}{2}\int_{\Omega(\rho)}|\nabla \boldsymbol{u}_h|^2 dx+\sum_{k=1}^m F_\rho^{(k)}=m\pi\log(1/\rho)+W(\boldsymbol{a})$$

が成り立つのは，(6.18) の右辺に上の等式を代入し，(6.20) を使えば確かめられる．すなわち，(6.14) が得られる． ■

[系 6.3 の証明]　$F_\rho^{(k)}$ を評価する．$i\neq k$ に対して

$$\frac{1}{|x-a_i|}\leq\frac{1}{\delta-\rho}<\frac{2}{\delta}\quad(x\in B_\rho(a_k))$$

だから ρ,δ に依存しない定数 c_1 があって

170   6 渦糸の運動

$$\left||\nabla \boldsymbol{u}_h|^2 - \frac{1}{|x-a_k|^2}\right| \leqq c_1\left\{\frac{1}{\delta|x-a_k|} + \frac{1}{\delta^2}\right\} \quad (x \in B_\rho(a_k))$$

が成り立つ．よって

$$\int_{B_\rho(a_k)} \left||\nabla \boldsymbol{u}_h|^2 - \frac{1}{|x-a_k|^2}\right| dx$$
$$\leqq 2\pi c_1 \int_0^\rho \left\{\frac{1}{\delta r} + \frac{1}{\delta^2}\right\} r dr \leqq 2\pi c_1 \{\rho/\delta + (\rho/\delta)^2/2\}$$

が得られるので，ある定数 c が存在して

$$|F_\rho^{(k)}| \leqq c\rho/\delta$$

が成り立つ．この評価を使うと命題 6.2 より (6.14) から従うことはただちに導かれる．■

注意 6.4   補題 6.6 にあるような $F_\rho^{(k)}$ を導入しなくても，前章の第 1 種境界条件の場合の計算のように，$\mathcal{E}_\rho(\boldsymbol{u}_h)$ を直接計算して命題 6.2 の (6.16) を導くことは可能であるが，見通しよく計算するためこのような方法をとることにした．

さて，補題 6.5 と補題 6.6 を証明する．

[補題 6.5 の証明]   まず補題 6.1 を使って，(6.16) の左辺をグリーン関数によって書き直そう．

$$E_\rho := \frac{1}{2}\int_{\Omega(\rho)}|\nabla \boldsymbol{u}_h|^2 dx, \quad \psi_i(x) := d_i(\theta(x;a_i)+\phi(x;a_i))$$

とおくと

$$E_\rho = \frac{1}{2}\int_{\Omega_\rho}\left|\sum_{i=1}^m \nabla\psi_i\right|^2 dx = \frac{1}{2}\int_{\Omega_\rho}\sum_{1\leqq i,\ell\leqq m}\langle\nabla\psi_i,\nabla\psi_\ell\rangle dx.$$

補題 6.1 より

$$\langle\nabla\psi_i,\nabla\psi_\ell\rangle = d_i d_\ell \langle\nabla G(x;a_i),\nabla G(x;a_\ell)\rangle$$

だからグリーンの公式を使うと

$$E_\rho = \frac{1}{2} \sum_{1 \le i,\ell \le m} d_i d_\ell \int_{\Omega_\rho} \langle \nabla G(x;a_i), \nabla G(x;a_\ell) \rangle dx$$

$$= \frac{1}{2} \sum_{1 \le i,\ell \le m} d_i d_\ell \left(-\sum_{k=1}^{m} \int_{\partial B_\rho(a_k)} G(x;a_i) \frac{\partial}{\partial \boldsymbol{\nu}} G(x;a_\ell) ds \right)$$

$$= -\frac{1}{2} \sum_{1 \le k,i,\ell \le m} \int_{\partial B_\rho(a_k)} G(x;a_i) \frac{\partial}{\partial \boldsymbol{\nu}} G(x;a_\ell) ds$$

となる．これは (6.18) に他ならない． ∎

［補題 6.6 の証明］　まず，$F_\rho^{(k)}$ を次のように分解する．

(6.21) $\begin{cases} F_\rho^{(k)} = J_1^{(k)} + J_2^{(k)}, \\ J_1^{(k)} := \dfrac{1}{2} \int_{B_\rho(a_k)} \left\{ |\nabla \psi_k|^2 - \dfrac{1}{|x-a_k|^2} \right\} dx, \\ J_2^{(k)} := \dfrac{1}{2} \int_{B_\rho(a_k)} \left\{ \left| \sum_{i=1}^{m} \nabla \psi_i \right|^2 - |\nabla \psi_k|^2 \right\} dx \end{cases}$

そこで $|\nabla \psi_k|^2 = |\nabla G(\cdot, a_k)|^2$ より

$$J_1^{(k)} = \frac{1}{2} \int_{B_\rho(a_k)} \{ 2 \langle \nabla \log |x-a_k|, \nabla S(x;a_k) \rangle + |\nabla S(x;a_k)|^2 \} dx$$

$$= \frac{1}{2} \int_{B_\rho(a_k)} \{ \langle \nabla \log |x-a_k|, \nabla S(x;a_k) \rangle + \langle \nabla G(x;a_k), \nabla S(x;a_k) \rangle \} dx$$

である．

$$\int_{B_\rho(a_k)} \langle \nabla \log |x-a_k|, \nabla S(x;a_k) \rangle dx$$
$$= -2\pi S(a_k;a_k) + \int_{\partial B_\rho(a_k)} \frac{\partial}{\partial \boldsymbol{\nu}} \log |x-a_k| \, S(x;a_k) ds$$

が成り立つので，$\Delta S = 0$ に注意すると

(6.22) $J_1^{(k)} = -\pi S(a_k;a_k) + \dfrac{1}{2} \int_{\partial B_\rho(a_k)} \left\{ S(x;a_k) \dfrac{\partial}{\partial \boldsymbol{\nu}} \log |x-a_k| \right.$
$\left. + G(x;a_k) \dfrac{\partial}{\partial \boldsymbol{\nu}} S(x;a_k) \right\} ds$

を得る．ここで $\boldsymbol{\nu}$ は領域 $B_\rho(a_k)$ の境界上の外向き法線ベクトルにとっている

ことを注意しておく．

つぎに $J_2^{(k)}$ を計算する．

$$\Psi_k(x) := \sum_{i \neq k} \psi_i(x)$$

とおくと

$$\begin{aligned}
(6.23) \quad J_2^{(k)} &= \frac{1}{2} \int_{B_\rho(a_k)} (2\langle \nabla \psi_k, \nabla \Psi_k \rangle + |\nabla \Psi_k|^2) dx \\
&= \frac{1}{2} \int_{B_\rho(a_k)} \sum_{i \neq k} 2 d_k d_i \langle \nabla G(x;a_k), \nabla G(x;a_i) \rangle dx \\
&\quad + \frac{1}{2} \int_{B_\rho(a_k)} \sum_{i \neq k} \sum_{\ell \neq k} d_i d_\ell \langle \nabla G(x;a_i), \nabla G(x;a_\ell) \rangle dx.
\end{aligned}$$

ところでグリーンの公式より，$i \neq k$ に対しては

$$\begin{aligned}
(6.24) \quad & \int_{B_\rho(a_k)} \langle \nabla G(x;a_k), \nabla G(x;a_i) \rangle dx \\
&= -2\pi G(a_k;a_i) + \int_{\partial B_\rho(a_k)} \frac{\partial}{\partial \boldsymbol{\nu}} G(x;a_k) \, G(x;a_i) ds
\end{aligned}$$

および

$$(6.25) \quad \int_{B_\rho(a_k)} \langle \nabla G(x;a_k), \nabla G(x;a_i) \rangle dx = \int_{\partial B_\rho(a_k)} G(x;a_k) \frac{\partial}{\partial \boldsymbol{\nu}} G(x;a_i) ds$$

が成り立つ．また，$i, \ell \neq k$ に対して

$$\begin{aligned}
(6.26) \quad & \int_{B_\rho(a_k)} \langle \nabla G(x;a_i), \nabla G(x;a_\ell) \rangle dx \\
&= \int_{\partial B_\rho(a_k)} G(x;a_i) \frac{\partial}{\partial \boldsymbol{\nu}} G(x;a_\ell) ds
\end{aligned}$$

である．(6.24),(6.25)および(6.26)を(6.23)に適用し(6.22)を加えれば(6.20)を得る． ∎

この節の最後に命題6.4を証明する．

［命題6.4の証明］　まず

6.2 特異点をもつ調和写像とそのエネルギー

$$|\nabla \boldsymbol{u}_h|^2 = \sum_{1 \leq i, \ell \leq m} d_i d_\ell \langle \nabla G(x; a_i), \nabla G(x; a_\ell) \rangle$$

を思い出す．$a_j = (a_{j_1}, a_{j_2})$ とする．a_{j_1} に関する偏微分を計算すると

(6.27)
$$\frac{\partial}{\partial a_{j_1}} |\nabla \boldsymbol{u}_h|^2 = 2 \left\langle \nabla \frac{\partial}{\partial a_{j_1}} G(x; a_j), \nabla G(x; a_j) \right\rangle$$
$$+ 2 \sum_{\ell \neq j} d_j d_\ell \left\langle \nabla \frac{\partial}{\partial a_{j_1}} G(x; a_j), \nabla G(x; a_\ell) \right\rangle$$

が得られる．$\Omega(\rho)$ での積分について補題 6.5 と同様にグリーンの公式を使った計算をする．

$$\frac{\partial}{\partial a_j} G(x; a_j) = 0 \quad (x \in \partial \Omega)$$

に注意すると

(6.28)
$$\frac{1}{2} \int_{\Omega_\rho} \frac{\partial}{\partial a_{j_1}} |\nabla \boldsymbol{u}_h|^2 dx$$
$$= -\sum_{k=1}^{m} \int_{\partial B_\rho(a_k)} \frac{\partial}{\partial a_{j_1}} G(x; a_j) \frac{\partial}{\partial \boldsymbol{\nu}} G(x; a_j) ds$$
$$- \sum_{\ell \neq j} d_j d_\ell \sum_{k=1}^{m} \int_{\partial B_\rho(a_k)} \frac{\partial}{\partial a_{j_1}} G(x; a_j) \frac{\partial}{\partial \boldsymbol{\nu}} G(x; a_\ell) ds$$

を得る（この式の $\boldsymbol{\nu}$ も領域 $B_\rho(a_k)$ の境界上の外向き法線ベクトルである）．また，

$$\int_{\partial B_\rho(a_j)} \frac{\partial}{\partial a_{j_1}} \log |x - a_j| \frac{\partial}{\partial \boldsymbol{\nu}} \log |x - a_j| ds = -\int_0^{2\pi} \frac{\cos \theta}{\rho} d\theta = 0$$

だから，(6.28) は

(6.29)
$$\frac{1}{2} \int_{\Omega_\rho} \frac{\partial}{\partial a_{j_1}} |\nabla \boldsymbol{u}_h|^2 dx$$
$$= -\int_{\partial B_\rho(a_j)} \left\{ \frac{\partial}{\partial a_{j_1}} \log |x - a_j| \frac{\partial}{\partial \boldsymbol{\nu}} S(x; a_j) \right.$$
$$\left. + \frac{\partial}{\partial a_{j_1}} S(x; a_j) \frac{\partial}{\partial \boldsymbol{\nu}} G(x; a_j) \right\} ds$$
$$- \sum_{k \neq j} \int_{\partial B_\rho(a_k)} \frac{\partial}{\partial a_{j_1}} G(x; a_j) \frac{\partial}{\partial \boldsymbol{\nu}} G(x; a_j) ds$$

$$-\sum_{k=1}^{m}\sum_{\ell\neq j}d_j d_\ell \int_{\partial B_\rho(a_k)} \frac{\partial}{\partial a_{j_1}}G(x;a_j)\frac{\partial}{\partial \boldsymbol{\nu}}G(x;a_\ell)ds$$

となる．

同様にして

$$\int_{B_\rho(a_j)} \left\langle \nabla \log|x-a_j|, \nabla\frac{\partial}{\partial a_{j_1}}S(x;a_j) \right\rangle dx$$
$$= \int_{\partial B_\rho(a_j)} \frac{\partial}{\partial \boldsymbol{\nu}}\log|x-a_j|\frac{\partial}{\partial a_{j_1}}S(x;a_j)ds - 2\pi\frac{\partial}{\partial a_{j_1}}S(x;a_j)_{|x=a_j}$$

等の計算を使うと

(6.30)
$$\frac{1}{2}\int_{B_\rho(a_j)} \frac{\partial}{\partial a_{j_1}}\left\{|\nabla \boldsymbol{u}_h|^2 - \frac{1}{|x-a_j|^2}\right\}dx$$
$$= -2\pi\frac{\partial}{\partial a_{j_1}}S(x;a_j)_{|x=a_j}$$
$$+\int_{\partial B_\rho(a_j)} \left\{\frac{\partial}{\partial a_{j_1}}\log|x-a_j|\frac{\partial}{\partial \boldsymbol{\nu}}S(x;a_j)\right.$$
$$\left.+\frac{\partial}{\partial a_{j_1}}S(x;a_j)\frac{\partial}{\partial \boldsymbol{\nu}}G(x;a_j)\right\}ds$$
$$+\sum_{\ell\neq j}d_j d_\ell \int_{\partial B_\rho(a_j)} \frac{\partial}{\partial a_{j_1}}G(x;a_j)\frac{\partial}{\partial \boldsymbol{\nu}}G(x;a_\ell)ds$$

と計算できる．

一方，$B_\rho(a_k)$ $(k\neq j)$ での積分については

$$\frac{\partial}{\partial a_{j_1}}\left\{|\nabla \boldsymbol{u}_h|^2 - \frac{1}{|x-a_k|^2}\right\} = \frac{\partial}{\partial a_{j_1}}|\nabla \boldsymbol{u}_h|^2$$

だから(6.27)とグリーンの公式を使って，

(6.31)
$$\frac{1}{2}\int_{B_\rho(a_k)} \frac{\partial}{\partial a_{j_1}}\left\{|\nabla \boldsymbol{u}_h|^2 - \frac{1}{|x-a_k|^2}\right\}dx$$
$$= \int_{\partial B_\rho(a_k)} \frac{\partial}{\partial a_{j_1}}G(x;a_j)\frac{\partial}{\partial \boldsymbol{\nu}}G(x;a_j)ds$$
$$+\sum_{\ell\neq j}\int_{\partial B_\rho(a_k)} d_j d_\ell \frac{\partial}{\partial a_{j_1}}G(x;a_j)\frac{\partial}{\partial \boldsymbol{\nu}}G(x;a_\ell)ds$$
$$-2\pi d_j d_k \frac{\partial}{\partial a_{j_1}}G(a_k;a_j)$$

が確かめられる．(6.30)と(6.31)から

(6.32)
$$\frac{1}{2}\sum_{k=1}^{m}\int_{B_\rho(a_k)}\frac{\partial}{\partial a_{j_1}}\left\{|\nabla \boldsymbol{u}_h|^2-\frac{1}{|x-a_k|^2}\right\}dx$$
$$=\int_{\partial B_\rho(a_j)}\left\{\frac{\partial}{\partial a_{j_1}}\log|x-a_j|\frac{\partial}{\partial \boldsymbol{\nu}}S(x;a_j)+\frac{\partial}{\partial a_{j_1}}S(x;a_j)\frac{\partial}{\partial \boldsymbol{\nu}}G(x;a_j)\right\}ds$$
$$+\sum_{k\neq j}\int_{\partial B_\rho(a_k)}\frac{\partial}{\partial a_{j_1}}G(x;a_j)\frac{\partial}{\partial \boldsymbol{\nu}}G(x;a_j)ds$$
$$+\sum_{k=1}^{m}\sum_{\ell\neq j}\int_{\partial B_\rho(a_k)}d_j d_\ell \frac{\partial}{\partial a_{j_1}}G(x;a_j)\frac{\partial}{\partial \boldsymbol{\nu}}G(x;a_\ell)ds$$
$$-2\pi\frac{\partial}{\partial a_{j_1}}S(x;a_j)_{|x=a_j}-2\pi\sum_{k\neq j}d_j d_k\frac{\partial}{\partial a_{j_1}}G(a_k;a_j)$$

が従う．一方 $W(\boldsymbol{a})$ の定義と $S(x;a)=S(a;x)$ より

$$\frac{\partial}{\partial a_{j_1}}W(\boldsymbol{a})=-\pi\frac{\partial}{\partial a_{j_1}}S(a_j;a_j)-2\pi\sum_{k\neq j}d_j d_k\frac{\partial}{\partial a_{j_1}}G(a_k;a_j)$$

だから，(6.29)と(6.32)を加えたものを比べると目的の式(6.17)の a_{j_1} で偏微分した場合を得る．a_{j_2} についても同様も全く同様の計算が使えるので命題 6.4 が成り立つ．

6.3　GL方程式における渦糸の近似解と運動法則

この節では複数の渦糸(渦点)を表す GL 方程式の近似解について考える．近似解としては前節のノイマン境界条件を満たす特異点をもつ調和写像と第 4 章で構成した対称な渦糸解を組み合わせる．すなわち，特異点を消すように渦糸解をはめ込めばよい．実際は次のように定義する．関数 $f(r)$ を第 4 章で構成した

$$\begin{cases} f''+\dfrac{f'}{r}-\dfrac{f}{r^2}+(1-f^2)f=0, \quad f>0 \quad (0<r<\infty), \\ f(0)=0, \quad \lim_{r\to\infty}f(r)=1 \end{cases}$$

を満たす解とする．ここで $f'=df/dr, f''=d^2f/dr^2$ と略記した．この $f(r)$ は単調増加で

$$f(r) = 1 - \frac{1}{2r^2} + O(1/r^4) \quad (r \to \infty),$$

$$f'(r) = \frac{1}{r^3} + O(1/r^5) \quad (r \to \infty),$$

$$f(r) = \alpha r + O(r^2) \quad (r \to 0)$$

という漸近挙動をする．ただし，α は一意に決まる正の数である（第4章では α^* とおいた）．この $f(r)$ を使うと，任意に与えられた $a \in \mathbb{R}^2$ に対して

$$\boldsymbol{u} = f(|x-a|/\varepsilon) \exp(\pm i \operatorname{Arg}(x-a))$$

は GL 方程式

$$\Delta \boldsymbol{u} + \frac{1}{\varepsilon^2}(1-|\boldsymbol{u}|^2)\boldsymbol{u} = 0 \quad (x \in \mathbb{R}^2)$$

を満たす．このとき，$f(r/\varepsilon)$ $(r=|x-a|)$ については，$R_0 > 0$ が存在して

(6.33) $\quad f\left(\dfrac{r}{\varepsilon}\right) = 1 - \dfrac{\varepsilon^2}{2r^2} + O\left(\dfrac{\varepsilon^4}{r^4}\right) \quad (r > R_0 \varepsilon),$

(6.34) $\quad f'\left(\dfrac{r}{\varepsilon}\right) = \dfrac{\varepsilon^2}{r^3} + O\left(\dfrac{\varepsilon^4}{r^5}\right) \quad (r > R_0 \varepsilon),$

(6.35) $\quad f\left(\dfrac{r}{\varepsilon}\right) = \dfrac{\alpha r}{\varepsilon} + O\left(\dfrac{r^2}{\varepsilon^2}\right) \quad (0 < r < \varepsilon/R_0)$

という漸近挙動をする．この解は，半径が ε のオーダーで中心が $x=a$ の円板内で，急激に絶対値が 0 から 1 に変化する単一の渦糸をもつ場合に相当する．

複数の渦糸を表現する関数を構成しよう．まず，次の集合を定義する．

(6.36) $\quad \Omega^m := \{\boldsymbol{a} = (a_1, \cdots, a_m) : a_j \in \Omega \ (j=1,\cdots,m)\},$

(6.37) $\quad A(\delta) := \{\boldsymbol{a} \in \Omega^m : |a_j - a_k| > \delta,\ j \neq k, \quad \operatorname{dist}(a_j, \partial \Omega) > \delta/2\}$

$\boldsymbol{a} \in A(\delta)$ に対して

(6.38)
$$\boldsymbol{u}_\varepsilon(x;\boldsymbol{a}) := U_\varepsilon(x;\boldsymbol{a}) \exp(i\Theta(x;\boldsymbol{a})),$$
$$U_\varepsilon(x;\boldsymbol{a}) := \prod_{k=1}^m f_\varepsilon^{(k)}(x), \quad f_\varepsilon^{(k)}(x) := f(|x-a_k|/\varepsilon),$$

6.3 GL 方程式における渦糸の近似解と運動法則

$$\Theta(x;\boldsymbol{a}) := \sum_{k=1}^{m} d_k(\theta_k(x)+\phi(x;a_k)), \quad \theta_k(x) := \operatorname{Arg}(x-a_k)$$

と定義すると，この関数は m 個の渦糸をもつ場合に対応する．ただし，$\phi(x;a)$ は (6.6) の解として定義された調和関数で，

$$d_k \in \{1, -1\} \quad (k = 1, 2, \cdots, m)$$

である．

ここで次のことに注意しておく．$\boldsymbol{u}_\varepsilon(\cdot\,;\boldsymbol{a})$ は Ω^m 全体で定義することができるが，近似解として意味をもつには，ある δ に対して $A(\delta)$ に制限する必要がある．また，

$$\boldsymbol{u}_\varepsilon = \prod_{k=1}^{m} f(|x-a_k|/\varepsilon)\exp(id_k \operatorname{Arg}(x-a_k))\exp(id_k\phi(x;a_k))$$

と積の形に表すことができ，$\boldsymbol{u}_\varepsilon(\cdot\,;\boldsymbol{a})$ は Ω^m から $H^1(\Omega;\mathbb{C})$ へ写像として滑らかである（各 a_k について何度でも偏微分可能である）．

さて，この関数を使うと空間 $L^2(\Omega;\mathbb{C})$ 内に有限次元の集合

$$\mathcal{M}_\varepsilon := \{\boldsymbol{u} = \boldsymbol{u}_\varepsilon(\cdot\,;\boldsymbol{a}) : \boldsymbol{a} \in A(\delta)\}$$

が定義できる．この集合は，L^2 空間において $2m$ 次元の部分多様体 (submanifold) になっている．この上の汎関数を

(6.39) $$V_\varepsilon(\boldsymbol{a}) := \mathcal{E}_\varepsilon(\boldsymbol{u}_\varepsilon(\cdot\,;\boldsymbol{a})), \quad \boldsymbol{a} \in A(\delta)$$

で定義するとその上の勾配流は

(6.40) $$\dot{\boldsymbol{a}} = -\operatorname{grad} V_\varepsilon(\boldsymbol{a}) J_\varepsilon^{-1}$$

で与えられる（$\dot{\boldsymbol{a}} := d\boldsymbol{a}/dt$）．ここで J_ε は次で定義される $2m$ 次対称行列である：

$$\left\langle \frac{\partial \boldsymbol{u}_\varepsilon}{\partial a_j}, \frac{\partial \boldsymbol{u}_\varepsilon}{\partial a_k} \right\rangle_{L^2(\Omega)} = \left(\left\langle \frac{\partial \boldsymbol{u}_\varepsilon}{\partial a_{j_i}}, \frac{\partial \boldsymbol{u}_\varepsilon}{\partial a_{k_p}} \right\rangle_{L^2(\Omega)} \right)_{1 \leqq i,p \leqq 2}$$

とおくと

$$
(6.41) \qquad J_\varepsilon := \left(\left\langle \frac{\partial \boldsymbol{u}_\varepsilon}{\partial a_j}, \frac{\partial \boldsymbol{u}_\varepsilon}{\partial a_k} \right\rangle_{L^2(\Omega)} \right)_{1 \leqq j,k \leqq m}.
$$

実際 $\mathcal{M}_\varepsilon$ の $\boldsymbol{a}$ における接ベクトルが $\partial \boldsymbol{u}(\cdot\,;\boldsymbol{a})/\partial a_{k_p}$ ($k=1,2,\cdots,m,\ p=1,2$) で与えられることに注意すると,$\mathcal{M}_\varepsilon$ 上の流れの方向はその接方向

$$
\left\langle \frac{d}{dt} \boldsymbol{u}^\varepsilon(\cdot\,;\boldsymbol{a}(t)), \frac{\partial}{\partial a_{k_p}} \boldsymbol{u}(\cdot\,;\boldsymbol{a}) \right\rangle_{L^2(\Omega)}
$$
$$
= \left\langle \sum_{j,i} \dot{a}_{j_i} \frac{\partial}{\partial a_{j_i}} \boldsymbol{u}(\cdot\,;\boldsymbol{a}), \frac{\partial}{\partial a_{k_p}} \boldsymbol{u}(\cdot\,;\boldsymbol{a}) \right\rangle_{L^2(\Omega)}
$$

で与えられる.また,(6.40)の解 $\boldsymbol{a}(t)$ について

$$
\frac{d}{dt} V_\varepsilon(\boldsymbol{a}(t)) = -\dot{\boldsymbol{a}} J_\varepsilon \dot{\boldsymbol{a}}^{\mathrm{T}}
$$

が成り立つ.J_ε が正値行列なら明らかに $V_\varepsilon(\boldsymbol{a}(t))$ は非増加である.

次の命題はこの節の主要結果である.

命題 6.7 $\boldsymbol{u}_\varepsilon(\cdot\,;\boldsymbol{a})$ ($\boldsymbol{a} \in A(\delta)$) を (6.38) で定義される関数とし,$V_\varepsilon(\boldsymbol{a})$ を (6.39) で定義される有限次元の汎関数とする.ただし,$A(\delta)$ は (6.37) で定義される.

(i) $\delta = \delta(\varepsilon)$ を

$$
(6.42) \qquad \frac{\log(1/\delta(\varepsilon))}{\log(1/\varepsilon)} = o(1)
$$

となるようにとると (6.41) の J_ε に対して

$$
(6.43) \qquad J_\varepsilon = \pi \log(1/\varepsilon) I_{2m} + o(1)
$$

が成り立つ.ここで I_{2m} は $2m$ 次元単位行列である.

(ii) $\delta = \delta(\varepsilon)$ を (6.42) を満たすようにとる.このとき十分小さいすべての ε に対して,$V_\varepsilon(\boldsymbol{a})$ の偏微分は

$$
(6.44) \qquad \frac{\partial}{\partial a_{j_p}} V_\varepsilon(\boldsymbol{a}) = \frac{\partial}{\partial a_{j_p}} W(\boldsymbol{a}) + O(\varepsilon^{4/5}/\delta(\varepsilon)^{9/5})
$$

と表される. □

注意 6.5 エネルギー $\mathcal{E}_\varepsilon(\boldsymbol{u}_\varepsilon)$ そのものについても

$$\mathcal{E}_\varepsilon(\boldsymbol{u}_\varepsilon) = m\pi\log(1/\varepsilon) + C_0 + W(\boldsymbol{a}) + O(\varepsilon^{2/3}/\delta(\varepsilon)^{4/3})$$

と書き表すことができる(C_0 はある定数)が，後の議論では使わないのでこの等式については議論しない．証明自体は (6.44) よりずっと易しい．

注意 6.6 δ を任意に小さく与えた正数として固定すると，命題 6.7(ii) の (6.44) に現れる誤差は $O(\varepsilon^{4/5})$ になる．一方，$\varepsilon\to 0$ のとき，(6.42) を満たしながら $\delta(\varepsilon)\to 0$ とするためには，たとえば，

$$(6.45) \qquad \delta(\varepsilon) = 1/\exp[\{\log(1/\varepsilon)\}^{(1-\alpha)}] \quad (0 < \alpha < 1)$$

のようにとればよい．

命題 6.7 の証明は長くなる(とくに (ii) は丹念な評価が要る)ので，付録のA.7 節で扱うことにする．

6.4 特異極限における渦糸の運動

この節では，零点(渦糸)の運動方程式 (6.40) を調べる．命題 6.7 と注意 6.6 より $\delta=\delta(\varepsilon)$ を (6.45) のようにとり，$t=s\log(1/\varepsilon)$ と変換した後，$\varepsilon\to 0$ とすると，(6.40) の解の運動は，$\log(1/\varepsilon)$ の時間スケールでは

$$\frac{d\boldsymbol{a}}{ds} = -\frac{1}{\pi}\mathrm{grad}_{\boldsymbol{a}} W(\boldsymbol{a})$$

によって近似される．ここで $\delta(\varepsilon)$ のとり方により，2 点 a_k と a_j の距離および a_k と境界との距離は任意に近くとることができる．

以下ではこの極限方程式の性質を調べる．記法の簡単化のため s をもう 1 度 t で表し，具体的に書くと

$$(6.46) \qquad \dot{a}_j(t) = \nabla S_R(a_j(t)) + 2\sum_{k\neq j} d_k d_j \nabla_x G(a_j(t), a_k(t)) \quad (1 \leqq j \leqq m).$$

ここで，$S_R(x) = S(x;x)$ を思い出そう．領域が(単位)円板の場合には対数関数を使って方程式を書き表すことができる．実際，単位円板領域のグリーン関数とロバン関数は

となり,

$$
\text{(6.47)} \quad \begin{cases} G(x\,;a) = \log|x-a| - \log(|x-a^*||a|), & a^* := a/|a|^2, \\ S_R(x) = -\log(|x-x^*||x|) = -\log(1-|x|^2) \end{cases}
$$

となり,

$$
\text{(6.48)} \quad \begin{cases} \nabla S_R(a_j) = -2\dfrac{a_j - a_j^*}{|a_j - a_j^*|^2} = \dfrac{2a_j}{1-|a_j|^2}, \\ \nabla G(a_j, a_k) = \dfrac{a_j - a_k}{|a_j - a_k|^2} - \dfrac{a_j - a_k^*}{|a_j - a_k^*|^2}. \end{cases}
$$

こうして(6.46)は

$$
\text{(6.49)} \quad \dot{a}_j = -2\frac{a_j - a_j^*}{|a_j - a_j^*|^2} + 2\sum_{k \neq j} d_j d_k \left(\frac{a_j - a_k}{|a_j - a_k|^2} - \frac{a_j - a_k^*}{|a_j - a_k^*|^2} \right).
$$

対応するエネルギー汎関数は

$$
\text{(6.50)}
$$

$$
\begin{aligned}
W(\boldsymbol{a}) &= \pi \sum_{j=1}^{m} \log |a_j - a_j^*||a_j| \\
&\quad -\pi \sum_{j=1}^{m} \sum_{k \neq j} d_k d_j \{\log|a_j - a_k| - \log|a_j - a_k^*||a_k|\} \\
&= -\pi \sum_{j=1}^{m} \sum_{k \neq j} d_k d_j \log|a_j - a_k| + \pi \sum_{j=1}^{m} \sum_{k=1}^{m} d_j d_k \log|a_j - a_k^*||a_k|
\end{aligned}
$$

と書き表される.$m=1$ の場合は

$$
\text{(6.51)} \quad \dot{a} = -2\frac{a - a^*}{|a - a^*|^2} = \frac{2a}{1-|a|^2} \quad (|a| < 1)
$$

である.

命題 6.8 単位円板 $D := \{x \in \mathbb{R}^2 : |x| < 1\}$ に対して領域

$$
\tilde{D}^m := \{\boldsymbol{a} = (a_1, a_2, \cdots, a_m) \in D^m : a_j \neq a_k \ (j \neq k)\}
$$

を定義し,この上の $2m$ 次常微分方程式(6.49)を考える.

(ⅰ) $m=1$ の場合:(6.51)はただ 1 つの平衡点 $a=(0,0)$ をもつ.また,$a(0) \in D$, $a(0) \neq (0,0)$ を満たす解 $a(t)$ について

$$\lim_{t \to t_0 - 0} |a(t)| = 1$$

が成り立つ．ここで

(6.52) $$t_0 := \frac{1}{4}(-\log |a(0)|^2 + |a(0)|^2 - 1).$$

（ii）$m \geq 2$ かつ $d_1 = \cdots = d_m = 1$ の場合：(6.46)は $\tilde{D}^m$ に平衡点をもたない．また，$\tilde{D}^m$ に初期値をもつ解 $\boldsymbol{a}(t)$ に対して，ある成分 $a_j(t)$ とある $T > 0$ が存在して $\lim_{t \to T - 0} |a_j(t)| = 1$ となる．

（iii）$m = 2$ かつ $d_1 d_2 = -1$ の場合：(6.46)は平衡点の族

$$\{(a_1, a_2) = (P, -P) : |P| = (\sqrt{5} - 2)^{1/2}\}$$

をもつ．さらに，初期値が $a_2(0) = -a_1(0)$, $|a_j(0)| < (\sqrt{5} - 2)^{1/2}$ $(j=1,2)$ を満たす解 $(a_1(t), a_2(t))$ は

$$\lim_{t \to t_1 - 0} |a_1(t) - a_2(t)| = 0$$

を満たす．ただし，t_1 は次の式で与えられる：

(6.53) $$t_1 := A_0 \log (\sqrt{5} - 2) + B_0 \log (\sqrt{5} + 2) - C_0/2.$$

ここで

$A_0 := (5 - 2\sqrt{5})/5, \quad B_0 := (5 + 2\sqrt{5})/5,$
$C_0 := -|a_1(0)|^2 + 2A_0 \log (\sqrt{5} - 2 - |a_1(0)|^2) + 2B_0 \log (\sqrt{5} + 2 + |a_1(0)|^2).$

□

[証明]　（i）の場合：ただ1つしか平衡点 $a = (0,0)$ をもたないのは明らか．また(6.51)より

(6.54) $$\frac{1}{2}\frac{d}{dt}|a|^2 = \frac{2|a|^2}{1 - |a|^2}$$

を満たすから求積法により $X(t) := |a(t)|^2$ は

$$X(t) \exp(-X(t)) = X(0) \exp(-X(0) + 4t)$$

を満たす．これから結論はすぐに確かめられる．

(ii) の場合：まず
$$|x-a| < |x-a^*||a| \quad (|x|<1, |a|<1)$$
である．実際，両辺を 2 乗して整理すると $(1-|x|^2)(1-|a|^2)>0$ より証明できる．また，$|x|=1$ に対して $|x-a|=|x-a^*||a|$ に注意する．$\langle a,b \rangle = \mathrm{Re}(a\bar{b})$ と表す．ただし，$\mathbb{C}$ と $\mathbb{R}^2$ を同一視する．$|a| \leqq |x| < 1$ に対して

(6.55)
$$\begin{aligned}
\langle \nabla G(x;a), x \rangle &= \left(\frac{|x|^2}{|x-a|^2} - \frac{|x|^2}{|x-a^*|^2} \right) - \left(\frac{\langle a,x \rangle}{|x-a|^2} - \frac{\langle a,x \rangle}{|x-a^*|^2|a|^2} \right) \\
&\geqq |x|^2 \left(\frac{1}{|x-a|^2} - \frac{1}{|x-a^*|^2} \right) - |x|^2 \left(\frac{1}{|x-a|^2} - \frac{1}{|x-a^*|^2|a|^2} \right) \\
&\geqq \frac{|x|^2}{|x-a^*|^2}(1/|a|^2-1) > 0
\end{aligned}$$

が成り立つ．$\boldsymbol{a}(t) \in \tilde{D}^m$ である限り
$$|a_j(t)| \leqq |a_{j'}(t)| < 1 \quad (1 \leqq j \leqq m)$$
なる $j'(1 \leqq j' \leqq m)$ が存在する．このとき (6.55) により
$$\frac{1}{2}\frac{d}{dt}|a_{j'}|^2 \geqq \frac{2|a_{j'}|^2}{1-|a_{j'}|^2}$$
である．こうして $m=1$ のときの解が満たす方程式 (6.54) と比較して (ii) の主張が正しいことがわかる．

(iii) の場合：$m=2, d_1 d_2 = -1$ の場合の方程式 (6.49) を書き下すと

(6.56)
$$\begin{cases} \dfrac{1}{2}\dot{a}_1 = \dfrac{a_1}{1-|a_1|^2} - \dfrac{a_1-a_2}{|a_1-a_2|^2} + \dfrac{a_1-a_2^*}{|a_1-a_2^*|^2}, \\ \dfrac{1}{2}\dot{a}_2 = \dfrac{a_2}{1-|a_2|^2} - \dfrac{a_2-a_1}{|a_2-a_1|^2} + \dfrac{a_2-a_1^*}{|a_2-a_1^*|^2}. \end{cases}$$

$a=a_1=-a_2$ とおくと，(6.56) は単独の方程式

$$\text{(6.57)} \qquad \frac{1}{2}\dot{a} = \frac{a}{1-|a|^2} - \frac{a}{2|a|^2} + \frac{a}{1+|a|^2}$$

に帰着される．さらに $X(t)=|a(t)|^2$ は

$$\text{(6.58)} \qquad \frac{1}{2}\dot{X} = \frac{2X}{1-X} - 1 + \frac{2X}{1+X} = \frac{X^2+4X-1}{1-X^2}$$

を満たす．この方程式は正の平衡点 $X=\sqrt{5}-2$ をもち，このことから最初の結果が得られる．$X(t)\in[0,\sqrt{5}-2)$ に対して $\dot{X}<0$ を考慮して $0<X(0)<\sqrt{5}-2$ の条件のもとで (6.58) を解く．少し長くなるが，初等的な計算により，解は

$$-X + 2A\log(\sqrt{5}-2-X) + 2B\log(\sqrt{5}+2+X) = 2t + C_0$$

を満たすことがわかる．ここで C_0 は (6.53) で $|a_1(0)|^2=X(0)$ とおいたものである．$X(t_1)=0$ を解くと (6.53) の t_1 を得る．こうして証明が完了する．∎

注意 6.7 命題 6.8(iii) では異符号の渦糸が有限時間で衝突することを示したが，初期条件のとり方によっては，衝突せず境界に逃げていく．実際，(6.58) をみると，$\sqrt{5}-2<X(0)<1$ を満たす解は有限時間で $X(t)=1$ となる．このように境界に近い渦糸は境界に引き寄せられる．この現象は，ノイマン境界条件が反射壁の条件であることより，境界の外部に符号が逆の仮想的な渦糸があると理解すればよい．すなわち，境界で折り返された渦糸はその位数が逆の符号になるので，お互い引き付け合う (図 6.2 参照).

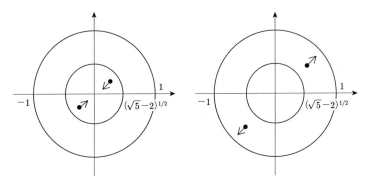

図 6.2 (6.56) の解の運動．半径 $(\sqrt{5}-2)^{1/2}$ の円内の対称な 2 点は引き合い衝突するが，外にある 2 点は境界に近づく．

さて，一般の 2 次元単連結領域 Ω において，解の運動はどうなるであろうか？ここではもっとも単純な設定である $m=1$ の場合について考察する．方程式は

$$\dot{a}(t) = \nabla S_R(a(t)) \tag{6.59}$$

と表される．この方程式は少なくとも 1 つの平衡点を常に領域内にもつが，それは常に不安定であることが次の補題から導かれる．

補題 6.9 領域 $\Omega(\subset \mathbb{R}^2)$ は滑らかな境界をもつ単連結領域とする．このとき $G(x;a)$ の正則な部分 $S(x;a)$ から定義される $S_R(x)=S(x;x)$ は

$$\begin{cases} \Delta S_R = 4\exp(2S_R) & (x \in \Omega) \\ S_R(x) \to \infty & (x \to \partial\Omega) \end{cases} \tag{6.60}$$

を満たす． □

[証明] 以下でも平面上の点を複素平面の点と同一視して扱う．
領域が単位円板の場合，

$$G(x;a) = \log|x-a| - \log|x-a^*||a| \tag{6.61}$$
$$= \log|x-a| - \log|x\bar{a}-1| \quad (|x|, |a| < 1)$$

であった．一般の単連結領域 Ω の場合，リーマンの写像定理(Riemann mapping theorem)によって Ω から D への 1:1 かつ上への等角写像 $g: D \to D$ が存在する(付録の定理 A.23)．$G(x;a)$ に $x=g(z), a=g(\zeta)$ を代入すると

$$G(g(z);g(\zeta)) = \log|g(z)-g(\zeta)| - \log|g(z)\overline{g(\zeta)}-1|$$
$$= \log|z-\zeta| + \log\frac{|g(z)-g(\zeta)|}{|z-\zeta|} - \log|g(z)\overline{g(\zeta)}-1|$$
$$= \log|z-\zeta| + \log|g'(\zeta)| - \log||g(\zeta)|^2-1| + O(|z-\zeta|).$$

よって，この右辺の第 2 項以降の正則部分において $z \to \zeta$ とし，ζ を再び z で表すと

$$S_R(x) = \log|g'(z)| - \log(1-|g(z)|^2) = \log\frac{|g'(z)|}{1-|g(z)|^2} \tag{6.62}$$

を得る．

さて，$z=x_1+ix_2$ について
$$\frac{\partial}{\partial z} = \frac{1}{2}\left(\frac{\partial}{\partial x_1}-i\frac{\partial}{\partial x_2}\right), \quad \frac{\partial}{\partial \bar{z}} = \frac{1}{2}\left(\frac{\partial}{\partial x_1}+i\frac{\partial}{\partial x_2}\right)$$

だから

(6.63)
$$\Delta = 4\frac{\partial^2}{\partial z \partial \bar{z}}$$

である．また，一般に正則な関数 $F(z)$ について
$$\frac{\partial}{\partial z}\overline{F(z)} = \frac{\partial}{\partial \bar{z}}F(z) = 0$$

が成り立つ．これは F の実部と虚部がコーシー–リーマンの関係式を満たすことから容易に確かめられる．そこで
$$\log|g'(z)| = \frac{1}{2}\{\log(g'(z))+\log(\overline{g'(z)})\}$$

に注意すると
$$\frac{\partial}{\partial z}\log|g'(z)| = \frac{1}{2}\frac{g''(z)}{g'(z)}$$

より
$$\frac{\partial^2}{\partial z \partial \bar{z}}\log|g'(z)| = 0$$

である．また，
$$-\frac{\partial^2}{\partial z \partial \bar{z}}\log(1-|g(z)|^2)$$
$$= -\frac{\partial}{\partial z}\left\{\frac{-g(z)\overline{g'(z)}}{1-|g(z)|^2}\right\}$$
$$= \frac{g'(z)\overline{g'(z)}(1-|g(z)|^2)-g(z)\overline{g'(z)}(-g'(z)\overline{g(z)})}{(1-|g(z)|^2)^2}$$
$$= \frac{|g'(z)|^2}{(1-|g(z)|^2)^2} = \exp(2S_R).$$

最後の等式は(6.62)より明らかである．(6.63)より(6.60)の方程式が得られ

(6.60) の境界での $S_R(x)$ の挙動は，$|g(z)|\to 1$ $(z\to\partial D)$ と (6.62) より従う．こうして証明が完了した． ∎

命題 6.10 単連結領域 $\Omega\subset\mathbb{R}^2$ における常微分方程式(6.59)は少なくとも 1 つ平衡点をもつ．また，任意の平衡点はすべて不安定である． □

[証明] 方程式(6.59)は $-S_R$ をエネルギー汎関数にもつ勾配系である．補題 6.9 より $-S_R(a)$ は，領域の内部に最大値をもつ．この点が平衡点を与えることは明らかである．また，すべての点で $-\Delta S_R<0$ より，任意の平衡点は不安定である． ∎

第 6 章ノート▶Ginzburg-Landau 方程式の $\varepsilon\to 0$ の極限における渦糸の運動については，Neu[133]や E[49]らが摂動展開から形式的な議論から導出した仕事がある．渦糸(零点)が $\log(1/\varepsilon)$ の逆数のオーダーの速度で動くことを数学的に厳密な議論をしたのは，Rubinstein-Sternberg[145]である．彼らは，第 1 種境界条件の場合について[18]の結果を基にして，適当な初期条件を与えると渦糸はそのオーダーで運動することを示した．しかし，その初期条件はかなり制約が強く，条件をチェックする事自体が難しい．Lin は[110, 111]において，時間発展の GL 方程式の解は，特異点をもつ調和写像に十分近い初期条件から出発すると $\log(1/\varepsilon)$ の逆数のオーダーの速度で運動すること，また，時間変数を $\log(1/\varepsilon)$ でスケール変換した後，$\varepsilon\to 0$ の極限をとると渦糸(零点)の運動法則は常微分方程式で表されることを証明した．この常微分方程式は，[18]が得た繰り込みエネルギーの勾配系に $1/\pi$ を乗じた形をしている．この結果は，また，[133]や[49]の形式的な議論を数学的に正当化する．この証明のアイデアは Lin-Xin[115]で無限領域における渦糸の運動についても応用されている．さらに[112]では変数係数やノイマン境界条件の場合の特異極限における運動方程式を導出している．ただし，ノイマン境界条件の場合についての繰り込みエネルギーの陽な形については触れていない．

Lin の研究では渦糸の位数が同符号の場合しか扱っていなかったが，Jerrard-Soner [78]では，異符号の場合も扱える手法でやはり運動方程式を導くことに成功している．これを応用して[87]では，ノイマン問題について，この章で示したように運動方程式はグリーン関数とロバン関数を使って表されることが示されている．第 4 節は[87]による．なお，ノイマン境界条件に関する繰り込みエネルギーのグリーン関数によるこのような表現は Serfaty[153]にも現れる．この応用として[152]では ε が小さい場合の単連結領域における非自明な平衡解の不安定性が証

6.4 特異極限における渦糸の運動

明されている．なお，補題 6.9 の証明は文献[141]を参考にした．

近似解(6.38)の形はいろいろな論文にみられるが，この形を使って平衡解の存在を議論した研究として，ここでは第 1 種境界条件の場合の[136]とノイマン境界条件の場合[46]をあげておこう．

この章で議論したように近似解が成す有限次元多様体の近くを運動する解は，多様体上の運動で近似できる．このアイデアは 1 次元の Allen-Cahn 方程式(実 Ginzburg-Landau 方程式と呼ばれることもある)の遷移層の運動に応用され，その運動を記述する常微分方程式が得られている([30], [50], [52], [56]などを参照)．このアイデアを[88]では GL 方程式に応用した．6.2 節，6.3 節は[88]に負う(ただし，近似解は(6.38)と少し異なる)．[88]では，近似解の成す有限次元の多様体の近くでの解の運動方程式についてもくわしく議論されているが，残念ながらその多様体から解の軌道が長時間に渡って離れないことについては証明されていない．これを示すためには，解の軌道が多様体近くでは法線方向に引き込まれる性質をもつことを証明しなければならない．そのために近似解における線形化作用素のスペクトルを調べる必要がある．第 4 章で述べた単一の渦糸解の安定性の結果[45]を応用すれば証明できることが期待される([46]も参考になる)．

ところで，零点が消滅する現象は，対応する解の形状が大きく変形するため，適当な関数で表現することは数学的に極めて難しい．このような消滅の問題を扱った研究として Bauman-Chen-Phillips-Sternberg[12]と Bethuel-Orlandi-Smets[19]をあげておく．とくに後者と[20]の研究は渦糸のダイナミクスに関する新しい数学的知見を与える研究である．

7 超伝導における Ginzburg-Landau モデル I

　この章では，巨視的な超伝導現象における Ginzburg-Landau 理論の簡単な紹介と，磁場を含む GL 方程式の物理的な導出を述べる．モデル方程式は秩序パラメータと磁場のポテンシャルを連立した方程式として導かれる．外部磁場をかけたときに，その磁場の強さに対応して，マイスナー (Meissner) 状態，混合状態 (第 II 種超伝導体の場合) さらに超伝導状態が壊れて常伝導体と遷移するが，これらの現象や永久電流に対応した解を数学的に特徴付けることができる．

　GL 方程式はゲージ場理論の雛形モデルとしても知られており，とくに空間 2 次元の全領域における (外部磁場をかけない) モデル方程式は古くから研究されている．この章の後半では，GL パラメータ κ がある特殊な値 $(1/\sqrt{2})$ のとき，任意に与えた有限個の点に零点をもつ解を構成する．パラメータが特殊な値をとる場合の解ではあるが，多数の渦糸 (渦点) を表現する解として興味深い．

7.1 超伝導現象と GL 理論

　まえがきでも少し触れたが，Ginzburg-Landau 方程式の由来は，1950 年の Ginzburg と Landau の超伝導に関する理論の中で用いられたモデルが出発点になっている．この節では特徴的な超伝導現象の説明と，Ginzburg-Landau 理論の導出された背景を簡単に紹介しよう．以下，Ginzburg-Landau は前章までと同様に GL と略記する．

7 超伝導における Ginzburg-Landau モデル I

超伝導現象は 20 世紀の初頭発見された有名な現象である[*1]. ある種類の金属が絶対零度に近い極低温のとき,抵抗がほとんど 0 になり外部からエネルギーの供給なしに電流が長期に渡って流れ続ける. このような抵抗零の導体の状態を超伝導状態と呼び,通常の状態は常伝導状態または正常状態と呼ばれる.

抵抗零の現象(perfect conductivity)あるいは**永久電流**(persistent current)と並んで,超伝導を特徴付ける重要な現象がある. **マイスナー効果**(Meissner effect)と呼ばれる**完全反磁性**(perfect diamagnetism)がそれである[*2]. 超伝導体に外から磁場をかけても,ある一定の強さまでは超伝導体内に侵入できない. すなわちある臨界的な磁場の強さがあって,それ以下だと磁場は侵入できず,それ以上になると侵入が始まり,超伝導状態を維持できず常伝導状態に転移してしまう. このような現象を「マイスナー効果」と呼んでいる(図 7.1).

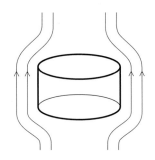

図 7.1 マイスナー効果により弱い磁場は超伝導体に侵入できない.

ところで,超伝導状態にある導体に臨界値以上の磁場をかけると,導体は磁場の侵入を許すが,このときの侵入の仕方によって,2 種類の超伝導体に分類できることが知られている. 第 I 種超伝導体と呼ばれる導体では,臨界点を越えると一挙に磁場が侵入し,常伝導状態に転移してしまう. 一方第 II 種超伝導体では臨界点を越えると磁場は徐々に侵入し始め,ついには完全に磁場の侵入を許し常伝導状態に転移する(図 7.2). この第 II 種の場合,常伝導状態と超伝導状態が混合して存在し(混合状態と呼ばれる),しかも導体に侵入した磁

[*1] 1911 年の H. Kamerlingh Onnes による発見である.
[*2] 1933 年の Meissner と Ochsenfeld による発見である.

7.1 超伝導現象と GL 理論   191

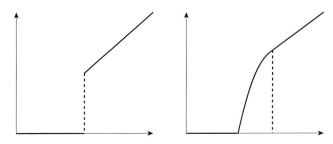

図 7.2 第 I 種(左図)と第 II 種(右図)超伝導体と臨界磁場．横軸は外部からかける磁場の強さ，縦軸は内部に侵入した磁場の量．

束は量子化された状態(量子磁束の整数倍)で存在している．実際，導体内部の常伝導状態は磁場に平行な非常に細い円柱状領域として存在しその中に量子化した磁束が侵入した状態になる．また，この常伝導領域内の磁場をとりまいて微小な環状電流が流れる．このような構造は流体の渦の周りの状況を連想させるので渦糸と呼ばれる(図 7.3)．

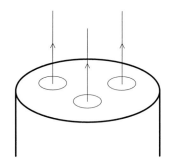

図 7.3 第 II 種超伝導体における磁束の量子化と渦糸．侵入した磁場は量子化されている．磁場の周りには微弱な超伝導電流が流れる．

Ginzburg と Landau は，相転移の起こる臨界温度付近の巨視的な超伝導現象を表現するマクロな量として秩序パラメータ Ψ を導入し，その絶対値の 2 乗 $|\Psi|^2$ が超伝導電子の密度に比例すると考えた．また，秩序パラメータは超伝導電子の波動性を反映して，波動関数の性質をもつとした．このように超伝導電子の集まりが巨視的に 1 つの波動関数として表現できるというのが彼らの理論の核であり，今日ではボース-アインシュタイン凝縮の例として理解さ

れている[*3].

GL 理論で導入された秩序パラメータと磁場のポテンシャルについてのエネルギー関数(汎関数)が GL エネルギーと呼ばれ,その第 1 変分をとって得られる方程式が GL 方程式である.観察される物理現象は,GL エネルギーを最小化する解,または,局所的に最小化する解として実現される.上で述べた超伝導現象に対応した GL 方程式の解が存在することを数学的に厳密に証明することが,数理物理の分野では重要なテーマである.

7.2 磁場の効果を入れた GL エネルギー

GL 理論における実際のモデル(GL モデル)を振り返ってみる.

f_s を超伝導体における自由エネルギー密度とし f_n を常伝導体におけるそれとする.GL 理論では臨界温度 T_c の近くでの自由エネルギー密度が次のように書き表される:

$$(7.1) \quad f_s - f_n = \alpha|\Psi|^2 + \frac{\beta}{2}|\Psi|^4 + \frac{1}{2m_s}\left|-i\hbar\nabla\Psi - \frac{e_s}{c}A\Psi\right|^2 + \frac{|H|^2}{8\pi}$$

右辺の最初の 2 項

$$(7.2) \quad \alpha|\Psi|^2 + \frac{\beta}{2}|\Psi|^4$$

はポテンシャルエネルギーに対応する[*4].係数 α は温度に依存するパラメータで超伝導状態では $\alpha<0$ である.また,β は正である.すなわち,超伝導状態では

$$|\Psi|^2 = -\frac{\alpha}{\beta}$$

[*3] 極低温の場合には,量子レベルでの超伝導理論は 1957 年に **BCS 理論**(Bardeen, Cooper, Shrieffer による)として完成している.1959 年に Gor'kov によって,BCS 理論からある種の極限として GL モデルが導かれ,物理的には GL 理論との対応もついている.また,1957 年に Abrikosov が,GL モデルを用いて第 II 種超伝導体の存在を理論的に予想し,後に実験によってその存在が確かめられた.Ginzburg と Abrikosov は,2003 年のノーベル物理学賞を受賞している.

[*4] 臨界温度近くで(空間一様な場合の)自由エネルギー密度を $|\Psi|^2$ に関して展開し,高次の項を無視して得られる.

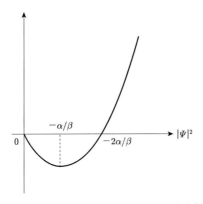

図 7.4 $\alpha<0$ の場合のポテンシャルエネルギー密度(7.2)のグラフ．縦軸はエネルギー値を表す．

がポテンシャルエネルギーを最小化する(図 7.4 参照)．このとき常伝導状態に対応する $|\Psi|=0$ はエネルギー的には不安定であることに注意しておく．量子力学における運動エネルギーに対応する

$$\frac{1}{2m_s}\left|-i\hbar\nabla\Psi-\frac{e_s}{c}A\Psi\right|^2$$

はゲージ変換

(7.3) $$\Psi \mapsto \Psi\exp\{(ie_s/\hbar c)\chi\}, \quad A \mapsto A+\nabla\chi$$

に関して不変になっている(χ は実スカラー関数)．ここで，$2\pi\hbar$ はプランク定数，c は光速，e_s は超伝導電子の電荷で m_s は超伝導電子の質量を表す[*5]．最後の項は磁場のエネルギー密度である．$H=\mathrm{curl}\,A$ だから，右辺全体としてもゲージ変換に対して不変になっている．ゲージ変換で移り合える状態は，同じ物理的状態とみることができ，それらの状態は物理的には区別されない．

なお，(7.1)は多数の物理的パラメータを含むが，幸いなことに以下のように無次元化でき，その結果 1 つの物理的パラメータに減らすことができる．まず，

[*5] 通常の電子の電荷を e，質量を m とすると，超伝導電子はクーパーペアを組んでいるので，$e_s=2e, m_s=2m$ である．

7　超伝導における Ginzburg-Landau モデル I

(7.4) $\quad H_c = \sqrt{\dfrac{4\pi\alpha^2}{\beta}}, \quad \xi = \left(-\dfrac{\hbar^2}{2m_s\alpha}\right)^{1/2}, \quad \Psi' = \sqrt{-\dfrac{\beta}{\alpha}}\Psi$

とおくと

(7.5)
$$f_s - f_n = \dfrac{H_c^2}{4\pi}\left\{-|\Psi'|^2 + \dfrac{1}{2}|\Psi'|^4 + \xi^2\left|-i\nabla\Psi' - \dfrac{e_s}{\hbar c}A\Psi'\right|^2 + \dfrac{\beta}{8\pi\alpha^2}|H|^2\right\}$$

と書ける．磁場とベクトルポテンシャルの関係から

$$H = \operatorname{curl} A$$

であり

(7.6) $\quad \lambda = \left(-\dfrac{\beta m_s c^2}{4\pi\alpha e_s^2}\right)^{1/2}, \quad A' = \lambda(e_s/\hbar c)A$

とおくと，(7.5)の右辺は

$$-|\Psi'|^2 + \dfrac{1}{2}|\Psi'|^4 + \xi^2\left|-i\nabla\Psi' - \dfrac{1}{\lambda}A'\Psi'\right|^2 + \xi^2|\operatorname{curl} A'|^2$$

となる．空間変数を $x' = x/\lambda$ とスケーリングすると，$\operatorname{curl} A' = (1/\lambda)\operatorname{curl} A'$ だから，変換した後，これらの $'$ と Ψ の $'$ を省略して

$$f_s - f_n = \dfrac{H_c^2}{4\pi}\dfrac{\xi^2}{\lambda^2}\left\{\dfrac{\lambda^2}{\xi^2}\left(-|\Psi|^2 + \dfrac{1}{2}|\Psi|^4\right) + |-i\nabla\Psi - A\Psi|^2 + |\operatorname{curl} A|^2\right\}$$

を得る．そこで

$$f = \dfrac{4\pi}{H_c^2}\dfrac{\lambda^2}{\xi^2}(f_s - f_n + H_c^2/8\pi)$$

とおけば，最終的に

(7.7) $\quad f = \dfrac{1}{2}\kappa^2(1-|\Psi|^2)^2 + |\nabla\Psi - iA\Psi|^2 + |\operatorname{curl} A|^2$

と無次元化することができる．ここで

(7.8) $$\kappa = \frac{\lambda}{\xi}$$

とおいた．パラメータ ξ は，**コヒーレンスの長さ**(coherence length)，λ はロンドン(London)の**侵入長**(penetration length)，κ は **GL パラメータ**と呼ばれ，それぞれ物理的に意味のあるパラメータである．

(7.7)は，外部から磁場をかけていない場合のエネルギーの式であるが，外部磁場 H_{ex} をかける場合は，(7.1)の右辺の項に

$$-\frac{\langle H, H_{ex}\rangle}{4\pi}$$

を加えなければならない．この場合も無次元化と外部磁場のエネルギーを付け加えることによって最終的に

(7.9) $$f_a = \frac{1}{2}\kappa^2(1-|\Psi|^2)^2+|\nabla\Psi-iA\Psi|^2+|\operatorname{curl} A-H_{ex}|^2$$

と書ける(ただし，H_{ex} 自体はもとの H_{ex} と定数倍異なる)．

いずれの場合も，無次元化されたゲージ変換

(7.10) $$\Psi \mapsto \Psi\exp(i\chi), \quad A \mapsto A+\nabla\chi$$

に対して不変，すなわち

(7.11)
$$f(\Psi, A) = f(\Psi\exp(i\chi), A+\nabla\chi), \quad f_a(\Psi, A) = f_a(\Psi\exp(i\chi), A+\nabla\chi)$$

が成り立つ．ここで，χ は滑らかな任意の実数値関数で $\operatorname{curl}\nabla\chi=0$ をみたす．

このエネルギー密度を超伝導体に対応する領域で積分すれば GL エネルギーが得られる．次節では，領域の例を 2, 3 あげてその場合の GL 方程式を導くことにする．

7.3 磁場の効果を入れた GL 方程式

この節では，次の 2 つの設定で GL 方程式を導くことにする．

(1) 超伝導体として有界な領域 $\Omega \subset \mathbb{R}^3$ を考え,超伝導体の外側は真空のような絶縁体で囲まれている場合.
(2) 平面に垂直な方向に無限に延びるシリンダー状の領域において,平面に平行な 2 次元の切り口が一様な場合.

まず,(1)の場合を考える.(7.7)の場合の無次元化された全自由エネルギー $\mathcal{G} = \mathcal{G}(\Psi, A)$ は

$$(7.12) \quad \mathcal{G} := \int_\Omega \left\{ \frac{1}{2} |\nabla \Psi - iA\Psi|^2 + \frac{\kappa^2}{4}(1-|\Psi|^2)^2 \right\} dx + \frac{1}{2} \int_{\mathbb{R}^3} |\mathrm{curl}\, A|^2 dx$$

と考えてよい.ただし,後の計算の便宜上全体に 1/2 を乗じた.このモデルでは,磁場は全空間に広がっていると仮定し,磁場のエネルギーを全空間で積分している.(7.12)の第 1 変分をとると

$$(7.13) \quad \frac{d}{d\varepsilon} \mathcal{G}(\Psi + \varepsilon\Phi, A + \varepsilon B)_{|\varepsilon=0}$$
$$= \mathrm{Re} \int_\Omega \left\{ \langle (\nabla - iA)\Psi, (\nabla + iA)\overline{\Phi} \rangle \right.$$
$$\left. + \langle (\nabla\Psi - iA\Psi), iB\overline{\Psi} \rangle + \kappa^2(1-|\Psi|^2)\Psi\overline{\Phi} \right\} dx$$
$$+ \int_{\mathbb{R}^3} \langle \mathrm{curl}\, A, \mathrm{curl}\, B \rangle dx.$$

右辺の各項を計算する.

$$\int_\Omega \langle (\nabla - iA)\Psi, (\nabla + iA)\overline{\Phi} \rangle dx$$
$$= \int_{\partial\Omega} \left\{ \frac{\partial \Psi}{\partial \boldsymbol{\nu}} \overline{\Phi} - i\langle A, \boldsymbol{\nu}\rangle (\Psi\overline{\Phi}) \right\} dS$$
$$\quad - \int_\Omega \{\Delta\Psi - i\, \mathrm{div}\,(A\Psi)\} \overline{\Phi} dx + \int_\Omega (i\langle \nabla\Psi, A \rangle + |A|^2 \Psi) \overline{\Phi} dx$$
$$= \int_{\partial\Omega} \left\{ \frac{\partial \Psi}{\partial \boldsymbol{\nu}} - i\langle A, \boldsymbol{\nu}\rangle \Psi \right\} \overline{\Phi} dS$$
$$\quad - \int_\Omega (\Delta\Psi - i\, \mathrm{div}\,(A\Psi) - i\langle \nabla\Psi, A \rangle - |A|^2 \Psi) \overline{\Phi} dx,$$
$$\int_\Omega \langle i(\nabla\Psi - iA\Psi), B\overline{\Psi} \rangle dx = \int_\Omega \langle i\overline{\Psi}\nabla\Psi + A|\Psi|^2, B \rangle dx,$$
$$\int_{\mathbb{R}^3} \langle \mathrm{curl}\, A, \mathrm{curl}\, B \rangle dx = \int_{\mathbb{R}^3} \langle \mathrm{curl}^2 A, B \rangle dx$$

($\mathrm{curl}\, A$ は無限遠方で 0 になることを仮定している).Φ と B は任意であるこ

7.3 磁場の効果を入れた GL 方程式

とから,上のエネルギー(7.12)の臨界点を与えるオイラー–ラグランジュ方程式としてつぎの GL 方程式を得る.

$$(7.14) \quad \begin{cases} (\nabla-iA)^2\Psi+\kappa^2(1-|\Psi|^2)\Psi = 0 & (x \in \Omega), \\ \dfrac{\partial \Psi}{\partial \boldsymbol{\nu}} = i\langle A, \boldsymbol{\nu}\rangle\Psi & (x \in \partial\Omega), \\ \mathrm{curl}^2 A + \{-(\overline{\Psi}\nabla\Psi - \Psi\nabla\overline{\Psi})/2i + A|\Psi|^2\}\Lambda_\Omega = 0 & (x \in \mathbb{R}^3) \end{cases}$$

ただし,Λ_Ω は Ω の特性関数,すなわち

$$\Lambda_\Omega(x) = 1 \quad (x \in \Omega), \quad \Lambda_\Omega(x) = 0 \quad (x \in \mathbb{R}^3\setminus\Omega)$$

である.また

$$\begin{aligned}(\nabla-iA)^2\Psi &= (\nabla-iA)\cdot(\nabla\Psi-iA\Psi) \\ &= \Delta\Psi - i\langle A, \nabla\Psi\rangle - i\,\mathrm{div}\,(A\Psi) - |A|^2\Psi\end{aligned}$$

に注意しておく.

この方程式はゲージ変換(7.10)に関して不変なので,都合のよいゲージとして

$$(7.15) \quad \mathrm{div} A = 0$$

を満たすようにとってよい.$\mathrm{curl}^2 A = \nabla\,\mathrm{div}\,A - \Delta A$ だから,(7.14)は

$$(7.16) \quad \begin{cases} \Delta\Psi - 2iA\cdot\nabla\Psi - |A|^2\Psi + \kappa^2(1-|\Psi|^2)\Psi = 0 & (x \in \Omega), \\ \dfrac{\partial \Psi}{\partial \boldsymbol{\nu}} = i\langle A, \boldsymbol{\nu}\rangle\Psi & (x \in \partial\Omega), \\ \Delta A + \{(\overline{\Psi}\nabla\Psi - \Psi\nabla\overline{\Psi})/2i - A|\Psi|^2\}\Lambda_\Omega = 0 & (x \in \mathbb{R}^3) \end{cases}$$

と書ける[*6].

注意 7.1 方程式(7.14)および(7.16)において,磁場の効果が十分小さいと仮定して,エネルギーの式(7.12)で近似として $A=0$ とおき,変分をとれば,単純化された GL 方程式(1.2)を得る.ただし,$\lambda=\kappa^2$ とおいている.この λ は前節で述べたロンドンの侵入長の λ とは無関係である.

[*6] ゲージを(7.15)で固定した方程式(7.16)の解が 1 つ得られれば,それにゲージ変換を施して解の集合(無限次元の解の連続体)が得られる.

ところで記法 $D_A=\nabla-iA$ を使うと，GL 方程式は

(7.17)
$$\begin{cases} D_A^2\Psi+\kappa^2(1-|\Psi|^2)\Psi = 0 & (x \in \Omega), \\ \langle D_A\Psi, \boldsymbol{\nu}\rangle = 0 & (x \in \partial\Omega), \\ \operatorname{curl}^2 A = \{\operatorname{Im}(\overline{\Psi}D_A\Psi)\}\Lambda_\Omega & (x \in \mathbb{R}^3) \end{cases}$$

と簡潔に表せる．

外部磁場がある場合の GL 方程式も，物理的な要請から $\operatorname{curl} H_{ex}=0$ を仮定すると同じ方程式(7.14)を得るが，無限遠での条件として

$$\operatorname{curl} A - H_{ex} \to 0 \quad (|x| \to \infty)$$

が課される．

つぎに(2)の場合を考える．鉛直方向に無限に延びる柱状の領域において鉛直方向は一様と仮定し，外部磁場は柱状領域に平行に $H_{ex}=(0,0,h)$ と与えられているとする．このとき，磁場はこの柱状領域内に制限してよいであろう．水平方向の切り口の領域を $D\subset\mathbb{R}^2$ とすると2次元の GL エネルギー

(7.18)
$$\mathcal{G}_D(\Psi, A) := \int_D \left\{ \frac{1}{2}|D_A\Psi|^2 + \frac{\kappa^2}{4}(1-|\Psi|^2)^2 + \frac{1}{2}|\operatorname{curl} A - H_{ex}|^2 \right\} dx'$$

を考えることができる．ただし，$x'=(x_1,x_2)$, $\Psi=\Psi(x')$ で

$$A = (A_1(x'), A_2(x'), 0), \quad \operatorname{curl} A = \left(0, 0, \frac{\partial A_2}{\partial x_1} - \frac{\partial A_1}{\partial x_2}\right)$$

となる．そこで $A=(A',0)$, $\boldsymbol{\nu}=(\boldsymbol{\nu}',0)$ および

$$\operatorname{curl}' A' = \frac{\partial A_2}{\partial x_1} - \frac{\partial A_1}{\partial x_2}, \quad D_{A'} = \nabla' - iA' = (\partial/\partial x_1, \partial/\partial x_2) - iA',$$
$$\operatorname{curl}' g = \left(\frac{\partial g}{\partial x_2}, -\frac{\partial g}{\partial x_1}\right) \quad (g: スカラー関数)$$

とおく．グリーンの公式を適用すると

$$\int_D \langle \mathrm{curl}\, A - H_{ex}, \mathrm{curl}\, B\rangle dx'$$
$$= \int_D (\mathrm{curl}' A' - h)\, \mathrm{curl}' B' dx'$$
$$= \int_{\partial D} \langle (\mathrm{curl}' A' - h) B', \boldsymbol{\nu}'^{\perp}\rangle ds + \int_D \langle \mathrm{curl}' \mathrm{curl}' A', B'\rangle dx'$$

だから，ゲージとして

$$\mathrm{div}' A' = \frac{\partial A_1}{\partial x_1} + \frac{\partial A_2}{\partial x_2} = 0 \quad (x \in D), \quad \langle A', \boldsymbol{\nu}'\rangle = 0 \quad (x \in \partial D)$$

ととると，2次元領域 D 上の GL 方程式

$$(7.19)\quad \begin{cases} D_{A'}^2 \Psi + \kappa^2(1-|\Psi|^2)\Psi = 0 & (x' \in D), \\ -\nabla'^2 A' = \mathrm{Im}\,(\overline{\Psi} D_{A'}\Psi) & (x' \in D), \\ \partial \Psi/\partial \boldsymbol{\nu}' = 0 & (x' \in \partial D), \\ \mathrm{curl}' A' = h & (x' \in \partial D) \end{cases}$$

が得られる．

7.4 超伝導現象に対応する特徴的な GL 方程式の解

外部磁場の無い GL 方程式(7.14)を用いて現象に対応する特徴的な解について考えてみる．秩序パラメータ Ψ の絶対値の 2 乗は，超伝導電子の密度を表すから，$|\Psi|=1$ では完全な超伝導状態，$\Psi=0$ は常伝導状態に対応する．よって，第 2 種超伝導体の渦糸が存在する超伝導状態に常伝導体が混合した状態は，Ψ が零点をもつ場合に対応する．そこで，この零点(あるいは零点集合)自体を，しばしば渦糸と呼ぶ．また，マクスウェル(Maxwell)方程式によると，磁場のベクトルポテンシャル A と電流 $\boldsymbol{j}$ は

$$\mathrm{curl}^2 A = \frac{4\pi}{c} \boldsymbol{j}$$

と関係づけられる．いまの場合，無次元化しているので，$\mathrm{curl}^2 A = \boldsymbol{j}$ と思ってよい．すなわち，(7.17)の A に関する方程式の右辺を Ω に制限すると

(7.20) $$\boldsymbol{j} = \mathrm{Im}\,(\overline{\Psi}D_A\Psi) = \frac{1}{2i}(\overline{\Psi}\nabla\Psi - \Psi\nabla\overline{\Psi}) - A|\Psi|^2$$

である．

方程式(7.14)は，定数解 $(\Psi, A) = (e^{ic}, 0)$ (c:任意の実数)をもち，エネルギー(7.12)を最小化する．このとき，(7.20)から，$\boldsymbol{j}=0$ であるから，もっとも物理的に実現しやすい安定解は永久電流を発生しない完全なマイスナー効果を示す超伝導状態であることがわかる．

それでは，永久電流はどのように実現されるであろうか？ リング状のような領域では，混合状態を考える必要はないので至るところで $|\Psi|>0$ なる条件を課す．$\Psi = |\Psi(x)|\,e^{i\theta(x)}$ という形に解を書いたとき，超伝導電流が存在する条件は $\nabla\theta \not\equiv 0$ で特徴付けられる．実際，

$$\boldsymbol{j}(x) = |\Psi(x)|^2 \nabla\theta - A(x)|\Psi(x)|^2 = |\Psi(x)|^2(\nabla\theta - A) \quad (x \in \Omega)$$

だから，$\nabla\theta \equiv 0$ のとき $\boldsymbol{j} \equiv 0$ となることは以下のように確かめられる．$\mathrm{div}\,A = 0$ というゲージをとると $\nabla\theta \equiv 0$ の場合は A の方程式は

$$\Delta A = |\Psi(x)|^2 A \quad (x \in \Omega).$$

よって

$$\int_\Omega \langle A, \Delta A \rangle = \int_{\partial\Omega} \left\langle A, \frac{\partial}{\partial \boldsymbol{\nu}} A \right\rangle dS - \int_\Omega |\nabla A|^2 dx = \int_\Omega |\Psi|^2 |A|^2 dx.$$

一方，

$$0 = \int_{\mathbb{R}^3 \setminus \Omega} \langle A, \Delta A \rangle = -\int_{\partial\Omega} \left\langle A, \frac{\partial}{\partial \boldsymbol{\nu}} A \right\rangle dS - \int_{\mathbb{R}^3 \setminus \Omega} |\nabla A|^2 dx.$$

2つの式を合わせて

$$\int_{\mathbb{R}^3} |\nabla A|^2 dx + \int_\Omega |\Psi|^2 |A|^2 dx = 0.$$

$|\Psi|>0$ より $|A|^2 \equiv 0$．よって $\boldsymbol{j} \equiv 0$ である．また，(7.14)の第1の方程式より

$$(\nabla - iA)(\nabla|\Psi| + i|\Psi|\nabla\theta - i|\Psi|A)\,e^{i\theta} + \frac{\kappa^2}{2}(1 - |\Psi|^2)|\Psi|\,e^{i\theta} = 0.$$

$\nabla\theta \equiv 0,\ A \equiv 0$ なら，

7.4 超伝導現象に対応する特徴的な GL 方程式の解

$$\Delta|\Psi| + \frac{\kappa^2}{2}(1-|\Psi|^2)|\Psi| = 0$$

だから，最大値原理を用いると $|\Psi|>0$ となる解は $|\Psi|\equiv 1$ しか存在しない．結局ゲージ不変性を除くと一意に解 $(\Psi, A)=(e^{ic}, 0)$ が決まる．

一方，$\nabla\theta \not\equiv 0$ でかつ $\boldsymbol{j}=0$ とすると，

$$\Delta A = 0 \quad (x \in \mathbb{R}^3), \quad \nabla\theta \equiv A \quad (x \in \Omega)$$

が満たされ，最初の方程式より $A\equiv 0$ となり矛盾する．よって，永久電流を表す解は，Ψ が零点をもたない場合には，$\nabla\theta \not\equiv 0$ を満たす解として特徴付けられる．

注意 7.2 上の議論では，Ψ が零点をもつ場合を考慮していない．実際，外部磁場がなくても零点をもつ安定解は存在しうる．この場合は，渦糸の周りを微弱な永久電流が流れていると考えることができる．

外部磁場がない場合の自明解 $(\Psi, A)=(e^{ic}, 0)$ はマイスナー状態に対応する解 (以下ではマイスナー解と呼ぶことにする) であることを述べたが，それほど強くない外部磁場に対してもマイスナー状態に対応する解が存在すると期待できる．一般にマイスナー解は $|\Psi(x)|>0$ $(x\in\Omega)$ を満たし $\Psi(x)/|\Psi(x)|$ が Ω から単位円への写像として，定数値写像とホモトピー同値な解として特徴付けることができる．領域が 2 次元や 3 次元の単連結領域の場合には $|\Psi(x)|>0$ $(x\in\Omega)$ とすると，$\Psi(x)=|\Psi(x)|\exp(i\theta(x))$ と表せるから，$\theta(x)$ の方程式に最大値原理を適用して $\theta(x)$ の有界性が示される．よって，このような領域では $\Psi(x)/|\Psi(x)|$ が定数値写像にホモトピー同値になっている．

外部磁場が無い場合のマイスナー解は明らかに (7.12) のエネルギー $\mathcal{G}$ を最小化する．外部磁場を加えると，マイスナー解は定数でなくなるが，磁場が強くなければやはりエネルギーを最小化することが期待できる．マイスナー解が GL 汎関数の最小化解となるような外部磁場の範囲を決定することは数理物理的に重要な問題である．簡単のため 2 次元の有界領域 D における GL エネルギー (7.18) を考えると ($H_{\mathrm{ex}}=(0,0,h)$)，このような外部磁場の臨界値は

(7.21) $\quad H_{c_1} := \sup\{h \geqq 0 : \text{マイスナー解が } \mathcal{G}_D \text{ の最小化解になる } h\}$

として定義される．

一方，強い磁場の場合には，物理的には超伝導状態が壊れ常伝導状態に相転移する．$\mathcal{G}_D$ の場合には

$$\operatorname{curl} A_0 = h$$

となる A_0 を用いると常伝導状態に対応する解は $(\Psi, A)=(0, A_0)$ である．こうして，常伝導状態と超伝導状態の境界磁場は，常伝導の解がエネルギーを最小にする最小の臨界磁場として定義される．

第 II 種超伝導体では，物理的安定な状態として渦糸構造が現れるが，やはりこの場合も渦糸構造をもつ解の存在のみならず，GL エネルギーを最小化する臨界磁場を決定することは数理物理の重要な問題である．

7.5 $\mathbb{R}^2$ における GL 方程式と渦糸解

超伝導理論では κ の大きさによって第 I 種超伝導体と第 II 種超伝導体を分類することができる．$\mathbb{R}^2$ における GL モデルでは $0<\kappa<1/\sqrt{2}$ のときは前者で，$\kappa>1/\sqrt{2}$ のときが後者に対応することが知られている．これは $\kappa=1/\sqrt{2}$ を境に，GL 方程式の解の構造や性質が変わることを意味している．言い換えると $\kappa=1/\sqrt{2}$ は方程式の解の構造や性質を変える臨界的な役割をしており，このような臨界的な状況では数学的に興味ある構造が現れることがある．この節では $\mathbb{R}^2$ における外部磁場を入れない GL 方程式系において $\kappa=1/\sqrt{2}$ を仮定すると，スカラーの非線形楕円型方程式に帰着され，任意の個数の渦糸をもつ解が具体的に構成できること示す．

次の GL 汎関数を考える．

(7.22)
$$\mathcal{G}(\Psi, A) := \int_{\mathbb{R}^2} \left\{ \frac{1}{2} |D_A \Psi|^2 + \frac{1}{8}(1-|\Psi|^2)^2 + \frac{1}{2} |\operatorname{curl} A|^2 \right\} dx \quad (D_A = \nabla - iA)$$

この GL 汎関数は外部磁場がなく，$\kappa=1/\sqrt{2}$ とおいた場合に相当する．以下では (Ψ, A) は

$$X := \{(\Psi, A) : \Psi \in H^1_{loc}(\mathbb{R}^2; \mathbb{C}),\, A \in L^2_{loc}(\mathbb{R}^2; \mathbb{R}^2),\, \nabla A \in L^2(\mathbb{R}^2; \mathbb{R}^2 \times \mathbb{R}^2)\}$$

を満たすクラスで考える.

(7.22)は

$$\tag{7.23} \mathcal{G} = \frac{1}{2}\int_{\mathbb{R}^2}\left\{|D_A\Psi|^2 + \left(\operatorname{curl} A - \frac{1-|\Psi|^2}{2}\right)^2 + (1-|\Psi|^2)\operatorname{curl} A\right\}dx$$

と書き換えることができる. このおかげで拘束条件

$$\tag{7.24} \int_{\mathbb{R}^2} \operatorname{curl} A\, dx = 2N\pi$$

を満たす $\mathcal{G}(\Psi, A)$ を最小化する関数はある1階の偏微分方程式系を満たす. 実際, つぎの補題が成り立つ.

補題 7.1 任意に $N \in \mathbb{N}$ が与えられたとき, 条件(7.24)のもとで, (7.22)の $\mathcal{G}(\Psi, A)$ の最小値は次の微分方程式系の解 $\Psi = \Psi_1 + i\Psi_2$, $A = (A_1, A_2)$ によって実現される.

$$\tag{7.25} \begin{cases} \dfrac{\partial \Psi_1}{\partial x_1} - \dfrac{\partial \Psi_2}{\partial x_2} + A_1\Psi_2 + A_2\Psi_1 = 0, \\[4pt] \dfrac{\partial \Psi_1}{\partial x_2} + \dfrac{\partial \Psi_2}{\partial x_1} + A_2\Psi_2 - A_1\Psi_1 = 0, \end{cases}$$

$$\tag{7.26} \frac{\partial A_2}{\partial x_1} - \frac{\partial A_1}{\partial x_2} = \frac{1}{2}(1-|\Psi|^2)$$

□

注意 7.3 $N < 0$ のときは(7.23)の代わりに

$$\mathcal{G}(\Psi, A) = \frac{1}{2}\int_{\mathbb{R}^2}\left\{|D_A\Psi|^2 + \left\{\operatorname{curl} A + \frac{1}{2}(1-|\Psi|^2)\right\}^2 - (1-|\Psi|^2)\operatorname{curl} A\right\}dx$$

と書き直し, (7.25)と(7.26)の A_1, A_2 を $-A_1, -A_2$ とすればよい. この場合も以下の議論を少し修正すればよいので $N \in \mathbb{N}$ のときのみを扱うことにする.

補題7.1を証明する前に, もう少し考察を進めて, 適当な変換によって特異性をもったスカラーの非線形楕円型方程式に帰着できることを示す. 記法を簡単にするため $\partial_{x_j} = \partial/\partial x_j$ と書く. また,

204   7 超伝導における Ginzburg-Landau モデル I

$$(7.27) \quad \partial_x := \frac{1}{2}(\partial_{x_1}-i\partial_{x_2}), \quad \partial_{\overline{x}} := \frac{1}{2}(\partial_{x_1}+i\partial_{x_2}),$$

$$(7.28) \quad \Phi := \frac{1}{2}(A_1-iA_2)$$

とおく．この記法を用いると (7.25) は

$$\partial_{\overline{x}}\Psi = i\overline{\Phi}\Psi$$

と表すことができる．よってこの式の複素共役をとり

$$i\partial_x \overline{\Psi}/\overline{\Psi} = i\partial_x \log(\overline{\Psi}) = \Phi$$

と変形する．$|\Psi|=\exp(w/2)$, Arg $\Psi=\Theta/2$ とおく．すなわち，変換

$$\Psi = \exp\{(w+i\Theta)/2\}$$

を導入すると

$$(7.29) \quad \begin{aligned}\Phi &= \frac{1}{2}i\partial_x(w-i\Theta) \\ &= \frac{1}{4}(\partial_{x_2}w+\partial_{x_1}\Theta)+\frac{i}{4}(\partial_{x_1}w-\partial_{x_2}\Theta)\end{aligned}$$

を得る．Φ の定義 (7.28) と (7.29) を用いると

$$A_1 = \frac{1}{2}(\partial_{x_2}w+\partial_{x_1}\Theta), \quad A_2 = -\frac{1}{2}(\partial_{x_1}w-\partial_{x_2}\Theta)$$

を得る．この式を (7.26) に代入して (A_1,A_2) を消去すると w に関する方程式

$$-\Delta w+\exp w-1 = -\nabla^{\perp}\cdot\nabla\Theta$$

が得られる．ここで $|\Psi|^2=\exp w$ および $\nabla^{\perp}=(-\partial_{x_2},\partial_{x_1})$ である．そこで，任意に与えられた m 個の点 $\{x^{(1)},x^{(2)},\cdots,x^{(m)}\}$ に対し，

$$(7.30) \quad \Theta(x) = 2\sum_{k=1}^{m} d_k \operatorname{Arg}(x-x^{(k)}), \quad \sum_{k=1}^{m} d_k = N \quad (d_k \in \mathbb{N})$$

とおけば $\nabla\operatorname{Arg}(x-x^{(k)})=(\nabla\log|x-x^{(k)}|)^{\perp}$ より w だけの閉じた方程式

$$
\text{(7.31)} \qquad -\Delta w + \exp w - 1 = -4\pi \sum_{k=1}^{m} d_k \delta_k \quad (x \in \mathbb{R}^2),
$$

$$
\text{(7.32)} \qquad \lim_{|x| \to \infty} |w(x)| = 0
$$

が導かれる.ここで δ_k は $x=x^{(k)}$ に特異点をもつデルタ関数である.無限遠方での条件は $\lim_{|x| \to \infty} |\Psi(x)|=1$ に対応した条件であることに注意しておく.

上の計算を逆にたどれば,次の補題が成り立つことが容易にわかる.

補題 7.2 $\mathbb{R}^2$ に m 個の任意の点 $\{x^{(k)}\}_{k=1,\cdots,m}$ を選ぶ.さらに, d_k ($k=1, 2, \cdots, m$) を $\sum_{k=1}^{m} d_k = N$ となる自然数の組とする.このとき(7.31)-(7.32)を満たす $\mathbb{R}^2 \setminus \{x^{(1)}, \cdots, x^{(m)}\}$ で滑らかな解 $w=w(x)$ に対応して(7.25)-(7.26)の解 $\Psi=\Psi_1+i\Psi_2, A=(A_1, A_2)$ が以下のように与えられる.

$$
\text{(7.33)} \quad \Psi(x) = \exp\{(w(x)+i\Theta(x))/2\},
$$

$$
\text{(7.34)} \quad A_1(x) = \frac{1}{2}\left(\frac{\partial w}{\partial x_2} + \frac{\partial \Theta}{\partial x_1}\right), \quad A_2(x) = -\frac{1}{2}\left(\frac{\partial w}{\partial x_1} - \frac{\partial \Theta}{\partial x_2}\right)
$$

ここで $\Theta(x)$ は(7.30)で定義される. □

注意 7.4 (7.34)は(7.30)より

$$
\text{(7.35)} \qquad A(x) = \frac{1}{2}\nabla^\perp\left(-w(x)+2\sum_{k=1}^{m} d_k \log|x-x^{(k)}|\right)
$$

と書き表せる. $A(x)$ は特異点をもたない関数だから, $x=x^{(k)}$ の近傍では

$$
w(x) \approx 2d_k \log|x-x^{(k)}| \quad (x \approx x^{(k)})
$$

を満たす $w(x)$ を求めることになる.

補題 7.2 によって拘束条件(7.24)のもとでの GL 汎関数の最小値を与える解を求める問題は(7.31)-(7.32)を解くことに帰着された.もちろん(7.22)に対応する GL 方程式系から(7.31)-(7.32)を導くことはそれほど難しくないが,補題 7.1 のような結論を導くことは容易ではない.

この節の残りでは補題 7.1 の証明を与える.

[補題 7.1 の証明] まず部分積分により

206   7 超伝導における Ginzburg-Landau モデル I

(7.36) $\quad \int_{\mathbb{R}^2} |\Psi|^2 \operatorname{curl} A \, dx$
$$= \int_{\mathbb{R}^2} (\Psi_1^2 + \Psi_2^2)(\partial_{x_1} A_2 - \partial_{x_2} A_1) dx$$
$$= -2 \int_{\mathbb{R}^2} [(\Psi_1 \partial_{x_1} \Psi_1 + \Psi_2 \partial_{x_1} \Psi_2) A_2 - (\Psi_1 \partial_{x_2} \Psi_1 + \Psi_2 \partial_{x_2} \Psi_2) A_1] dx$$
$$= -2 \int_{\mathbb{R}^2} [A_2 \Psi_1 \partial_{x_1} \Psi_1 + A_2 \Psi_2 \partial_{x_1} \Psi_2 - A_1 \Psi_1 \partial_{x_2} \Psi_1 - A_1 \Psi_2 \partial_{x_2} \Psi_2] dx$$

また,
$$|D_A \Psi|^2 = |\nabla \Psi|^2 + |A|^2 |\Psi|^2 + 2 \operatorname{Im} \langle \Psi A, \nabla \overline{\Psi} \rangle,$$
$$\operatorname{Im} \langle \Psi A, \nabla \overline{\Psi} \rangle = A_1 \Psi_2 \partial_{x_1} \Psi_1 + A_2 \Psi_2 \partial_{x_2} \Psi_1 - A_1 \Psi_1 \partial_{x_1} \Psi_2 - A_2 \Psi_1 \partial_{x_2} \Psi_2$$

に注意して (7.36) を使うと

$$\int_{\mathbb{R}^2} [|D_A \Psi|^2 - |\Psi|^2 \operatorname{curl} A] dx$$
$$= \int_{\mathbb{R}^2} [(\partial_{x_1} \Psi_1)^2 + (\partial_{x_2} \Psi_1)^2 + (\partial_{x_1} \Psi_2)^2 + (\partial_{x_2} \Psi_2)^2$$
$$\quad + A_1^2 \Psi_1^2 + A_2^2 \Psi_1^2 + A_1^2 \Psi_2^2 + A_2^2 \Psi_2^2$$
$$\quad + 2(A_2 \Psi_1 \partial_{x_1} \Psi_1 + A_2 \Psi_2 \partial_{x_1} \Psi_2 + A_1 \Psi_2 \partial_{x_1} \Psi_1 + A_2 \Psi_2 \partial_{x_2} \Psi_1$$
$$\quad - A_1 \Psi_1 \partial_{x_2} \Psi_1 - A_1 \Psi_2 \partial_{x_2} \Psi_2 - A_1 \Psi_1 \partial_{x_1} \Psi_2 - A_2 \Psi_1 \partial_{x_2} \Psi_2)] dx$$
$$= \int_{\mathbb{R}^2} [\{(\partial_{x_1} \Psi_1 + A_1 \Psi_2) - (\partial_{x_2} \Psi_2 - A_2 \Psi_1)\}^2$$
$$\quad + \{(\partial_{x_2} \Psi_1 + A_2 \Psi_2) + (\partial_{x_1} \Psi_2 - A_1 \Psi_1)\}^2$$
$$\quad + 2(\partial_{x_1} \Psi_1 \partial_{x_2} \Psi_2 - \partial_{x_2} \Psi_1 \partial_{x_1} \Psi_2)] dx.$$

ここで部分積分により

$$\int_{\mathbb{R}^2} (\partial_{x_1} \Psi_1 \partial_{x_2} \Psi_2 - \partial_{x_2} \Psi_1 \partial_{x_1} \Psi_2) dx = \int_{\mathbb{R}^2} (-\Psi_1 \partial_{x_1} \partial_{x_2} \Psi_2 + \Psi_1 \partial_{x_1} \partial_{x_2} \Psi_2) dx = 0$$

が成り立つので, これを使うと等式

$$
\tag{7.37}
\int_{\mathbb{R}^2}[|D_A\Psi|^2-|\Psi|^2\operatorname{curl} A]dx
$$
$$
=\int_{\mathbb{R}^2}[(\partial_{x_1}\Psi_1-\partial_{x_2}\Psi_2+A_1\Psi_2+A_2\Psi_1)^2
$$
$$
+(\partial_{x_2}\Psi_1+\partial_{x_1}\Psi_2+A_2\Psi_2-A_1\Psi_1)^2]dx
$$

が得られる．この(7.37)を(7.23)に適用すると補題の結論はただちに導かれる． ■

7.6 原点に渦糸をもつ解

この節では方程式(7.31)-(7.32)において $m=1$ かつ $x^{(1)}=(0,0)$ の場合を考える．次節では一般の m 個の零点の配置をもつ解の構成を議論するが，そのときにこの節の結果が重要な役割をする．

原点に零点をもつ解として，極座標 $x=(r\cos\theta, r\sin\theta)$ を用いて

$$
\tag{7.38}
\Psi = U(r)\exp(id\theta), \quad A = \frac{V(r)}{r}(-\sin\theta,\cos\theta), \quad d\in\mathbb{N}
$$

と表せる解を求めよう．この式を(7.25)-(7.26)に代入して U, V の方程式を導く．

$$
\frac{\partial}{\partial x_1}=\cos\theta\frac{\partial}{\partial r}-\frac{\sin\theta}{r}\frac{\partial}{\partial \theta},\quad \frac{\partial}{\partial x_2}=\sin\theta\frac{\partial}{\partial r}+\frac{\cos\theta}{r}\frac{\partial}{\partial \theta}
$$

に注意すると

$$
\tag{7.39}
\begin{cases}
\dfrac{dU}{dr}=\dfrac{(d-V)U}{r},\\
\dfrac{dV}{dr}=\dfrac{r(1-U^2)}{2}
\end{cases}
$$

を得る．無限遠での条件は

$$
\tag{7.40}
\lim_{r\to\infty}(U(r),V(r))=(1,d)
$$

である．この $V(r)$ に関する無限遠での条件は，$\int_{\mathbb{R}^2}\operatorname{curl} A dx=2d\pi$ と

$$\int_{|x|\leq R} \text{curl}\, A\, dx = \int_0^{2\pi} \left\langle A, \frac{d}{d\theta}(R\cos\theta, R\sin\theta)\right\rangle d\theta = 2\pi V(R)$$

より定まる．また，解の原点における有界性より

(7.41) $\qquad (U(r), V(r)) \approx \left(ar^d, \dfrac{r^2}{4}\right) \quad (0 < r \ll 1)$

が従うことは容易にわかる．ただし，a は正の定数である．(7.39)の解で(7.40)を満たすように a を決めればよい．次の補題が成り立つ．

補題 7.3 条件(7.41)を満たす(7.39)の解を $(U(r;a), V(r;a))$ とする．ある $a^* > 0$ が存在して $(U(r;a^*), V(r;a^*))$ は(7.40)を満たす． □

[証明] 簡単な計算から(7.39)-(7.41)は

(7.42) $\qquad \begin{cases} U(r) = ar^d \exp\left\{-\displaystyle\int_0^r \dfrac{V(s)}{s}\, ds\right\}, \\ V(r) = \dfrac{r^2}{4} - \displaystyle\int_0^r \dfrac{sU^2(s)}{2}\, ds \end{cases}$

と書き直すことができる．そこで任意に与えられた $a \in (0, \infty)$ に対し，通常の常微分方程式の解の存在証明のように逐次近似を用いると，ある区間 $0 \leq r \leq r_1$ における(7.42)の解の存在が証明できる．この解 $(U, V) = (U(r;a^*), V(r;a^*))$ の最大存在区間を $[0, T_a)$ とする．(7.39)-(7.41)は正の平衡点 $(U, V) = (1, d)$ をもつが，求める解は，$r \to \infty$ でこの平衡点に収束する解である．

(U, V) 平面の領域

$$R_1 := \{(U, V) : 0 < U < 1,\ 0 < V < d\}$$

を考える．この領域に解が存在する限り，方程式より

(7.43) $\qquad \dfrac{dU}{dr} > 0, \quad \dfrac{dV}{dr} > 0$

であることがわかる．よって解 $(U, V) = (U(r;a^*), V(r;a^*))$ はある $r_a \in (0, T_a)$ に対して

$$\text{(7.44)} \quad \begin{cases} 0 < U(r\,;a) < 1 \ \ (0<r<r_a), \quad U(r_a;a) = 1, \\ 0 < V(r\,;a) < d \ \ (0<r \leqq r_a) \end{cases}$$

となるか

$$\text{(7.45)} \quad \begin{cases} 0 < U(r\,;a) < 1 \ \ (0<r \leqq r_a), \\ 0 < V(r\,;a) < d \ \ (0<r<r_a), \quad V(r_a;a) = d \end{cases}$$

さもなければ $(U(r\,;a), V(r\,;a)) \in R_1$ $(0<r<T_\infty)$ の3つに分類される．これらの解に対応する $a \in (0,\infty)$ の全体をそれぞれ I_r, I_u および I_c と表すことにする．すなわち $a \in I_r$ なる a に対して解は(7.44)を満たし，$a \in I_u$ なる a に対しては(7.45)を満たす．また，$a \in I_c$ の場合は(7.43)より $\lim_{r \to \infty}(U(r\,;a), V(r\,;a)) = (1,d)$ が成り立つ．常微分方程式の初期値に関する連続性より，I_r と I_u は開集合である．しかも共通部分をもたない．区間 $(0,\infty)$ の連結性より $I_c = \emptyset$ になる場合は $I_r = (0,\infty)$ または $I_u = (0,\infty)$ でなければならない．よって $I_c \neq \emptyset$ を証明するには，$I_r, I_u \neq \emptyset$ を示せば十分である．

$I_r \neq \emptyset$ を証明する．比較関数として次の常微分方程式の解を使う．

$$\text{(7.46)} \quad \begin{cases} \dfrac{dU_1}{dr} = \dfrac{(d-V_1)U_1}{r}, \\ \dfrac{dV_1}{dr} = \dfrac{r}{2} \end{cases}$$

この方程式は解

$$U_1(r) = ar^d \exp(-r^2/8), \quad V_1(r) = r^2/4$$

をもつ．このとき (U,V) 平面で

$$\mathcal{C}_1 : U = aF_1(V), \quad F_1(V) := 2^d V^{d/2} \exp(-V/2)$$

という解曲線を得る．簡単な計算から $V=d$ のとき唯一の極値をもち $F_1(V)$ が最大となる．すなわちこの曲線は $0<U<aF_1(d)$ まで単調に増加する．そこで a を大きくとって $aF(d)>1$ となるようにする．一方，(7.39)の解曲線の傾きと(7.46)の傾きを任意の $(\tilde{U}, \tilde{V}) \in R_1$ で比較する．

210 7 超伝導における Ginzburg-Landau モデル I

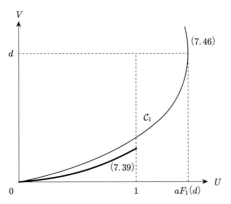

図 7.5 (7.46) と (7.39) の解の軌道の比較. 実線が前者の解軌道 $\mathcal{C}_1$, 太線が後者の解軌道を表す.

$$\frac{dV}{dU} = \frac{r^2(1-\tilde{U}^2)}{2\tilde{U}(d-\tilde{V})} < \frac{r^2}{2\tilde{U}(d-\tilde{V})} = \frac{dV_1}{dU_1}$$

よって $(U(r;a), V(r;a))$ の解曲線は R_1 で $\mathcal{C}_1$ の下にくる. グラフを比較すると, 境界 $U=1$, $0<V<1$ に解 $(U(r;a), V(r;a))$ がたどり着くことがわかる (図 7.5 参照). これは $I_r \neq \emptyset$ を意味する.

$I_u \neq \emptyset$ を証明するためには, 次の常微分方程式

$$(7.47) \quad \begin{cases} \dfrac{dU_2}{dr} = \dfrac{d}{r} U_2, \\ \dfrac{dV_2}{dr} = \dfrac{r(1-U_2)}{2} \end{cases}$$

の解と比較すればよい. この方程式は解

$$U_2(r) = ar^d, \quad V_2(r) = \frac{r^2}{4} - \frac{ar^{d+2}}{2(d+2)}$$

をもち, その (U,V) 平面での曲線は

$$\mathcal{C}_2 : V = \frac{1}{4a^{2/d}} F_2(U), \quad F_2(U) := U^{2/d}(1-2U/(d+2))$$

となる. そこで, a を小さくとって $(U(r;a), V(r;a))$ の軌道は R_1 で $\mathcal{C}_2$ の上に位置することを示せばよい (図 7.6 参照). くわしい議論は割愛する.

7.6 原点に渦糸をもつ解　211

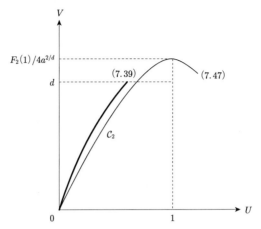

図 7.6　(7.47)と(7.39)の解の軌道の比較．実線が前者の解軌道 $\mathcal{C}_2$，太線が後者の解軌道を表す．

次の比較定理は一意性の証明のときに使う．

補題 7.4　$a=a_j$ $(j=1,2)$ に対応する条件(7.41)を満たす(7.39)の解を $(U(r;a_j), V(r;a_j))$ $(j=1,2)$ とする．また，$\omega(a_j)$ を $(U(r;a_j), V(r;a_j))$ の最大存在時間とすると，$a_1<a_2$ なら

$$(7.48) \quad \begin{cases} U(r;a_1) < U(r;a_2) \\ V(r;a_1) > V(r;a_2) \end{cases} \quad (0 < r < r_\omega := \min\{\omega(a_1), \omega(a_2)\})$$

が成り立つ． □

[証明]　U の方程式より十分小さいすべての $r>0$ に対して $U(r;a_1)<U(r;a_2)$ である．よって V の方程式より $V(r;a_1)>V(r;a_2)$ が任意の小さい $r>0$ に対して成り立つ．(7.48)を示すために背理法を用いる．

$$U(r;a_1) < U(r;a_2), \quad V(r;a_1) > V(r;a_2) \quad (0 < r < r_u)$$

かつ

$$U(r_u;a_1) = U(r_u;a_2), \quad V(r_u;a_1) > V(r_u;a_2)$$

なる $r_u<r_\omega$ が存在するとする．このとき $d(U(r_u;a_1)-U(r_u;a_2))/dr \geqq 0$ であ

る．しかし U の方程式より

$$\frac{dU}{dr}(r_u;a_1) - \frac{dU}{dr}(r_u;a_2) = -\frac{1}{r_u}(V(r_u;a_1) - V(r_u;a_2))U(r_u;a_1) < 0$$

に矛盾する．同様にして

$$U(r;a_1) < U(r;a_2), \quad V(r;a_1) > V(r;a_2) \quad (0 < r < r_v)$$

かつ

$$U(r_v;a_1) < U(r_v;a_2), \quad V(r_v;a_1) = V(r_v;a_2)$$

となる r_v が存在すると矛盾が証明できる．その議論は易しいので省略する．また，初期値問題の解の一意性より $U(r_b;a_1) = U(r_b;a_2)$, $V(r_b;a_1) = V(r_b;a_2)$ $(0 < r_b < r_\omega)$ なる r_b は存在しないので証明が完了した． ■

補題 7.5 条件 (7.40) と (7.41) を満たす (7.39) の解は一意である．その解を $(U(r;a^*), V(r;a^*))$ とすると，任意の $0 < \beta < 1$ に対してある $r_1 = r_1(\delta) > 0$ が存在し

$$(7.49) \quad r|1 - U(r;a^*)| + |d - V(r;a^*)| \leq Me^{-\beta r} \quad (\forall r \geqq r_1)$$

が成り立つ．ここで M は r_1 に依存する正数である． □

[証明] まず一意性を証明する．$(U(r;a_j), V(r;a_j))$ $(j=1,2)$ を題意を満たす異なる解とする．$a_1 < a_2$ として一般性を失わない．補題 7.4 より

$$\begin{cases} U(r;a_1) < U(r;a_2) \\ V(r;a_1) > V(r;a_2) \end{cases} \quad (0 < r < \infty)$$

が成り立つが，一方

$$V(r;a_2) - V(r;a_1) = \int_0^r \frac{s}{2}\{U(s;a_1)^2 - U(s;a_2)^2\}ds$$

より，右辺の量は $r \to \infty$ のとき負の値をとり，同じ平衡点 $(1,d)$ に収束することに矛盾する．こうして一意性が証明できた．

つぎに

$$w_1 = r(1-U), \quad w_2 = d-V$$

によって(7.39)を

(7.50)
$$\begin{cases} \dfrac{dw_1}{dr} = -w_2 + \dfrac{w_1}{r} + \dfrac{w_1 w_2}{r}, \\ \dfrac{dw_2}{dr} = -w_1 + \dfrac{w_1^2}{2r} \end{cases}$$

と書き直す．このとき解 $(U(r;a^*), V(r;a^*))$ に対応する(7.50)の解は

(7.51) $\quad w_1(r) > 0, \quad w_2(r) > 0, \quad \lim_{r\to\infty}(w_1(r), w_2(r)) = (0,0)$

を満たす．実際，$\lim_{r\to\infty}(d-V(r;a^*))=0$ なので

$$\lim_{r\to\infty} \dfrac{dV}{dr}(r;a^*) = \lim_{r\to\infty} \dfrac{r(1-U(r;a^*)^2)}{2} = 0$$

より $\lim_{r\to\infty} w_1(r)=0$ が従うことに注意しておこう．さらに

$$W := w_1 + w_2, \quad Y := w_1 - w_2$$

とおくと，$W \geqq |Y|$ に注意して

$$\begin{aligned}\dfrac{dW}{dr} &= -W + \dfrac{W+Y}{2r} + \dfrac{W^2-Y^2}{4r} + \dfrac{(W+Y)^2}{8r} \\ &\leqq -W + \dfrac{W}{r} + \dfrac{W^2}{4r} + \dfrac{W^2}{2r} \\ &= \left(-1 + \dfrac{1}{r} + \dfrac{3W}{4r}\right) W.\end{aligned}$$

一方(7.51)より

$$\lim_{r\to\infty} \dfrac{W(r)}{r} = 0.$$

よって，任意の $0<\beta<1$ に対してある $r_1>0$ が存在して

$$\dfrac{1}{r} + \dfrac{3W(r)}{4r} \leqq (1-\beta) \quad (r \geqq r_1).$$

すなわち微分不等式

$$\frac{dW}{dr} \leq -\beta W \quad (r \geq r_1)$$

を得る．$W>0$ とこの微分不等式より $|W(r)| \leq W(r_1) \exp\{-\beta(r-r_1)\}$．また，$|Y(r)| \leq W(r)$ より，題意の収束が導かれる． ∎

7.7　任意に与えられた渦糸配置をとる解

前節で得られた解(7.38)をもとに任意の点 $\{x^{(k)}\}_{k=1}^{m}$ に零点(渦糸)をもつ解を構成する．(7.39)を U だけの方程式に書き直す．記法を簡単にするため $U_r = dU/dr$, $U_{rr} = d^2U/dr^2$ とすると

$$U_{rr} + \frac{1}{r} U_r - \frac{U_r^2}{U} + \frac{1}{2}(1-U^2)U = 0$$

となる．$U = \exp(w/2)$，すなわち $w = 2\log U$ とおくと

$$w_{rr} + \frac{1}{r} w_r + 1 - \exp w = 0 \quad (r \neq 0)$$

を満たすのは容易に確かめられる．$r=0$ での挙動は

$$w \approx 2d \log r \quad (0 < r \ll 1)$$

なので，結局

$$-\Delta w(x) + \exp(w(x)) - 1 = -4\pi d \delta(x)$$

が得られる．また，$x^{(k)}$ に位数 $d>0$ の零点をもつ解は

$$\Psi_k(x) = U(|x-x_k|) \exp\{id \operatorname{Arg}(x-x^{(k)})\}$$

と表せる．

次の定理が得られる．

定理 7.6　任意の配置 $\{x^{(k)}\}_{k=1,2,\cdots,m}$ と $\sum_{k=1}^{m} d_k = N$ を満たす $d_k \in \mathbb{N}$ を考える．$(U_k(|x|), V_k(|x|))$ を $d=d_k$ の場合の(7.39)の解とする．このとき条件(7.24)を満たす GL 汎関数(7.22)の最小値を与える解で次のように書き表さ

れるものが存在する：

(7.52) $\quad \Psi(x) = \exp(\varphi(x)/2) \prod_{k=1}^{m} [U_k(|x-x^{(k)}|)\exp(id_k \mathrm{Arg}(x-x^{(k)}))]$,

(7.53) $\quad A(x) = -\nabla^\perp \left(\dfrac{1}{2}\varphi(x) + \sum_{k=1}^{m} \{\log U_k(|x-x^{(k)}|) - d_k \log |x-x^{(k)}|\} \right)$.

ここで $\varphi(x)$ は滑らかな関数で

$$\varphi(x) < 0 \quad (x \in \mathbb{R}), \quad \lim_{|x|\to\infty} |\varphi(x)| = 0$$

を満たす．このような $\varphi(x)$ は一意に決まる．また，$\Psi(x)$ は $x^{(k)}$ ($k=1,2,\cdots,m$) で位数 d_k の零点をもつ． □

[証明]

(7.54) $\quad U_k := U_k(|x-x^{(k)}|), \quad w_k := 2\log U_k$

とおくと w_k は

(7.55) $\quad -\Delta w_k + \exp w_k - 1 = -4\pi d_k \delta(x - x^{(k)})$

を満たす．

(7.56) $\quad w = \sum_{k=1}^{m} w_k + \varphi$

とおいて (7.31)-(7.32) を φ の方程式に書き直すと

$$-\Delta\varphi + \exp\varphi \exp\left(\sum_{k=1}^{m} w_k\right) + m - 1 - \sum_{k=1}^{m}\exp w_k = 0$$

となる．さらに

$$\exp\varphi \exp\left(\sum_{k=1}^{m} w_k\right) + m - 1 - \sum_{k=1}^{m}\exp w_k$$
$$= (\exp\varphi - 1)\exp\left(\sum_{k=1}^{m} w_k\right) + m - 1 + \exp\left(\sum_{k=1}^{m} w_k\right) - \sum_{k=1}^{m}\exp w_k$$
$$= (\exp\varphi - 1)\exp\left(\sum_{k=1}^{m} w_k\right) + m - 2$$
$$\quad + (\exp w_1 - 1)\left\{\exp\left(\sum_{j=2}^{m} w_j\right) - 1\right\} + \exp\left(\sum_{j=2}^{m} w_j\right) - \sum_{j=2}^{m}\exp w_j$$

$$= (\exp\varphi-1)\exp\left(\sum_{k=1}^{m} w_k\right) + \sum_{k=1}^{m}\left[(\exp w_k-1)\left\{\exp\left(\sum_{j=k+1}^{m} w_j\right)-1\right\}\right]$$

より，結局，

(7.57) $\quad -\Delta\varphi + P(x)(\exp\varphi-1) + Q(x) = 0 \quad (x\in\mathbb{R}^2),$

(7.58) $\quad \lim_{|x|\to\infty} |\varphi(x)| = 0$

を得る．ここで

$$P(x) := \exp\left(\sum_{k=1}^{m} w_k\right),$$

$$Q(x) := \sum_{k=1}^{m}(1-\exp w_k)\left\{1-\exp\left(\sum_{j=k+1}^{m} w_j\right)\right\}$$

である．前節の補題 7.5 と $U_j=\exp(w_j/2)$ より

$$0 \leqq P(x) < 1, \quad 0 < Q(x) \leqq 1,$$

$$\sup_{x\in\mathbb{R}^2} Q(x)\,\mathrm{e}^{\beta|x|} < \infty \quad (0<\beta<1)$$

を満たす．

方程式 (7.57)-(7.58) は特異な項 (デルタ関数) をもはや含んでいないので，全領域で有界な古典解を求める問題に帰着された．さらに $h(x)=-\varphi(x)$ とおいて h の方程式

(7.59) $\quad \Delta h - P(x)(1-\exp(-h)) + Q(x) = 0, \quad h(x) > 0 \quad (x\in\mathbb{R}^2),$

(7.60) $\quad \lim_{|x|\to\infty} h(x) = 0$

を解くことにする．この解が求まれば補題 7.2 と注意 7.4 の (7.35) より，定理が従うのはただちにわかる．

(7.59) を満たす解は一意であることを先に証明する．

$$N[h] := \Delta h - P(x)(1-\mathrm{e}^{-h}) + Q(x)$$

と書き表し，$N[h_1]=N[h_2]=0$ とする．任意の $\varepsilon>0$ に対して

$$0 < h_j(x) < \varepsilon \quad (R < |x|) \quad (j=1,2)$$

なるように $R>0$ がとれること，および

(7.61) $\quad N[h_1]-N[h_2] = \Delta(h_1-h_2)+P(x)(\mathrm{e}^{-h_1}-\mathrm{e}^{-h_2}) = 0$

に注意する．

$$M := \sup_{x \in \mathbb{R}}(h_1(x)-h_2(x)) > 0$$

と仮定すると $M=h_1(\xi)-h_2(\xi)$ となる $\xi \in \mathbb{R}^2$ が存在する．この ξ が $P(x)$ の零点(渦糸の位置)でなければ

$$\Delta(h_1-h_2)_{|x=\xi} \leqq 0, \quad P(\xi)(\mathrm{e}^{-h_1(\xi)}-\mathrm{e}^{-h_2(\xi)}) < 0$$

なので(7.61)に矛盾する．もし，$P(\xi)=0$ のときは ξ の十分小さい近傍 $\mathcal{U}$ をとれば

$$\Delta(h_1-h_2) = -P(x)(\mathrm{e}^{-h_1(x)}-\mathrm{e}^{-h_2(x)}) > 0 \quad (x \in \mathcal{U}, \, x \neq \xi)$$

となり，$h_1(x)-h_2(x)$ が $x=\xi$ で最大値をとることに矛盾する．よって $M\leqq 0$ でなければならない．同様にして $\inf_{x\in\mathbb{R}}(h_1(x)-h_2(x))<0$ を仮定すると矛盾が導かれ，結局

$$\sup_{x\in\mathbb{R}}(h_1(x)-h_2(x)) = \inf_{x\in\mathbb{R}}(h_1(x)-h_2(x)) = 0$$

が得られる．これは $h_1 \equiv h_2$ に他ならない．

つぎに存在を証明する．適当な劣解と優解を使って比較定理(付録の定理A.21)を適用する．劣解としては $h(x)\equiv 0$ を用いることができる．実際，$N[0]=Q(x)\geqq 0$ である．

優解を構成する．まず，任意に $\mu\in(0,1)$ を固定する．$p_R(r)$ を

$$p_R(r) := \begin{cases} 0 & (|x| \leqq R), \\ \mu & (|x| \geqq R+1) \end{cases}$$

を満たす単調増加な滑らかな関数とする．$P(x)$ の定義から，ある R_1 が存在

して $R>R_1$ なら

$$0 \leqq p_R(|x|) < P(x) \quad (x \in \mathbb{R}^2)$$

が満たされるようにできる．また，任意の $\beta \in (0,1)$ に対して $M>0$ を十分大きくとると

$$Q(x) \leqq q(|x|) := M\,\mathrm{e}^{-\beta|x|} \quad (x \in \mathbb{R}^2)$$

が成り立つ．この $p_R(r), q(r)$ を用いて次の方程式を考える．

(7.62) $$\begin{cases} v_{rr} + \dfrac{1}{r}v_r - p_R(r)(1-\exp(-v)) + q(r) = 0, \\ v(0) = a\ (>0), \quad v_r(0) = 0 \end{cases}$$

(7.62)の解を $v(r;a)$ と表す．この解について，$R>R_1$ なら $a=a(R)>0$ として

(7.63) $\quad v(r;a(R)) > 0 \ (0 \leqq r < \infty), \quad \displaystyle\lim_{r \to \infty} v(r;a(R)) = 0$

を満たすものがとれる．この証明は後回しにして，この解が優解として使えることは，$v=v(|x|;a(R))$ を N に代入すれば

$$N[v] = \Delta v - P(x)(1-\exp(-v)) + Q(x)$$
$$= p_R(|x|)(1-\exp(-v)) - P(x)(1-\exp(-v)) - q(|x|) + Q(x) < 0$$

よりわかる．よって比較定理より $0 \leqq h(x) \leqq v(|x|;a(R))$ を満たす(7.59)-(7.60)の解 $h(x)$ の存在がいえる．実際は，強最大値原理(付録の命題A.14)より

$$0 < h(x) < v(|x|;a(R)) \quad (x \in \mathbb{R}^2)$$

が成り立つ．こうして題意が証明された．

最後に，(7.63)を満たす(7.62)の解を求めて証明を完了する．証明の方針は以下の通りである．

(i) 各 $a_1>0$ に対して $v(r;a_1)>0$ を満たす区間 $[0,T]$ を任意にとる．$0<a_1<a_2$ なら，$v(r;a_1)<v(r;a_2)$ $(r\in(0,T])$ が成り立つ．

(ii) 十分小さいすべての $a>0$ に対して

(7.64) $\qquad v(r;a) > 0 \quad (0 \leqq r < r_0), \quad v(r_0;a) = 0$

なる r_0 が存在する．

(iii) (7.64)を満たす r_0 が存在するような $a>0$ 全体 $\mathcal{A}$ は半無限区間 $\{a \in \mathbb{R} : a > 0\}$ で開集合である．

(iv) 与えられた $R > R_1$ に対して十分大きな a をとれば $v(r;a) > 0$ $(0 \leqq r < \infty)$ が成り立つ．

(v) $v(r;a) > 0$ $(0 \leqq r < \infty)$ なる解は，$\lim_{r \to \infty} v(r;a) = 0$ か $\liminf_{r \to \infty} v(r;a) > 0$ のどちらかを満たす．

これらが証明できれば $a(R) = \sup \mathcal{A}$ とおけばこれが目的のものであることを確かめるのは容易である．

(v)をまず示して，その後は順に上の性質を検証していく．易しい議論については，議論の筋だけに留めることにする．

背理法で示そう．(v)がもし成り立たないとすると

$$\liminf_{j \to \infty} v(r_j) > 0, \qquad v_r(r_j) = 0, \quad v_{rr}(r_j) \leqq 0 \quad (j = 1, 2, \cdots)$$

なる無限列 $r_j \to \infty$ $(j \to \infty)$ がとれる．ところが，十分大きい j に対して

$$\left[v_{rr} + \frac{1}{r} v_r - p_R(r)(1 - \exp(-v)) + q(r) \right]_{r = r_j} < 0$$

となり矛盾する．こうして(v)が成り立つ．

つぎに(i)について，$v_j = v(r; a_j)$ $(j=1,2)$ とおくと

$$\frac{1}{r} \{ r(v_1 - v_2)_r \}_r + p_R(r) \{ \exp(-v_1) - \exp(-v_2) \} = 0$$

より

$$r(v_1 - v_2)_r = \int_0^r s p_R(s) \{ \exp(-v_2) - \exp(-v_1) \} ds$$

と表されるので，$v_1(r) < v_2(r)$ なる区間 $[0, r_1]$ では $(v_1 - v_2)_r < 0$ である．このことから主張が正しいことが容易に導かれる．

220　7　超伝導における Ginzburg-Landau モデル I

(ii)を示すためには,$p_R(r)=0$ $(r\in[0,R])$ より(7.62)を区間 $[0,R]$ で具体的に解く.小さい $a>0$ について(7.64)を満たす r_0 が存在するのはその解の表示からすぐに従う.また,一般の $a>0$ について,(7.64)を満たす r_0 で $v_r(r;r_0)<0$ を示すのは易しい.これから(iii)がただちに従う.

最後に,(iv)を証明する.$y:=v/a$ とおくと(7.62)の方程式は以下のように表せる.

$$(7.65) \quad \begin{cases} y_{rr}+\dfrac{1}{r}y_r-\dfrac{p_R(r)}{a}(1-\exp(-ay))+\dfrac{q(r)}{a}=0, \\ y(0)=1, \quad y_r(0)=0 \end{cases}$$

この方程式から十分大きい a について $y(r)>0$ $(r\in[0,\infty))$ を示す.そのため,次の比較方程式を導入する.

$$(7.66) \quad \begin{cases} Y_{rr}+\dfrac{1}{r}Y_r-\dfrac{p_R(r)}{a}(1-e^{-a/2})+\dfrac{q(r)}{a}=0, \\ Y(0)=1, \quad Y_r(0)=0 \end{cases}$$

この方程式を積分して

$$rY_r = \frac{1}{a}\left(\int_0^r (1-e^{-a/2})sp_R(s)ds - \int_0^r sq(s)ds\right).$$

右辺の第1項を落として,さらに積分すると

$$Y(r)-1 \geq -\frac{1}{a}\int_0^r \frac{1}{\tau}\int_0^\tau sq(s)ds d\tau > -\frac{M}{a\beta}\int_0^r \frac{1-e^{-\beta\tau}}{\beta\tau}d\tau > -\frac{M}{a\beta}r$$

が得られる($q=Me^{-\beta r}$ と $1-e^{-\beta\tau}\leq\beta\tau$ に注意).よって

$$(7.67) \quad Y(r) \geq \frac{1}{2} \quad \left(0\leq r \leq \frac{a\beta}{2M}\right)$$

が成り立つ.

一方,$r\geq R+1$ に対して $p_R(r)=\mu$ だから

$$\int_0^r sp(s)ds \geq \frac{\mu}{2}(r^2-(R+1)^2)$$

を使うと

$$\int_0^r \{(1-e^{-a/2})sp_R(s)-sq(s)\}ds \geq \frac{\mu}{2}(1-e^{-a/2})(r^2-(R+1)^2)-\frac{M}{\beta^2}$$

が従う．そこで

$$R_c := \left\{(R+1)^2 + \frac{2M}{\beta^2\mu(1-\mathrm{e}^{-a/2})}\right\}^{1/2}$$

とおくと

(7.68) $$Y_r(r) > 0 \quad (r \geqq R_c).$$

(7.67)と(7.68)より $R_c < a\beta/(2M)$ となるように a を十分大きくとれば $Y(r) > 1/2$ $(r \in (0, \infty))$ である．この a について

$$Y(r) \leqq y(r) \quad (0 \leqq r < \infty)$$

がいえれば証明が完了する．簡単な計算から

$$\{r(y-Y)_r\}_r = \frac{rp_R(r)}{a}(\mathrm{e}^{-a/2} - \mathrm{e}^{-ay}).$$

積分すると $0 < r \ll 1$ では $(y-V)_r > 0$ だから，$r_1 > 0$ が存在して

$$\frac{1}{2} < Y(r) < y(r) \quad (0 < r \leqq r_1).$$

背理法によってこの不等式が任意の $r > 0$ について成り立つことを示すのは易しい．詳細は読者に任す． ∎

第7章ノート▶ 超伝導の巨視的な現象と GL 理論については多数の書籍がある．たとえば，和書では恒藤[168]や中嶋[132]を，洋書では de Gennes[43]や Tinkham[163]（後者は邦訳[164, 165]もある）をあげておこう．また，Du-Gunzburger-Peterson [48]や Hoffmann-Tang[71]などに数学的側面の解説もある．

7.2 節では有限な(3次元)超伝導体の外部が真空のような絶縁体で占められる場合と，鉛直方向に一様で無限に延びる超伝導体の切り口の2次元領域について，それぞれ GL 方程式を導いた．超伝導体の境界が性質の異なる物体に接するような場合には，境界上でのエネルギー

$$\frac{1}{2}\int_{\partial\Omega}\gamma|\Psi|^2 dS$$

を付け加え，これに対応して GL 方程式の境界条件を

$$\frac{\partial \Psi}{\partial \boldsymbol{\nu}} - i\langle A, \boldsymbol{\nu}\rangle = -\gamma \Psi \qquad (x \in \partial\Omega)$$

とするモデルも提案されている([43]).ここで γ は与えられた正定数で,接する物質が絶縁体の場合は γ が極めて小さいとし,導体の場合は γ が非常に大きいと考える.

7.3 節の永久電流の解についての研究は次章でくわしく紹介する.外部磁場を徐々に増やしていった場合に (7.21) で定義した臨界磁場 H_{c_1} について,十分大きな κ の場合の研究として Bonnet-Chapman-Monneau[24], Serfaty[152] をあげておく.また,大きな磁場を下げていった場合に起こる常伝導から超伝導への転移がおこる磁場の臨界値の研究については次の第 8 章のノートで文献を紹介する.

7.4 節は Jaffe-Taubes[75] による.7.5 節の原点に零点をもつ

$$\Psi = U(r)\exp(ik\theta), \quad A = \frac{V(r)}{r}(-\sin\theta, \cos\theta)$$

の形に書き表せる解の存在は,Berger-Chen[14] の研究により一般の GL パラメータの値に対して知られている.彼らは変分法的手法を用いて存在を証明した.また,Alama-Bronsard-Giorgi[4] によるそのような形の解の一意性や,Gustafson-Sigal[63] による安定性の研究もある.この節の $\kappa=1/\sqrt{2}$ の場合については,2 次元の常微分方程式系に書き表せるので,力学系の相平面解析を応用して証明した.また,7.7 節の定理 7.6 の結果は [75] によって与えられているが,ここでは 7.5 節の結果を用いて構成的な証明を与えた.

8 超伝導における Ginzburg-Landau モデル II

この章では，磁場の効果を含んだ 3 次元の GL モデルを前章に引き続き考察する．このモデルによって(低温)超伝導現象において，物質に含まれる電子の状態や磁場を記述することができる．この GL モデルは，秩序パラメータ Ψ と磁場のポテンシャル A の汎関数の形で与えられ，その停留点や変分構造を知ることが数学的に興味深い課題となる．とくに安定な停留点(安定な電流の状態に対応する)の存在を考察し，それを調べる方法について述べる．

8.1 GL 汎関数，GL 方程式，ゲージ変換の定式化

$\Omega \subset \mathbb{R}^3$ を有界領域とする．いま Ω 上の複素数値関数 Ψ と $\mathbb{R}^3$ 上の $\mathbb{R}^3$ 値関数 A のペア (Ψ, A) を変数とする次の汎関数を考察する．外部から一様なベクトル場 $H = h\boldsymbol{e}_3 = (0, 0, h)$ を与えたとき GL 汎関数は

$$(8.1) \quad \mathcal{G}_\lambda(\Psi, A) = \int_\Omega \left\{ \frac{1}{2} |(\nabla - iA)\Psi|^2 + \frac{\lambda}{4}(1 - |\Psi|^2)^2 \right\} dx + \frac{1}{2} \int_{\mathbb{R}^3} |\operatorname{curl} A - H|^2 dx$$

である．変数 (Ψ, A) の範囲を与えるために関数空間を用意する．まず磁場のポテンシャルの変化を扱うための空間 Z を次のように与える．

$$(8.2) \quad Z = \{B \in L^6(\mathbb{R}^3; \mathbb{R}^3) : \nabla B \in L^2(\mathbb{R}^3; \mathbb{R}^{3\times 3})\}$$

付録の命題 A.4 より，Z のノルムを $\|B\|_Z = \|\nabla B\|_{L^2(\mathbb{R}^3; \mathbb{R}^{3\times 3})}$ とする．h を実

8 超伝導における Ginzburg-Landau モデル II

パラメータとして $\mathbb{R}^3$ 上のベクトル場 $A_0(h)=(h/2)(-x_2,x_1,0)$ を定めると，これは外部磁場 $H=h\boldsymbol{e}_3$ のベクトルポテンシャルになる[*1]．すなわち，$\operatorname{curl} A_0(h)=H$ である．そして

$$(8.3)\quad \begin{aligned} Z(h) &:= \{A_0(h)+B : B \in Z\}, \\ X &:= H^1(\Omega;\mathbb{C})\times Z, \quad X(h) := H^1(\Omega;\mathbb{C})\times Z(h) \end{aligned}$$

と定義し，$X(h)$ を $\mathcal{G}_\lambda$ の定義域として与える[*2]．第7章で計算したように次の GL 方程式は上に与えた GL 汎関数のオイラー–ラグランジュ方程式である．

$$(8.4)\quad \begin{cases} (\nabla-iA)^2\Psi+\lambda(1-|\Psi|^2)\Psi=0 & (x\in\Omega), \\ \langle(\nabla-iA)\Psi,\boldsymbol{\nu}\rangle=0 & (x\in\partial\Omega), \\ \operatorname{curl}\operatorname{curl}A+F(\Psi,A)=\boldsymbol{0} & (x\in\mathbb{R}^3), \\ \operatorname{curl}A-H\to\boldsymbol{0} & (|x|\to\infty) \end{cases}$$

ここで，記号の簡明のため

$$(8.5)\quad F(\Psi,A):=\begin{cases} \operatorname{Re}(i\overline{\Psi}\nabla\Psi)+|\Psi|^2A & (x\in\Omega), \\ \boldsymbol{0} & (x\in\mathbb{R}^3\setminus\Omega) \end{cases}$$

とした．

第2変分公式

$\mathcal{G}_\lambda$ の2階微分（第2変分公式）は次のように与えられる．

$$(8.6)$$

$$\begin{aligned} \mathcal{L}_\lambda(\Psi,A,\Phi,B) &:= \frac{d^2}{d\varepsilon^2}\mathcal{G}_\lambda(\Psi+\varepsilon\Phi,A+\varepsilon B)\Big|_{\varepsilon=0} \\ &= \operatorname{Re}\int_\Omega (|\nabla\Phi-i(\Phi A+\Psi B)|^2+2i\langle\nabla\Psi-i\Psi A,\overline{\Phi}B\rangle)dx \end{aligned}$$

[*1] $\boldsymbol{e}_3=(1,0,0)$ である．
[*2] $X(h)$ はアフィン空間となる．

$$+\frac{\lambda}{2}\int_\Omega ((\Psi\overline{\Phi}+\overline{\Psi}\Phi)^2-2(1-|\Psi|^2)|\Phi|^2)dx+\int_{\mathbb{R}^3}|\mathrm{curl}\,B|^2 dx$$

この公式は $\mathcal{G}_\lambda(\Psi+\varepsilon\Phi, A+\varepsilon B)$ の展開式を計算して ε の 2 次の係数をみることによって得られる．第 2 変分公式(2 次の無限小)は解の安定性を記述するために利用される．

さて GL 汎関数 $\mathcal{G}_\lambda$ の重要な特徴は以下に述べるゲージ不変性である．状態 $(\Psi, A) \in X(h)$ が与えられたとき $\mathbb{R}^3$ 上の任意の滑らかな実数値関数 $\rho=\rho(x)$ を用いて次のように (Ψ', A') を定める(ゲージ変換)．

$$(8.7) \qquad (\Psi', A') = (\exp(i\rho)\Psi, A+\nabla\rho)$$

このとき $\mathcal{G}_\lambda(\Psi', A')=\mathcal{G}_\lambda(\Psi, A)$ が成立する．ここで，さまざまな ρ を与えることによってできる (Ψ', A') の族はゲージ軌道と呼ばれ，$X(h)$ 内の無限次元の多様体となる．$\mathcal{G}_\lambda$ は各ゲージ軌道上で定数関数である．これがゲージ不変性と呼ばれるものである．GL 汎関数のオイラー–ラグランジュ方程式である GL 方程式もこの変換によって不変である．すなわち，もし (Ψ, A) が (8.4) の解ならば (8.7) で与えられる (Ψ', A') も (8.4) を満たす．物質内で生じる電子の状態は汎関数の停留点に対応するが，その安定性あるいは不安定性などの性質は停留点の近傍の $\mathcal{G}_\lambda$ の増減の様子で決まる．GL 汎関数はゲージ軌道方向には一定であるからその変分構造を考える上でゲージ軌道に横断的な方向への $\mathcal{G}_\lambda$ の第 2 変分の挙動が本質となる．

8.2 常伝導解と相転移

GL モデルはパラメータ λ, h をもち，これに依存して停留点やそれらの全体の構造が本質的に変化するパラメータ値がある．これは GL 方程式の解の分岐を意味するが，物理的には相転移に相当する．まず特別な状況で GL 方程式の解の様子をみる．外部の磁場が零の場合 $h=0$ には，GL 方程式は解 $(\Psi_*(x), A_*(x))=(\exp(ic), \mathbf{0})$ という超伝導状態に対応する解をもつ．この解はエネルギー値 0，$\mathcal{G}_\lambda(e^{ic}, \mathbf{0})=0$ という最小値を与えている．一方，物理現象では外部磁場を強めていくと超伝導状態を保てなくなり常伝導状態に戻る．常伝

導状態に対応する解は次の通りである.任意の h に対し

$$\Psi_*(x) \equiv 0, \quad A_* = A_0(h) = (h/2)(-x_2, x_1, 0)$$

とおくと GL 方程式(8.5)を満たしている.この解 $(\Psi_*, A_*)=(0, A_0(h))$ における第 2 変分は

(8.8)
$$\mathcal{L}_\lambda(0, A_0(h), \Phi, B) = \int_\Omega (|(\nabla - iA_0(h))\Phi|^2 - \lambda|\Phi|^2)dx + \int_{\mathbb{R}^3} |\operatorname{curl} B|^2 dx$$

である.変数 B に関して変分は常に非負であるから,安定性は第 1 項の 2 次形式(変数 Φ の部分)が非負値であるか,という問題に帰着される.試しに変位ベクトルとして $(\Phi, B)=(1, \mathbf{0})$ をとる.

(8.9) $$\mathcal{L}_\lambda(0, A_0(h), 1, \mathbf{0}) = \frac{h^2}{4}\int_\Omega (x_1^2 + x_2^2)dx - \lambda|\Omega|$$

λ に比して $|h|$ が大きいときの変分の値は正で $|h|$ を小さくしていくと負になる.これは特殊な変位ベクトル方向に対する考察であるが,一般に $|h|$ が大きいときに常伝導状態解 $(0, A_0(h))$ の第 2 変分が非負であることを以下の命題として述べる.$|h|$ が小さいときの不安定性は上でみた通りであるから,常伝導状態と超伝導状態の間の相転移が数学的に確認されたことになる.

命題 8.1 任意の $\lambda>0$ に対して $h_0=h_0(\lambda)>0$ があって,$|h|\geq h_0$ ならば $\mathcal{L}_\lambda(0, A_0(h), \Phi, B)$ は非負定値である. □

この命題は単純そうにみえるが,証明は豊富な内容を含んでいる.節を改めて説明と証明を与える.

8.3 作用素 $(\nabla - iA_0(h))^2$ の性質

前節で常伝導状態の解の安定性を考察するためには 2 次形式の評価が重要であることを述べた.次の記号を導入する.

(8.10) $$\mathcal{R}_h(\Phi) := \frac{\int_\Omega |(\nabla - iA_0(h))\Phi|^2 dx}{\|\Phi\|_{L^2(\Omega;\mathbb{C})}^2} \quad (\Phi \in H^1(\Omega;\mathbb{C}))$$

この値の下限 $\mu_1(h)$, すなわち

(8.11) $\quad \mu_1(h) = \inf\{\mathcal{R}_h(\varPhi) : \varPhi \in H^1(\varOmega;\mathbb{C}),\ \varPhi \not\equiv 0\}$

が, λ より大きいか小さいかによって第 2 変分 (8.8) の非負値か否かが決まる. よって $\mu_1(h)$ の挙動を調べることが重要な課題となる.

自己共役な作用素の標準的な議論により, この値は作用素 $-(\nabla-iA_0(h))^2$ の固有値問題

(8.12) $\quad \begin{cases} (\nabla-iA_0(h))^2\varPhi+\mu\varPhi = 0 & (x \in \varOmega), \\ \langle(\nabla-iA_0(h))\varPhi, \boldsymbol{\nu}\rangle = 0 & (x \in \partial\varOmega) \end{cases}$

の最小固有値と言い換えることもできる. (8.12) の固有値は $\mathcal{R}_h$ の性質だけから定まる. 実際固有値の集合 $\{\mu_k(h)\}_{k=1}^{\infty}$ は次のように特徴付けられる. 各 $k \geqq 1$ に対して

(8.13) $\quad \mu_k(h) = \sup_{E \in \mathcal{A}_{k-1}} \left(\inf\{\mathcal{R}_h(\varPhi) : \varPhi \in H^1(\varOmega;\mathbb{C}),\ \varPhi \perp E,\ \varPhi \not\equiv 0\}\right)$

となる. ここで $\mathcal{A}_{k-1}$ は $L^2(\varOmega;\mathbb{C})$ の $k-1$ 次元部分空間であり, $\varPhi \perp E$ は $\varPhi$ が $L^2(\varOmega;\mathbb{C})$ の中で部分空間 E と直交することを意味する. また

(8.14) $\quad \mu_k(h) = \inf_{E \in \mathcal{A}_k} \left(\sup\{\mathcal{R}_h(\varPhi) : \varPhi \in E,\ \varPhi \not\equiv 0\}\right)$

とも表現される. どちらも固有値の最大最小原理と呼ばれるものである (Edmunds-Evans [51], 村田-倉田 [131] 参照).

注意 8.1 $L^2(\varOmega;\mathbb{C})$ の各要素は複素数値関数であるが, 線形空間としては実数係数で考えている. 内積は

$$\langle \boldsymbol{u}, \boldsymbol{v}\rangle_{L^2(\varOmega;\mathbb{C})} = \int_{\varOmega} \mathrm{Re}\,(\boldsymbol{u}(x)\overline{\boldsymbol{v}(x)})dx$$

で与えられる. ただし, 本書では以下で最小固有値 $\mu_1(h)$ しか問題にしないので, このことはあまり意識しなくてよい.

さて以下の段階 [I], [II], [III] を経て $\mu_1(h)$ を下から評価する. まず 2 次元円板の場合の結果を述べる.

[I] 円板領域 (2 次元) 上の不等式: 単位円板領域 $\varOmega'$ を

8 超伝導における Ginzburg-Landau モデル II

$$\Omega' = \{(x_1, x_2) \in \mathbb{R}^2 : x_1^2 + x_2^2 < 1\}$$

と定める. Ω' 上のベクトル場を $A_0'(h) = (h/2)(-x_2, x_1)$ とおく. このとき, 次の結果が成立する.

命題 8.2 ある定数 $c_0 > 0$ があって

(8.15)
$$\int_{\Omega'} |(\nabla' - iA_0'(h))\phi|^2 dx' \geqq c_0 |h| \int_{\Omega'} |\phi|^2 dx' \quad (\phi \in H^1(\Omega'; \mathbb{C}),\ h \in \mathbb{R})$$

が成立する. ここで $\nabla' \phi(x') = (\partial \phi / \partial x_1, \partial \phi / \partial x_2)$ である. □

証明は多少長いので付録の A.8 節で述べる. これを認めて次に進むことにしよう.

[II] 円柱領域(3次元)上の不等式：円柱領域 Ω_0 を

$$\Omega_0 = \{(x_1, x_2, x_3) \in \mathbb{R}^3 : x_1^2 + x_2^2 < 1,\ 0 < x_3 < 1\}$$

と定める. このとき上と類似の不等式が成立する.

命題 8.3 $c_0 > 0$ を前命題と同じ定数として

(8.16)
$$\int_{\Omega_0} |(\nabla - iA_0(h))\Phi|^2 dx \geqq c_0 |h| \int_{\Omega_0} |\Phi|^2 dx \quad (\Phi \in H^1(\Omega; \mathbb{C}),\ h \in \mathbb{R})$$

が成立する. □

[証明] ベクトル値関数 $(\nabla - iA_0(h))\Phi$ の第3成分を零としたものと比較することで得られる不等式, および, 円柱の各断面 $x_3 = const.$ ごとに上の命題の不等式(8.15)を適用することで得られる. すなわち

(8.16)の左辺
$$\geqq \int_0^1 \left(\int_{\Omega'} |(\nabla' - iA_0'(h))\Phi(x', x_3)|^2 dx' \right) dx_3$$
$$\geqq c_0 |h| \int_0^1 \left(\int_{\Omega'} |\Phi(x', x_3)|^2 dx' \right) dx_3 = c_0 |h| \int_{\Omega_0} |\Phi(x)|^2 dx$$

を得る. これが結論となる. ■

8.3 作用素 $(\nabla-iA_0(h))^2$ の性質

[III] 3次元有界領域の問題：区分的に C^1 級の境界をもつ有界領域 $\Omega \subset \mathbb{R}^3$ に対して [II] と同じ形の不等式を示す．Ω を互いに相似な円柱領域の和（可算無限個）として考え，それぞれの小円柱に [II] を適用することを考える．そのためにまず $\mathcal{R}_h$ の座標変換に関する性質を調べる．後の必要性から平行移動とスケール変換を扱う．

（ⅰ）座標変換 $y_1=x_1+d_1, y_2=x_2+d_2, y_3=x_3+d_3$ を施して，変数 y によって記述する．

$$\nabla_x \Phi - iA_0(h)\Phi$$
$$= \nabla_x \Phi - \frac{ih}{2}(-x_2, x_1, 0)\Phi$$
$$= \nabla_y \Phi - \frac{ih}{2}(-y_2-d_2, y_1+d_1, 0)\Phi$$
$$= \exp\left(\frac{ih}{2}\chi(y)\right)\left(\nabla_y - \frac{ih}{2}(-y_2, y_1, 0)\right)\left(\exp\left(-\frac{ih}{2}\chi(y)\right)\Phi\right)$$

ただし $\chi(y)=-d_2y_1+d_1y_2$ とした．よって

$$\widetilde{\Phi}(y) = \exp\left(-\frac{ih}{2}\chi(y)\right)\Phi(y), \quad \widetilde{A}_0(h) = \frac{ih}{2}(-y_2, y_1, 0)$$

によって

$$\int_\Omega |\nabla_x \Phi - iA_0(h)\Phi|^2 dx = \int_{\widetilde{\Omega}} |\nabla_y \widetilde{\Phi} - i\widetilde{A}_0(h)\widetilde{\Phi}|^2 dy,$$
$$\int_\Omega |\Phi|^2 dx = \int_{\widetilde{\Omega}} |\widetilde{\Phi}|^2 dy$$

となる．ここで $\widetilde{\Omega}=\{(x_1+d_1, x_2+d_2, x_3+d_3)\in\mathbb{R}^3 : (x_1,x_2,x_3)\in\Omega\}$ である．Φ から $\widetilde{\Phi}$ への写像は全単射である．これによって $\mathcal{R}_h$ は座標系の平行移動に関して不変であることがわかる．

（ⅱ）$\Omega_0\subset\mathbb{R}^3$ を [II] の有界領域とする．$t>0$ をパラメータとして

$$\Omega_0(t) = \{t\,x \in \mathbb{R}^3 : x \in \Omega_0\}$$

とおく．以下の積分で $x=ty$ ($y\in\Omega_0$) の変数変換をして $\Omega_0(t)$ と Ω_0 上の積分を関連付ける．$\widetilde{\Phi}(y)=\Phi(ty)$ とする．

$$\int_{\Omega_0(t)} |(\nabla_x - iA_0^h(x))\Phi|^2 dx = \int_{\Omega_0} |(1/t)\nabla_y \Phi - itA_0^h(y)\Phi|^2 t^3 dy$$
$$= t \int_{\Omega_0} |\nabla_y \widetilde{\Phi} - it^2 A_0^h(y)\widetilde{\Phi}|^2 dy = t \int_{\Omega_0} |\nabla_y \widetilde{\Phi} - iA_0^{ht^2}(y)\widetilde{\Phi}|^2 dy$$
$$\geqq t\, c_0 |h\, t^2| \int_{\Omega_0} |\widetilde{\Phi}|^2 dy = c_0 |h| \, t^3 \int_{\Omega_0} |\widetilde{\Phi}|^2 dy = c_0 |h| \int_{\Omega_0(t)} |\Phi|^2 dx$$

上の式変形では [II] の結果を用いた.以上 [I], [II] をまとめることによって $t>0$, $s\in\mathbb{R}^3$ に対して $\Omega_s(t)=\{s+tx:x\in\Omega_0\}$ として不等式

(8.17) $$\int_{\Omega_s(t)} |(\nabla_x - iA_0^h(x))\Phi|^2 dx \geqq c_0 |h| \int_{\Omega_s(t)} |\Phi|^2 dx$$

が成立する.

一般の Ω に対して (8.16) と同様の不等式を示す.Ω を小さい円柱の和集合の形に表す.

$$\Omega = \bigcup_{\ell=1}^{\infty} \Omega_\ell$$

ただし,各 Ω_ℓ は Ω_0 をスケール変換して平行移動したものである.ユークリッド空間の局所コンパクト性より,次の条件が成立するように $\{\Omega_\ell\}$ をとることができる.

(条件) ある自然数 N があって,任意の点 $x\in\Omega$ に対して $x\in\Omega_\ell$ となる ℓ はたかだか N 個である.

この条件を用いて

$$\int_{\Omega} |\nabla_x \Phi - iA_0(h)\Phi|^2 dx \geqq N^{-1} \sum_{\ell=1}^{\infty} \int_{\Omega_\ell} |\nabla_x \Phi - iA_0(h)\Phi|^2 dx$$
$$\geqq N^{-1} \sum_{\ell=1}^{\infty} c_0 |h| \int_{\Omega_\ell} |\Phi|^2 dx \geqq N^{-1} c_0 |h| \int_{\Omega} |\Phi|^2 dx$$

これらをまとめると以下の結果となる.

命題 8.4 ある定数 $c_1>0$ が存在して,$\mu_1(h) \geqq c_1 |h|$ ($|h|\geqq 1$). すなわち,次の不等式が成立する.

(8.18)
$$\int_{\Omega} |(\nabla - iA_0(h))\Phi|^2 dx \geqq c_1 |h| \int_{\Omega} |\Phi|^2 dx \quad (\Phi \in H^1(\Omega;\mathbb{C}),\ |h|\geqq 1) \quad \square$$

[命題 8.1 の証明]　$(0, A_0(h))$ における第 2 変分 (8.8) と命題 8.4 より
$$\mathcal{L}_\lambda(0, A_0(h), \Phi, B) \geqq (c_1|h|-\lambda) \int_\Omega |\Phi|^2 dx + \int_{\mathbb{R}^3} |\operatorname{curl} B|^2 dx \quad ((\Phi, B) \in X)$$
であるから, $|h|$ が大きいとき非負定値となる. ■

注意 8.2　命題 8.1 によって $|h|$ が十分大きいときには常伝導状態しか起こらないことがわかる. また, これは常伝導状態しか起こらない状況と超伝導状態が実現し得る状況の境目となる外部磁場の臨界値の存在を示している.

8.4　超伝導状態の非存在のためのパラメータの条件

前節で述べたのは常伝導解 $(0, A_0(h))$ の安定性の変化であるが, 実は解の構造に関する大域的な主張が, $|h|$ が大きい範囲ではできる. それが次の結果である.

定理 8.5　任意の $\lambda > 0$ に対して $h_1 = h_1(\lambda) > 0$ があって, $|h| \geqq h_1$ ならば $(0, A_0(h))$ は $\mathcal{G}_\lambda$ の最小化解であり, また唯一の停留点である.　□

(Ψ, A) を方程式 (8.4) の任意の解とする. まず Ψ について一般的に成立する性質を述べておく.

$$|\Psi(x)| \leqq 1 \quad (x \in \Omega) \tag{8.19}$$

この性質の証明は 7.4 節の中で実質的には現れているので省略する.

後の議論のためいくつかの等式の計算をしておく. 方程式 (8.4) の第 1 式に $\overline{\Psi}$ をかけて Ω で積分して
$$\int_\Omega |(\nabla - iA)\Psi|^2 dx = \int_\Omega \lambda(1-|\Psi|^2)|\Psi|^2 dx$$
を得る. また単純な式変形によって
$$|\Psi|^2 (\nabla - iA)\Psi = (-i)\left(\frac{i}{2}(\overline{\Psi}\nabla\Psi - \Psi\nabla\overline{\Psi}) + |\Psi|^2 A \right)\Psi + \frac{1}{2}\Psi\nabla|\Psi|^2$$
を得る. $(1/2)\nabla|\Psi|^2 = |\Psi|\nabla|\Psi|$ の変形をしたあと, 両辺を $|\Psi|^2 = \Psi\overline{\Psi}$ で割り, Ω での積分を考えて

232   8 超伝導における Ginzburg-Landau モデル II

$$\int_\Omega |(\nabla-iA)\Psi|^2 dx = \int_\Omega \left(|\nabla|\Psi||^2 + \left|\left(\frac{i}{2}(\overline{\Psi}\nabla\Psi-\Psi\nabla\overline{\Psi})+|\Psi|^2 A\right)\Psi\right|^2 \frac{1}{|\Psi|^2}\right) dx$$

を得るから,2つを合わせて重要な式を得る.

命題 8.6 $(\Psi,A) \in X(h)$ を (8.4) の任意の解とする.次の式が成立する.

(8.20) $\quad \int_\Omega |(\nabla-iA)\Psi|^2 dx$

$$= \int_\Omega \left(|\nabla|\Psi||^2 + \left|\left(\frac{i}{2}(\overline{\Psi}\nabla\Psi-\Psi\nabla\overline{\Psi})+|\Psi|^2 A\right)\Psi\right|^2 \frac{1}{|\Psi|^2}\right) dx$$
$$= \lambda \int_\Omega (1-|\Psi|^2)|\Psi|^2 dx \leq \lambda \int_\Omega |\Psi|^2 dx \qquad \square$$

まず,次の補題を用意する.これは $X(h)$ におけるゲージの取り替えによって解としてある意味で都合のよいものに限定して議論することが可能となる.

補題 8.7 ある定数 $c_0>0$ (h に依存しない)が存在して,次の性質が成立する.$(\Psi,A) \in X(h)$ に対してゲージ同値な $(\Psi',A') \in X(h)$ が存在して

$$\begin{cases} \operatorname{div} A' = 0 \quad (x \in \mathbb{R}^3), \\ \int_\Omega |A'-A_0(h)|^2 dx \leq c_0 \int_{\mathbb{R}^3} |\operatorname{curl}(A'-A_0(h))|^2 dx \end{cases}$$

となる. $\qquad \square$

[証明] 与えられた $(\Psi,A) \in X(h)$ に対して $A-A_0(h)=B$ とおく.付録の定理 A.11 のヘルムホルツ分解より

$$B = B' + \nabla\eta, \quad \operatorname{div} B' = 0 \ (x \in \mathbb{R}^3), \quad \nabla\eta \in L^6(\mathbb{R}^3;\mathbb{R}^3)$$

となるように B', η をとることができる. $A'=A_0(h)+B'$, $\Psi'=\Psi\exp(-\eta(x)i)$ とおく.これによって (Ψ',A') は (Ψ,A) とゲージ同値となることを確かめるのは容易である.ヘルダーの不等式,ソボレフの不等式(付録の命題 A.4)および $\operatorname{div} B'=0$ より

$$\|A'-A_0(h)\|_{L^2(\Omega;\mathbb{R}^3)} \leq |\Omega|^{1/3} \|A'-A_0(h)\|_{L^6(\Omega;\mathbb{R}^3)}$$
$$\leq c_0 \|\nabla(A'-A_0(h))\|_{L^2(\mathbb{R}^3;\mathbb{R}^3)} = c_0 \|\operatorname{curl}(A'-A_0(h))\|_{L^2(\mathbb{R}^3;\mathbb{R}^3)}$$

となり,補題の結論が得られる. $\blacksquare$

[定理 8.5 の証明] 補題 8.7 より最初から解 (Ψ, A) として (Ψ', A') に取り直しておく(ゲージ変換)ことで

(8.21) $$\begin{cases} \operatorname{div} A = 0 \quad (x \in \mathbb{R}^3) \\ \int_\Omega |A - A_0(h)|^2 dx \leqq c_0 \int_{\mathbb{R}^3} |\operatorname{curl}(A - A_0(h))|^2 dx \end{cases}$$

が成立しているとしてよい.まず GL 方程式の第 2 式と $A - A_0(h)$ との内積をとって $\mathbb{R}^3$ で積分することで

(8.22)
$$I \equiv \int_{\mathbb{R}^3} |\operatorname{curl}(A - A_0(h))|^2 dx = -\int_\Omega \langle F(\Psi, A), A - A_0(h) \rangle dx$$
$$= -\int_\Omega \left\langle F(\Psi, A), \frac{1}{|\Psi|} |\Psi|(A - A_0(h)) \right\rangle dx$$

を得る.(8.22)の右辺は次のように上から評価される.

(8.23)
$$I \leqq \frac{1}{4\varepsilon} \int_\Omega \left| \frac{i}{2}(\overline{\Psi}\nabla\Psi - \Psi\nabla\overline{\Psi}) + |\Psi|^2 A \right|^2 \frac{1}{|\Psi|^2} dx + \varepsilon \int_\Omega |\Psi|^2 |A - A_0(h)|^2 dx$$
$$\leqq \frac{\lambda}{4\varepsilon} \int_\Omega |\Psi|^2 dx + \varepsilon \int_\Omega |A - A_0(h)|^2 dx$$

ここで (8.5), (8.20) および $|\Psi| \leqq 1$ を用いた.(8.21), (8.22), (8.23) より

(8.24) $\quad \|A - A_0(h)\|_{L^2(\Omega;\mathbb{R}^3)}^2 \leqq c_0 \left(\varepsilon \int_\Omega |A - A_0(h)|^2 dx + \frac{\lambda}{4\varepsilon} \int_\Omega |\Psi|^2 dx \right)$

となるから $\varepsilon = 1/(2c_0)$ として

(8.25) $$\int_\Omega |A - A_0(h)|^2 dx \leqq \frac{\lambda c_0^2}{2} \int_\Omega |\Psi|^2 dx$$

を得る.一方,単純な式変形と (8.20), $|\Psi(x)| \leqq 1$ によって

(8.26)
$$\int_\Omega |(\nabla - iA_0(h))\Psi|^2 dx \leqq 2\int_\Omega |(\nabla - iA)\Psi|^2 dx + 2\int_\Omega |(A - A_0(h))\Psi|^2 dx$$
$$\leqq (2\lambda + \lambda c_0^2) \int_\Omega |\Psi|^2 dx$$

を得る．(8.26)と$\Phi=\Psi$とおいた命題8.4の(8.18)を合わせると

$$(8.27) \quad c_1|h|\int_\Omega |\Psi|^2 dx \leqq \lambda(2+c_0^2)\int_\Omega |\Psi|^2 dx$$

となる．不等式(8.27)より$|h|>\lambda(2+c_0^2)/c_1$ならば$\Psi\equiv 0$ $(x\in\Omega)$が従う．これで定理8.5の証明が完成した． ∎

8.5 超伝導電流に対応する非自明解の存在と安定性

前節の場合とは逆に$|h|$に比べて大きな$\lambda>0$に対する非自明解の存在を考える．まず大雑把な考察をする．$\mathcal{G}_\lambda$は変数Aに関して2次関数で下に凸である．したがって，変数Ψを固定すると$\mathcal{G}_\lambda(\Psi,A)$を停留させる$A$の選択は唯一である．これを$A=A_\Psi$と書くと，とくに極小化解を見つける問題は$\mathcal{G}_\lambda(\Psi,A_\Psi)$となるから，変数$\Psi$が主役を演じるといってもよい．よって，磁場の効果を含めたGL汎関数の基本的な骨格は，外部磁場の影響が小さい場合には磁場の効果のないGL汎関数と同様な性質をもったものと考えることができる．この汎関数は第3章におけるGL汎関数と同じではないのでこの考察だけでは何も結論できないが，A_ΨがΨによってあまり変動しない場合には正当化できる．実際，外部磁場Hに比して$\lambda>0$が大きい場合には第3章にも述べた磁場の効果のない場合の安定解の存在と同様の結論を得ることができる．

定理 8.8 任意の連続写像

$$\theta_0 : \overline{\Omega} \longrightarrow S^1$$

に対して，$\lambda_0=\lambda_0(\theta_0)>0$が存在して$\lambda\geqq\lambda_0(\theta_0)$の条件のもとで，$\mathcal{G}_\lambda$は$X(h)$において非自明な極小化解$(\Psi_\lambda, A_\lambda)$をもち次の条件を満たす．

(8.28) $\qquad |\Psi_\lambda(x)| > 0 \quad (x\in\overline{\Omega})$,
(8.29) $\qquad$ 連続写像 $\overline{\Omega}\ni x \longmapsto \Psi_\lambda(x)/|\Psi_\lambda(x)| \in S_c^1$

は$\exp(i\theta_0)$とホモトピー同値である． ☐

本定理は，磁場の効果のない場合のGL方程式の解の存在定理(第3章の定理3.8)の一般化とみなせる．領域Ωの例として第3章のドーナツあるいは3

つ穴ドーナツ等の図形(図3.2参照)を念頭に置いている.

［存在定理の証明の概要］　未知関数 Ψ を次の形で考える.

$$(8.30) \qquad \Psi(x) = w(x) \exp(i\theta(x))$$

ただし，w, θ は，次の写像である.

$$w : \overline{\Omega} \longrightarrow \mathbb{R}_+, \quad \theta : \overline{\Omega} \longrightarrow S^1 = \mathbb{R}/(2\pi\mathbb{Z})$$

これらの変数 $w=w(x)$, $\theta=\theta(x)$ によって GL 方程式を記述する．Ψ を直接代入することによって

$$(8.31) \quad \begin{cases} \Delta w - |\nabla\theta - A|^2 w + \lambda(1-w^2)w = 0 & (x \in \Omega), \\ \langle \nabla w, \boldsymbol{\nu} \rangle = 0 & (x \in \partial\Omega), \\ \operatorname{div}(w^2(\nabla\theta - A)) = 0 \quad (x \in \Omega), \quad \langle \nabla\theta - A, \boldsymbol{\nu} \rangle = 0 & (x \in \partial\Omega), \\ \operatorname{curl}\operatorname{curl} A + F'(w^2, \nabla\theta, A) = 0 & (x \in \mathbb{R}^3), \\ \operatorname{curl} A - H \to \boldsymbol{0} & (|x| \to \infty). \end{cases}$$

ただし $\overline{\Omega}$ 上のベクトル場 $\boldsymbol{q}$, $\mathbb{R}^3$ 上のベクトル場 $\boldsymbol{p}$ に対して

$$F'(w^2, \boldsymbol{q}, \boldsymbol{p})(x) = \begin{cases} w(x)^2(\boldsymbol{p}(x) - \boldsymbol{q}(x)) & (x \in \Omega), \\ \boldsymbol{0} & (x \in \mathbb{R}^3 \setminus \Omega) \end{cases}$$

とした．第3章と同様にパラメータの極限 $\lambda = \infty$ の場合の方程式の解析から出発する.

$\lambda = \infty$ に対する GL 方程式

方程式(8.31)の $\lambda \to \infty$ の極限方程式を次のように与えて解を構成することを考える.

$$(8.32) \quad \begin{cases} \operatorname{div}(\nabla\theta - A) = 0 \quad (x \in \Omega), \quad \langle \nabla\theta - A, \boldsymbol{\nu} \rangle = 0 & (x \in \partial\Omega), \\ \operatorname{curl}\operatorname{curl} A + f'(\nabla\theta, A) = \boldsymbol{0} & (x \in \mathbb{R}^3), \\ \operatorname{curl} A - H \to \boldsymbol{0} & (|x| \to \infty) \end{cases}$$

ただし $\overline{\Omega}$ 上のベクトル場 $\boldsymbol{q}$, $\mathbb{R}^3$ 上のベクトル場 $\boldsymbol{p}$ に対して

$$f'(\boldsymbol{q},\boldsymbol{p})(x) = \begin{cases} \boldsymbol{p}(x)-\boldsymbol{q}(x) & (x \in \Omega), \\ 0 & (x \in \mathbb{R}^3 \setminus \Omega) \end{cases}$$

である.方程式 (8.32) の解の存在について議論しよう.第 3 章と同様に S^1 値関数 θ を実数値関数 η に関する方程式に書き換える.以下の計算では式の簡明のため $A_0^h = A_0(h)$ と記す.θ_0 は C^2 級として一般性を失わない.

$$(8.33) \qquad \theta(x)-\theta_0(x) = \iota_2(\eta(x)), \quad A(x)-A_0^h(x) = B(x)$$

として方程式を変換する.これによって θ のホモトピークラスが限定されることになる.(8.33) により (8.32) は

$$(8.34) \quad \begin{cases} \operatorname{div}(\nabla\eta + \boldsymbol{e}_0 - (A_0^h+B)) = 0 & (x \in \Omega), \\ \langle \nabla\eta + \boldsymbol{e}_0 - (A_0^h+B), \boldsymbol{\nu} \rangle = 0 & (x \in \partial\Omega), \\ \operatorname{curl}\operatorname{curl} B + f'(\nabla\eta+\boldsymbol{e}_0, A_0^h+B) = \boldsymbol{0} & (x \in \mathbb{R}^3), \\ \operatorname{curl} B \to \boldsymbol{0} & (|x| \to \infty) \end{cases}$$

となる.ただし,ベクトル場 $\boldsymbol{e}_0(x) = \nabla\theta_0(x)$ とした.この方程式が次の汎関数の変分方程式となっていることも簡単な計算でわかる.

$$(8.35) \quad \mathcal{G}_\infty(\eta,B) = \int_\Omega \frac{1}{2}|\nabla\eta+\boldsymbol{e}_0-(A_0^h+B)|^2 dx + \int_{\mathbb{R}^3} \frac{1}{2}|\operatorname{curl} B|^2 dx$$

上の方程式について次の結果が成立する.

命題 8.9 方程式 (8.34) の解 $(\eta_\infty, B_\infty) \in H^1(\Omega) \times Z$ が存在する.また条件

$$(8.36) \qquad \operatorname{div} B_\infty = 0 \ (x \in \mathbb{R}^3), \quad \int_\Omega \eta_\infty(x) dx = 0$$

のもとで解は一意であり $(\eta_\infty, B_\infty) \in C^{2,\alpha}(\overline{\Omega}) \times C^{1,\alpha}(\mathbb{R}^3;\mathbb{R}^3)$ $(\alpha \in (0,1))$ となる. □

この結果から (8.33) を用いて (8.32) の解 $(\theta_\infty, A_\infty)$ が得られる.

[命題 8.9 の証明] 方程式 (8.34) の解を汎関数 (8.35) の最小化解を求めることで見つける.汎関数 $\mathcal{H}_\infty(\eta, B)$ の最小化列を $\{(\eta_m, B_m)\}_{m=1}^\infty \subset H^1(\Omega) \times Z$ とする.$L^6(\mathbb{R}^3;\mathbb{R}^3)$ のヘルムホルツ分解 (付録の定理 A.11) によって,B_m は $\xi_m \in L^2_{loc}(\mathbb{R}^3)$ を選んで

8.5 超伝導電流に対応する非自明解の存在と安定性

$$B_m = \nabla \xi_m + B'_m, \quad \text{div} \, B'_m = 0 \quad (x \in \mathbb{R}^3), \quad \int_\Omega (\eta_m - \xi_m) \, dx = 0$$

と分解できる．エネルギー汎関数の最小化列であることから，ある定数 $c_2 > 0$ が存在して

$$\begin{aligned}\mathcal{G}_\infty(\eta_m, B_m) &= \frac{1}{2} \int_\Omega |\nabla(\eta_m - \xi_m) + \boldsymbol{e}_0 - A_0^h - B'_m|^2 dx \\ &+ \frac{1}{2} \int_{\mathbb{R}^3} |\text{curl} \, B'_m|^2 dx \leqq c_2 \quad (m \geqq 1)\end{aligned}$$

となる．この不等式と B'_m の条件から

$$\int_{\mathbb{R}^3} |\nabla B'_m|^2 dx = \int_{\mathbb{R}^3} |\text{curl} \, B'_m|^2 \, dx + \int_{\mathbb{R}^3} |\text{div} \, B'_m|^2 \, dx = \int_{\mathbb{R}^3} |\text{curl} \, B'_m|^2 \, dx$$

が有界で，さらにソボレフ不等式(付録の命題 A.4)より，$\{B'_m\}_{m=1}^\infty$ は $L^6(\mathbb{R}^3; \mathbb{R}^3)$ においても有界である．同じ不等式から

$$\int_\Omega |\nabla(\eta_m - \xi_m)|^2 dx \quad (m \geqq 1)$$

も有界となる．ポアンカレ型不等式を併わせ用いて $\{\eta_m - \xi_m\}_{m=1}^\infty$ の $H^1(\Omega)$ における有界性が成立する．ヒルベルト空間および反射的バナッハ空間の有界列の点列弱相対コンパクト性により $\{\eta_m - \xi_m\}_{m=1}^\infty, \{B'_m\}_{m=1}^\infty$ のある部分列は弱い意味での極限 $(\eta_\infty, B_\infty) \in H^1(\Omega) \times L^6(\mathbb{R}^3; \mathbb{R}^3)$ をもつ．部分列に同じ記号を用いることによって $m \to \infty$ において

$$\begin{cases} \eta_m - \xi_m \to \eta_\infty & (H^1(\Omega) \text{ で弱収束}), \\ B'_m \to B_\infty & (L^6(\mathbb{R}^3; \mathbb{R}^3) \text{ で弱収束}), \\ \nabla B'_m \to \nabla B_\infty & (L^2(\mathbb{R}^2; \mathbb{R}^{3 \times 3}) \text{ で弱収束}) \end{cases}$$

となる．ヒルベルト空間における弱収束に関するノルムの下半連続性により

$$\liminf_{m \to \infty} \mathcal{G}_\infty(\eta_m, B_m) \geqq \mathcal{G}_\infty(\eta_\infty, B_\infty)$$

となり，結局 $(\eta_\infty, B_\infty) \in H^1(\Omega) \times Z$ は $\mathcal{G}_\infty$ の最小化解となる．また収束の性質を用いて

$$(8.37) \qquad \operatorname{div} B_\infty = 0 \quad (x \in \mathbb{R}^3), \quad \int_\Omega \eta_\infty dx = 0$$

が従う．(8.37)から $\operatorname{curl}\operatorname{curl} B_\infty = -\Delta B_\infty$ であるから方程式(8.34)は η_∞ と B_∞ に関して楕円型方程式系となり，解の滑らかさの理論から $\eta_\infty \in H^2(\Omega)$, $B_\infty \in H^2_{loc}(\mathbb{R}^3; \mathbb{R}^3)$ となる（文献[127; Chap.3]参照）．さらにシャウダー評価を用いて(cf. [58])，$(\eta_\infty, B_\infty) \in C^{2,\alpha}(\overline{\Omega}) \times C^{1,\alpha}(\mathbb{R}^3; \mathbb{R}^3)$ $(\alpha \in (0,1))$ が示される．

つぎに，解の一意性を示す．$(\eta, B), (\eta', B')$ はともに(8.34)の解で(8.36)を満たすとする．それぞれの方程式から辺々引き算して $\widetilde{B} = B - B'$, $\widetilde{\eta} = \eta - \eta'$ とおくことで

$$\begin{cases} \operatorname{div}(\widetilde{B} - \nabla\widetilde{\eta}) = 0 \quad (x \in \Omega), \quad \langle \widetilde{B} - \nabla\widetilde{\eta}, \boldsymbol{\nu} \rangle = 0 \quad (x \in \partial\Omega), \\ \operatorname{curl}\operatorname{curl}\widetilde{B} + f'(\nabla\widetilde{\eta}, \widetilde{B}) = \mathbf{0} \quad (x \in \mathbb{R}^3) \end{cases}$$

を得る．$\widetilde{\eta} \in C^2(\overline{\Omega})$, $\partial\Omega$ が C^3 であることから $\widetilde{\eta}$ を $\widetilde{\eta}_* \in C^2(\mathbb{R}^3)$ に拡張することができる．ただし $\operatorname{supp}(\widetilde{\eta}_*)$ はコンパクトにしておく．よって

$$\operatorname{curl}\operatorname{curl}(\widetilde{B} - \nabla\widetilde{\eta}_*) + f'(\nabla\widetilde{\eta}_*, \widetilde{B}) = \mathbf{0} \quad (x \in \mathbb{R}^3)$$

となり，両辺に $\widetilde{B} - \nabla\widetilde{\eta}_*$ をかけて $\mathbb{R}^3$ で積分して，

$$\begin{aligned} 0 &= \int_{\mathbb{R}^3} |\operatorname{curl}(\widetilde{B} - \nabla\widetilde{\eta}_*)|^2 dx + \int_\Omega |\widetilde{B} - \nabla\widetilde{\eta}_*|^2 dx \\ &= \int_{\mathbb{R}^3} |\operatorname{curl}\widetilde{B}|^2 dx + \int_\Omega |\widetilde{B} - \nabla\widetilde{\eta}_*|^2 dx. \end{aligned}$$

これから

$$\operatorname{curl}\widetilde{B} = \mathbf{0} \quad (x \in \mathbb{R}^3), \quad \widetilde{B} - \nabla\widetilde{\eta}_* \equiv \mathbf{0} \quad (x \in \Omega).$$

一方，(8.36)より $\operatorname{div}\widetilde{B} = \mathbf{0}$ $(x \in \mathbb{R}^3)$ であったから，付録の命題A.10より $\nabla\widetilde{B} \equiv \mathbf{0}$ $(x \in \mathbb{R}^3)$ となるが $\widetilde{B} \in L^6(\mathbb{R}^3; \mathbb{R}^3)$ より $\widetilde{B} \equiv \mathbf{0}$ $(x \in \mathbb{R}^3)$ である．この結果，$\widetilde{\eta}$ の方程式に戻ると

$$\Delta\widetilde{\eta} = 0 \quad (x \in \Omega), \quad \partial\widetilde{\eta}/\partial\boldsymbol{\nu} = 0 \quad (x \in \partial\Omega)$$

であるから，再び(8.36)に従う $\int_\Omega \widetilde{\eta}(x)\, dx = 0$ と併せて $\widetilde{\eta} \equiv 0$ $(x \in \Omega)$ を得る．

これで命題 8.9 の証明が終わる. ∎

注意 8.3 もし条件 (8.36) の $\int_\Omega \eta_\infty(x)dx=0$ を, ある特定の点 $\boldsymbol{a}\in\Omega$ をとって $\eta_\infty(\boldsymbol{a})=0$ に交換しても同じ一意性の結論を得る.

大きい $\lambda>0$ に対する GL 方程式

一般の $\lambda>0$ に対して GL 方程式の解 $(\Psi_\lambda, A_\lambda)$ の存在を考える. 定理 8.8 で考えている解に関して, 方程式は (8.31) の形で与えられているが, それは前項と同じように変換 (8.33) によって w, η, B を用いて記述される.

$$(8.38) \quad \begin{cases} \Delta w - |\nabla\eta + \boldsymbol{e}_0 - (A_0^h + B)|^2 w + \lambda(1-w^2)w = 0 & (x \in \Omega), \\ \langle \nabla w, \boldsymbol{\nu}\rangle = 0 & (x \in \partial\Omega) \end{cases}$$

$$(8.39) \quad \begin{cases} \operatorname{div}(w^2(\nabla\eta + \boldsymbol{e}_0 - (A_0^h + B))) = 0 & (x \in \Omega), \\ \langle \nabla\eta + \boldsymbol{e}_0 - (A_0^h + B), \boldsymbol{\nu}\rangle = 0 & (x \in \partial\Omega), \\ \operatorname{curl}\operatorname{curl} B + F'(w^2, \nabla\eta + \boldsymbol{e}_0, A_0^h + B) = \boldsymbol{0} & (x \in \mathbb{R}^3), \\ \operatorname{curl} B \to \boldsymbol{0} & (|x| \to \infty) \end{cases}$$

(8.38), (8.39) は汎関数

$$(8.40)$$
$$\mathcal{G}'_\lambda(w, \eta, B) = \int_\Omega \frac{1}{2}|w(\nabla\eta + \boldsymbol{e}_0 - (A_0^h + B))|^2 dx + \int_{\mathbb{R}^3} \frac{1}{2}|\operatorname{curl} B|^2 dx + \int_\Omega \left(\frac{1}{2}|\nabla w|^2 + \frac{\lambda}{4}(1-w^2)^2\right) dx$$

のオイラー-ラグランジュ方程式になっていることも簡単な計算で確かめられる. 方程式 (8.38)-(8.39) の解 (w, η, B) を構成することを考える. これらは方程式系 (8.34) の摂動系とみることができることから, その解 $(1, \eta_\infty, B_\infty)$ を用いて不動点定理の枠組みで解の構成を議論する. (η, B) を適当に与えて (8.38) の解 $w = w(\eta, B) > 0$ を求め, この $w = w(\eta, B)$ に対して (8.39) の解 $(\widetilde{\eta}(w), \widetilde{B}(w))$ を最初の (η, B) に一致させることを考える. このあたりの手順は第 3 章で磁場の効果を含まない GL 方程式の場合の証明と同じである. 不動点定理を適用するための写像の定義域として, 集合 $\Sigma_1, \Sigma_2(\delta)$ を次のように定める.

$$\boldsymbol{\Sigma}_1 := \{(\eta, B) \in C^{2,\alpha}(\overline{\Omega}) \times (C^{1,\alpha}(\overline{\Omega}; \mathbb{R}^3) \cap L^6(\mathbb{R}^3; \mathbb{R}^3)) :$$
$$(\eta, B) \text{ は } (8.41) \text{ を満たす }\},$$

$$(8.41) \quad \begin{cases} \int_\Omega \eta(x)dx = 0, \ \|\eta - \eta_\infty\|_{C^{1,\alpha}(\overline{\Omega})} \leqq 1, \quad \mathrm{div}\, B = 0 \quad (x \in \mathbb{R}^3), \\ \|B - B_\infty\|_{C^{1,\alpha}(\overline{\Omega}; \mathbb{R}^3)} \leqq 1, \quad \|B - B_\infty\|_{L^6(\mathbb{R}^3; \mathbb{R}^3)} \leqq 1, \end{cases}$$

$$\boldsymbol{\Sigma}_2(\delta) := \{w \in C^{1,\alpha}(\overline{\Omega}) : \|w - 1\|_{C^{1,\alpha}(\overline{\Omega})} \leqq \delta\}$$

ここで $0 < \delta < 1/2$ としておく．このとき $\boldsymbol{\Sigma}_2(\delta)$ に属する関数は正値となる．

いま，$(\eta, B) \in \boldsymbol{\Sigma}_1$ を与え，方程式 (8.38) の解を考える．実際この場合，パラメータ λ をある程度大きくとれば η, B によらず正値解 w は存在する．すなわち次の事実が成立する．

命題 8.10 ある $\lambda_0 = \lambda_0(\delta) > 0$ および $c_3 > 0$ が存在して (8.38) は一意の正値の解 $w(\lambda, \eta, B) \in \boldsymbol{\Sigma}_2(\delta)$ をもち，次の評価を満たす．

$$1 - \frac{c_3}{\lambda} < w(\lambda, \eta, B; x) \leqq 1 \quad (x \in \Omega, \ \lambda \geqq \lambda_0),$$
$$\|w(\lambda, \eta, B) - 1\|_{C^\alpha(\overline{\Omega})} \leqq \frac{c_3}{\lambda}(\|\nabla \eta\|^2_{C^\alpha(\overline{\Omega})} + \|e_0\|^2_{C^\alpha(\overline{\Omega}; \mathbb{R}^3)} + \|B\|^2_{C^\alpha(\overline{\Omega}; \mathbb{R}^3)}),$$
$$\lim_{\lambda \to \infty} \sup_{(\eta, B) \in E_1} \|w(\lambda, \eta, B) - 1\|_{C^{2,\alpha}(\overline{\Omega})} = 0$$
□

この命題と $\boldsymbol{\Sigma}_1$ の定義より，ある $\lambda_1 = \lambda_1(\delta) > 0$ が存在して $w(\lambda, \eta, B) \in \boldsymbol{\Sigma}_2(\delta)$ ($\lambda \geqq \lambda_1$, $(\eta, B) \in \boldsymbol{\Sigma}_1$) となり，さらに対応 $\boldsymbol{\Sigma}_1 \longrightarrow \boldsymbol{\Sigma}_2(\delta)$ は連続かつコンパクト写像となることも示すことができる．

さて，次のステップに進もう．

補題 8.11 任意の $w \in \boldsymbol{\Sigma}_2(\delta)$ に対して (8.39) の解 $(\eta(w), B(w))$ が存在して次を満たす．

$$(\eta(w), B(w)) \in H^1(\Omega) \times Z, \quad (\eta(w), B(w)) \in C^{2,\alpha}(\overline{\Omega}) \times C^{1,\alpha}(\overline{\Omega}; \mathbb{R}^3)$$

また条件

$$(8.42) \quad \mathrm{div}\, B(w) = 0 \quad (x \in \mathbb{R}^3), \quad \int_\Omega \eta(w)\, dx = 0$$

を課すことで一意性が成立する．
□

[補題 8.11 の証明の概要] $w \in \Sigma_2(\delta)$ を与えたときの方程式 (8.39) の解は汎関数 (8.40) の最小化解として求める.これは前項において (η_∞, B_∞) の存在を示した方針と全く同様である.条件 (8.42) のもとでの一意性も同様である. ∎

以下 $(\eta(w), B(w))$ と記述する.さて δ が小さければ $w \in \Sigma_2(\delta)$ によらず $(\eta(w), B(w)) \in \Sigma_1$ となることを示す.(8.24),(8.39) を用いて $\eta - \eta_\infty$, $B - B_\infty$ が満たす式を計算すると

$$\mathrm{div}\,(w^2(\nabla(\eta-\eta_\infty)-(B-B_\infty)))$$
$$+\mathrm{div}\,((w^2-1)(\nabla\eta_\infty+\boldsymbol{e}_0-A_0^h-B_\infty))=0 \quad (x\in\Omega),$$
$$\langle\nabla(\eta-\eta_\infty)-(B-B_\infty),\boldsymbol{\nu}\rangle=0 \quad (x\in\partial\Omega),$$
$$\mathrm{curl}\,\mathrm{curl}\,(B-B_\infty)+F'(w^2,\nabla(\eta-\eta_\infty),B-B_\infty)$$
$$+F'(w^2-1,\nabla\eta_\infty+\boldsymbol{e}_0,A_0^h+B_\infty)=\boldsymbol{0} \quad (x\in\mathbb{R}^3).$$

それぞれ $\eta-\eta_\infty$, $B-B_\infty$ をかけて積分を考えることで

$$\int_\Omega (|\nabla(\eta-\eta_\infty)|^2 - \langle B-B_\infty, \nabla(\eta-\eta_\infty)\rangle) w^2 dx$$
$$= -\int_\Omega (1-w^2)\langle A_0^h+B_\infty-\nabla\eta_\infty-\boldsymbol{e}_0, \nabla(\eta-\eta_\infty)\rangle dx,$$
$$\int_{\mathbb{R}^3} |\mathrm{curl}\,(B-B_\infty)|^2 dx + \int_\Omega \langle B-B_\infty-\nabla(\eta-\eta_\infty), B-B_\infty\rangle w^2 dx$$
$$= \int_\Omega (1-w^2)\langle A_0^h+B_\infty-\nabla\eta_\infty-\boldsymbol{e}_0, B-B_\infty\rangle dx$$

となり,これらの辺々を加えて式変形すると

(8.43)
$$\int_{\mathbb{R}^3} |\mathrm{curl}\,(B-B_\infty)|^2 dx + \int_\Omega |B-B_\infty-\nabla(\eta-\eta_\infty)|^2 w^2 dx$$
$$= \int_\Omega (1-w^2)\langle A_0^h+B_\infty-\nabla\eta_\infty-\boldsymbol{e}_0, B-B_\infty-\nabla(\eta-\eta_\infty)\rangle dx$$
$$\leq \left(\int_\Omega |B-B_\infty-\nabla(\eta-\eta_\infty)|^2 dx + \int_\Omega |A_0^h+B_\infty-\nabla\eta_\infty-\boldsymbol{e}_0|^2 dx\right)$$
$$\quad \times \frac{1}{2}\|1-w^2\|_{L^\infty(\Omega)}$$

を得る.さて定数 δ を $0<\delta<1/4$ としてとり,$w\in\Sigma_2(\delta)$ に対して $\eta=\eta(w)$,

$B=B(w)$ と η_∞, B_∞ の差をみる. $w^2 \geq 9/16$ と評価式 (8.43) より

$$\int_{\mathbb{R}^3} |\text{curl}\,(B-B_\infty)|^2 dx + \frac{11}{32} \int_\Omega |B-B_\infty - \nabla(\eta-\eta_\infty)|^2 dx$$
$$\leq \int_\Omega |A_0^h + B_\infty - \nabla\eta_\infty - \boldsymbol{e}_0|^2 dx \times \frac{1}{2}\|1-w^2\|_{L^\infty(\Omega)}$$

を得る. よって δ が小さいとき $\|1-w^2\|_{L^\infty(\Omega)}$ が小さくなり, それに伴い $\|\nabla(B-B_\infty)\|_{L^2(\mathbb{R}^3;\mathbb{R}^{3\times 3})}$ が小さくなる. ここで, 付録の命題 A.4 により $\|B-B_\infty\|_{L^6(\mathbb{R}^3;\mathbb{R}^3)}$ も小さくなる. さらに

$$\|B-B_\infty\|_{L^2(\Omega;\mathbb{R}^3)} \leq |\Omega|^{1/3} \|B-B_\infty\|_{L^6(\Omega;\mathbb{R}^3)}$$

を用いると (8.43) から $\|\nabla(\eta-\eta_\infty)\|_{L^2(\Omega;\mathbb{R}^3)}$ が小さくなる. 以上から

$$\|B-B_\infty\|_{L^6(\mathbb{R}^3;\mathbb{R}^3)}^2 + \|\nabla(B-B_\infty)\|_{L^2(\mathbb{R}^3;\mathbb{R}^{3\times 3})}^2 + \|\nabla(\eta-\eta_\infty)\|_{L^2(\Omega;\mathbb{R}^3)}^2 \leq \gamma_1(\delta)$$

($w \in \boldsymbol{\Sigma}_2(\delta)$, $\delta \in (0,\delta_0)$) となる. ここで $\gamma_1(\delta) > 0$ は $\lim_{\delta \to 0} \gamma_1(\delta) = 0$ を満たす関数である.

さて,

$$J(x) := -(B-B_\infty - \nabla(\eta-\eta_\infty))w^2 + (1-w^2)(A_0^h + B_\infty - \nabla\eta_\infty - \boldsymbol{e}_0) \quad (x \in \Omega),$$
$$J(x) := \boldsymbol{0} \quad (x \in \mathbb{R}^3 \setminus \Omega)$$

とおくと, $B, B_\infty \in L^6(\mathbb{R}^3;\mathbb{R}^3)$, $\text{div}\,B \equiv 0$, $\text{div}\,B_\infty \equiv 0$, より $-\Delta(B-B_\infty) = J$ であるから, $B-B_\infty$ は

$$B(x) - B_\infty(x) = \frac{1}{4\pi} \int_{\mathbb{R}^3} \frac{J(y)}{|x-y|} dy$$

と表される. 特異積分作用素の理論より (文献 [27] 参照) J から $B-B_\infty$ を評価する不等式

$$\|B-B_\infty\|_{H^2(|x|\leq M;\mathbb{R}^3)} \leq c_M \|J\|_{L^2(\Omega;\mathbb{R}^3)}$$

を得る. ただし $c_M > 0$ は $\overline{\Omega} \subset \{|x| < M\}$ となる M に依存する定数. また

8.5 超伝導電流に対応する非自明解の存在と安定性

$$\|J\|_{L^2(\Omega;\mathbb{R}^3)} \leqq \|B-B_\infty\|_{L^2(\Omega;\mathbb{R}^3)} + \|\nabla(\eta-\eta_\infty)\|_{L^2(\Omega;\mathbb{R}^3)}$$
$$+ \|w^2-1\|_{L^\infty(\Omega)} \|A_0^h + B_\infty - \nabla\eta_\infty - e_0\|_{L^2(\Omega;\mathbb{R}^3)}$$

の評価も成立する.よって

$$\|B-B_\infty\|_{H^2(|x|\leqq M;\mathbb{R}^3)} \leqq \gamma_2(\delta).$$

ただし $\gamma_2(\delta) > 0$ は $\lim_{\delta \to 0} \gamma_2(\delta) = 0$ を満たす.

つぎに,$\eta - \eta_\infty$ を評価する.

$$\begin{cases} \operatorname{div}(w^2(\nabla(\eta-\eta_\infty))) \\ \quad = \operatorname{div}(w^2(B-B_\infty)) + \operatorname{div}((1-w^2)(\nabla\eta_\infty + e_0 - A_0^h - B_\infty)) & (x \in \Omega), \\ \dfrac{\partial}{\partial \nu}(\eta-\eta_\infty) = \langle B-B_\infty, \nu \rangle & (x \in \partial\Omega), \\ \displaystyle\int_\Omega \eta(x)\,dx = 0 \end{cases}$$

を考慮して $\eta - \eta_\infty$ を評価することで

$$\|\eta-\eta_\infty\|_{H^2(\Omega)} \leqq c_4(\|\operatorname{div}((w^2-1)(\nabla\eta_\infty + e_0 - B_\infty)) + \operatorname{div}(w^2(B-B_\infty))\|_{L^2(\Omega)}$$
$$+ \|\langle B-B_\infty, \nu \rangle\|_{H^{1/2}(\partial\Omega)}) \leqq c_5(\gamma_3(\delta) + \|B-B_\infty\|_{H^1(\Omega;\mathbb{R}^3)})$$

を得る.ここで c_4, c_5 は正定数で,$\lim_{\delta \to 0} \gamma_3(\delta) = 0$ ととれる.よって,これらの不等式を用いて $\delta > 0$ を小さくすることで $\|B-B_\infty\|_{H^2(|x|\leqq M;\mathbb{R}^3)}$,$\|\eta-\eta_\infty\|_{H^2(\Omega)}$ は小さくできる.もう一度シャウダー評価を用いて

$$\|B-B_\infty\|_{C^{1,\alpha}(\overline{\Omega};\mathbb{R}^3)} \leqq \gamma_4(\delta), \quad \|\eta-\eta_\infty\|_{C^{2,\alpha}(\overline{\Omega})} \leqq \gamma_5(\delta) \quad (0 < \alpha < 1)$$

得る.ただし $\gamma_4(\delta), \gamma_5(\delta)$ は $\gamma_1(\delta), \gamma_2(\delta), \gamma_3(\delta)$ と同様に $\delta \to 0$ のとき 0 に収束する.

以上をまとめると,$\delta > 0$ を小さくとり $\lambda > 0$ を大きくとることで T_λ は Σ_1 から Σ_1 への写像となる.連続性については $\Sigma_1 \ni (\eta, B) \longmapsto w(\lambda, \eta, B) \in \Sigma_2(\delta)$ はすでにみたので,次の段階の写像 $w \longmapsto (\eta(w), B(w)) \in \Sigma_1$ の連続性を確かめる.(η_j, B_j) を $w_j \in \Sigma_2(\delta)$ $(j=1,2)$ に対する方程式 (8.39) の解とする.

$$\int_{\Omega} |\nabla(\eta_1-\eta_2)|^2 - \langle B_1-B_2, \nabla(\eta_1-\eta_2)\rangle w_1^2 dx$$
$$+ \int_{\Omega} \langle \nabla\eta_2 + e_0 - B_2 - A_0^h, \nabla(\eta_1-\eta_2)\rangle (w_1^2-w_2^2) dx = 0,$$
$$\int_{\mathbb{R}^3} |\mathrm{curl}\,(B_1-B_2)|^2 dx + \int_{\Omega} \langle B_1-B_2-\nabla(\eta_1-\eta_2), B_1-B_2\rangle w_1^2 dx$$
$$+ \int_{\Omega} \langle A_0^h + B_2 - \nabla\eta_2 - e_0, B_1-B_2\rangle (w_1^2-w_2^2) dx = 0$$

よって差をとると

$$\int_{\mathbb{R}^3} |\mathrm{curl}\,(B_1-B_2)|^2 dx + \int_{\Omega} |B_1-B_2-\nabla(\eta_1-\eta_2)|^2 w_1^2 dx$$
$$+ \int_{\Omega} \langle A_0^h + B_2 - \nabla\eta_2 - e_0, B_1-B_2-\nabla(\eta_1-\eta_2)\rangle (w_1^2-w_2^2) dx = 0.$$

もし w_2 が $E_2(\delta)$ の中で w_1 近づけば

$$\|\nabla(\eta_2-\eta_1)\|_{L^2(\Omega;\mathbb{R}^3)}, \quad \|\nabla(B_2-B_1)\|_{L^2(\mathbb{R}^3;\mathbb{R}^{3\times 3})}, \quad \|B_2-B_1\|_{L^6(\mathbb{R}^3;\mathbb{R}^3)}$$

は小さくなる．シャウダー評価を適用して $\eta_2-\eta_1, B_2-B_1$ は評価される．さらに $\|\eta_2-\eta_1\|_{C^{2,\alpha}(\overline{\Omega};\mathbb{R}^3)}, \|B_2-B_1\|_{C^{1,\alpha}(\overline{\Omega};\mathbb{R}^3)}$ は小さくなる．

以上の議論からシャウダー不動点定理を適用して，ある $(\eta_\lambda, B_\lambda) \in \Sigma_2(\delta)$ があって，$T_\lambda(\eta_\lambda, B_\lambda) = (\eta_\lambda, B_\lambda) \in \Sigma_1$ となる．したがって，(8.38), (8.39)の解 $(w(\lambda, \eta_\lambda, B_\lambda), \eta_\lambda, B_\lambda)$ が得られる．

$$(\Phi_\lambda, A_\lambda) = (w(\lambda, \eta_\lambda, B_\lambda) \exp(i(\theta_0 + \iota_2 \circ \eta_\lambda)), A_0^h + B_\lambda)$$

とおけば解を得る．また証明の途中で示した命題 8.10 の不等式と方程式 (8.38) から次の結果も従う．

補題 8.12 ある定数 $c_6 > 0$ が存在して (8.2) の解は次の不等式をみたす．

(8.44)
$$\begin{cases} \lambda \|w_\lambda - 1\|_{C^\alpha(\overline{\Omega})} + \|\nabla\theta_\lambda\|_{C^{1,\alpha}(\overline{\Omega})} \leqq c_6, \\ \lim_{\lambda\to\infty} \|w_\lambda - 1\|_{C^{2,\alpha}(\overline{\Omega})} = 0, \\ \lim_{\lambda\to\infty} \sup_{x\in\Omega} |\lambda(1-w_\lambda^2) - |A_\lambda - \nabla\theta_\lambda|^2| = 0 \end{cases}$$

ただし $0 < \alpha < 1$ である． □

以上で定理 8.8 の証明の概要の説明を終了する．

解の安定性

定理 8.8 で与えられた GL 方程式 (8.4) の解 $(\Psi_\lambda, A_\lambda)$ の安定性について述べる．これは第 2 変分の下からの評価を与えることで記述される．エネルギー汎関数 $\mathcal{G}_\lambda$ は各ゲージ軌道上では定数値をとるから，ゲージ方向と横断する方向でのエネルギーの変分を調べる．そのため解のゲージ方向と横断方向を分解しておく．

ゲージ軌道の接方向と横断方向

$(\Psi, A) \in X(h)$ において，そこを通るゲージ軌道 $\mathcal{C}(\Psi, A)$ の接方向 $X_1(\Psi, A)$ と横断方向 $X_2(\Psi, A)$ は以下のように定められる．

$$X_1(\Psi, A) = \{(i\Psi\rho, \nabla\rho) \in X : \rho \in L^2_{loc}(\mathbb{R}^3), \nabla\rho \in Z\},$$
$$X_2(\Psi, A) = \left\{(\Phi, B) \in X : \int_\Omega \mathrm{Re}\,(i\overline{\Psi}\Phi)dx = 0,\ \mathrm{div}\,B = 0\ (x \in \mathbb{R}^3)\right\}$$

これは空間 X の次の直和分解を与える．

命題 8.13

(8.45)　　$X = X_1(\Psi, A) \oplus X_2(\Psi, A)$　　（ベクトル空間として直和）

　　　　　　　　　　　　　　　　　　　　　　　　　　　　　　　□

[証明] 任意の $(\Phi, B) \in X$ に対して，$\mathbb{R}^3$ 上での B のヘルムホルツ分解 (付録の定理 A.11 参照) を考え，ポテンシャルをもつベクトル場の部分を用いて Φ の方の成分を調節することで (8.45) の分解を示すことができる．■

汎関数 $\mathcal{G}_\lambda$ の停留点 $(\Psi_\lambda, A_\lambda)$ における第 2 変分 $\mathcal{L}_\lambda(\Psi_\lambda, A_\lambda, \Phi, B)$ は，接方向 $X_1(\Psi_\lambda, A_\lambda)$ 上では 0 となる．すなわち

(8.46)　　$\mathcal{L}_\lambda(\Psi_\lambda, A_\lambda, \Phi, B) = 0$　　$((\Phi, B) \in X_1(\Psi_\lambda, A_\lambda))$

である．前節で構成した解 $(\Psi_\lambda, A_\lambda)$ は極小化解であって，接方向に横断する方向では正値を意味する次の性質が成立する．

命題 8.14 GL 方程式 (8.4) の解 $(\Psi_\lambda, A_\lambda)$ における GL 汎関数の第 2 変分は $X_2(\Psi_\lambda, A_\lambda)$ 方向では正定値である．すなわち，ある定数 $c_7 = c_7(\theta_0) > 0$ があって

$$(8.47) \quad \mathcal{L}_\lambda(\Psi_\lambda, A_\lambda, \Phi, B) \geqq c_7 \left(\|\Phi\|_{H^1(\Omega;\mathbb{C})}^2 + \|B\|_Z^2 \right),$$
$$(\Phi, B) \in X_2(\Psi_\lambda, A_\lambda)$$

が成立する. □

この不等式によって $(\Psi_\lambda, A_\lambda)$ にゲージ方向と横断的に摂動を加えたときにエネルギーが真に増加することがわかり,その意味で安定である.

注意 8.4 上で第 2 変分の非負性が示されたが,厳密な意味で $(\Psi_\lambda, A_\lambda)$ のエネルギー $\mathcal{G}_\lambda$ の極小値を与えることを示すにはまだ至っていない.そのためには第 3 章で与えたような安定性不等式を示すことが必要で,実際にそれは可能である([93]参照).

命題 8.14 の証明は煩雑なため省略する(Jimbo-Zhai[92, 93]参照).

8.6　薄い領域上の GL モデル

この章では 3 次元の領域の問題を扱っているが,ここではとくに領域が退化して"非常に薄く"なったときについて GL 方程式の解の特徴付けを考察する.

このような状況は工学分野で特定の性質や機能をもつ材料をデザインする際に現れる.領域が幾何的には低次元の集合に漸近するため,問題はその極限集合上に還元されると考えられる.このような漸近的な状況を数学的に定式化することが課題となる.ここでは問題設定と結果およびアイデアのみを述べるに留める. 3 次元領域がパラメータとともに薄くなり 2 次元の領域に近づく問題を考察する.一般に,このような領域退化の問題では変数のスケール変換によって領域を固定して考えることが多い.この場合パラメータ付きの GL 汎関数の変分構造を調べることになる. 2 次元平面の点を $x'=(x_1, x_2)$ と記述する. D を 2 次元の有界領域として,パラメータ $\zeta>0$ をもつ 3 次元領域 $\Omega(\zeta)$ を

$$(8.48) \quad \Omega(\zeta) = \{(x', x_3) \in \mathbb{R}^3 : 0 < x_3 < \zeta r(x'),\ x' \in D\}$$

によって定める.ここで領域の厚みを表す $\overline{D}$ 上の正値関数を $r=r(x')$ とおいた. $\zeta>0$ が微小となるに従い領域 $\Omega(\zeta)$ は 2 次元の薄い板に漸近することになる. $\zeta \to 0$ の極限をとったときの D 上の汎関数を導く.その際に関数 $r=r(x')$

8.6 薄い領域上の GL モデル

の性質がどこかに効いてくることが考えられる．$\Omega(\zeta)$ に対する汎関数をもう一度記述すると

$$(8.49) \quad \mathcal{G}_{\lambda,\zeta}(\Psi, A) = \int_{\Omega(\zeta)} \left(\frac{1}{2} |(\nabla - iA)\Psi|^2 + \frac{\lambda}{4}(1-|\Psi|^2)^2 \right) dx + \frac{1}{2} \int_{\mathbb{R}^3} |\operatorname{curl} A - H|^2 dx$$

である．GL 方程式は

$$(8.50) \quad \begin{cases} (\nabla - iA)^2 \Psi + \lambda(1-|\Psi|^2)\Psi = 0 & (x \in \Omega(\zeta)), \\ \langle (\nabla - iA)\Psi, \boldsymbol{\nu} \rangle = 0 & (x \in \partial\Omega(\zeta)), \\ \operatorname{curl} \operatorname{curl} A + F(\Psi, A) = \boldsymbol{0} & (x \in \mathbb{R}^3), \\ \operatorname{curl} A - H \to \boldsymbol{0} & (|x| \to \infty). \end{cases}$$

A_0 を $\operatorname{curl} A_0 = H$ を満たすようにとる．次の変数変換によって領域を規格化して問題のパラメータ依存性をみる．

$$x' = y', \quad x_3 = \zeta r(y') y_3 \quad (y = (y', y_3) \in \Omega = D \times (0, 1))$$

逆変換は $y' = x'$, $y_3 = x_3/(\zeta r(x'))$ で与えられる．この写像は $x \in \Omega(\zeta)$ と $y \in \Omega = D \times (0, 1)$ を滑らかに対応させる．$y \in \Omega$ に対して $\widetilde{\Psi}(y) = \Psi(y', \zeta y_3)$, $\widetilde{A}(y) = (\widetilde{A}'(y), \widetilde{A}_3(y))$ と表す．連鎖律を用いて計算する．

$$\frac{\partial \Psi}{\partial x_j} = \sum_{k=1}^{3} \frac{\partial \Psi}{\partial y_k} \frac{\partial y_k}{\partial x_j} = \frac{\partial \Psi}{\partial y_j} - \frac{\partial \Psi}{\partial y_3} \frac{y_3}{r} \frac{\partial r}{\partial y_j} \quad (j = 1, 2),$$

$$\frac{\partial \Psi}{\partial x_3} = \sum_{k=1}^{3} \frac{\partial \Psi}{\partial y_k} \frac{\partial y_k}{\partial x_3} = \frac{1}{\zeta r} \frac{\partial \Psi}{\partial y_3},$$

$$|\nabla \Psi - iA\Psi|^2$$
$$= \langle \nabla_{y'} \Psi, \nabla_{y'} \overline{\Psi} \rangle + \langle \nabla_{y'} \Psi, i\widetilde{A}' \overline{\Psi} \rangle - \langle \nabla_{y'} \overline{\Psi}, i\widetilde{A}' \Psi \rangle + |\widetilde{A}|^2 |\Psi|^2$$
$$- 2\operatorname{Re} \left(\frac{y_3}{r} \frac{\partial \Psi}{\partial y_3} \langle \nabla_{y'} r, \nabla_{y'} \overline{\Psi} \rangle \right) + \frac{y_3^2 |\nabla' r|^2}{r^2} \left| \frac{\partial \Psi}{\partial y_3} \right|^2 + \frac{1}{\zeta^2 r^2} \left| \frac{\partial \Psi}{\partial y_3} \right|^2$$
$$- 2\operatorname{Re} \left(i \frac{y_3}{r} \frac{\partial \Psi}{\partial y_3} \overline{\Psi} \langle \nabla_{y'} r, \widetilde{A}' \rangle \right) + 2\operatorname{Re} \left(\frac{i\widetilde{A}_3}{\zeta r} \frac{\partial \Psi}{\partial y_3} \overline{\Psi} \right)$$

を得る．ゲージを $\mathrm{div} A=0$ となるようにしておく．GL 汎関数は次のように2つの部分に分けて表現される．

$$(8.51) \quad \widetilde{\mathcal{G}}_{\lambda,\zeta}(\Psi, A) = \frac{1}{\zeta}\mathcal{G}_{\lambda,\zeta}(\Psi, A) = \widetilde{\mathcal{G}}^{(1)}_{\lambda,\zeta}(\Psi, A) + \widetilde{\mathcal{G}}^{(2)}_{\lambda,\zeta}(\Psi, A)$$

ただし

$$\widetilde{\mathcal{G}}^{(1)}_{\lambda,\zeta}(\Psi, A) := \int_\Omega \left(\frac{1}{2}|(\nabla' - i\widetilde{A}')\Psi|^2 + \frac{\lambda}{4}(1-|\Psi|^2)^2 + \frac{1}{2}\widetilde{A}_3^2|\Psi|^2 \right) r\, dy,$$

$$\widetilde{\mathcal{G}}^{(2)}_{\lambda,\zeta}(\Psi, A) := \int_\Omega \frac{1}{2}\left(\frac{y_3^2|\nabla' r|^2}{r^2} + \frac{1}{\zeta^2 r^2} \right) \left|\frac{\partial \Psi}{\partial y_3}\right|^2 r\, dy$$
$$- \mathrm{Re}\int_\Omega \left(\frac{y_3}{r}\frac{\partial \Psi}{\partial y_3}\langle \nabla_{y'}r, \nabla_{y'}\overline{\Psi}\rangle + i\frac{y_3}{r}\frac{\partial \Psi}{\partial y_3}\overline{\Psi}\langle \nabla_{y'}r, \widetilde{A}'\rangle \right) r\, dy$$
$$+ \mathrm{Re}\int_\Omega \frac{i\widetilde{A}_3}{\zeta r}\frac{\partial \Psi}{\partial y_3}\overline{\Psi} r\, dy + \frac{1}{2\zeta}\int_{\mathbb{R}^3}|\nabla(A-A_0)|^2 dx$$

である．$\zeta>0$ が微小のときの状況を考察する．第1項 $\widetilde{\mathcal{G}}^{(1)}_{\lambda,\zeta}$ のなかにζは，陽には現れない．第2項 $\widetilde{\mathcal{G}}^{(2)}_{\lambda,\zeta}$ におけるζの働きをみてみよう．$|\partial\Psi/\partial y_3|^2$, $|\nabla(A-A_0)|^2$ の係数が $1/\zeta^2$, $1/\zeta$ のオーダーで大きいことに注意する．これによって変分問題でエネルギー極小のものを考える際，Ψ の y_3 依存性が消えて (y_1, y_2) のみの関数に近づいていくと考えられる．また A は A_0 に近づく．$\partial\Psi/\partial y_3$ を含んだ他の項

$$\frac{y_3}{r}\frac{\partial \Psi}{\partial y_3}\langle \nabla_{y'}r, \nabla_{y'}\overline{\Psi}\rangle, \quad i\frac{y_3}{r}\frac{\partial \Psi}{\partial y_3}\overline{\Psi}\langle \nabla_{y'}r, \widetilde{A}'\rangle, \quad \frac{i\widetilde{A}_3}{\zeta r}\frac{\partial \Psi}{\partial y_3}\overline{\Psi} r$$

などは $|\partial\Psi/\partial y_3|^2$ および $|\nabla(A-A_0)|^2$ の項や $|\nabla'\Psi|^2$ に吸収される．よって汎関数の停留点を含む変分構造は $\partial\Psi/\partial y_3$ が 0 であり，$A\equiv A_0$ であるような空間

$$\{(\Psi, A_0) \in H^1(\Omega; \mathbb{C}) \times \{A_0\} : \partial\Psi/\partial y_3 \equiv 0 \quad (y\in\Omega)\}$$

に落ち込んでしまう．この集合上では $\widetilde{\mathcal{G}}^{(1)}_{\lambda,\zeta}$ が単独で働くので，結果として極限の汎関数は次のものになる．

$$(8.52) \quad \widetilde{\mathcal{G}}^{(1)}_{\lambda,*}(\psi) := \int_D \left(\frac{1}{2}|(\nabla' - ia')\psi|^2 + \frac{\lambda}{4}(1-|\psi|^2)^2 + a_3^2|\psi|^2 \right) r(y')\, dy'$$

ここで $\psi \in H^1(D; \mathbb{C})$ である．ここで $A_0(y', 0) = (a'(y'), a_3(y'))$ とおいた．こ

の汎関数からオイラー–ラグランジュ方程式を計算すると

$$(8.53) \quad \begin{cases} \dfrac{1}{r}(\nabla'-ia')\left(r(\nabla'-ia')\psi\right)+\lambda(1-|\psi|^2)\psi-a_3^2\psi=0 & (y'\in D), \\ \langle(\nabla'-ia_3)\psi,\boldsymbol{\nu}'\rangle=0 & (y'\in \partial D) \end{cases}$$

となる.

以上,おおまかに述べたアイデアを数学的に正当化することができて,次の結果を得ることができる.

定理 8.15 $\zeta>0$ に対して $(\Psi_{\lambda,\zeta}, A_{\lambda,\zeta})$ を (8.50) の解であると仮定する.このとき $\lim_{m\to\infty}\zeta(m)=0$ を満たす任意の正数列 $\{\zeta(m)\}_{m=1}^{\infty}$ に対してある部分列 $\{\kappa(m)\}_{m=1}^{\infty}$ および (8.53) の解 $\psi_0(y')$ が存在して

$$\lim_{\zeta\to 0}\|\widetilde{\Psi}_{\lambda,\kappa(m)}-\widetilde{\psi}_0\|_{H^1(\Omega_0;\mathbb{C})}=0, \quad \lim_{m\to\infty}\|A_{\lambda,\kappa(m)}-A_0\|_Z=0$$

を満たす.ただし $\widetilde{\Psi}_{\lambda,\zeta}(y',y_3)=\Psi_{\lambda,\zeta}(y',\zeta y_3)$, $\widetilde{\psi}_0(y',y_3)=\psi_0(y')$ とした. □

一方逆に (8.53) の任意の解に対して,それに漸近する $\Omega(\zeta)$ 上の GL 方程式の解が存在するであろうか.これは微小な $\zeta>0$ に対する汎関数 $\mathcal{G}_{\lambda,\zeta}(\Psi, A)$ の変分構造と汎関数 $\widetilde{\mathcal{G}}_{\lambda,*}^{(1)}(\psi)$ のそれを比較する問題である.局所最小化解についてそれが対応することを示す定理を述べる.そのための条件を述べるため (8.53) の解 $\psi_0=\psi_0(y')$ における線形化固有値問題を考えよう.

$$(8.54) \quad \begin{cases} \dfrac{1}{r}(\nabla'-ia')\left(r(\nabla'-ia')\phi\right)+\lambda(1-|\psi_0|^2)\phi \\ \quad -\lambda(\psi_0\overline{\phi}+\phi\overline{\psi_0})-a_3^2\phi+\mu\phi=0 & (y'\in D), \\ \langle(\nabla'-ia_3)\phi,\boldsymbol{\nu}'\rangle=0 & (y'\in \partial D) \end{cases}$$

この固有値問題は有界領域上の自己共役な楕円型作用素に対するものであり,多重度有限な実固有値の列 $\{\mu_k(\psi_0)\}_{k=1}^{\infty}$ をもつ.すぐにわかることは方程式 (8.53) の対称性より 0 が固有値になっていることである.$\phi=i\psi_0$ が対応する固有ベクトルとなる.

定理 8.16 $\psi_0=\psi_0(y')$ は方程式 (8.53) の解とし,線形化固有値問題 (8.54) について 0 が単純固有値で,他の固有値がすべて正であると仮定する.このとき $\Omega(\zeta)$ に対する GL 方程式の解 $(\Psi_{\lambda,\zeta}, A_{\lambda,\zeta})$ が存在して,それは $\mathcal{G}_{\lambda,\zeta}$ の局

所最小化解となり

$$\lim_{\zeta\to 0}\|\widetilde{\Psi}_{\lambda,\zeta}-\widetilde{\psi}_0\|_{H^1(\Omega;\mathbb{C})}=0, \quad \lim_{\zeta\to 0}\|A_{\lambda,\zeta}-A_0\|_Z=0$$

を満たす．ただし $\widetilde{\Psi}_{\lambda,\zeta}(y',y_3)=\Psi_{\lambda,\zeta}(y',\zeta y_3)$, $\widetilde{\psi}_0(y',y_3)=\psi_0(y')$ である． □

第8章ノート▶磁場の効果を含む GL モデルの研究は 1960 年代に始まった．GL 汎関数の変分問題として扱うための数学的な枠組み，最小化解の存在，解の滑らかさなどが研究された（Odeh[135], Carroll-Glick[29]）．1970 年代には，2 次元の場合で外部磁場がなく特殊なパラメータ値の場合（自己双対的な場合）に，Jaffe-Taubes [75] がほぼ完全に渦糸解の全体を捉えた（第 7 章参照）．ただし，この場合は渦糸同士に全く相互作用がない 1 つの特殊なケースとみなされる．80 年代に Chen[38], Berger-Chen[14], Yang[170, 171] など解のおもしろい特徴を捉えた研究が目立つ．そして 1990 年頃からより物理的観点を意識した研究がなされ成果が続々現れる．1990 年初頭の頃の研究動向としては，Chapman-Howison-Ockendon [34] や Du-Gunzburger-Peterson[48] のレヴュー論文が参考になる．この章はこれ以降に得られた GL モデルの非自明な局所最小化解の存在，領域の位相的な状況やパラメータに依存する様相を扱った．実際の超伝導体に起こる状態は，外部磁場の強さや物体の幾何的な状況に依存するので，それらの変化や相互の関係を捉えることに主眼をおいている．外部磁場の強さにより常伝導解から新しい解が分岐して，超伝導状態に相当する解が現れる現象を捉えるには線形化作用素のスペクトル解析の研究が必要となる．実際，命題 8.2, 命題 8.4 のように，作用素 $-(\nabla-iA_0(h))^2$ の固有値を調べることが，このような研究では中心的な課題となる．これらの結果は，Bauman-Phillips-Tang[13] によるものである．命題 8.2 の証明は付録の A.8 節で与えた（原著より少し証明が簡明になっている）．また，命題 8.4 の応用として，Giorgi-Phillips[59] による重要な成果である定理 8.5 を述べた．この結果は外部磁場が非常に強い場合に超伝導状態が起こらないことの数学的証明である．

常伝導と超伝導の境目を決める臨界磁場を，磁場の強さと GL パラメータが共に十分大きい場合に精密に評価する研究がある．これは超伝導状態が出現するとき磁場を受ける物質の表面から生じる現象（surface nucleation, [163]参照）と深く関係しており，臨界点における作用素 $-(\nabla-iA_0(h))^2$ の最小固有値に対応する固有関数の形状の解析とつながってくる．Lu-Pan の一連の研究[118, 119, 120], [13], Bernoff-Sternberg[17], Helffer-Pan[69], del Pino-Felmer-Sternberg [44], Bolly-Helffer[23] などがある．さらに非一様な外部磁場の場合の Aramaki [5, 6] や 3 次元領域の場合の Pan[137] などの興味深い拡張がある．

一方,外部磁場と比較して GL パラメータが大きい場合に生じる超伝導電流の存在を扱った研究もある.その1つとして定理 8.8 を述べた.$H\equiv 0$ の場合は Jimbo-Morita[84], Jimbo-Zhai[92], Rubinstein-Sternberg[146] で得られたものである.第2変分の評価,命題 8.14 については [92] による.これらの超伝導電流の研究は自明でない位相をもつ領域での研究である.

また,第3章で述べた凸領域において非自明な安定解が存在しないという結果に対応して,磁場の効果を含むモデルにおいても,$H\equiv 0$ のとき同じ結果が成立するかどうかは興味ある問題である.領域が2次元の場合には Jimbo-Sternberg [91] の結果がある.これにより,一般の凸領域でも,超伝導電流が外部磁場無しには安定に存在し得ないことが示唆される.物理的にはこのような形状の領域ではマイスナー状態が安定に出現する.2次元の単連結領域でのマイスナー状態に対応する解の存在と,GL パラメータの極限で現れるロンドン方程式[*3]との関係については Bonnet-Chapman-Monneau[24] と Serfaty[152] がくわしい.また,3次元領域において磁場を上げていった場合に起こるマイスナー解の不安定性に関する結果として Bates-Pan[10] も興味深い.

外部磁場がない場合 ($H\equiv 0$) の領域摂動による渦糸解の構成については第3章とほぼ同じなので述べなかった ([93] を参照).やはり外部磁場のない場合に,大きい $\lambda>0$ による渦糸解の存在の研究として Jerrard-Montero-Sternberg[77] がある.

この章では薄い領域 (薄膜 (thin film) のモデルとみることができる) での GL 方程式の話題も扱ったが (Chapman-Du-Gunzburger[32], [89], [129] など参照),細い領域 (wire shaped domain) の問題についても多くの結果がある.Richardson[139], Richardson-Rubinstein[140], Rubinstein-Schatzman[143], Rubinstein-Schatzman-Sternberg[144], Shieh-Sternberg[155], Hill-Rubinstein-Sternberg [70], Kosugi-Morita[105] などを参照するとよい.領域が退化する問題の極限方程式は秩序パラメータだけの方程式に帰着される.このような極限方程式は別な設定でも現れる.たとえば Chapman-Du-Gunzburger-Peterson[33] 参照.

ところで渦糸解の自明解からの分岐についての研究では,Boeck-Chapman [22], Takáč[159], Chen-Morita[35] などがある.また,λ が大きくなる場合の渦糸の配置問題については,Rubinstein[142], Lin-Du[116], Sandier-Serfaty [149], Serfaty[152] などでくわしく研究されている.

最後に,その他の最近の話題や上記で述べた文献に関連したまとまったものとして

1. Hoffmann-Tang[71], *Ginzburg-Landau Phase Transition Theory and*

[*3] 物理的には GL コヒーレンスパラメータの極限と解釈する.

Superconductivity, Birkhäuser, 2001.
2. Brezis-Li[26], Ginzburg-Landau Vortices, Contemporary Applied Mathematics 5, World Scientific, 2005.
3. Sandier-Serfaty[150], *Vortices in the Magnetic Ginzburg-Landau Model*, Birkhäuser, 2007.

をあげておく.なお,本書は時間発展のGL方程式について述べることができなかった.これらについてはTang-Wang[160], Kaper-Takáč[96], Feireisl-Takáč [53], Akiyama-Kasai-Tsutsumi[3], Guo[61], Gustafson[62]やHoffmann-Tang [71]を文献としてあげておくことにする.

付　録　いくつかの補足と準備

　本書では，多くの予備知識をなるべく仮定しないように心がけたが，それでも教養課程の数学に加えてルベーグ積分，常微分方程式や関数解析の基礎知識は必要である．また，関数解析や非線形楕円型方程式の事項で，本書に関連する分野に特化した事項も本文中で現れるので，それらの重要事項を付録にまとめた．いずれにしてもくわしい解説はしていないので，興味ある方は付記してある文献を参照されたい．

A.1　関数解析からの準備

　本書に用いられる関数空間や付随する性質，不等式および不動点定理を準備する．関数解析や偏微分方程式の文献としては Adams[1], 増田[121], 熊ノ郷[108], 溝畑[127], Gilbarg-Trudinger[58]をあげておく．

(a)　重要な関数空間

ソボレフ空間

　$\Omega \subset \mathbb{R}^n$ は領域とする．Ω 上の p 乗可積分な実数値可測関数 u の全体を $L^p(\Omega)$（ただし $p \geq 1$）．この空間はノルムを

$$\|u\|_{L^p(\Omega)} = \left(\int_{\Omega} |u(x)|^p dx \right)^{1/p}$$

としてバナッハ空間となる．複素数値のそれは $L^p(\Omega;\mathbb{C})$ と表す．他の関数空間の場合でも複素数値のものは $\mathbb{C}$ を付加して表すことにする．弱い意味での m 階以下のすべての偏導関数が $L^p(\Omega)$ に属するような $u \in L^p(\Omega)$ の全体を

$W^{m,p}(\Omega)$ と表す. これは**ソボレフ空間**(Sobolev space)と呼ばれる. 数学的には次のように定式化される. 各成分が非負整数の n 次ベクトル $a=(a_1,\cdots,a_n)$ を多重指数という. このとき u の a 階の(弱)偏導関数 $\partial^a u/\partial x^a$ ($\partial_x^a u$ とも書く)は

$$\frac{\partial^a u}{\partial x^a} = \frac{\partial^{|a|} u}{\partial x_1^{a_1} \cdots \partial x_n^{a_n}}$$

である. ここで多重指数 a の長さ $|a|=a_1+\cdots+a_n$ を用いた.

つぎに m を自然数として

$$W^{m,p}(\Omega) = \left\{ u \in L^p(\Omega) : \frac{\partial^a u}{\partial x^a} \in L^p(\Omega) \quad (|a| \leqq m) \right\}$$

と定める. またそのノルムを

$$\|u\|_{W^{m,p}(\Omega)} = \sum_{|a| \leqq m} \|\partial^a u/\partial x^a\|_{L^p(\Omega)}$$

で与えると $W^{m,p}(\Omega)$ は**バナッハ空間**(Banach space)となる. $m=0$ の場合 $W^{0,p}(\Omega)=L^p(\Omega)$ と解釈される. とくに $p=2$ のとき $W^{m,2}(\Omega)$ は内積として

$$(u,v)_{W^{m,2}(\Omega)} = \sum_{|a| \leqq m} \int_\Omega \frac{\partial^a u}{\partial x^a} \frac{\partial^a v}{\partial x^a} dx$$

を与えることで**ヒルベルト空間**(Hilbert space)となる. この空間は特別に $H^m(\Omega)$ と書く.

ヘルダー空間

$\Omega \subset \mathbb{R}^n$ を有界領域として $C^0(\overline{\Omega})$ を $\overline{\Omega}$ 上の実数値連続関数の全体とする. これは sup ノルム

$$\|u\|_{C^0(\overline{\Omega})} = \sup_{x \in \overline{\Omega}} |u(x)|$$

によってバナッハ空間となる. $m \in \mathbb{N}$ として m 階までのすべての偏導関数が $C^0(\overline{\Omega})$ に属するような u の全体を $C^m(\overline{\Omega})$ とおく. これは

$$\|u\|_{C^m(\overline{\Omega})} = \sum_{|a| \leqq m} \sup_{x \in \overline{\Omega}} |(\partial^a u/\partial x^a)(x)|$$

をノルムとしてバナッハ空間となる．つぎに $0<\alpha<1$ として**ヘルダー空間** (Hölder space) $C^\alpha(\overline{\Omega})$ を次のように定める．

$$C^\alpha(\overline{\Omega}) = \left\{ u \in C^0(\overline{\Omega}) : \sup_{x,y\in\overline{\Omega},\, x\neq y} \frac{|u(x)-u(y)|}{|x-y|^\alpha} < \infty \right\}$$

ノルムとして

$$\|u\|_{C^\alpha(\overline{\Omega})} = \sup_{x\in\overline{\Omega}} |u(x)| + \sup_{x,y\in\overline{\Omega}, x\neq y} \frac{|u(x)-u(y)|}{|x-y|^\alpha}$$

を与えることによってバナッハ空間となる．つぎに高階のヘルダー空間 $C^{m,\alpha}(\overline{\Omega})$ を次のように定義する．

$$C^{m,\alpha}(\overline{\Omega}) = \left\{ u \in C^m(\overline{\Omega}) \,:\, \frac{\partial^a u}{\partial x^a} \in C^\alpha(\overline{\Omega}) \quad (|a|=m) \right\}$$

この空間のノルムは

$$\|u\|_{C^{m,\alpha}(\overline{\Omega})} = \|u\|_{C^m(\overline{\Omega})} + \sup_{|a|=m} \sup_{\substack{x,y\in\overline{\Omega},\\ x\neq y}} \frac{|(\partial^a u/\partial x^a)(x)-(\partial^a u/\partial x^a)(y)|}{|x-y|^\alpha}$$

で与えられる．

注意（境界の滑らかさ）　定理や関数空間の性質を論じる際に領域 Ω の境界 $\partial\Omega$ の滑らかさを仮定する必要が生じることがしばしば起こる．この言葉の意味を明確にしておく．境界が C^r 級であるとは集合 $\partial\Omega\subset\mathbb{R}^n$ が局所的に C^r 級の($n-1$変数の)関数のグラフとして表現できることである．すなわち任意の点 $y\in\partial\Omega$ に対して，y の近傍 B と $\partial\Omega$ の交わりが，適当な座標番号 j と $n-1$ 変数 C^r 級関数 ϕ を用いて

$$x_j = \phi(x_1,\cdots,x_{j-1},x_{j+1},\cdots,x_n)$$

と表されることである．このとき $\partial\Omega\cap B$ には局所座標系として $(x_1,\cdots,x_{j-1},x_{j+1},\cdots,x_n)$ を用いることができる．$C^{r,\alpha}$ 級の場合も同様である．また局所座標を用いることで $\partial\Omega$ 上にも関数空間を定義することができる．

ヘルダー空間のいくつかの性質

いくつかの事実を述べる．

命題 A.1　整数 m,p と実数 α,α_1,α_2 は $0\leq m<p,\ 0<\alpha<1,\ 0<\alpha_1<\alpha_2<1$ を

満たすとする．Ω は有界とする．このとき，次の埋め込み写像はそれぞれコンパクト作用素である．

$$\iota_1 : C^{m,\alpha}(\overline{\Omega}) \hookrightarrow C^m(\overline{\Omega}), \quad \iota_2 : C^p(\overline{\Omega}) \hookrightarrow C^m(\overline{\Omega}), \quad \iota_3 : C^{\alpha_2}(\overline{\Omega}) \hookrightarrow C^{\alpha_1}(\overline{\Omega})$$

□

命題 A.2 $0<\alpha<1$ に対して，定数 $c>0$ が存在して次の不等式が成立する．

$$\|uv\|_{C^\alpha(\overline{\Omega})} \leqq c(\|u\|_{C^\alpha(\overline{\Omega})}\|v\|_{C^0(\overline{\Omega})} + \|u\|_{C^\alpha(\overline{\Omega})}\|v\|_{C^0(\overline{\Omega})}) \quad (u,v \in C^\alpha(\overline{\Omega}))$$

□

ソボレフの定理，ソボレフの不等式

上で定義したソボレフ空間やヘルダー空間などの間の包含関係について述べる．それらは楕円型方程式の弱解の性質を調べる際に働く．ここでは本文で必要な部分のみをまとめておく．

定理 A.3(ソボレフの定理) j, m を非負整数とする．$\Omega \subset \mathbb{R}^n$ を C^{j+m} 級の境界をもつ有界領域とする．このとき関数空間の間に次の包含関係および不等式が成立する．

$$\begin{cases} W^{j+m,p}(\Omega) \subset C^{j,\alpha}(\overline{\Omega}) & (0 < \alpha \leqq m-(n/p),\ mp > n > (m-1)p), \\ \|u\|_{C^{j,\alpha}(\overline{\Omega})} \leqq c_1 \|u\|_{W^{j+m,p}(\Omega)} & (u \in W^{j+m,p}(\Omega)) \end{cases}$$

$$\begin{cases} W^{j+m,p}(\Omega) \subset W^{j,q}(\Omega) & (mp < n,\ p \leqq q \leqq (np)/(n-mp)), \\ \|u\|_{W^{j,q}(\Omega)} \leqq c_2 \|u\|_{W^{j+m,p}(\Omega)} & (u \in W^{j+m,p}(\Omega)) \end{cases}$$

ただし $c_1>0$, $c_2>0$ は定数である． □

特別な場合についてよく使用される次の不等式も用意しておく．

命題 A.4

$$\|u\|_{L^4(\mathbb{R}^3)} \leqq (3/4)^{3/8} \|u\|_{L^2(\mathbb{R}^3)}^{1/4} \|\nabla u\|_{L^2(\mathbb{R}^3)}^{3/4} \quad (u \in L^4(\mathbb{R}^3)),$$

$$\|u\|_{L^6(\mathbb{R}^3)} \leqq (48)^{1/6} \|\nabla u\|_{L^2(\mathbb{R}^3)} \quad (u \in L^6(\mathbb{R}^3))$$

□

ソボレフ空間に関する埋め込みとコンパクト性

上でみたように有界領域上のヘルダー空間の場合に高階の空間から低階の空間への埋め込みはコンパクト作用素となっていた．ソボレフ空間の場合でも同

様の性質が成立する．

命題 A.5 $\Omega \subset \mathbb{R}^n$ は C^{m+1} 級の境界をもつ有界領域とする．実数 $p \geqq 1$ および整数 $m \geqq 0$ に対して，次の埋め込み写像はコンパクト作用素である．

$$\iota : W^{m+1,p}(\Omega) \hookrightarrow W^{m,p}(\Omega) \qquad \square$$

参考文献：Adams[1]，儀我-儀我[57] 6.3 節（ソボレフの定理）．

(b) 不動点定理

非線型偏微分方程式の解の存在を証明する 1 つのやり方として不動点定理を適用する方法がある．これは，適当な関数空間において巧みに写像を設定して，その不動点がちょうど解となるようにする方法である．一般に集合からそれ自身の中へ連続写像があるとき，不動点が存在するか否かは場合による．このような写像がいかなるときに不動点をもつのか，その条件（十分条件）を与えるのが不動点定理である．これは非線型解析で非常に重要な役割を担っている．

$(X, \|\cdot\|)$ をバナッハ空間とし，E を X の閉部分集合とする．いま連続写像

$$f : E \longrightarrow E$$

を考える．まず最初に**縮小写像の原理**と呼ばれる明解な方法を紹介しよう．

定理 A.6（バナッハの不動点定理[*1]）　上の状況において写像 f は次の条件を満たすとする．

$$\|f(u) - f(v)\| \leqq \eta \|u - v\| \quad (u, v \in E)$$

ただし定数 η は $0 \leqq \eta < 1$ を満たす．このとき，写像 f は不動点をもち，これは唯一である．すなわち，ある $u_* \in E$ が存在して $f(u_*) = u_*$ となり，このような u_* は唯一である． $\square$

縮小写像であるための条件は判定しやすい定量的な条件である．しかしかなり強い条件であり理論的には適用範囲が幾分狭いといえる．定性的な条件のも

[*1] バナッハの不動点定理はほとんどの位相空間論の本で解説されている．

とで不動点の存在を保証する，つぎに述べるシャウダーの不動点定理の方が理論的には存在定理への適用範囲が広く便利である．第3章ではこれを適用する．

定理 A.7（シャウダー(Schauder)の不動点定理） E は凸集合とする．さらに F はコンパクト写像と仮定する，すなわち E の任意の有界な部分集合 K に対し $f(K)$ は相対コンパクトな集合であるとする．このとき，写像 f は不動点をもつ．すなわち，ある $u_* \in E$ が存在して $f(u_*)=u_*$ となる． □

注意 シャウダーの不動点定理の状況においては，不動点はただ1つとは限らない．たとえば2次元平面 $\mathbb{R}^2$ の単位閉円板 B からそれ自身への連続写像を考える（定理の条件は満たされる）と，これはかならず不動点をもつ．たとえば回転なら不動点は1つとなるが，たとえば恒等写像ならすべての点が不動点となる．

A.2 ベクトル解析に現れる等式，ヘルムホルツ分解

第7, 8章においてはベクトル値関数やベクトルポテンシャルに関する計算を用いる．そこで用いられる基本的な関係式や等式を準備する．またナビエ-ストークス(Navier-Stokes)方程式やマクスウェル(Maxwell)方程式の解析でも用いられるヘルムホルツ(Helmholtz)分解を準備する．伊藤[73], Miyakawa[126]などを参照．

3次元の数ベクトル $\boldsymbol{u}=(u_1,u_2,u_3)$, $\boldsymbol{v}=(v_1,v_2,v_3)\in\mathbb{R}^3$ に対してベクトル積（外積）$\boldsymbol{u}\times\boldsymbol{v}$ は次のように定義される．

$$\boldsymbol{u}\times\boldsymbol{v} = (u_2v_3-u_3v_2, u_3v_1-u_1v_3, u_1v_2-u_2v_1)$$

重要な性質として

$$\boldsymbol{u}\times\boldsymbol{v} = -\boldsymbol{v}\times\boldsymbol{u},$$
$$(a\boldsymbol{u}+b\boldsymbol{v})\times\boldsymbol{w} = a(\boldsymbol{u}\times\boldsymbol{w})+b(\boldsymbol{v}\times\boldsymbol{w}),$$
$$|\boldsymbol{u}\times\boldsymbol{v}| = |\boldsymbol{u}||\boldsymbol{v}|\sin\theta.$$

ここで $\theta\in[0,\pi]$ は2つのベクトル $\boldsymbol{u},\boldsymbol{v}$ の成す角である．内積と外積が関係する基本的な性質として次があげられる．これらは直接計算で示される．

命題 A.8 次の等式が成立する.
$$\langle \boldsymbol{u}, \boldsymbol{v} \times \boldsymbol{w} \rangle = \langle \boldsymbol{w}, \boldsymbol{u} \times \boldsymbol{v} \rangle = \langle \boldsymbol{v}, \boldsymbol{w} \times \boldsymbol{u} \rangle \quad (\boldsymbol{u}, \boldsymbol{v}, \boldsymbol{w} \in \mathbb{R}^3) \qquad \square$$

3次元空間におけるベクトル値関数(ベクトル場) $\boldsymbol{u}(x) = (u_1(x), u_2(x), u_3(x))$ に対して発散(div), 回転(curl)[*2]の量を導入する. このとき, 次の恒等式が成立する.

$$\mathrm{div}\,\boldsymbol{u} = \frac{\partial u_1}{\partial x_1} + \frac{\partial u_2}{\partial x_2} + \frac{\partial u_3}{\partial x_3},$$

$$\mathrm{curl}\,\boldsymbol{u} = \left(\frac{\partial u_3}{\partial x_2} - \frac{\partial u_2}{\partial x_3}, \frac{\partial u_1}{\partial x_3} - \frac{\partial u_3}{\partial x_1}, \frac{\partial u_2}{\partial x_1} - \frac{\partial u_1}{\partial x_2} \right)$$

スカラー関数 u とベクトル値関数 $\boldsymbol{u}$ に対して, 次の恒等式が成立する.

$$\mathrm{div}\,\mathrm{curl}\,\boldsymbol{u} = 0, \quad \mathrm{curl}\,\mathrm{curl}\,\boldsymbol{u} = \nabla\,\mathrm{div}\,\boldsymbol{u} - \Delta\,\boldsymbol{u},$$

$$\mathrm{div}\,\nabla u = \Delta u, \quad \mathrm{curl}\,(\boldsymbol{u} \times \boldsymbol{v}) = (\mathrm{div}\,\boldsymbol{v})\boldsymbol{u} - (\mathrm{div}\,\boldsymbol{u})\boldsymbol{v} + (\boldsymbol{v} \cdot \nabla)\boldsymbol{u} - (\boldsymbol{u} \cdot \nabla)\boldsymbol{v}$$

curl に関する部分積分の公式は次の通りである. 証明は通常の部分積分の公式からすぐに従う.

命題 A.9 次の等式が成立する.

$$\int_\Omega \langle \mathrm{curl}\,\boldsymbol{u}, \boldsymbol{v} \rangle dx = \int_{\partial\Omega} \langle \boldsymbol{\nu} \times \boldsymbol{u}, \boldsymbol{v} \rangle dS + \int_\Omega \langle \boldsymbol{u}, \mathrm{curl}\,\boldsymbol{v} \rangle dx \quad (\boldsymbol{u}, \boldsymbol{v} \in H^1(\Omega; \mathbb{R}^3))$$
$\square$

命題 A.10 次の等式が成立する.

$$\int_{\mathbb{R}^3} (|\mathrm{div}\,\boldsymbol{u}|^2 + |\mathrm{curl}\,\boldsymbol{u}|^2) dx = \int_{\mathbb{R}^3} |\nabla \boldsymbol{u}|^2 dx$$

$$(\boldsymbol{u} \in L^2_{loc}(\mathbb{R}^3; \mathbb{R}^3), \nabla \boldsymbol{u} \in L^2(\mathbb{R}^3; \mathbb{R}^{3 \times 3}))$$
$\square$

第8章で解の安定性を論じるときに, 摂動成分をゲージ方向と横断方向に分解して考えるため, 次の分解を利用する.

定理 A.11(ヘルムホルツ分解) $1 < p < \infty$ とし Ω を $\mathbb{R}^3$ の有界領域で境界は C^1 級であると仮定する. このときベクトル値関数からなる関数空間

[*2] curl の代わりに rot もよく用いられる.

$L^p(\mathbb{R}^3;\mathbb{R}^3)$, $L^p(\Omega;\mathbb{R}^3)$ はそれぞれ閉部分空間の直和に分解できる.

$$L^p(\mathbb{R}^3;\mathbb{R}^3) = \{B \in L^p(\mathbb{R}^3;\mathbb{R}^3) : \mathrm{div}\, B = 0 \ (x \in \mathbb{R}^3)\}$$
$$\oplus \{\nabla \eta : \eta \in W_{loc}^{1,p}(\mathbb{R}^3),\, \nabla \eta \in L^p(\mathbb{R}^3)\},$$

$$L^p(\Omega;\mathbb{R}^3) = \{B \in L^p(\Omega;\mathbb{R}^3) : \mathrm{div}\, B = 0 \ (x \in \Omega),\, \langle B, \boldsymbol{\nu} \rangle = 0 \ (x \in \partial\Omega)\}$$
$$\oplus \{\nabla \eta : \eta \in W_{loc}^{1,p}(\Omega),\, \nabla \eta \in L^p(\Omega;\mathbb{R}^3)\} \qquad \square$$

参考文献:増田[121], 藤田-黒田-伊藤[55].

A.3　2階楕円型方程式の諸性質

本書で用いられる楕円型方程式の基本的な性質についてまとめる.Gilbarg-Trudinger [58], 溝畑[127], 熊ノ郷[108]は定評のある教科書でこの分野の標準的なものとなっている.ただし,本書を読むためにこれらを全部習得している必要はない.

(a)　線形方程式と解の性質

$\Omega \subset \mathbb{R}^n$ を有界領域として2階楕円型方程式の境界値問題を考える.ただし,境界 $\partial\Omega$ は $C^{2,\alpha}$ 級とする.まず2階楕円型作用素 P を導入する.$a_{ij} = a_{ij}(x)$, $b_i = b_i(x), c = c(x)$ $(1 \leqq i, j \leqq n)$ は $\overline{\Omega}$ 上の $C^{1,\alpha}$ 級関数として以下を仮定する.

$$\begin{cases} (対称性)\quad a_{ij}(x) = a_{ji}(x) \quad (x \in \Omega), \\ (楕円性)\quad ある\ \delta > 0, \delta' > 0\ が存在して, \\ \quad \delta|\xi|^2 \leqq \sum_{i,j=1}^n a_{ij}(x)\xi_i \xi_j \leqq \delta'|\xi|^2 \quad (\xi = (\xi_1, \cdots, \xi_n) \in \mathbb{R}^n,\, x \in \overline{\Omega}) \end{cases}$$

これらを係数にもつ微分作用素 P を次のように定める.

$$P[u](x) = \sum_{i,j=1}^n a_{ij}(x)\frac{\partial^2 u}{\partial x_i \partial x_j} + \sum_{i=1}^n b_i(x)\frac{\partial u}{\partial x_i} + c(x)u$$

ただし u は Ω 上の関数とする.

境界条件を与える境界作用素を場合に分けて

$$B_1[u](x) = u(x) \quad (x \in \partial\Omega) \qquad \text{(第1種境界条件の場合)},$$

$$B_2[u](x) = \sum_{i,j=1}^{n} a_{ij}(\partial u/\partial x_j)\nu_i \quad (x \in \partial\Omega) \quad \text{(第2種境界条件の場合)},$$

$$B_3[u](x) = \sum_{i,j=1}^{n} a_{ij}(\partial u/\partial x_j)\nu_i + d(x)u(x) \quad (x \in \partial\Omega)$$

(第3種境界条件の場合)

と定める．ここで $\boldsymbol{\nu}=(\nu_1,\cdots,\nu_n)$ は境界上の外向き単位法線ベクトルで $d(x)$ は $\partial\Omega$ 上の非負で $C^{2,\alpha}$ 級関数である．

命題 A.12(最大値原理)

(i) $c(x) \leqq 0$ $(x\in\overline{\Omega})$ とする．もし $u=u(x) \in C^2(\overline{\Omega})$ が

$$P[u](x) \leqq 0 \quad (x \in \Omega), \quad B_1[u](x) \geqq 0 \quad (x \in \partial\Omega)$$

を満たすならば $u(x) \geqq 0$ $(x\in\Omega)$ となる．

(ii) $c(x) < 0$ $(x\in\overline{\Omega})$ とする．もし $u=u(x) \in C^2(\overline{\Omega})$ が

$$P[u](x) \leqq 0 \quad (x \in \Omega), \quad B_j[u](x) \geqq 0 \quad (x \in \partial\Omega)$$

($j=2$ または $j=3$)を満たすとする．このとき $u(x) \geqq 0$ $(x\in\Omega)$ となる． □

命題 A.13(ホップ(Hopf)の最大値原理) $c(x) \equiv 0$ とする．$x_* \in \partial\Omega$ および $\delta > 0$ について $u=u(x) \in C^2(\overline{\Omega})$ が

$$P[u](x) \geqq 0, \quad u(x) < u(x_*) \quad (x \in \Omega \cap B_\delta(x_*))$$

が成立していると仮定する．このとき $(\partial u/\partial \boldsymbol{\nu})(x_*) > 0$ である． □

命題 A.14(強最大値原理) $u \in C^2(\Omega)$ が $P[u](x) \leqq 0$, $u(x) \geqq 0$ $(x\in\Omega)$ を満たすと仮定する．このときある点 $x_* \in \Omega$ において $u(x_*)=0$ を満たすならば $u(x)=0$ $(x\in\Omega)$ となる． □

参考文献：Protter-Weinberger[138], Gilbarg-Trudinger[58]．

シャウダー(Schauder)評価，カンパナート(Campanato)の不等式

有界領域の境界 $\partial\Omega$ は $C^{2,\alpha}$ 級の滑らかさをもつとする．作用素の係数 $a_{ij}(x), b_i(x), c(x)$ は $C^\alpha(\overline{\Omega})$ に属すると仮定する．$g \in C^\alpha(\overline{\Omega})$ を与えて楕円型

方程式を考える.

(A.1) $$P[u](x) - \lambda u(x) = g(x) \quad (x \in \Omega)$$

この方程式に第 j 種境界値

(A.2) $$B_j[u](x) = h(x) \quad (x \in \partial\Omega)$$

を与える. j は 1, 2 または 3 である. ただし $j=1$ の場合は $h \in C^{2,\alpha}(\partial\Omega)$, $j=2$ および $j=3$ の場合は $h \in C^{1,\alpha}(\partial\Omega)$ とする. このとき, 方程式の可解性および解の評価に関して次の結果が成立する.

定理 A.15(シャウダー評価) ある $\lambda_0 > 0$ が存在して $\lambda \geq \lambda_0$ ならば (A.1), (A.2) は唯一の解 $u = u(x)$ をもつ. また, 次のような解の評価が成立する.

(A.3) $\quad \|u\|_{C^{2,\alpha}(\overline{\Omega})} \leq c(\lambda)(\|g\|_{C^\alpha(\overline{\Omega})} + \|h\|_{C^{2,\alpha}(\partial\Omega)}) \quad (j=1 \text{ の場合}),$

(A.4) $\quad \|u\|_{C^{2,\alpha}(\overline{\Omega})} \leq c(\lambda)(\|g\|_{C^\alpha(\overline{\Omega})} + \|h\|_{C^{1,\alpha}(\partial\Omega)}) \quad (j=2, j=3 \text{ の場合})$

ここで $c(\lambda) > 0$ は λ に依存する正定数. □

上のシャウダー評価では $\|g\|_{C^\alpha(\overline{\Omega})}$, $\|h\|_{C^{1,\alpha}(\partial\Omega)}$ が与えられたときに $\|u\|_{C^{2,\alpha}(\overline{\Omega})}$ を評価したが, もう少し弱い条件下での解の評価が本文中の議論で必要となる. それについて用意する. まず記号を準備しておく. $\varepsilon > 0$ に対して

$$D(\Gamma, \varepsilon) := \{x \in \Omega : \text{dist}(x, \Gamma) \geq \varepsilon\}$$

とおく. このとき次が成立する.

命題 A.16(部分的シャウダー評価) $\Gamma \subset \partial\Omega$ とする. 関数族 $\{w_\varsigma\}_{\varsigma \in \Lambda}$ は方程式

(A.5) $$P[w_\varsigma] = g_\varsigma \quad (x \in \Omega)$$

および境界条件

$$w_\varsigma = h \quad (x \in \partial\Omega \setminus \Gamma) \quad \text{または} \quad \frac{\partial w_\varsigma}{\partial \boldsymbol{\nu}} = 0 \quad (x \in \partial\Omega \setminus \Gamma)$$

を満たすとする. ただし $g_\varsigma \in L^\infty(\Omega)$, $h \in C^{1,\alpha}(\partial\Omega)$ である. もし

$$\sup_{\zeta \in \Lambda} \|w_\zeta\|_{L^2(\Omega)} < \infty, \quad \sup_{\zeta \in \Lambda} \|g_\zeta\|_{L^\infty(\Omega)} < \infty$$

ならば，任意の $\varepsilon>0$ に対して $\{w_\zeta\}_{\zeta\in\Lambda}$ は $C^{1,\alpha}(\overline{D(\Gamma,\varepsilon)})$ で有界となる．さらに $C^1(\overline{D(\Gamma,\varepsilon)})$ で相対コンパクトとなる． □

上の命題は $\Gamma=\emptyset$ の場合も $D(\emptyset,\varepsilon)=\Omega$ とすれば成立する．

$j=2, h\equiv 0$ の場合は λ が大きいとき $C^\alpha(\overline{\Omega})$ におけるレゾルベントの評価が得られる．

命題 A.17(Campanato[28])　ある定数 $c>0$ および $\lambda_0>0$ が存在して次の不等式

$$\|P[\phi]-\lambda\phi\|_{C^\alpha(\overline{\Omega})} \geqq c\lambda \|\phi\|_{C^\alpha(\overline{\Omega})} \quad (\phi \in C^{2,\alpha}(\overline{\Omega}),\, \lambda \geqq \lambda_0)$$

が成立する． □

注意　この評価はノイマン境界条件に対するものだが，ディリクレ境界条件の場合のものもある．ただしその場合は ϕ にある種の制約が課される．

参考文献：Gilbarg-Trudinger[58]（シャウダー評価），Campanato[28]，村田-倉田[131]．

ポアソン(Poisson)方程式と解の存在

2 階楕円型作用素 P がとくに発散型

$$P_0[\phi] = \frac{1}{a(x)} \mathrm{div}\,(a(x)\nabla\phi) + c(x)\phi$$

の場合は応用面で重要な作用素である．これは

$$a_{ij}(x) = \delta_{ij}, \quad b_i(x) = a(x)^{-1}(\partial a/\partial x_i) \quad (1 \leqq i,j \leqq n)$$

の場合に相当する．とくに作用素がラプラシアンの場合は本書においてもっとも重要である．第 3 章ではノイマン境界条件 $j=2$ の場合，第 5 章では第 1 種境界条件の場合の境界値問題の可解性が問題となる．とくに解の存在について次の結果を述べておく（このような解の存在定理については[127]参考）．ただし，次の条件を課しておく．

（仮定）　$a\in C^{1,\alpha}(\overline{\Omega})$ であり，ある正定数 $\delta>0,\, \delta'>0$ が存在して

$$\delta \leqq a(x) \leqq \delta', \quad c(x) \leqq 0 \quad (x \in \overline{\Omega}).$$

問題の方程式は

(A.6) $\qquad P_0[u] = g \quad (x \in \Omega), \quad B_1[u] = h \quad (x \in \partial\Omega),$

および

(A.7) $\qquad P_0[u] = g \quad (x \in \Omega), \quad B_2[u] = h \quad (x \in \partial\Omega)$

である．これらの方程式について次のことが成立する．

命題 A.18
（ⅰ）第 1 種境界値問題 (A.6) は唯一の解 $u=u(x)$ をもつ．
（ⅱ）ある $\delta''>0$ があって $c(x) \leqq -\delta''$ $(x\in\Omega)$ ならば第 2 種境界値問題 (A.7) は唯一の解 $u=u(x)$ をもつ．
（ⅲ）$c(x) \equiv 0$ $(x\in\Omega)$ ならば，第 2 種境界値問題 (A.7) が解をもつための必要十分条件は

(A.8) $\qquad \displaystyle\int_\Omega g(x)a(x)\,dx = \int_{\partial\Omega} h(x)a(x)\,dS$

である．またこの条件のもとでは，解 u は定数差を除いて一意である． □

グリーン関数

前節で扱った境界値問題の解の存在定理について，境界条件で与えられるデータから解を対応させる写像は積分変換を用いて表現できる．この積分変換の積分核 $G(x,y)$ はグリーン関数（Green function）と呼ばれ，楕円型方程式の理論において基本的な役割を果たす．以下では 2 次元の場合で作用素 P_0 がラプラス作用素（第 1 種境界条件）のときの方程式 (A.6) の解とグリーン関数について述べる．

命題 A.19 $\Omega \times \Omega \subset \mathbb{R}^2 \times \mathbb{R}^2$ 上で定義された可測関数 $G=G(x,y)$ が存在して次の条件を満たす．

$$G \in C^2(\overline{\Omega}\times\overline{\Omega}\setminus\{(x,x): x\in\overline{\Omega}\}), \quad G(x,y)=G(y,x) \quad (x\neq y),$$
(A.9) $\quad \Delta_x G(x,y) = 2\pi\delta(x-y)\,(シュワルツ超関数として),$
$$G(x,y)=0 \quad (x\in\partial\Omega, y\in\Omega) \qquad \square$$

$G(x,y)$ は x, y が一致しない範囲において滑らかな関数である．$x=y$ において特異性をもつが，その近傍における挙動は次のようになることが知られている．

$$G(x,y) \sim \log|x-y|$$

この積分核 G を用いて (A.6) の解 $u=u(x)$ は

(A.10) $\quad u(x) = \dfrac{1}{2\pi}\displaystyle\int_\Omega G(x,y)g(y)dy + \dfrac{1}{2\pi}\int_{\partial\Omega}\dfrac{\partial G(x,y)}{\partial\boldsymbol{\nu}_y}h(y)dS_y$

と表現される．2次元平面の円板領域 $\Omega=\{x\in\mathbb{R}^n: |x|<R\}$ の場合は，グリーン関数 G を具体的に表示することが可能であり，その表示は解析学のさまざまな分野で利用される．まずケルビン変換と呼ばれる写像を準備する．y に対して $y^*=R^2y/|y|^2$ と定める．この写像は半径 R の球面に関するある種の対称移動であり鏡映とも呼ばれる．G は具体的に次のように与えられる．

$$G(x,y) = \log|x-y| - \log\dfrac{|y||x-y^*|}{R}$$

注意 本節で与えたグリーン関数の定義 (A.9) は，第6章で現れるグリーン関数 G と同じものである．通常の文献 ([108], [58] など) で与えられているグリーン関数とは 2π 倍だけ食い違っているが，本書の文脈での登場の仕方ではこちらの形のものが自然となるためご容赦願いたい．

参考文献：伊藤 [73], 熊ノ郷 [108], 溝畑 [127].

(b) 非線形問題と比較存在定理

一般に非線形の偏微分方程式に関して解の存在を判定することは困難を伴うが，2階楕円型方程式に関しては，解の比較などを用いて存在を保証することができる場合がある．P は前節で与えた2階楕円型微分作用素であるとし，$f=f(u)$ は $\mathbb{R}$ 上の実数値の C^1 級関数と仮定して，次の半線形楕円型方程式の

境界値問題を考える．

(A.11) $\quad P[u]+f(u) = 0 \quad (x \in \Omega), \quad B_j[u] = h \quad (x \in \partial\Omega)$

ただし $j=1,2$ または 3 である．以下，j を $1,2,3$ のどれかに固定して話を進める．

まずこの方程式に対する**優解**(supersolution)，**劣解**(subsolution)を定義する．

定義 A.20(優解，劣解) $u^* \in C^0(\overline{\Omega}) \cap H^1(\Omega)$ が**優解**であるとは次の条件を満足すること：

(A.12) $P[u^*](x)+f(u^*(x)) \leqq 0 \quad (x \in \Omega), \quad B_j[u^*](x) \geqq h(x) \quad (x \in \partial\Omega).$

また $u_* \in C^0(\overline{\Omega}) \cap H^1(\Omega)$ が**劣解**であるとは次の条件を満足すること：

(A.13) $P[u_*](x)+f(u_*(x)) \geqq 0 \quad (x \in \Omega), \quad B_j[u_*](x) \leqq h(x) \quad (x \in \partial\Omega).$
□

注意 u^*, u_* が必ずしも C^2 級でない場合には，条件の不等式(A.12)，(A.13)は超関数の意味で解釈する([58]参照)．たとえば第3種境界条件の場合には，それぞれ次の弱い条件に置き換える．

$$\int_{\partial\Omega}(-du^*+h)\phi dS+\int_{\Omega}\left(-\sum_{i,j=1}^n \frac{\partial u^*}{\partial x_j}\frac{\partial}{\partial x_i}(a_{ij}\phi)+\sum_{i=1}^n \frac{\partial u^*}{\partial x_i}b_i\phi+cu^*\phi-f(u^*)\phi\right)dx \leqq 0$$

$$\int_{\partial\Omega}(-du_*+h)\phi dS+\int_{\Omega}\left(-\sum_{i,j=1}^n \frac{\partial u_*}{\partial x_j}\frac{\partial}{\partial x_i}(a_{ij}\phi)+\sum_{i=1}^n \frac{\partial u_*}{\partial x_i}b_i\phi+cu_*\phi-f(u_*)\phi\right)dx \geqq 0$$

$$(\phi \in C^1(\overline{\Omega}), \phi \geqq 0)$$

もし u^*, u_* が C^2 級で弱い意味でそれぞれの条件を満たすなら，通常の意味で優解，劣解となる．

定理 A.21(解の存在) 優解 u^* および劣解 u_* が存在して $u_*(x) \leqq u^*(x)$ $(x \in \Omega)$ を満たすと仮定する．このとき，真の解 $u=u(x)$ が存在して

$$u_*(x) \leqq u(x) \leqq u^*(x) \quad (x \in \Omega)$$

を満たす．さらにこのような優解と劣解に挟まれた解 u の全体には最大のものと最小のものが存在する． □

参考文献：Sattinger[151], 村田-倉田[131].

(c) ハートマン-ウィントナーの定理

斉次の楕円型方程式の解の零点集合を特徴付ける美しい定理を紹介する．方程式

$$(\text{A.14}) \qquad P[u] = 0 \quad (x \in \Omega)$$

について解の零点集合 $Z[u] = \{x \in \Omega : u(x) = 0\}$ はどうなるであろうか．2次元の場合には次の明解な特徴付け定理が成立する．

定理 A.22(ハートマン-ウィントナー(Hartman-Wintner)の定理) $n = 2$ とする．自明でない(恒等的に 0 でない)関数 $u \in C^2(\Omega)$ が (A.14) を満たすと仮定する．いま $\boldsymbol{p} \in Z[u]$ に対して $\nabla u(\boldsymbol{p}) = (0, 0)$ となると仮定する．このとき，ある自然数 $m \geq 2$ と $\boldsymbol{p}$ の2つの近傍 B_1, B_2 が存在して次の条件が成立する．ある B_1 から B_2 への C^1 級の同相写像 Φ が存在して $\Phi(\boldsymbol{p}) = \boldsymbol{p}$ かつ

$$(\text{A.15}) \quad \Phi(Z[u] \cap B_1) = \left\{\boldsymbol{p} + t e\left(\frac{\pi k}{m}\right) : t \in \mathbb{R},\ k = 0, 1, 2, \cdots, m-1\right\} \cap B_2$$

となる．ただし $e(\theta) = (\cos\theta, \sin\theta)$ とした． □

参考文献：Hartman-Wintner[67].

A.4 等角写像とリーマンの写像定理

複素領域 $\mathcal{V} \subset \mathbb{C}$ で定義された複素数値関数 $f = f(z)$ $(z = x + yi \in \mathcal{V},\ x, y \in \mathbb{R})$ が**複素正則関数**(holomorphic)であるとは任意の点 $z \in \mathcal{V}$ において

$$\lim_{\zeta \to 0} \frac{f(z+\zeta) - f(z)}{\zeta}$$

が有限確定の極限値をもつことと定義される．この値を f の z における微分として，$f'(z)$ または $(df/dz)(z)$ と書く．f が $\mathcal{V}$ で複素正則ならば自動的に df/dz も $\mathcal{V}$ で複素正則となることが知られている．これはコーシー(Cauchy)

の積分定理や積分公式などとともに複素正則関数の一番重要な性質である．帰納法によって複素正則な関数は何回でも複素微分できることが従う．すなわち，任意の自然数 m に対して m 階導関数 $d^m f/dz^m$ が存在する．

複素正則関数は等角写像となることが知られている．複素領域を $\mathbb{C}$ の部分集合に写す．また，この集合が再び領域となり写像が全単射であるならば逆写像もまた複素正則となる．このような場合に2つの領域は同値関係をもち，等角同値であると呼ばれる．単位円 $\mathcal{V}=\{z\in\mathbb{C}:|z|<1\}$ と右半平面 $\mathbb{C}_r=\{z\in\mathbb{C}:\mathrm{Re}(z)>0\}$ は等角同値である．このときの等角写像は $f(z)=(1+z)/(1-z)$ で与えられる．一方，円環同士では内径，外径の比が異なれば等角同値にはならないことが知られている．次の美しい定理は自明でない単連結領域同士の同値性を一般的に与えている．

定理 A.23(リーマンの写像定理)　空でない複素領域 $\mathcal{V},\mathcal{W}$ はともに $\mathbb{C}$ と異なるとする．さらに $\mathcal{V},\mathcal{W}$ は単連結であると仮定する．このとき $\mathcal{V}$ 上の複素正則関数 f が存在して $f:\mathcal{V}\longrightarrow\mathcal{W}$ は全単射となり，逆写像 f^{-1} も複素正則となる． □

参考文献：小平[102]．

A.5　位相と写像に関する準備

本書は微分方程式の書物ながら，写像度および写像のホモトピーなど位相幾何に関する事項がほんの数回ながら用いられる．それらの必要事項をまとめておく．

(a)　写像度

$\Omega\subset\mathbb{R}^n$ を有界領域として連続写像

$$f:\overline{\Omega}\longrightarrow\mathbb{R}^n$$

を考える．$q\in\mathbb{R}^n$, $f(\partial\Omega)\not\ni q$ に対して f の写像度 $\deg(f,\Omega,q)$ というものが定義できる．これは大雑把には $f(x)=q$ となる $x\in\Omega$ の本質的な個数，と言うことができる．まず f が $\overline{\Omega}$ で C^1 級であると仮定して特別な場合に写像度

を定める.任意の $p\in f^{-1}(q)$ における f のヤコビ行列 $J_f(p)$ が非退化(正則行列)であるとする.このとき q は f の**正則値**であるという[*3].正則値 q に対して $f^{-1}(q)$ は有限集合となる.そこで写像度を

$$(A.16) \qquad \deg(f, \Omega, q) = \sum_{p \in f^{-1}(q)} \mathrm{sgn}\left(\det\left(\frac{\partial f}{\partial x}(p)\right)\right)$$

と定義する.

写像度の積分表示

写像度はある条件のもとで積分形で表示することもできる.この表現は写像度のいろいろな性質を導くのに役立つ.

命題 A.24 $f:\overline{\Omega} \longrightarrow \mathbb{R}^n$ が C^1 級写像で $q \notin f(\partial\Omega)$ とする.いま $\mathbb{R}^n$ 上の非負値の関数 $\phi \in C_0^\infty(\mathbb{R}^n)$ は,$\mathrm{supp}(\phi)$ が q を含む $\mathbb{R}^n \setminus f(\partial\Omega)$ の連結成分に包含され,

$$\int_{\mathbb{R}^n} \phi(y)\,dy = 1$$

を満たしていると仮定する.このとき

$$(A.17) \qquad \deg(f, \Omega, q) = \int_\Omega \phi(f(x)) \det\left(\frac{\partial f}{\partial x}\right) dx$$

と表現される. □

また写像度は境界積分の形でも与えられる.2次元の場合にはよりシンプルな形で表現される.これをみると写像度が Ω の境界上での f の挙動だけで決まるということが明確にわかる.

命題 A.25 上と同じ状況で,かつ $n=2$ とする.このとき

$$(A.18) \qquad \deg(f, \Omega, q) = \frac{1}{2\pi} \int_{\partial\Omega} \frac{(f(\xi)-q) \times (\partial_\tau f)(\xi)}{|f(\xi)-q|^2} ds_\xi$$

ここで,

$$(f(\xi)-q) \times (\partial_\tau f)(\xi) = (f_1(\xi)-q_1)(\partial_\tau f_2)(\xi) - (f_2(\xi)-q_2)(\partial_\tau f_1)(\xi)$$

[*3] 正則値でないとき**特異値**であるという.

であり，τ は境界上 ξ における正の向き[*4]の単位接ベクトルとし，$\partial_\tau u = \langle \nabla u, \tau \rangle$ である． □

上の写像度の境界積分の表現式は有用ながら証明を与えている和書はあまりない．計算もおもしろいので，その概要を与える．

[証明の概要] $\varepsilon > 0$ として領域 $\Omega(\varepsilon) = \Omega \setminus \bigcup_{\boldsymbol{p} \in f^{-1}(\boldsymbol{q})} B_\varepsilon(\boldsymbol{p})$ において，ストークス(Stokes)の定理(あるいはグリーンの定理)を適用する．$\Omega(\varepsilon)$ で 1 形式

$$\omega = \sum_{\boldsymbol{p} \in f^{-1}(\boldsymbol{q})} \frac{(f_1(x)-q_1)(df_2) - (f_2(x)-q_2)(df_1)}{|f(x)-\boldsymbol{q}|^2}$$

を考える．直接計算によって $d\omega \equiv 0$ $(x \in \Omega(\varepsilon))$ が示される．ここで $d\omega$ は 1 形式 ω の外微分である．よって

$$0 = \int_{\Omega(\varepsilon)} d\omega = \int_{\partial\Omega(\varepsilon)} \omega$$

となる．これを用いて $\partial\Omega(\varepsilon)$ 上の線積分を $\partial\Omega, \partial B_\varepsilon(\boldsymbol{p})$ $(\boldsymbol{p} \in f^{-1}(\boldsymbol{q}))$ に分けて

$$(\mathrm{A}.19) \qquad \int_{\partial\Omega} \omega = -\sum_{\boldsymbol{p} \in f^{-1}(\boldsymbol{q})} \int_{\partial B(\boldsymbol{p},\varepsilon)} \frac{(f(\xi)-\boldsymbol{q}) \times (\partial_\tau f)}{|f(\xi)-\boldsymbol{q}|^2} ds_\xi$$

を得る．この線積分において $\partial B_\varepsilon(\boldsymbol{p})$ は $\Omega(\varepsilon)$ の境界の一部とみているので向きは時計回りとなっている．$\boldsymbol{p} \in f^{-1}(\boldsymbol{q})$ 毎に上の境界積分を調べ，$\varepsilon \to 0$ の極限を求める．テイラーの定理より

$$f_1(x) = a(x_1 - p_1) + b(x_2 - p_2) + R_1(x),$$
$$f_2(x) = c(x_1 - p_1) + d(x_2 - p_2) + R_2(x),$$
$$\frac{\partial f}{\partial x} = \begin{pmatrix} a & b \\ c & d \end{pmatrix} + R'(x),$$
$$R_1(x) = o(|x-p|), \quad R_2(x) = o(|x-p|), \quad R'(x) = o(1)$$

となる．ただし $a = (\partial f_1/\partial x_1)(\boldsymbol{p})$, $b = (\partial f_1/\partial x_2)(\boldsymbol{p})$, $c = (\partial f_2/\partial x_1)(\boldsymbol{p})$, $d = (\partial f_2/\partial x_2)(\boldsymbol{p})$ である．$\partial B_\varepsilon(\boldsymbol{p})$ 上の点 ξ をパラメータを用いて $\xi = \varepsilon(\cos\theta,$

[*4] 通常，2 次元領域の境界の正の向きとは左手に領域内部をみて進む方向である．

$\sin\theta)$ で表す. このとき $\tau(\xi)=(\sin\theta,-\cos\theta)$ で

$$f_1(\xi)-q_1 = \varepsilon(a\cos\theta+b\sin\theta)+o(\varepsilon),$$
$$f_2(\xi)-q_2 = \varepsilon(c\cos\theta+d\sin\theta)+o(\varepsilon),$$

$$\partial_\tau f_2 = c\sin\theta-d\cos\theta+o(1), \quad \partial_\tau f_1 = a\sin\theta-b\cos\theta+o(1),$$

$$\int_{\partial B_\varepsilon(\boldsymbol{p})} -\frac{(f_1(\xi)-q_1)(\partial_\tau f_2)(\xi)-(f_2(\xi)-q_2)(\partial_\tau f_1)(\xi)}{|f(\xi)-\boldsymbol{q}|^2}ds_\xi$$
$$= \int_0^{2\pi} \frac{(ad-bc)+o(1)}{(a^2+c^2)\cos^2\theta+2(ab+cd)\cos\theta\sin\theta+(b^2+d^2)\sin^2\theta+o(1)}d\theta$$
$$= 2\pi\frac{ad-bc}{|ad-bc|}+o(1) = 2\pi\,\mathrm{sgn}\left(\frac{\partial f}{\partial x}(\boldsymbol{p})\right)+o(1) \quad (\varepsilon\to 0).$$

ここで

$$\rho^2 = \frac{(a^2+c^2-b^2-d^2)^2+4(ab+cd)^2}{(a^2+c^2+b^2+d^2)^2}, \quad \rho>0$$

として,定積分の公式

$$\int_0^\pi \frac{1}{1+\rho\cos 2\theta}d\theta = \frac{\pi}{\sqrt{1-\rho^2}} \quad (|\rho|<1)$$

を用いた.これを(A.19)に適用して命題 A.25 の結論を得る. ∎

一般の場合の写像度の定義

$f(\partial\Omega)\not\ni\boldsymbol{q}$ を満たす連続写像 f に対して $\deg(f,\Omega,\boldsymbol{q})$ を定める.f と $\boldsymbol{q}$ に対して,関数列 $\{f_m\}_{m=1}^\infty\subset C^1(\overline{\Omega};\mathbb{R}^n)$ および $\{\boldsymbol{q}_m\}_{m=1}^\infty\subset\mathbb{R}^n$ を次の条件を満たすようにとる.

(条件) $\displaystyle\lim_{m\to\infty}\|f_m-f\|_{C^0(\overline{\Omega};\mathbb{R}^n)}=0,\ \lim_{m\to\infty}\boldsymbol{q}_m=\boldsymbol{q},\ f_m(\partial\Omega)\not\ni\boldsymbol{q}_m$ かつ $\boldsymbol{q}_m$ は f_m の正則値である.

このとき,十分大きな m に対して $\deg(f_m,\Omega,\boldsymbol{q}_m)$ は(積分表示を用いて議論することにより)一定値となり,この値をもって $\deg(f,\Omega,\boldsymbol{q})$ と定めることができる.これら写像度の定義の議論において次の有用な性質も確かめることができる.

命題 A.26(ホモトピー不変性) f_1, f_2 は $\overline{\Omega}$ から $\mathbb{R}^n$ への連続写像で $f_1(\partial\Omega) \cup f_2(\partial\Omega) \not\ni \boldsymbol{q}$ とする．いま $f_{1|\partial\Omega}$ と $f_{2|\partial\Omega}$ が $\partial\Omega$ から $\mathbb{R}^n \setminus \{\boldsymbol{q}\}$ への写像としてホモトピー同値であると仮定する．このとき

(A.20) $$\deg(f_1, \Omega, \boldsymbol{q}) = \deg(f_2, \Omega, \boldsymbol{q})$$

が成立する． □

このホモトピー不変性によって写像を変形してシンプルなものに変形して計算することが可能になることもある．

例 有界領域 $\Omega \subset \mathbb{R}^2$ は可縮であり，滑らかな境界 $\partial\Omega$ をもつと仮定する．連続写像 $\varphi: \overline{\Omega} \to \mathbb{C}$ は $\partial\Omega$ において零点をもたないと仮定する．このとき φ の境界値は複素平面の原点 O の周りを回るので**巻き数**(winding number)を定めることができる．仮定より $\partial\Omega$ は S_c^1 と位相同型で $\varphi(x)/|\varphi(x)|$ は S_c^1 から S_c^1 への連続写像とみなせるから，S^1 のサイクルが写像で何倍に対応しているかをもって巻き数(整数)を定めることができる．このようにして定められる巻き数 $m \in \mathbb{Z}$ がもし 0 でなければ $\varphi(\Omega) \ni O$ となる．とくに $\deg(\varphi, \Omega, 0) = m$ となる．すなわち φ は零点をもつ．これは Ω の内部に $(0,0)$ をもつように平行移動したうえで，φ と写像 $\varphi_0(x) = (x_1 + ix_2)^m$ を境界 $\partial\Omega$ がホモトープであることに注意して上の定理を適用することで示される．

参考文献：増田[121]．

2次元領域上の複素数値関数の零点の位数

Ω を2次元領域とし f を $\overline{\Omega}$ 上の複素数値関数とする．いま $\boldsymbol{p} \in \Omega$ が f の孤立した零点とする．このとき $\mathbb{C}$ を $\mathbb{R}^2$ と同一視することで前段の議論と同様に写像度を考えることができる．$r > 0$ を小さくとって $\partial B_r(\boldsymbol{p})$ 上で f が零点をもたないようにできる．これによって $\deg(f, B_r(\boldsymbol{p}), 0)$ を定めることができる．これを f の零点 $\boldsymbol{p}$ の**位数**という．f が Ω に有限個の零点をもち，$\partial\Omega$ 上に零点をもたないとき f の零点の位数の総和は $\deg(f, \Omega, 0)$ に一致する．

ここで定めた位数は，関数論でしばしば登場する正則関数の零点の位数と本質的に同じものである．

(b) 被覆空間と S^1 値写像の持ち上げ

第3章において $S^1=\mathbb{R}/(2\pi\mathbb{Z})$ 値関数に関する方程式を扱う必要がある．これを通常の実数値関数の問題に還元するため関数をいったん被覆空間上の写像に直す必要がある．このための準備を行う．Ω を $\mathbb{R}^n$ の C^1 級の境界をもつ有界領域とする．$E=\overline{\Omega}$ として $\widehat{E}$ を E の普遍被覆とする．また S^1 の普遍被覆としては自然に $\mathbb{R}$ をとることができる．ここで，それぞれの射影を ι_1, ι_2 と表す．

$$\iota_1: \widehat{E} \longrightarrow E, \quad \iota_2: \widehat{S^1} = \mathbb{R} \longrightarrow S^1$$

とする．普遍被覆には自然に距離が入り，射影は等長で，局所的には同相写像である．また ι_2 は加法演算で準同型になっている．E には，基点 $\boldsymbol{p} \in E$ をとって固定する．さらに任意に $\widehat{\boldsymbol{p}} \in \iota_1^{-1}(\boldsymbol{p}) \subset \widehat{E}$ をとっておく．

さて，写像の持ち上げに関する命題を述べよう．

命題 A.27 $\varphi \in C(E, S^1)$ に対して $\widehat{\varphi} \in C(\widehat{E}, \mathbb{R})$ で

$$(\varphi \circ \iota_1)(\widehat{x}) = (\iota_2 \circ \widehat{\varphi})(\widehat{x})$$

となるものが存在する(可換図式(A.21))．また $\boldsymbol{q}=\varphi(\boldsymbol{p})$ として任意に $\widehat{\boldsymbol{q}} \in \iota_2^{-1}(\boldsymbol{q})$ を選ぶと，上のような $\widehat{\varphi}$ 条件

$$\widehat{\varphi}(\widehat{\boldsymbol{p}}) = \widehat{\boldsymbol{q}}$$

を満たすものはちょうど1つとなる． □

$$(\text{A.21}) \quad \begin{array}{ccc} \widehat{E} & \xrightarrow{\widehat{\varphi}} & \mathbb{R} = \widehat{S^1} \\ {\scriptstyle \iota_1} \downarrow & & \downarrow {\scriptstyle \iota_2} \\ E & \xrightarrow{\varphi} & S^1 \end{array}$$

$C(E; S^1)$ のホモトピー類を特徴付けておく．$\varphi \in C(E; S^1)$ を1つ固定する．$\eta \in C(E; \mathbb{R})$ を任意にとって

$$\varphi'(x) = \varphi(x) + \iota_2(\eta(x))$$

とおくと，$\varphi' \sim \varphi$ となる．これは次のように確認できる．

$$\varphi(x,t) = \varphi(x) + \iota_2(t\eta(x)) \quad (x \in E,\ 0 \leqq t \leqq 1)$$

とおけば

$$\varphi : E \times [0,1] \longrightarrow S^1$$

は連続写像で $\varphi(x,0)=\varphi(x)$, $\varphi(x,1)=\varphi'(x)$ となるからである．逆を考えよう．

2つの S^1 値写像がホモトープならば，その"差"は E 上の通常の実数値関数とみなせる．この性質は S^1 値写像に関する方程式を考察するときに使用する（第3, 5章）．それについて述べておく．

命題 A.28 $\varphi_1, \varphi_2 \in C(E; S^1)$ はホモトピー同値であると仮定する．このとき $\widetilde{\varphi} \in C(E, \mathbb{R})$ が存在して

(A.22) $$(\iota_2 \circ \widetilde{\varphi})(x) = \varphi_2(x) - \varphi_1(x) \quad (x \in E)$$

と表せる．これについても適当に基点での値 $\widetilde{\varphi}(\boldsymbol{p})$ を指定することでこの表現は一意である． □

(A.23)

$$\begin{array}{ccc} & & \mathbb{R} \\ & \nearrow^{\widetilde{\varphi}} & \downarrow \iota_2 \\ E & \xrightarrow{\varphi = \varphi_2 - \varphi_1} & S^1 \end{array}$$

参考文献：フー [72]．

A.6 補題 2.10 の証明

この節では補題 2.10 の証明を行う．証明には楕円積分の長い計算を要する．

次の楕円積分

$$\text{(A.24)} \quad E(k) := \int_0^1 \sqrt{\frac{1-k^2 t^2}{1-t^2}} dt = \int_0^{\pi/2} \sqrt{1-k^2 \sin^2 \tau}\, d\tau$$

と以下の楕円積分の公式を利用する．

$$\text{(A.25)} \quad \frac{dE}{dk} = \frac{-K+E}{k},$$

$$\text{(A.26)} \quad \frac{dK}{dk} = \frac{1}{k}\left(-K + \frac{E}{1-k^2}\right),$$

$$\text{(A.27)} \quad \frac{\partial \Pi}{\partial k} = \frac{k}{k^2+\nu}\left(\frac{E}{1-k^2} - \Pi\right),$$

$$\text{(A.28)} \quad \frac{\partial \Pi}{\partial \nu} = \frac{1}{2(1+\nu)}\left(-\frac{K}{\nu} + \frac{E}{k^2+\nu} + \frac{(k^2-\nu^2)\Pi}{\nu(k^2+\nu)}\right)$$

最初の等式は易しい．残りの3つについては，つぎの関係式

$$\frac{dK}{dk} + \frac{K}{k} - \frac{E}{k(1-k^2)} = \frac{k}{k^2-1}\int_0^{\pi/2}\frac{d}{d\tau}\left(\frac{\sin\tau\cos\tau}{\sqrt{1-k^2\sin^2\tau}}\right)d\tau,$$

$$\frac{\partial \Pi}{\partial k} - \frac{kE}{(k^2+\nu)(1-k^2)} + \frac{k\Pi}{k^2+\nu}$$
$$= \frac{k^3}{(k^2-1)(k^2+\nu)}\int_0^{\pi/2}\frac{d}{d\tau}\left(\frac{\sin\tau\cos\tau}{\sqrt{1-k^2\sin^2\tau}}\right)d\tau$$

および

$$\frac{\partial \Pi}{\partial \nu} + \frac{K}{2(1+\nu)\nu} - \frac{E}{2(1+\nu)(k^2+\nu)} - \frac{(k^2-\nu^2)\Pi}{2(1+\nu)(k^2+\nu)\nu}$$
$$= \frac{\nu}{2(1+\nu)(k^2+\nu)}\int_0^{\pi/2}\frac{d}{d\tau}\left(\frac{\sin\tau\cos\tau\sqrt{1-k^2\sin^2\tau}}{1+\nu\sin^2\tau}\right)d\tau$$

を確かめればよい．

つぎに，定義より

$$\text{(A.29)} \quad k^2+\nu = (\beta-\alpha)/(\gamma-\alpha) + (\beta-\alpha)/\alpha = k^2\gamma/\alpha$$

に注意しておく．また，

$$\text{(A.30)} \quad \tilde{\nu} = \nu+1 = \beta/\alpha$$

も用いる．つぎの補題が成り立つ．

補題 A.29 $\lambda > n^2/4$ とする．このとき $k \in (0, k_n(\lambda))$ に対して

$$\frac{\partial \rho}{\partial k} = Q_0(k)\rho + \frac{8n^2 K(k)\Pi(\beta/\alpha-1, k)}{9\pi^2 \alpha k(1-k^2)}\left(Q_1(k) + \frac{n^2 K(k)^3}{\lambda\pi^2}Q_2(k)\right) \tag{A.31}$$

と表すことができる．ここで

$$Q_0(k) := -\frac{2}{k} + \frac{2E}{k(1-k^2)K},$$
$$Q_1(k) := (k^2-1)K^2 - 2(k^2-2)KE - 3E^2,$$
$$Q_2(k) := -(k^4-3k^2+2)K + 2(k^4-k^2+1)E$$

である． □

この補題の証明は長くなるので後まわしにして，この補題から補題 2.10 がすぐ証明できることを先に示す．

［補題 2.10 の証明］ (A.31) の第 2 項が k に関して正であることを示せば十分である．まず

$$Q_1(0) = Q_2(0) = 0$$

に注意する．等式 (A.25) と (A.26) を使うと

$$\frac{dQ_1}{dk} = \frac{-2\left((1-k^2)K-E\right)\left((1-k^2)K+(2k^2-1)E\right)}{(1-k^2)k},$$
$$\frac{dQ_2}{dk} = 5k\left((1-k^2)K+(2k^2-1)E\right)$$

を得る．

$$(1-k^2)K - E = k^2 \int_0^{\pi/2} \frac{\sin^2\tau - 1}{\sqrt{1-k^2\sin^2\tau}}d\tau < 0,$$
$$(1-k^2)K + (2k^2-1)E = k^2 \int_0^{\pi/2} \frac{1+\sin^2\tau - 2k^2\sin^2\tau}{\sqrt{1-k^2\sin^2\tau}}d\tau > 0$$

なので $Q_1(k)$ と $Q_2(k)$ はともに $(0,1)$ で正である．こうして補題2.10が従う． ∎

[補題A.29の証明]　もう一度，方程式を書く．

(A.32) $$\rho(k,\lambda) = 2m^2 K(k)^2 - \lambda\gamma\tilde{\nu}\Pi^2(\tilde{\nu}-1,k)$$

微分すると

(A.33) $$\frac{\partial \rho}{\partial k} = 4m^2 K \frac{dK}{dk} - 2\lambda\gamma\tilde{\nu}\Pi \frac{\partial \Pi}{\partial k}$$
$$-\lambda\tilde{\nu}\Pi^2 \frac{d\gamma}{dk} - \lambda\gamma\left(\Pi^2 + 2\tilde{\nu}\Pi \frac{\partial \Pi}{\partial \nu}\right)\frac{d\tilde{\nu}}{dk}.$$

計算が長くなるので3段階に分ける．

(第1段階)

(A.33)の微分の項を減らそう．次のように表せることを示す．

(A.34) $$\frac{\partial \rho}{\partial k} = \left(-\frac{2}{k} + \frac{4n^2 K^2}{3\pi^2 \lambda\gamma k} - \frac{4n^2(k^2-2)EK}{3\pi^2 \lambda\gamma k(1-k^2)}\right)\rho - \frac{8m^2 n^2 K^4}{3\pi^2 \lambda\pi^2\gamma k}$$
$$+ \frac{8m^2 EK}{3\gamma k(1-k^2)} - \frac{2\lambda\beta E\Pi}{k(1-k^2)} - \lambda\gamma\Pi\left(\Pi + 2\tilde{\nu}\frac{\partial \Pi}{\partial \nu}\right)\frac{d\tilde{\nu}}{dk}$$

(A.29)に注意して(A.26)と(A.27)から

(A.35) $$4m^2 K \frac{dK}{dk} = \frac{4m^2}{k}\left(-K^2 + \frac{EK}{1-k^2}\right),$$

(A.36) $$-2\lambda\gamma\tilde{\nu}\Pi \frac{\partial \Pi}{\partial k} = \frac{2\lambda\beta}{k}\left(\Pi^2 - \frac{E\Pi}{1-k^2}\right).$$

(A.26)を使うと

(A.37) $$-\lambda\tilde{\nu}\Pi^2 \frac{d\gamma}{dk} = \frac{4n^2\tilde{\nu}}{3\pi^2 k}\Pi^2\left(2K^2 + \frac{k^2-2}{1-k^2}EK\right).$$

(A.35), (A.36)と(A.37)を足し合わせると

(A.38) $$4m^2 K \frac{dK}{dk} - 2\lambda\gamma\tilde{\nu}\Pi \frac{\partial \Pi}{\partial k} - \lambda\tilde{\nu}\Pi^2 \frac{d\gamma}{dk}$$
$$= \frac{8n^2\tilde{\nu}}{3\pi^2 k}K^2\Pi^2 + \frac{4n^2\tilde{\nu}}{3\pi^2 k}\left(\frac{k^2-2}{1-k^2}\right)EK\Pi^2 + \frac{8n^2\tilde{\nu}}{3\pi^2 k}K^2\Pi^2$$

$$-\frac{4m^2}{k}K^2+\frac{4m^2}{k(1-k^2)}EK-\frac{2\lambda\beta}{k(1-k^2)}E\Pi.$$

つぎに(A.38)の右辺にある Π^2 の項を消そう．(A.32)から

$$\Pi^2 = \frac{2m^2K^2-\rho}{\lambda\gamma\tilde{\nu}}$$

を右辺に代入し，ρ の項をまとめると

$$\left(-\frac{8n^2}{3\pi^2\lambda\gamma k}K^2-\frac{2\alpha}{k\gamma}-\frac{4n^2}{3\pi^2\lambda\gamma k}\left(\frac{k^2-2}{1-k^2}\right)EK\right)\rho.$$

この ρ の係数の最初の 2 項は次のようにまとめられる．

$$-\frac{2}{k\gamma}\left(\alpha+\frac{4n^2}{3\pi^2\lambda}K^2\right) = -\frac{2}{k\gamma}\left(\gamma-\frac{2n^2}{3\pi^2\lambda}K^2\right)$$

ここで $\alpha=\gamma-2n^2K^2/\pi^2\lambda$ を使った．こうして(A.34)の ρ の項が得られる．

(A.38)の残りの項は

$$\frac{16n^2m^2}{3\pi^2\lambda\gamma k}K^4+\frac{4m^2}{\gamma k(1-k^2)}\left(\gamma+\frac{2n^2(k^2-2)}{3\pi^\lambda}K^2\right)KE$$
$$+\frac{4m^2}{k\gamma}(\alpha-\gamma)K^2-\frac{2\lambda\beta}{k(1-k^2)}E\Pi$$
$$=-\frac{8n^2m^2}{3\pi^2\lambda\gamma k}K^4+\frac{8m^2}{3\gamma k(1-k^2)}EK-\frac{2\lambda\beta}{k(1-k^2)}E\Pi.$$

こうして(A.34)が確かめられた．

(第 2 段階)

次の式を証明する．

(A.39) $\quad -\lambda\gamma\Pi\left(\Pi+2\tilde{\nu}\frac{\partial\Pi}{\partial\nu}\right)\frac{d\tilde{\nu}}{dk}$
$$=\frac{4}{3kK\gamma}\left(\frac{E}{1-k^2}-\frac{n^2K^3}{\lambda\pi^2}\right)\rho-\frac{8m^2KE}{3k(1-k^2)\gamma}+\frac{8m^2n^2K^4}{3k\gamma\lambda\pi^2}$$
$$+\frac{8}{3}\frac{\lambda\Pi}{\alpha k}\left(\frac{\gamma}{2}-\frac{n^2KE}{\lambda\pi^2}\right)\left(\frac{E}{1-k^2}-\frac{n^2K^3}{\lambda\pi^2}\right)$$

(A.28)と $1+\nu=\tilde{\nu}$ を使って，

$$\gamma\Pi\left(\Pi+2\tilde{\nu}\frac{\partial\Pi}{\partial\nu}\right) = \gamma\Pi\left(-\frac{K}{\nu}+\frac{E}{k^2+\nu}+\frac{k^2\tilde{\nu}\Pi}{(k^2+\nu)\nu}\right)$$
$$= -\left(\frac{\gamma K}{\nu}-\frac{\gamma E}{k^2+\nu}\right)\Pi+\frac{k^2\gamma\tilde{\nu}\Pi^2}{(k^2+\nu)\nu}$$

と表す.$\rho(k,\lambda)$ の式から

(A.40)
$$\gamma\Pi\left(\Pi+2\tilde{\nu}\frac{\partial\Pi}{\partial\nu}\right) = -\left(\frac{\gamma K}{\nu}-\frac{\gamma E}{k^2+\nu}\right)\Pi+\frac{k^2(2m^2K^2-\rho)}{(k^2+\nu)\nu\lambda}$$
$$= -\left(\frac{\lambda\pi^2\gamma}{2n^2K}-E\right)\frac{\Pi\alpha}{k^2}+\frac{\pi^2\alpha^2m^2}{n^2k^2\gamma}-\frac{\alpha^2\pi^2\rho}{2n^2K^2k^2\gamma}$$

を得る.ただし,(A.29)と $\nu=2n^2k^2K^2/\lambda\pi^2\alpha$ を使った.

一方
$$\lambda\frac{d\tilde{\nu}}{dk} = \frac{2n^2kK}{\pi^2\alpha^2}\{2(K+kdK/dk)\alpha-kKd\alpha/dk\}$$

は,次のように書き直される.

$$\frac{d\alpha}{dk} = -\frac{4n^2K}{3\lambda\pi^2}\{(k^2+1)dK/dk+kK\}$$

なので,(2.53)と(A.26)から

$$2\left(K+k\frac{dK}{dk}\right)\alpha-kK\frac{d\alpha}{dk}$$
$$= 2k\frac{dK}{dk}\left(\alpha+\frac{2n^2K^2(1+k^2)}{3\lambda\pi^2}\right)+2K\left(\alpha+\frac{2n^2K^2k^2}{3\lambda\pi^2}\right)$$
$$= \frac{4k}{3}\frac{dK}{dk}+2K\left(\frac{2}{3}-\frac{2n^2K^2}{3\lambda\pi^2}\right)$$
$$= \frac{4E}{3(1-k^2)}-\frac{4n^2K^3}{3\lambda\pi^2}$$

が従う.よって

(A.41) $$\lambda\frac{d\tilde{\nu}}{dk} = \frac{8}{3}\frac{n^2kK}{\pi^2\alpha^2}\left(\frac{E}{1-k^2}-\frac{n^2K^3}{\lambda\pi^2}\right).$$

こうして(A.40)を(A.41)に乗じると(A.39)が導かれる.

(第3段階)

(A.31)を示そう．等式

$$\frac{\partial \rho}{\partial k} = \left\{ -\frac{2}{k} + \frac{4n^2 K^2}{3k\lambda\pi^2\gamma} - \frac{4(k^2-2)n^2 KE}{3k(1-k^2)\lambda\pi^2\gamma} + \frac{4}{3kK\gamma}\left(\frac{E}{1-k^2} - \frac{n^2 K^3}{\lambda\pi^2}\right) \right\} \rho$$
$$+ \frac{\Pi}{k}\left\{ -\frac{2\lambda\beta E}{1-k^2} + \frac{8}{3}\frac{\lambda}{\alpha}\left(\frac{E}{1-k^2} - \frac{n^2 K^3}{\lambda\pi^2}\right)\left(\frac{\gamma}{2} - \frac{n^2 KE}{\lambda\pi^2}\right) \right\}$$

を使う．最初の項が $Q_0(k,\lambda)\rho$ になることは直接の計算でわかる．第2項は

$$\frac{\Pi}{k}\left\{ -\frac{2\lambda\beta E}{1-k^2} + \frac{8}{3}\frac{\lambda}{\alpha}\left(\frac{E}{1-k^2} - \frac{n^2 K^2}{\lambda\pi^2}\right)\left(\frac{\gamma}{2} - \frac{n^2 KE}{\lambda\pi^2}\right) \right\}$$
$$= \frac{\lambda\Pi}{k(1-k^2)\alpha}\left[-2E\alpha\beta + \frac{8}{3}\left(\frac{\gamma}{2} - \frac{n^2 KE}{\lambda\pi^2}\right)\left(E - \frac{n^2 K^3(1-k^2)}{\lambda\pi^2}\right) \right]$$

と書ける．(2.53), (2.54)と(2.55)を [⋯] の中に代入し $1/\lambda$ について整理すると求める等式(A.31)が得られる．

A.7 命題6.7の証明

この節では命題6.7の証明を与える．ただし，すべてを議論すると証明はかなり長くなる．同じような評価と計算を繰り返すので，本質的な部分に重点をおいた議論に絞ることにする．以下では，表記を簡単にするため $d_j=1$ ($j=1,\cdots,m$) とし，ベクトルの内積は $\cdot$ で表記する．

[命題6.7(ⅰ)の証明] J_ε の対角成分については

$$\pi \log(1/\varepsilon) + O(\log(1/\delta)) + O(1)$$

また，非対角成分は

$$O(\log(1/\delta)) + O(1)$$

と評価できることを示す．

まず，

$$\frac{\partial \boldsymbol{u}_\varepsilon}{\partial a_{k_p}} = \left\{ \frac{\partial f_\varepsilon^{(k)}}{\partial a_{k_p}} + i f_\varepsilon^{(k)} \frac{\partial}{\partial a_{k_p}} (\mathrm{Arg}\,(x-a_k) + \varphi(x\,;a_k)) \right\} \prod_{\ell \neq k} f_\varepsilon^{(\ell)} \exp(i\Theta)$$

だから,

$$\begin{aligned}
&\mathrm{Re}\, \frac{\partial \boldsymbol{u}_\varepsilon}{\partial a_{j_i}} \overline{\frac{\partial \boldsymbol{u}_\varepsilon}{\partial a_{k_p}}} \\
&= \frac{\partial f_\varepsilon^{(j)}}{\partial a_{j_i}} \frac{\partial f_\varepsilon^{(k)}}{\partial a_{k_p}} \prod_{\ell \neq j} f_\varepsilon^{(\ell)} \prod_{\ell \neq k} f_\varepsilon^{(\ell)} \\
&\quad + U_\varepsilon^2 \frac{\partial}{\partial a_{j_i}} (\mathrm{Arg}\,(x-a_j) + \varphi(x\,;a_j)) \frac{\partial}{\partial a_{k_p}} (\mathrm{Arg}\,(x-a_k) + \varphi(x\,;a_k)).
\end{aligned}$$

この右辺の最初の項の積分は

$$\int_\Omega \frac{\partial f_\varepsilon^{(j)}}{\partial a_{j_i}} \frac{\partial f_\varepsilon^{(k)}}{\partial a_{k_p}} \prod_{\ell \neq j} f_\varepsilon^{(\ell)} \prod_{\ell \neq k} f_\varepsilon^{(\ell)} dx = O(1)$$

となることを確かめるのは難しくない.

右辺の第 2 項の積分を評価しよう. $j=k$, $i=p$ とすると

$$\int_\Omega \left(\frac{|e_p \cdot (x_p - a_{k_p})^\perp|^2}{|x-a_k|^4} - 2 \frac{e_p \cdot (x_p - a_{k_p})^\perp}{|x-a_k|^2} \frac{\partial \varphi(x\,;a_k)}{\partial a_{k_p}} + \left| \frac{\partial \varphi(x\,;a_k)}{\partial a_{k_p}} \right|^2 \right) U_\varepsilon^2 dx$$

ここで

$$e_p = \begin{cases} (1,0) & (p=1), \\ (0,1) & (p=2) \end{cases}$$

積分を

$$\int_\Omega = \int_{B_{\delta/2}(a_k)} + \int_{\Omega \cap \{|x-a_k| > \delta/2\}}$$

と分ける. $B_{\delta/2}(a_k)$ における積分の主要項は $p=1$ のとき

$$\int_{B_{\delta/2}(a_k)} \frac{(x_2 - a_{k_2})^2}{|x-a_k|^4} f_\varepsilon^{(k)} dx$$

$$= \int_0^{2\pi} \int_0^{\delta/2} f(r/\varepsilon)^2 \frac{r^2 \sin^2 \theta}{r^4} r\, dr\, d\theta$$
$$= \pi \int_0^{\delta/2\varepsilon} f(s)^2/s\, ds = \pi \left(\int_0^{1/R_0} + \int_{1/R_0}^{R_0} + \int_{R_0}^{\delta/2\varepsilon} \right)$$
$$= \pi(\log(1/\varepsilon) - \log(1/\delta)) + O(1).$$

一方，$M>0$ を $\Omega \subset \{|x-a_k|<M\}$ ととれば

$$\int_{\Omega \cap \{|x-a_k|>\delta/2\}} \frac{(x_2-a_{k_2})^2}{|x-a_k|^4} f_\varepsilon^{(k)} dx \leq \int_{\{\delta/2<|x-a_k|<M\}} \leq \pi \log(1/\delta) + O(1)$$

と評価できる．これより

$$\left\langle \frac{\partial \boldsymbol{u}_\varepsilon}{\partial a_{k_1}}, \frac{\partial \boldsymbol{u}_\varepsilon}{\partial a_{k_1}} \right\rangle_{L^2(\Omega)} = \pi \log(1/\varepsilon) + O(\log(1/\delta))$$

が得られる．$p=2$ のときも同様である．こうして J_ε の対角成分についての評価が得られた．

つぎに $j=k$ で $i\neq p$ の場合を考える．$i=1, p=2$ とする（他の場合も同様である）．上と同様に積分範囲を $B_{\delta/2}(a_k)$ と残りの部分に分ける．

$$(f_\varepsilon^{(k)})^2 - U_\varepsilon^2 = O(\varepsilon^2/\delta^2) \quad (|x-a_k| < \delta/2)$$

と

$$\int_{B_{\delta/2}(a_k)} \frac{(x_2-a_{k_2})}{|x-a_k|^2} \cdot \frac{(x_1-a_{k_1})}{|x-a_k|^2} f_\varepsilon^{(k)} dx = \int_0^{2\pi} \int_0^{\delta/2} f(r/\varepsilon)^2 \frac{\sin\theta \cos\theta}{r} dr\, d\theta = 0$$

を使えば $B_{\delta/2}(a_k)$ での積分は $o(1)$ と評価される．また，$\Omega \cap \{|x-a_k|>\delta/2\}$ の積分は $O(\log(1/\delta)) + O(1)$ と評価でき，併せて $O(\log(1/\delta)) + O(1)$ となる．

最後に $j\neq k$ の場合であるが，この場合に $O(1)$ の評価を得るのは難しくないので証明は省略する．∎

[命題 6.7 (ii) の証明] ρ を δ より小さくとり，領域 Ω を $\Omega(\rho)$ と $B_\rho(a_k)$ に分けて評価する必要がある．

補題 A.30 η を $\eta \in (0, 2/3)$ を満たす任意に与えられた数とし，$\rho=\rho(\varepsilon)$ と $\delta=\delta(\varepsilon)$ を

(A.42) $$\rho(\varepsilon) = \varepsilon^\eta, \quad \delta(\varepsilon) = O(1), \quad \frac{\rho(\varepsilon)^2}{\delta(\varepsilon)^3} = o(1)$$

なるようにとる．このとき $E_\varepsilon(\boldsymbol{a})$ の微分は

(A.43) $$\frac{\partial}{\partial a_{j_p}} E_\varepsilon(\boldsymbol{a}) = \frac{\partial}{\partial a_{j_p}} W(\boldsymbol{a}) + O(\varepsilon^2/\rho(\varepsilon)^3) + O(\rho(\varepsilon)^2/\delta(\varepsilon)^3)$$

と表される．　□

上の補題から

$$\rho(\varepsilon) = \varepsilon^{2/5} \delta(\varepsilon)^{3/5}$$

ととれば命題 6.7(ii) が導かれる．よって，補題を証明すれば十分である．以下，補題 A.30 を証明する．

まず，$\boldsymbol{u}_h := e^{i\Theta}$ および

$$e_\varepsilon(u_\varepsilon) := |\nabla U_\varepsilon(\,\cdot\,;\boldsymbol{a})|^2 + U_\varepsilon(\,\cdot\,;\boldsymbol{a})^2 |\nabla \boldsymbol{u}_h|^2 + \frac{1}{2\varepsilon^2}(1 - U_\varepsilon(\,\cdot\,;\boldsymbol{a})^2)^2$$

とおいて

$$\frac{\partial}{\partial a_{j_p}} \mathcal{E}_\varepsilon(\boldsymbol{u}_\varepsilon) = \frac{1}{2} \int_\Omega \frac{\partial}{\partial a_{j_p}} e_\varepsilon(\boldsymbol{u}_\varepsilon) dx$$
$$= \frac{1}{2} \int_{\Omega(\rho)} \frac{\partial}{\partial a_{j_p}} e_\varepsilon(\boldsymbol{u}_\varepsilon) dx + \frac{1}{2} \sum_{k=1}^m \int_{B_\rho(a_k)} \frac{\partial}{\partial a_{j_p}} e_\varepsilon(\boldsymbol{u}_\varepsilon) dx$$

と積分を分解する(右辺の積分は有界なので微分を中に入れることができる)．そこで $x \in \Omega(\rho)$ では

(A.44) $$e_\varepsilon(\boldsymbol{u}_\varepsilon) = |\nabla \boldsymbol{u}_h|^2 + D_\varepsilon,$$

(A.45) $$D_\varepsilon := |\nabla U_\varepsilon|^2 + (1 - U_\varepsilon^2)\left\{-|\nabla \boldsymbol{u}_h|^2 + \frac{1}{2\varepsilon^2}(1 - U_\varepsilon^2)\right\}$$

とおき，各 k について $x \in B_\rho(a_k)$ では

(A.46) $$e_\varepsilon(\boldsymbol{u}_\varepsilon) = |\nabla \boldsymbol{u}_h|^2 - \frac{1}{|x - a_k|^2} + \Gamma_\varepsilon^{(k)},$$

(A.47) $$\Gamma_\varepsilon^{(k)} := D_\varepsilon + \frac{1}{|x - a_k|^2}$$

とおく．第 6 章の命題 6.4 より

$$\text{(A.48)} \quad \frac{\partial}{\partial a_{j_p}} W(\boldsymbol{a}) = \frac{1}{2} \int_{\Omega(\rho)} \frac{\partial}{\partial a_{j_p}} |\nabla \boldsymbol{u}_h|^2 dx$$
$$+ \frac{1}{2} \sum_{k=1}^{m} \int_{B_\rho(a_k)} \frac{\partial}{\partial a_{j_p}} \left\{ |\nabla \boldsymbol{u}_h|^2 - \frac{1}{|x-a_k|^2} \right\} dx$$

だから,

$$\int_{\Omega(\rho)} \frac{\partial}{\partial a_{j_p}} D_\varepsilon dx, \quad \int_{B_\rho(a_k)} \frac{\partial}{\partial a_{j_p}} \Gamma_\varepsilon^{(k)} dx$$

を評価すればよい.

評価をする前に

$$|\nabla \boldsymbol{u}_h|^2 = |\sum_\ell d_\ell \nabla G(x; a_\ell)|^2$$
$$= \sum_\ell \frac{1}{|x-a_\ell|^2} + \sum_{\ell,i,\ell \neq i} \frac{x-a_\ell}{|x-a_\ell|^2} \cdot \frac{x-a_i}{|x-a_i|^2}$$
$$+ 2 \sum_{\ell,i} \frac{x-a_\ell}{|x-a_\ell|^2} \cdot \nabla S(x; a_i) + \sum_{\ell,i} \nabla S(x; a_\ell) \cdot \nabla S(x; a_i)$$

に注意しておこう.

まず D_ε を評価する. 任意に $x \in \Omega(\rho)$ をとり

$$|x-a_s| = \min_{1 \leq \ell \leq m} \{|x-a_\ell|\}$$

とする. ある $C>0$ が存在して

$$\text{(A.49)} \quad \left|\frac{\partial D_\varepsilon}{\partial a_{j_p}}\right| \leq C \left\{ \frac{\varepsilon^2}{|x-a_s|^5} + \frac{\varepsilon^4}{|x-a_s|^7} \right\}$$

を示す. この評価から

$$\text{(A.50)} \quad \int_{\Omega(\rho)} \left|\frac{\partial D_\varepsilon}{\partial a_{j_p}}\right| dx = O(\varepsilon^2/\rho^3)$$

は容易に従う.

$$|\nabla U_\varepsilon|^2 = \left| \nabla f_\varepsilon^{(j)} \prod_{\ell \neq j} f_\varepsilon^{(\ell)} + f_\varepsilon^{(j)} \nabla \left(\prod_{\ell \neq j} f_\varepsilon^{(\ell)} \right) \right|^2$$

と(6.33)および(6.34)を使うと

$$\left|\frac{\partial}{\partial a_{j_p}}|\nabla U_\varepsilon|^2\right| \leq \frac{C\varepsilon^4}{|x-a_s|^7}$$

と評価される．また，

$$\left|-|\nabla \boldsymbol{u}_h|^2+\frac{1}{2\varepsilon^2}(1-U_\varepsilon^2)\right| \leq \frac{C}{|x-a_s|^2},$$

$$\left|\frac{\partial}{\partial a_{j_p}}\left\{-|\nabla \boldsymbol{u}_h|^2+\frac{1}{2\varepsilon^2}(1-U_\varepsilon^2)\right\}\right| \leq \frac{C}{|x-a_s|^3}$$

も難しくない．$(1-U_\varepsilon^2)$ およびその微分の評価と，上の評価を組み合わせると (A.49) が得られる．

つぎに $x\in B_\rho(a_k)$ に対して

(A.51)　　$\Gamma_\varepsilon^{(k)} = T_\varepsilon^{(k)}+Z_\varepsilon^{(k)},$

(A.52)　　$T_\varepsilon^{(k)} := |\nabla f_\varepsilon^{(k)}|^2+\frac{(f_\varepsilon^{(k)})^2}{|x-a_k|^2}+\frac{1}{\varepsilon^2}(1-(f_\varepsilon^{(k)})^2)^2,$

(A.53)　　$Z_\varepsilon^{(k)} := ((f_\varepsilon^{(k)})^2-1)\left\{|\nabla \boldsymbol{u}_h|^2-\frac{1}{|x-a_k|^2}\right\}+(U_\varepsilon^2-(f_\varepsilon^{(k)})^2)|\nabla \boldsymbol{u}_h|^2$

$\qquad\qquad +|\nabla U_\varepsilon|^2-|\nabla f_\varepsilon^{(k)}|^2+\frac{1}{2\varepsilon^2}\{(1-U_\varepsilon^2)^2-(1-(f_\varepsilon^{(k)})^2)^2\}$

とおく．(A.52) の $T_\varepsilon^{(k)}$ については

(A.54)　　$\int_{B_\rho(a_k)} \frac{\partial}{\partial a_{j_p}}T_\varepsilon^{(k)}dx = 0 \quad (k=1,2,\cdots,m,\ p=1,2)$

が成り立つ．実際，$j\neq k$ なら明らかに左辺は 0 である．$j=k$ のとき

$$\int_{B_\rho(a_k)} \frac{\partial}{\partial a_{k_1}}T_\varepsilon^{(k)}$$
$$= -\int_{B_\rho(a_k)} \frac{\partial}{\partial x_1}T_\varepsilon^{(k)}$$
$$= -\int_{\partial B_\rho(a_k)} T_\varepsilon^{(k)}dx_2 = -T_\varepsilon^{(k)}(\rho)\int_0^{2\pi} \rho\cos s\,ds = 0$$

となる．同様にして，a_{k_2} で偏微分した場合の積分も 0 になることが示せる．こうして (A.54) が従う．

このことより $\Gamma_\varepsilon(k)$ の微分の評価は $U_\varepsilon^{(k)}$ の微分の評価に帰着された．次の補題が成り立つ．

補題 A.31 $\varepsilon \to 0$ のとき (A.53) の $Z_\varepsilon^{(k)}$ に現れる項について,次の評価が成り立つ.

(A.55) $\quad \displaystyle\int_{B_\rho(a_k)} \frac{\partial}{\partial a_{j_p}} \left\{ ((f_\varepsilon^{(k)})^2 - 1)(|\nabla \boldsymbol{u}_h|^2 - 1/|x-a_k|^2) \right\}$
$\qquad = O(\varepsilon^2/\rho^3) + O(\rho^2/\delta^3),$

(A.56) $\quad \displaystyle\int_{B_\rho(a_k)} \frac{\partial}{\partial a_{j_p}} \{(U_\varepsilon^2 - (f_\varepsilon^{(k)})^2)|\nabla \boldsymbol{u}_h|^2\}$
$\qquad = O(\varepsilon^2/\rho^3) + O((\varepsilon^2/\delta^3)|\log(\varepsilon/\rho)|),$

(A.57) $\quad \displaystyle\int_{B_\rho(a_k)} \frac{\partial}{\partial a_{j_p}} \{|\nabla U_\varepsilon|^2 - |\nabla f_\varepsilon^{(k)}|^2\} = O(\rho^2/\delta^3),$

(A.58) $\quad \displaystyle\int_{B_\rho(a_k)} \frac{1}{2\varepsilon^2} \frac{\partial}{\partial a_{j_p}} \{(1-U_\varepsilon^2)^2 - (1-(f_\varepsilon^{(k)})^2)^2\}$
$\qquad = O(\varepsilon^2/\rho^3) + O(\rho^2/\delta^3)$

この補題の証明は後にして,この結果を認めると (A.42) より

$$(\varepsilon^2/\delta^3)|\log(\varepsilon/\rho)| = (\varepsilon^2/\rho^2)(\rho^2/\delta^3)|\log(\varepsilon/\rho)| = O(\rho^2/\delta^3)$$

だから,補題 A.31 から

(A.59) $\quad \displaystyle\int_{B_\rho(a_k)} \frac{\partial}{\partial a_{j_p}} Z_\varepsilon^{(k)} dx = O(\varepsilon^2/\rho^3) + O(\rho^2/\delta^3)$

が容易にわかる.(A.50) と (A.59) より命題 6.7(ii) が証明できる.

[補題 A.31 の証明] すべての評価を行うとかなり証明が長くなる.また,同じような評価を繰り返すだけなので,(A.56) のみを示す.

まず,

$$\frac{\partial}{\partial a_{j_p}} \frac{1}{|x-a_j|^s} = -\frac{\partial}{\partial x_p} \frac{1}{|x-a_j|^s} \quad (s=1,2)$$

に注意すると,

(A.60) $\quad \displaystyle\frac{\partial}{\partial a_{j_p}} |\nabla \boldsymbol{u}_h|^2 + \frac{\partial}{\partial x_p} |\nabla \boldsymbol{u}_h|^2 = O(1/\delta^3) \quad (x \in B_\rho(a_k))$

が成り立つ.

A.7 命題 6.7 の証明　287

最初に，(A.56) を扱う．$j=k$ すなわち $\partial/\partial a_{k_p}$ についての微分の評価が一番やっかいなので，以下ではその場合に絞る．また $p=1$ とする．

$$U_\varepsilon^2 - (f_\varepsilon^{(k)})^2 = (f_\varepsilon^{(k)})^2 \left(\prod_{\ell \neq k} f_\varepsilon^{(\ell)})^2 - 1 \right)$$

と書けることに注意すると

$$\int_{B_\rho(a_k)} \frac{\partial}{\partial a_{k_1}} \left\{ (f_\varepsilon^{(k)})^2 [\prod_{\ell \neq k} (f_\varepsilon^{(\ell)})^2 - 1] |\nabla \boldsymbol{u}_h|^2 \right\} dx$$

$$= \int_{B_\rho(a_k)} \frac{\partial}{\partial a_{k_1}} (f_\varepsilon^{(k)})^2 [\prod_{\ell \neq k} (f_\varepsilon^{(\ell)})^2 - 1] |\nabla \boldsymbol{u}_h|^2$$

$$\quad + (f_\varepsilon^{(k)})^2 [\prod_{\ell \neq k} (f_\varepsilon^{(\ell)})^2 - 1] \frac{\partial}{\partial a_{k_p}} |\nabla \boldsymbol{u}_h|^2 \, dx$$

$$= - \int_{\partial B_\rho(a_k)} (f_\varepsilon^{(k)})^2 [\prod_{\ell \neq k} (f_\varepsilon^{(\ell)})^2 - 1] |\nabla \boldsymbol{u}_h|^2 \, dx_2$$

$$\quad + \int_{B_\rho(a_k)} (f_\varepsilon^{(k)})^2 [\prod_{\ell \neq k} (f_\varepsilon^{(\ell)})^2 - 1] \left\{ \frac{\partial}{\partial a_{k_1}} |\nabla \boldsymbol{u}_h|^2 + \frac{\partial}{\partial x_1} |\nabla \boldsymbol{u}_h|^2 \right\}$$

$$\quad + (f_\varepsilon^{(k)})^2 |\nabla \boldsymbol{u}_h|^2 \frac{\partial}{\partial x_1} [\prod_{\ell \neq k} (f_\varepsilon^{(\ell)})^2 - 1] \, dx$$

$$= O((\varepsilon^2/\delta^2)(1/\rho^2)\rho) + O((\varepsilon^2/\delta^2)(1/\delta^3)\rho^2)$$

$$\quad + \int_{B_\rho(a_k)} (f_\varepsilon^{(k)})^2 |\nabla \boldsymbol{u}_h|^2 \frac{\partial}{\partial x_1} \prod_{\ell \neq k} (f_\varepsilon^{(\ell)})^2 \, dx.$$

ここで

$$(\varepsilon^2/\delta^2)(1/\rho^2)\rho = \varepsilon^2/\delta^2 \rho < \varepsilon^2/\rho^3,$$
$$(\varepsilon^2/\delta^2)(1/\delta^3)\rho^2 = (\varepsilon^2/\delta^5)\rho^2 < (\varepsilon^2/\rho^5)\rho^2 = \varepsilon^2/\rho^3$$

より最初の 2 つは $O(\varepsilon^2/\rho^3)$ にまとめられる．最後の項を評価する．

$$\frac{\partial}{\partial x_1} \prod_{\ell \neq k} (f_\varepsilon^{(\ell)})^2 = O(\varepsilon^2/\delta^3) \quad (x \in B_\rho(a_k))$$

および $|\nabla \boldsymbol{u}_h|^2$ の主要項は $1/|x-a_k|^2$ である．そこで

$$\int_{B_\rho(a_k)} \frac{(f_\varepsilon^{(k)})^2}{|x-a_k|^2} dx = \int_0^{\rho/\varepsilon} (f(s)/s)^2 s \, ds = \log(\rho/\varepsilon) + O(1).$$

これより最後の項についての評価 $O((\varepsilon^2/\delta^3)\log(\rho/\varepsilon))$ を得る. ∎

A.8 命題 8.2 の証明について

8.3 節では磁場ポテンシャルの効果を含む楕円型作用素 $(\nabla - iA_0(h))^2$ に関するポアンカレ型の不等式を示すのが目的であった. 磁場の強さによってこの作用素の最小スペクトルの下からの評価を与えることがこの不等式の重要な役割である. この不等式のメカニズムは 2 次元円板領域の場合 (命題 8.2) が非常に本質的である. 本節ではその証明を与える. 2 次元の円板領域

$$\Omega' = \{(x_1, x_2) \in \mathbb{R}^2 \mid x_1^2 + x_2^2 < 1\}$$

に対して不等式

(A.61)
$$\int_{\Omega'} |(\nabla' - iA_0'(h))\phi|^2 dx' \geqq c|h| \int_{\Omega'} |\phi|^2 dx' \quad (\phi \in H^1(\Omega'; \mathbb{C}), h \geqq 1)$$

を示す. ただし $c > 0$ は ϕ に依存しない定数である. このような c のうち最良のものが $\mu_1(h)$ である. 2 次元のベクトル場を $A_0'(h) = (h/2)(-x_2, x_1)$ とし, $\phi \in H^1(\Omega'; \mathbb{C})$ を任意にとる. 変数 $x' = (x_1, x_2)$ の極座標表示 $x_1 = r\cos\theta$, $x_2 = r\sin\theta$ によって, この関数 ϕ のフーリエ級数表示

$$\phi(x') = \sum_{m \in \mathbb{Z}} a_m(r) \exp(im\theta)$$

を用いて計算する. まず変数変換によって

$$\frac{\partial \phi}{\partial x_1} = \frac{\partial \phi}{\partial r}\cos\theta + \frac{\partial \phi}{\partial \theta}\frac{(-\sin\theta)}{r}, \quad \frac{\partial \phi}{\partial x_2} = \frac{\partial \phi}{\partial r}\sin\theta + \frac{\partial \phi}{\partial \theta}\frac{\cos\theta}{r},$$

$$(\nabla' - iA_0'(h))\phi = \left(\frac{\partial \phi}{\partial x_1} + \frac{hix_2}{2}\phi, \frac{\partial \phi}{\partial x_2} - \frac{hix_1}{2}\phi\right),$$

$$|(\nabla' - iA_0'(h))\phi|^2$$
$$= \left|\frac{\partial \phi}{\partial x_1} + \frac{hix_2}{2}\phi\right|^2 + \left|\frac{\partial \phi}{\partial x_2} - \frac{hix_1}{2}\phi\right|^2$$

$$= \left| \frac{\partial \phi}{\partial r} \cos\theta + \frac{\partial \phi}{\partial \theta} \frac{(-\sin\theta)}{r} + \frac{hir\sin\theta}{2}\phi \right|^2$$
$$+ \left| \frac{\partial \phi}{\partial r} \sin\theta + \frac{\partial \phi}{\partial \theta} \frac{\cos\theta}{r} - \frac{hir\cos\theta}{2}\phi \right|^2$$
$$= \left| \frac{\partial \phi}{\partial r} \right|^2 + \frac{1}{r^2}\left| \frac{\partial \phi}{\partial \theta} \right|^2 + \frac{h^2 r^2}{4}|\phi|^2 + \frac{hi}{2}\left(\overline{\phi}\frac{\partial \phi}{\partial \theta} - \phi\frac{\partial \overline{\phi}}{\partial \theta} \right),$$

$$\frac{\partial \phi}{\partial r} = \sum_{m\in\mathbb{Z}} \frac{da_m}{dr} \exp(im\theta), \quad \frac{\partial \phi}{\partial \theta} = \sum_{m\in\mathbb{Z}} im\, a_m \exp(im\theta),$$
$$\frac{i}{2}\left(\overline{\phi}\frac{\partial \phi}{\partial \theta} - \phi\frac{\partial \overline{\phi}}{\partial \theta} \right) = \frac{1}{2}\sum_{m,\ell=1}^{\infty} m(a_m \overline{a}_\ell\, e^{i(m-\ell)\theta} + a_\ell \overline{a}_m\, e^{i(\ell-m)\theta}).$$

m は整数全体を動くので $h>0$ として一般性を失わないことに注意する（必要なら m を $-m$ で置き換えればよい）．

(A.62) $\quad \int_{\Omega'} |\phi|^2 dx' = 2\pi \sum_{m\in\mathbb{Z}} \int_0^1 |a_m|^2 r\, dr = 2\pi h^{-1} \sum_{m\in\mathbb{Z}} \int_0^{h^{1/2}} |\widetilde{a}_m|^2 \widetilde{r}\, d\widetilde{r},$

(A.63)
$$\int_{\Omega'} |(\nabla' - iA_0'(h))\phi|^2 dx' = 2\pi \sum_{m\in\mathbb{Z}} \int_0^1 \left(\left|\frac{da_m}{dr}\right|^2 + \left(\frac{m}{r} - \frac{hr}{2}\right)^2 |a_m|^2 \right) r\, dr$$
$$= 2\pi \sum_{m\in\mathbb{Z}} \int_0^{h^{1/2}} \left(\left|\frac{d\widetilde{a}_m}{d\widetilde{r}}\right|^2 + \left(\frac{m}{\widetilde{r}} - \frac{\widetilde{r}}{2}\right)^2 |\widetilde{a}_m|^2 \right) \widetilde{r}\, d\widetilde{r}$$

ここで，変数変換 $\widetilde{r} = h^{1/2} r,\ \widetilde{a}_m(\widetilde{r}) = a_m(r)$ を用いた．よって，汎関数

(A.64) $\quad \int_{\Omega'} |(\nabla' - iA_0^h)\phi|^2 dx' \Big/ \int_{\Omega'} |\phi|^2 dx' \quad (\phi \in H^1(\Omega';\mathbb{C}))$

の下限 $\mu_1(h)$ を考える問題は，分母分子の形から各 m について

(A.65) $\quad \dfrac{\displaystyle\int_0^{h^{1/2}} \left(\left|\dfrac{d\widetilde{a}_m}{d\widetilde{r}}\right|^2 + \left(\dfrac{m}{\widetilde{r}} - \dfrac{\widetilde{r}}{2}\right)^2 |\widetilde{a}_m|^2 \right) \widetilde{r}\, d\widetilde{r}}{\displaystyle\int_0^{h^{1/2}} |\widetilde{a}_m|^2 \widetilde{r}\, d\widetilde{r}}$

の下限を考えることに帰着される．この下限は次の固有値問題

$$\text{(A.66)} \quad \begin{cases} \dfrac{1}{t}\dfrac{d}{dt}\left(t\dfrac{da}{dt}\right)-\left(\dfrac{m}{t}-\dfrac{t}{2}\right)^2 a+\widetilde{\mu}a=0 \quad (0<t<h^{1/2}), \\ a(0)=0, \quad (da/dt)(h^{1/2})=0 \end{cases}$$

の最小固有値となる.ここで独立変数を t にして固有値は $\widetilde{\mu}=\mu/h$ と変換した.

固有値問題 (A.66) の最小固有値を $\widetilde{\mu}_1(m,h)$ とおく $(h\geqq 0)$. このとき

$$\mu_1(h)=h\min\{\widetilde{\mu}_1(0,h),\,\widetilde{\mu}_1(m,h):m\geqq 1\}$$

となる.

$\mu_1(h)/h$ を下から評価する.$\widetilde{\mu}_1(m,h)$ が下から $h\geqq 0, m\in\mathbb{N}\cup\{0\}$ に依らない正の定数でおさえられることを示す.$h\neq 0$ のときは $\mu_1(m,h)>0$ であり各 h ごとに $\lim\limits_{m\to\infty}\mu_1(m,h)=\infty$ であるから, h が適当に大きい範囲で考えれば十分なので,$h\geqq 1$ の範囲に限定して議論する.以下,2つの場合 (A) $\widetilde{\mu}_1(m,h)$ $(m\geqq 1)$ と (B) $\widetilde{\mu}_1(0,h)$ に分けて議論を行う.いずれの場合も背理法を用いる.

(A) 自然数列 $m_k\geqq 1$, 正数列 $h_k\geqq 1$ とこれに対応する (A.66) の固有関数列 $b_k=b_k(t)\,(k\geqq 1)$ があって

$$\text{(A.67)} \qquad \int_0^{\sqrt{h_k}} b_k(t)^2 t\,dt=1 \quad (k\geqq 1),$$

かつ $k\to\infty$ のとき

$$\text{(A.68)} \quad \int_0^{\sqrt{h_k}}\left(\left(\dfrac{db_k}{dt}\right)^2+\left(\dfrac{m_k}{t}-\dfrac{t}{2}\right)^2 b_k^2\right)t\,dt=\widetilde{\mu}_1(m_k,h_k)\to 0$$

とする.簡単な計算によって (A.68) のポテンシャル項の下からの評価

$$\left(\dfrac{m_k}{t}-\dfrac{t}{2}\right)^2=\left(\dfrac{t-\sqrt{2m_k}}{2}\right)^2\left(\dfrac{t+\sqrt{2m_k}}{t}\right)^2\geqq \dfrac{(t-\sqrt{2m_k})^2}{4} \quad (t>0)$$

が成立する.ここで

$$I_1(\varepsilon,k):=\{t\in\mathbb{R}\mid |t-\sqrt{2m_k}|\leqq\varepsilon,\,0\leqq t\leqq\sqrt{h_k}\},$$
$$I_2(\varepsilon,k):=\{t\in\mathbb{R}\mid |t-\sqrt{2m_k}|>\varepsilon,\,0\leqq t\leqq\sqrt{h_k}\}$$

とおく．(A.67), (A.68)とポテンシャル項の下からの評価を用いて議論することで，任意の $\varepsilon>0$ に対して

$$(\text{A}.69)\quad \lim_{k\to\infty}\int_{I_1(\varepsilon,k)} b_k(t)^2 t\,dt = 1, \quad \lim_{k\to\infty}\int_{I_2(\varepsilon,k)} b_k(t)^2 t\,dt = 0$$

が成り立つ．

まず，変数変換によって座標をずらして議論する．新たに関数

$$\widetilde{b}_k(t) =: b_k(t+\sqrt{2m_k})$$

を定める．これは定義域として $[-\sqrt{2m_k},\tau_k]$ をもつ．ここで $\tau_k:=\sqrt{h_k}-\sqrt{2m_k}$ と定めた．まず(A.68)より $k\to\infty$ のとき

$$(\text{A}.70)\quad \int_{-\sqrt{2m_k}}^{\tau_k}\left(\left(\frac{d\widetilde{b}_k}{dt}\right)^2+\frac{t^2}{4}\widetilde{b}_k^2\right)(t+\sqrt{2m_k})dt \leqq \widetilde{\mu}_1(m_k,h_k) \to 0$$

が成立する．

また，(A.69)をそのまま変数変換することで，任意の $\varepsilon>0$ に対して

$$(\text{A}.71)\quad \lim_{k\to\infty}\int_{\widetilde{I}_1(\varepsilon,k)} \widetilde{b}_k(t)^2(t+\sqrt{2m_k})dt = 1,$$

$$(\text{A}.72)\quad \lim_{k\to\infty}\int_{\widetilde{I}_2(\varepsilon,k)} \widetilde{b}_k(t)^2(t+\sqrt{2m_k})dt = 0$$

が成り立つ．ただし，

$$\widetilde{I}_1(\varepsilon,k) := \{t\in[-\sqrt{2m_k},\tau_k]:\ |t|\leqq \varepsilon\},$$
$$\widetilde{I}_2(\varepsilon,k) := \{t\in[-\sqrt{2m_k},\tau_k]:\ |t|> \varepsilon\}$$

である．(A.69)を得たときと同じ議論であるが，(A.70),(A.71),(A.72)から

$$(\text{A}.73)\quad \liminf_{k\to\infty}\tau_k \geqq 0$$

が従う．さらに部分列をとることで，τ_k が単調で非負の極限値をもつ，あるいは ∞ 発散するとして一般性を失わない．

ここで，次の計算を行う．$-\sqrt{2}+1\leqq t_1\leqq t_2\leqq \tau_k\ (k\geqq 1)$ の範囲で

$$
\begin{aligned}
\text{(A.74)} \quad |\widetilde{b}_k(t_2)-\widetilde{b}_k(t_1)|^2 &\leq \left(\int_{t_1}^{t_2} \left|\frac{d\widetilde{b}_k}{dt}\right| dt\right)^2 \\
&\leq \int_{t_1}^{t_2} \frac{1}{t+\sqrt{2m_k}} dt \int_{t_1}^{t_2} \left|\frac{d\widetilde{b}_k}{dt}\right|^2 (t+\sqrt{2m_k}) dt \\
&\leq (t_2-t_1)\widetilde{\mu}_1(m_k, h_k) \to 0 \quad (k\to\infty).
\end{aligned}
$$

ここで(A.70)とシュワルツの不等式を用いた．(A.73), (A.74), $\lim_{k\to\infty}\widetilde{\mu}_1(m_k, h_k)=0$ を合わせると，ある定数 $\widetilde{b}_\infty$ が存在して

$$\text{(A.75)} \quad \lim_{k\to\infty}\sup\{|\widetilde{b}_k(t)-\widetilde{b}_\infty|\, :\, -1/3 \leq t \leq \min(1/3, \tau_k)\} = 0$$

を得る($-\sqrt{2}+1<1/3$ に注意)．これが(A.70), (A.71), (A.72)を同時に両立させることは不可能である．よって矛盾となり，結局

$$\inf\{\widetilde{\mu}_1(m, h) \mid m \geq 1,\ h \geq 1\} > 0$$

を得る．

(B) 正数列 $h_k \geq 1$ と対応する(A.66)の固有関数列 $b_k = b_k(t)$ $(k\geq 1)$ があって

$$\text{(A.76)} \quad \int_0^{\sqrt{h_k}} b_k(t)^2 t\, dt = 1 \quad (k \geq 1)$$

かつ $k\to\infty$ のとき

$$\text{(A.77)} \quad \int_0^{\sqrt{h_k}} \left(\left(\frac{db_k}{dt}\right)^2 + \frac{t^2}{4} b_k^2\right) t\, dt = \widetilde{\mu}_1(0, h_k) \to 0$$

とする．また(A)の場合と同様に，任意の $\varepsilon \in (0,1)$ に対して

$$\text{(A.78)} \quad \lim_{k\to\infty}\int_0^\varepsilon b_k(t)^2 t\, dt = 1, \quad \lim_{k\to\infty}\int_\varepsilon^{h_k} b_k(t)^2 t\, dt = 0$$

が成立する．(A.78)より，適当に部分列を取り直すことで，ある $t_0 \in (0,1)$ が存在して $\lim_{k\to\infty} b_k(t_0)=0$ とできる．$0<t\leq t_0<1$ に対して

$$b_k(t_0)-b_k(t) = \int_t^{t_0} b_k'(s)\, ds = \int_t^{t_0} s^{-1/2}(b_k'(s)/s^{1/2})\, ds,$$

$$(b_k(t_0)-b_k(t))^2 \leq \left(\int_t^{t_0} (b_k'(s))^2 \, s ds\right) \log(t_0/t) \leq \widetilde{\mu}_1(0,k) \log(t_0/t).$$

平方根をとり，三角不等式を用いて

$$|b_k(t)| \leq |b_k(t_0)| + \widetilde{\mu}_1(0,k)^{1/2} (\log(t_0/t))^{1/2}$$

を得る．辺々を2乗し，相加相乗不等式を適用し，さらに積分を考える．

$$b_k(t)^2 \leq 2b_k(t_0)^2 + 2\widetilde{\mu}_1(0,k) \log(t_0/t),$$

$$\int_0^{t_0} b_k(t)^2 t dt \leq t_0^2 b_k(t_0)^2 + 2\widetilde{\mu}_1(0,k) \int_0^{t_0} t \log(t_0/t) \, dt$$
$$= t_0^2 b_k t_0^2 + 2\widetilde{\mu}_1(0,k) t_0^2/4 \to 0 \quad (k \to \infty)$$

となり (A.78) に矛盾である．よって $\inf_{h \geq 1} \widetilde{\mu}_1(0,h) > 0$ を得る．

以上の (A), (B) をまとめて $\inf_{h \geq 1} \mu_1(h)/h > 0$ となる．これによって命題 8.2 の証明が完成した．

参考文献：Bauman-Phillips-Tang[13]．

参考文献

[1] R. A. Adams, *Sobolev Spaces*, New York, Academic Press, 1975.
[2] S. Agmon, A. Douglis and L. Nirenberg, Estimates near the boundary for solutions of elliptic partial differential equations satisfying general boundary conditions I, Comm. Pure Appl. Math. **12** (1959), 623-727.
[3] T. Akiyama, H. Kasai and M. Tsutsumi, On the existence of the solution of the time dependent Ginzburg-Landau equations in $\mathbb{R}^3$, Funkcial. Ekvac. **43** (2000), 255-270.
[4] S. Alama, L. Bronsard and T. Giorgi, Uniqueness of symmetric vortex solutions in the Ginzburg-Landau model of superconductivity, J. Funct. Anal. **167** (1999), 399-424.
[5] J. Aramaki, Upper critical field and location of surface nucleation for the Ginzburg-Landau system in non-constant applied field, Far East J. Math. Sci. **23** (2006), 89-125.
[6] J. Aramaki, Asymptotics of the eigenvalues for the Neumann Laplacian with non-constant magnetic field associated with superconductivity, Far East J. Math. Sci. **25** (2007), 529-584.
[7] アルフケン, ウェーバー／権平健一郎, 神原武志, 小山直人 訳, 「特殊関数 第4版」(シリーズ基礎物理数学), 講談社, 2001.
[8] D. L. Barrow and P. W. Bates, Bifurcation and stability of traveling waves for a reaction-diffusion system, J. Differential Equations **50** (1983), 218-233.
[9] P. W. Bates, Invariant manifolds for perturbations of nonlinear parabolic systems with symmetry, Lectures in Applied Mathematics **23** (1986), 209-216.
[10] P. W. Bates and X.-B. Pan, Nucleation of instability of the Meissner state of 3-dimensional superconductors, Comm. Math. Phys. **276** (2007), 571-610.
[11] P. Bauman, N. Carlson and D. Phillips, On the zeros of solutions to Ginzburg-Landau type systems, SIAM J. Math. Anal. **24** (1993), 1283-1293.
[12] P. Bauman, C.-N. Chen, D. Phillips and P. Sternberg, Vortex annihilation in nonlinear heat flow for Ginzburg-Landau systems, European J. Appl. Math.

6 (1995), 115-126.

[13] P. Bauman, D. Phillips and Q. Tang, Stable nucleation for the Ginzburg-Landau system with an applied magnetic field, Arch. Rat. Mech. Anal. **142** (1998), 1-43.

[14] M. S. Berger and Y. Y. Chen, Symmetric vortices for the Ginzburg-Landau equations of superconductivity and nonlinear desingularization phenomenon, J. Funct. Anal. **82** (1989), 259-295.

[15] J. Berger and J. Rubinstein, Bifurcation analysis for phase transitions in superconducting rings with nonuniform thickness, SIAM J. Appl. Math. **58** (1998), 103-121.

[16] J. Berger and J. Rubinstein, On the zero set of the wave function in superconductivity, Comm. Math. Phys. **202** (1999), 621-628.

[17] A. Bernoff and P. Sternberg, Onset of superconductivity in decreasing fields for general domains, J. Math. Phys. **39** (1998), 1272-1284.

[18] F. Bethuel, H. Brezis and F. Hélein, *Ginzburg-Landau vortices*, Birkhäuser, 1994.

[19] F. Bethuel, G. Orlandi and D. Smets, Collisions and phase-vortex interactions in dissipative Ginzburg-Landau dynamics, Duke Math. J. **130** (2005), 523-614.

[20] F. Bethuel, G. Orlandi and D. Smets, Dynamics of multiple degree Ginzburg-Landau vortices, Comm. Math. Phys. **272** (2007), 229-261.

[21] B. Bian, A remark on the location of the Ginzburg-Landau vortices, Comm. Appl. Nonlinear Anal. **6** (1999), 67-75.

[22] T. Boeck and S. J. Chapman, Bifurcation to vortex solutions in superconducting films, Euro. J. Appl. Math. **8** (1997), 125-148.

[23] C. Bolley and B. Helffer, Proof of the De Gennes formula for the superheating field in the weak κ limit, Ann. Inst. H. Poincaré Anal. Non Linéaire **14** (1997), 597-613.

[24] A. Bonnet, S. J. Chapman, and R. Monneau, Convergence of Meissner minimizers of the Ginzburg-Landau energy of superconductivity as $\kappa \to +\infty$, SIAM J. Math. Anal. **31** (2000), 1374-1395.

[25] K. J. Brown, P. C. Dunne and R. A. Gardner, A semilinear parabolic system arising in the theory of superconductivity, J. Differential Equations **40** (1981), 232-252.

[26] H. Brezis and T. Li (ed), Ginzburg-Landau Vortices, Contemporary Applied Mathematics 5, World Scientific, 2005.

[27] A. P. Calderón and A. Zygmund, On the existence of certain singular integrals, Acta. Math. **88** (1952), 85-139.

[28] S. Campanato, Generation of analytic semigroups, in the Hölder topology, by elliptic operators of second order Neumann boundary condition, Matematiche (Catania) **35** (1980), 61-72.

[29] R. W. Carroll and A. J. Glick, On the Ginzburg-Landau equations, Arch. Rat. Mech. Anal. **16** (1968), 373-384.

[30] J. Carr and R. L. Pego, Metastable patterns in solutions of $u_t = \varepsilon^2 u_{xx} - f(u)$, Comm. Pure Appl. Math. **42** (1989), 523-576.

[31] R. G. Casten and C. J. Holland, Instability results for reaction diffusion equations with Neumann boundary conditions, J. Differential Equations **27** (1978), 266-273.

[32] S. J. Chapman, Q. Du and M. Gunzburger, A model for variable thickness superconducting thin films, Z. Angew Math. Phys. **47** (1996), 410-431.

[33] S. J. Chapman, Q. Du, M. Gunzburger and J. Peterson, Simplified Ginzburg-Landau model for superconductivity valid for high kappa and high fields, Adv. Math. Sci. Appl. **5** (1995), 193-218.

[34] S. Chapman, S. D. Howison and J. R. Ockendon, Macroscopic models for superconductivity, SIAM Review **34** (1990), 529-560.

[35] C.-N. Chen and Y. Morita, Bifurcation of vortex and boundary-vortex solutions in a Ginzburg-Landau model, Nonlinearity **20** (2007), 943-964.

[36] X. Chen, C. M. Elliott and T. Qi, Shooting method for vortex solutions of a complex-valued Ginzburg-Landau equation, Proc. Roy. Soc. Edingburgh Sect. A **124** (1994), 1075-1088.

[37] X.-Y. Chen, S. Jimbo and Y. Morita, Stabilization of vortices in the Ginzburg-Landau equation with a variable diffusion coefficient, SIAM J. Math. Anal. **29** (1998), 903-912.

[38] Y. Chen, Nonsymmetric vortices for the Ginzburg-Landau equations on the bounded domain, J. Math. Phys. **30** (1989), 1942-1950.

[39] E. A. Coddington and N. Levinson, *Theory of Ordinary Differential Equations*, McGraw-Hill, New York, 1955.

[40] コディントン，レヴィンソン／吉田節三 訳，「常微分方程式論 上」(数学叢書)，

吉岡書店, 1968.
[41] クーラン, ヒルベルト／齋藤利弥 監訳,「数理物理学の方法 2」, 東京図書, 1989.
[42] N. E. Dancer, Domain variation for certain sets of solutions and applications, Topol. Methods Nonlinear Anal. **7** (1996), 95-113.
[43] P. D. de Gennes, *Superconductivity of Metals and Alloys*, W. A. Benjamin, 1966; Reprinted edition, Addison-Wesley, 1996.
[44] M. del Pino, P. L. Felmer and P. Sternberg, Boundary concentration for the eigenvalue problems related to the onset of superconductivity, Comm. Math. Phys. **210** (2000), 413-446.
[45] M. del Pino, P. L. Felmer and M. Kowalczyk, Minimality and nondegeneracy of degree-one Ginzburg-Landau vortex as a Hardy's type inequality, Int. Math. Res. Not. (2004), 1511-1527.
[46] M. del Pino, P. L. Felmer and M. Kowalczyk, Variational reduction for Ginzburg-Landau vortices, J. Funct. Anal. **239** (2006), 497-541.
[47] C. R. Doering, J. G. Gibbon, D. D. Holm, and B. Nicolaenko, Low-dimensional behavior in the complex Ginzburg-Landau equation, Nonlinearity **1** (1988), 279-309.
[48] Q. Du, M. D. Gunzburger and J. S. Peterson, Analysis and approximation of the Ginzburg-Landau model of superconductivity, SIAM Review **34** (1992), 54-81.
[49] W. E, Dynamics of vortices in Ginzburg-Landau theories with applications to superconductivity, Phys. D **77** (1994), 383-404.
[50] J.-P. Eckmann and J. Rougemont, Coarsening by Ginzburg-Landau dynamics, Comm. Math. Phys. **199** (1998), 441-470.
[51] D. E. Edmunds and W. D. Evans, *Spectral Theory and Differential Operators*, Oxford Mathematical Monographs, Oxford University Press, Oxford, 1987.
[52] S. Ei, M. Kuwamura and Y. Morita, A variational approach to singular perturbation problems in reaction-diffusion systems, Phys. D **207** (2005), 171-219.
[53] E. Feireisl and P. Takáč, Long-time stabilization of solutions to the Ginzburg-Landau equations of superconductivity, Monatsh. Math. **133** (2001), 197-221.
[54] P. C. Fife and L. A. Peletier, On the location of defects in stationary solu-

tions of the Ginzburg-Landau equation in $\mathbb{R}^2$, Quart. Appl. Math. **54** (1996), 85-104.

[55] 藤田宏, 黒田成俊, 伊藤清三,「関数解析」(岩波基礎数学選書), 岩波書店, 1991.

[56] G. Fusco and J. K. Hale, Slow motion manifolds, dormant instability and singular perturbations, J. Dynam. Differential Equations **1** (1989), 75-94.

[57] 儀我美一, 儀我美保,「非線形偏微分方程式」(共立講座 21 世紀の数学), 共立出版, 1999.

[58] D. Gilbarg and N. Trudinger, *Elliptic Partial Differential Equations of Second Order*, Springer, New York, 1983.

[59] T. Giorgi and D. Phillips, The breakdown of superconductivity due to strong fields for the Ginzburg-Landau model, SIAM J. Math. Anal. **30** (1999), 341-359.

[60] V. Ginzburg and L. Landau, On the theory of superconductivity, Zh. Eksper. Teor. Fiz. **20** (1950), 1064-1082.

[61] Y. Guo, Instability of symmetric vortices with large charge and coupling constant, Comm. Pure Appl. Math. **49** (1996), 1051-1080.

[62] S. Gustafson, Dynamic stability of magnetic vortices, Nonlinearity **15** (2002), 1717-1728.

[63] S. Gustafson and I. M. Sigal, The stability of magnetic vortices, Commun. Math. Phys. **212** (2000), 257-275.

[64] P. S. Hagan, Spiral waves in reaction-diffusion equations, SIAM J. Appl. Math. **42** (1982), 762-786.

[65] J. K. Hale, *Asymptotic Behavior of Dissipative Systems*, Math. Surveys and Monographs **25** A. M. S. 1988.

[66] J. K. Hale and J. M. Vegas, A nonlinear parabolic equations with varying domain, Arch. Rat. Mech. Anal. **86** (1984), 99-123.

[67] P. Hartman and A. Wintner, On the local behavior of solutions of non-parablolic partial differential equations (I), Amer. J. Math. **75** (1953), 449-476.

[68] D. Henry, *Geometric Theory of Semilinear Parabolic Equations*, Springer-Verlag, New York, 1981.

[69] B. Helffer and X.-B. Pan, Upper critical field and location of surface nucleation of superconductivity, Ann. Inst. Poincaré Anal. Non Linéaire **20** (2003),

145-181.

[70] E. Hill, J. Rubinstein and P. Sternberg, A modified Ginzburg-Landau model for Josephson junction in a ring, Quart. Appl. Math. **60** (2002), 485-503.

[71] K. -H. Hoffmann and Q. Tang, *Ginzburg-Landau Phase Transition Theory and Superconductivity*, Birkhäuser, 2001.

[72] ゼーツェン・フー／三村 護 訳,「ホモトピー論」, 現代教学社, 1994.

[73] 伊藤清三,「拡散方程式」, 紀伊國屋書店, 1979.

[74] 日本数学会編集, 岩波「数学辞典第 4 版」, 2007.

[75] A. Jaffe and C. Taubes, *Vortices and Monopoles*, Birkhauser, 1980.

[76] R. Jerrard, Lower bounds for generalized Ginzburg-Landau functionals, SIAM J. Math. Anal. **30** (1999), 721-746.

[77] R. Jerrard, J. A. Montero and P. Sternberg, Local minimizers of the Ginzburg-Landau energy with magnetic field in three dimensions, Comm. Math. Phys. **249** (2004), 549-577.

[78] R. L. Jerrard and H. M. Soner, Dynamics of Ginzburg-Landau vortices, Arch. Ration. Mech. Anal. **142** (1998), 99-125.

[79] S. Jimbo, Singular perturbation of domains and the semilinear elliptic equation, J. Fac. Sci. Univ. Tokyo **35** (1988), 27-76.

[80] S. Jimbo, Singular perturbation of domains and the semilinear elliptic equation II, J. Differential Equations **75** (1988), 246-289.

[81] S. Jimbo, Singular perturbation of domains and semilinear elliptic equation III, Hokkaido Math. J. **33** (2004), 11-45.

[82] 神保秀一,「偏微分方程式入門」, 共立出版, 2006.

[83] S. Jimbo and Y. Morita, Stability of non-constant steady state solutions to a Ginzburg-Landau equation in higher space dimensions, Nonlinear Anal. **22** (1994), 753-770.

[84] S. Jimbo and Y. Morita, Ginzburg-Landau equation and stable solutions in a rotational domain, SIAM J. Math. Anal. **27** (1996), 1360-1385.

[85] S. Jimbo and Y. Morita, Stable solutions with zeros to the Ginzburg-Landau equation with Neumann boundary condition, J. Differential Equations **128** (1996), 596-613.

[86] S. Jimbo and Y. Morita, Stable vortex solutions to the Ginzburg-Landau equation with a variable coefficient in a disk, J. Differential Equations **155** (1999), 153-176.

[87] S. Jimbo and Y. Morita, Notes on the limit equation of vortex motion for the Ginzburg-Landau equation with Neumann condition, Japan J. Indust. Appl. Math. **18** (2001), 483-501.

[88] S. Jimbo and Y. Morita, Vortex dynamics for the Ginzburg-Landau equation with Neumann condition, Methods Appl. Anal. **8** (2001), 451-477.

[89] S. Jimbo and Y. Morita, Ginzburg-Landau equation with magnetic effect in a thin domain, Calc. Var. Partial Differential Equations **15** (2002), 325-352.

[90] S. Jimbo, Y. Morita and J. Zhai, Ginzburg-Landau equation and stable steady state solutions in a non-trivial domain, Comm. Partial Differential Equations **20** (1995), 2093-2112.

[91] S. Jimbo and P. Sternberg, Non-existence of permanent currents in convex planar samples, SIAM J. Math. Anal. **33** (2002), 1379-1392.

[92] S. Jimbo and J. Zhai, Ginzburg-Landau equation with magnetic effect: non-simply connected domain, J. Math. Soc. J. **50** (1998), 663-684.

[93] S. Jimbo and J. Zhai, Domain perturbation method and local minimizers to Ginzburg-Landau functional with magnetic effect, Abstr. Appl. Anal. **5** (2000), 101-112.

[94] Y. Kametaka, On a nonlinear Bessel equation, Publ. Res. Inst. Math. Sci. **8** (1972), 151-200.

[95] 亀高惟倫,「非線型偏微分方程式」, 産業図書, 1977.

[96] H. G. Kaper and P. Takáč, Ginzburg-Landau dynamics with a time-dependent magnetic field, Nonlinearity **11** (1998), 291-305.

[97] 木村俊房,「常微分方程式」(共立数学講座), 共立出版, 1974.

[98] K. Kishimoto and H. F. Weinberger, The spatial homogeneity of stable equilibria of some reaction-diffusion systems on convex domains, J. Differential Equations **58** (1985), 15-21.

[99] キッテル, クレーマー／山下次郎, 福地 充 訳,「キッテル 熱物理学 第2版」, 丸善, 1983.

[100] V. S. Klimov, Nontrivial solutions of the Ginzburg-Landau equation, Theor. Math. Phys. **50** (1982), 383-389.

[101] S. Kobayashi and K. Nomizu, *Foundations of Differential Geometry II*, Interscience, 1969.

[102] 小平邦彦,「複素解析」(岩波基礎数学選書), 岩波書店, 1991.

[103] S. Kosugi, Semilinear elliptic equation on thin network-shaped domains

with variable thickness, J. Differential Equations **183** (2002), 165-188.

[104] S. Kosugi and Y. Morita, Phase pattern in a Ginzbueg-Landau model with a discontinuous coefficient in a ring, Discrete Contin. Dyn. Syst. **14** (2006), 149-168.

[105] S. Kosugi and Y. Morita, Ginzburg-Landau functional in a thin loop and local minimizers, Recent Advances on Elliptic and Parabolic Issues, Proceedings of the 2004 Swiss-Japanese Seminar, eds. M. Chipot, H. Ninomiya, World Scientific, 2006.

[106] S. Kosugi, Y. Morita and S. Yotsutani, A complete bifurcation diagram of the Ginzburg-Landau equation with periodic boundary conditions, Comm. Pure Appl. Anal. **4** (2005), 665-682.

[107] S. Kosugi, Y. Morita and S. Yotsutani, Global bifurcation structure of a one-dimensional Ginzburg-Landau model, J. Math. Phys. **46** (2005), 095111, 24pp.

[108] 熊ノ郷　準, 「偏微分方程式」(共立数学講座), 共立出版, 1978.

[109] F. H. Lin, Solutions of Ginzburg-Landau equations and critical points of the renormalized energy, Ann. Inst. H. Poincaré Anal. Non Lineáire **12** (1995), 599-622.

[110] F. H. Lin, Some Dynamical properties of Ginzburg-Landau vortices, Comm. Pure Appl. Math. **49** (1996), 323-359.

[111] F. H. Lin, A remark on the previous paper "Some dynamical properties of Ginzburg-Landau vortices", Comm. Pure Appl. Math. **49** (1996), 361-364.

[112] F. H. Lin, Complex Ginzburg-Landau equations and dynamics of vortices, filaments, and codimension-2 submanifolds, Comm. Pure Appl. Math. **51** (1998), 385-441.

[113] F. H. Lin and T. C. Lin, Minimax solutions of the Ginzburg-Landau equations, Selecta. Math. (N.S.) **3** (1997), 99-113.

[114] T. C. Lin, Spectrum of the linearized operator for the Ginzburg-Landau equation, Electron. J. Differential Equations **2000**, No.42, 25pp.

[115] F. H. Lin and J. X. Xin, On the dynamical law of the Ginzburg-Landau vortices on the plane, Comm. Pure and Appl. Math. **52** (1999), 1189-1212.

[116] F. Lin and Q. Du, Ginzburg-Landau vortices: dynamics, pinning, and hysteresis, SIAM J. Math. Anal. **28** (1997), 1265-1293.

[117] O. Lopes, Radial and nonradial minimizers for some radially symmetric

functionals, Electron. J. Differential Equations **1996**, No.03, 14pp.

[118] K. Lu and X. B. Pan, Ginzburg-Landau equation with DeGennes boundary condition, J. Differential Equations **129** (1996), 136-165.

[119] K. Lu and X. B. Pan, Eigenvalue problems for Ginzburg-Landau operator in bounded domains, J. Math. Phys. **40** (1999), 2647-2670.

[120] K. Lu and X. B. Pan, Gauge invariant eigenvalue problems in $\mathbb{R}^2$ and $\mathbb{R}^2_+$, Trans. Amer. Math. Soc. **352** (2000), 1247-1276.

[121] 増田久弥, 「非線型数学」(新数学講座), 朝倉書店, 1985.

[122] H. Matano, Asymptotic behavior and stability of solutions of semilinear diffusion equations, Publ. Res. Inst. Math. Sci. **15** (1979), 401-454.

[123] P. Mironescu, On the stability of radial solutions of the Ginzburg-Landau equation, J. Functional Analysis **130** (1995), 334-344.

[124] P. Mironescu, Les minimiseurs locaux pour l'équation de Ginzburg-Landau sont à symétrie radiale, C. R. Acad. Sci. Paris, Ser 1, **323** (1996), 593-598.

[125] K. Mischaikow and Y. Morita, Dynamics on the global attractor of a gradient flow arising from the Ginzburg-Landau equation, Japan J. Indust. Appl. Math. **11** (1994), 185-202.

[126] T. Miyakawa, On nonstationary solutions of the Navier-Stokes equations in an exterior domain, Hiroshima Math. J. **12** (1982), 115-140.

[127] 溝畑 茂, 「偏微分方程式論」, 岩波書店, 1965.

[128] S. Mizohata, *The Theory of Partial Differential Equations*, Cambridge Univ. Press, Cambridge, 1973.

[129] Y. Morita, Stable solutions to the Ginzburg-Landau equation with magnetic effect in a thin domain, Japan J. Indust. Appl. Math. **21** (2004), 129-147.

[130] J. A. Montero, P. Sternberg and W. P. Ziemer, Local minimizers with vortices in the Ginzburg-Landau system in three dimensions, Comm. Pure Appl. Math. **57** (2004), 99-125.

[131] 村田 實, 倉田和浩, 「楕円型・放物型偏微分方程式」, 岩波書店, 2006.

[132] 中嶋貞雄, 「超伝導入門」(新物理学シリーズ), 培風館, 1971.

[133] J. Neu, Vortices in complex scalar fields, Phys. D **43** (1990), 385-406.

[134] A. C. Newell and J. A. Whitehead, Finite bandwidth, finite amplitude convection, J. Fluid Mech. **38** (1969), 279-303.

[135] F. Odeh, Existence and bifurcation theorems for the Ginzburg-Landau equations, J. Math. Phys. **8** (1967), 2351-2356.

[136] F. Pacard and T. Rivière, *Linear and Nonlinear Aspects of Vortices*, Birkhäiser, 2000.

[137] X.-B. Pan, Surface superconductivity in 3 dimensions, Trans. Amer. Math. Soc. **356** (2004), 3899-3937.

[138] M. H. Protter and H. F. Weinberger, *Maximum Principles in Differential Equations*, Springer, 1984, New York.

[139] G. Richardson, The bifurcation structure of a thin superconducting loop with small variations in its thickness, Quart. Appl. Math. **58** (2000), 685-703.

[140] G. Richardson and J. Rubinstein, A one-dimensional model of superconductivity in a thin wire of slowly varying cross-section, Proc. Roy. Soc. **455** (1999), 2549-2564.

[141] S. Richardson, Vortices, Liouville's equation and the Bergmann kernel function, Mathematica **27** (1980), 321-334.

[142] J. Rubinstein, On the equilibrium position of Ginzburg-Landau vortices, Z. Angew. Math. Phys. **46** (1995), 739-751.

[143] J. Rubinstein and M. Schatzman, Asymptotics for thin superconducting rings, J. Math. Pures Appl. **77** (1998), 801-820.

[144] J. Rubinstein, M. Schatzman and P. Sternberg, Ginzburg-Landau model in thin loops with narrow constrictions, SIAM J. Appl. Math. **64** (2004), 2186-2204.

[145] J. Rubinstein and P. Sternberg, On the slow motion of vortices in the Ginzburg-Landau heat flow, SIAM J. Math. Anal. **26** (1995), 1452-1466.

[146] J. Rubinstein and P. Sternberg, Homotopy classification of minimizers of the Ginzburg-Landau energy and the existence of permanent currents, Comm. Math. Phys. (1996), 257-263.

[147] J. Rubinstein, P. Sternberg and G. Wolansky, Elliptic problems on networks with constriction, Calc. Var. Partial Differential Equations **26** (2006), 459-487.

[148] S. Sakaguchi, private communications.

[149] E. Sandier and S. Serfaty, On the energy of type-II superconductors in the mixed phase, Rev. Math. Phys. **12** (2000), 1219-1257.

[150] E. Sandier and S. Serfaty, *Vortices in the Magnetic Ginzburg-Landau Model*, Birkhäuser, 2007.

[151] D. H. Sattinger, Monotone methods in nonlinear elliptic and parabolic

boundary value problems, Indiana Univ. Math. J. **21** (1972), 979-1000.

[152] S. Serfaty, Stable configurations in superconductivity: uniqueness, multiplicity, and vortex-nucleation, Arch. Ration. Mech. Anal. **149** (1999), 329-365.

[153] S. Serfaty, Stability in 2D Ginzburg-Landau passes to the limit, Indiana Univ. Math. J. **54** (2005), 199-221.

[154] I. Shafrir, Private communications through M. Kowalczyk.

[155] T.-T. Shieh and P. Sternberg, The onset problem for a thin superconducting loop in a large magnetic field, Asympt. Anal. **48** (2006), 55-76.

[156] L. Simon, Asymptotics for a class of non-linear evolution equations, with applications to geometric problems, Annals Math. **118** (1983), 525-571.

[157] M. Struwe, On the asymptotic behavior of minimizers of the Ginzburg-Landau model in 2-dimensions, J. Differential Int. Equations **7** (1994), 1613-1624.

[158] M. Struwe, Erratum to [157], J. Differential Int. Equations **8** (1995), 224.

[159] P. Takáč, Bifurcations and vortex formation in the Ginzburg-Landau equations, Z. Angew. Math. Mech. **81** (2001), 523-539.

[160] Q. Tang and S. Wang, Time dependent Ginzburg-Landau equations of superconductivity, Phys. D **88** (1995), 139-166.

[161] 丹野修吉,「多様体の微分幾何」, 実教出版, 1976.

[162] ソープ／後藤ミドリ, 石川晋, 糸川鉞 訳,「微分幾何の基本概念」, シュプリンガー, 2006.

[163] M. Tinkham, *Introduction to Superconductivity*, Second Ed., McGraw-Hill, 1996.

[164] ティンカム／青木亮三, 門脇和男 訳,「超伝導入門 上」(物理学叢書), 吉岡書店, 2004.

[165] ティンカム／青木亮三, 門脇和男 訳,「超伝導入門 下」(物理学叢書), 吉岡書店, 2006.

[166] 戸田盛和,「楕円関数入門」(日評数学選書), 日本評論社, 2001.

[167] L. S. Tuckerman and D. Barkley, Bifurcation analysis of the Eckhaus instability, Phys. D **46** (1990) 57-86.

[168] 恒藤敏彦,「超伝導・超流動」(現代物理学叢書), 岩波書店, 2001.

[169] J. M. Vegas, Bifurcation caused by perturbing the domain in an elliptic equation, J. Differential Equations **48** (1983), 189-226.

[170] Y. Yang, Existence, regularity and asymptotic behavior of the solution

to the Ginzburg-Landau equations on $\mathbf{R}^3$, Comm. Math. Phys. **123** (1989), 147-161.

[171] Y. Yang, Boundary value problems of the Ginzburg-Landau equations, Proc. Roy. Soc. Edingburgh, Sect. A **114** (1990), 355-365.

欧文索引

Banach space　254
coherence length　195
convex domain　56
gauge transformation　11
Ginzburg-Landau　1
Green function　264
Hilbert space　254
Hölder space　255
holomorphic　267
max-min principle　74
Meissner effect　190
Morse index　19
order parameter　16
penetration length　195

perfect conductivity　190
perfect diamagnetism　190
persistent current　4, 190
Rayleigh quotient　12
renormalized energy　8
Riemann mapping theorem　184
Robin function　168
shooting method　95, 127
Sobolev space　254
star shaped　155
subsolution　266
supersolution　266
thin film　251
winding number　272

和文索引

英数字

2階楕円型作用素　263
2階楕円型方程式　260
3つ穴ドーナツ　234
BCS理論　192
Ginzburg-Landau理論（GL理論）　189
GLエネルギー　1, 192
GLパラメータ　189, 195
GL方程式　1
GLモデル　223

ア行

アファイン部分空間　132
安定　10
安定性　10, 14, 45
安定性不等式　84
位数　272
一意接続性定理　60
陰関数定理　100
渦糸　7, 199
渦糸解　7, 84, 87, 108
渦糸配置　214
渦なし解　137

308　和文索引

埋め込み写像　69, 256
永久電流　4, 190, 222
エネルギー汎関数　2
エネルギー評価　141
オイラー-ラグランジュ方程式　1, 56, 131, 197

　　　　カ　行

回転(curl)　259
回転対称性　91
回転不変性　156
解の分岐　29
解の連続体　11, 48
外部磁場　195, 225
ガウスの発散定理　66
可換図式　273
下半連続　78
カルデロン(Calderón)の一意性定理　60
完全正規直交系　72
完全反磁性　190
カンパナート(Campanato)の評価　68
カンパナートの不等式　261
境界条件
　周期――　20, 29
　第1種――　8, 131, 261
　第2種――　261
　第3種――　261
　ディリクレ(Dirichlet)――　20
　ノイマン(Neumann)――　2, 22, 55
境界の滑らかさ　255
強最大値原理　218, 261
極限方程式　67, 138, 179, 235
極小化解　234
局所コンパクト性　230
局所座標系　255
極大延長解　95
グリーン(Green)関数　155, 161, 166, 264
グリーンの公式　164

繰り込みエネルギー　8, 149
形式的べき級数解　96
ゲージ軌道　225, 245
ゲージ不変性　225
ゲージ変換　11, 193, 225
　無次元化された――　195
ケルビン変換　265
広義一様収束　27
勾配系　161
勾配ベクトル　156
コーシー-リーマン(Cauchy-Riemann)の関係式　151, 167
コヒーレンスの長さ　195
混合状態　189
コンパクト作用素　257
コンパクト写像　258

　　　　サ　行

最小化　10
最小化解　8, 155
　局所――　249
最小化問題　131
最小化列　86, 236
最小固有値　227
最大最小原理　74, 227
最大値原理　261
時間発展のGL方程式　252
時間発展方程式　53
磁場のベクトルポテンシャル　15
磁場のポテンシャル　192
自明解　2
シャウダー(Schauder)の不動点定理　70, 140, 258
シャウダー評価　68, 139, 261, 262
　部分的――　262
弱収束極限　78
射撃法(射的法)　95, 127
写像度　143, 268
シュヴァルツの不等式　147
主曲率　57, 59

縮小写像の原理　257
常伝導解　225
常伝導状態　190
ジョルダン(Jordan)の曲線定理　136
振幅一定解　32, 44
振幅変動解　33
振幅方程式　94
スカラータイプの解　2
スカラー方程式　22
スツルム-リュービル(Sturm-Liouville)
　　の定理　20
正則値　269
遷移層　162
線形化固有値問題　14, 71, 140, 249
線形化作用素　14, 28
相対コンパクト　258
相転移　16, 225
ソボレフ(Sobolev)空間　253
ソボレフの埋め込み　12
ソボレフの定理　256
ソボレフの不等式　232, 256

タ 行

台　111
　　コンパクトな―　120
第1種完全楕円積分　21
第2基本形式　57
第2変分公式　57, 224
第3種完全楕円積分　38
第I種超伝導体　190
第II種超伝導体　189, 190
楕円型方程式の弱解　256
秩序パラメータ　6, 16, 191
超伝導現象　189
超伝導状態　190
超伝導電子　17
　　―の波動性　191
　　―の密度　191
超伝導電流　234
調和関数　150, 164

調和写像　149, 163
抵抗0の現象　190
テイラーの定理　82
ディリクレエネルギー　165
停留点　157
停留配置　156
テスト関数　111, 117
デルタ関数　205
等角写像　268
ドーナツ　234
特異極限　179
特異摂動　137
特異値　269
特性関数　197

ハ 行

ハートマン-ウィントナー
　　(Hartman-Wintner)の定理　135,
　　267
薄膜　251
　　―領域　128
発散(div)　259
波動関数　17
バナッハ空間　254
　　反射的―　237
バナッハの不動点定理　257
比較存在定理　62, 265
非自明解　64, 71, 234
非自明な安定解　55
被覆空間　273
ヒルベルト空間　254
ファトゥ(Fatou)の補題　132
不安定　11
フーリエ級数　46
　　―展開　113
複素正則関数　267
不動点定理　257
部分多様体　177
普遍被覆　273
分岐構造　48

ベッセル(Bessel)方程式　105
ヘルダー空間　254
ヘルダーの不等式　232
ヘルムホルツ分解　232, 259
変分構造　223
変分方程式　1
ポアソン(Poisson)方程式　66, 263
　　――の第1種境界値問題　138
ポアンカレ型の不等式　288
ポアンカレの不等式　109
ボース-アインシュタイン凝縮　191
星形　155
ホップ(Hopf)の最大値原理　10, 261
ホモトピークラス　64
ホモトピー同値　64, 138, 272
ホモトピー不変性　272
ホモトピー類　273

マ　行

マイスナー(Meissner)解　201
マイスナー効果　190
マイスナー状態　189, 201
巻き数　32, 272
マクスウェル(Maxwell)方程式　199
モース指数　19

ヤ　行

ヤコビ(Jacobi)の楕円関数　21
優解　266

ラ　行

リーマンの写像定理　184, 268
領域
　亜鈴型の――　2
　薄い――　246
　円環――　62
　可縮な――　84, 133
　単純――　55
　単連結――　5
　凸――　56
　ネットワーク型――　88
　非凸――　2
　複雑な――　64
　無限――　91
　有界――　254
量子化された状態　191
臨界温度　192
臨界磁場　202, 222
ルベーグの収束定理　41, 122
零点
　――集合　6, 267
　――(渦糸)の運動方程式　179
　――配置　149, 155
レイリー商　12, 109, 116
劣解　266
レリッヒの定理　132
ロバン(Robin)関数　161, 168
ロンドン(London)の侵入長　195
ロンドン方程式　251

■岩波オンデマンドブックス■

ギンツブルク-ランダウ方程式と安定性解析

   2009年5月28日 第1刷発行
   2019年6月11日 オンデマンド版発行

著 者 神保秀一 森田善久
     (じんぼしゅういち) (もりたよしひさ)

発行者 岡本 厚

発行所 株式会社 岩波書店
   〒101-8002 東京都千代田区一ツ橋2-5-5
   電話案内 03-5210-4000
   https://www.iwanami.co.jp/

印刷／製本・法令印刷

© Shuichi Jimbo, Yoshihisa Morita 2019
ISBN 978-4-00-730893-2 Printed in Japan